U0197134

国家出版基金项目
NATIONAL PUBLICATION FOUNDATION

聚集诱导发光丛书

唐本忠　总主编

聚集诱导发光之环境科学

唐友宏　秦安军　著

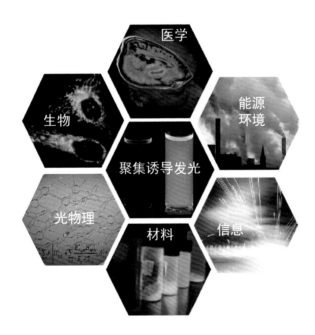

科学出版社

北　京

内 容 简 介

　　本书为"聚集诱导发光丛书"之一。全书共分为 7 章，第 1 章介绍了聚集诱导发光分子在水环境应用中的瓶颈问题和解决方案；第 2 章介绍了基于聚集诱导发光的金属离子检测；第 3 章介绍了基于聚集诱导发光的阴离子检测；第 4 章重点介绍了聚集诱导发光荧光探针在环境样品 pH 检测中的应用；第 5 章介绍了聚集诱导发光材料对有毒气体的检测；第 6 章介绍了聚集诱导发光小分子及聚合物对爆炸物的检测；第 7 章介绍了聚集诱导发光在环境科学中的其他应用。

　　本书是聚集诱导发光材料与环境科学交叉产生的一系列原创性成果的系统归纳和整理，对聚集诱导发光材料在环境科学中的发展有着重要的推动意义和学术参考价值，可供高等研究院校及科研单位从事环境检测及监测，新型化学传感器的研究及开发的相关从业人员使用，也可以作为相关专业研究生的参考书。

图书在版编目（CIP）数据

聚集诱导发光之环境科学/唐友宏，秦安军著. —北京：科学出版社，2023.5
　（聚集诱导发光丛书/唐本忠总主编）
　国家出版基金项目
　ISBN 978-7-03-075345-8

　Ⅰ. ①聚⋯　Ⅱ. ①唐⋯ ②秦⋯　Ⅲ. ①光学—研究 ②光化学—研究
Ⅳ. ①O43 ②O644.1

中国国家版本馆 CIP 数据核字（2023）第 061083 号

丛书策划：翁靖一
责任编辑：翁靖一　高　微 / 责任校对：杜子昂
责任印制：师艳茹 / 封面设计：东方人华

科　学　出　版　社 出版
北京东黄城根北街 16 号
邮政编码：100717
http://www.sciencep.com

北京九天鸿程印刷有限责任公司印刷
科学出版社发行　各地新华书店经销
＊
2023 年 5 月第　一　版　开本：B5（720×1000）
2023 年 5 月第一次印刷　印张：20 1/4
字数：403 000
定价：198.00 元
（如有印装质量问题，我社负责调换）

聚集诱导发光丛书

编 委 会

■■ 总　序 ■■

　　光是万物之源,对光的利用促进了人类社会文明的进步,对光的系统科学研究"点亮"了高度发达的现代科技。而对发光材料的研究更是现代科技的一块基石,它不仅带来了绚丽多彩的夜色,更为科技发展开辟了新的方向。

　　对发光现象的科学研究有将近两百年的历史,在这一过程中建立了诸多基于分子的光物理理论,同时也开发了一系列高效的发光材料,并将其应用于实际生活当中。最常见的应用有:光电子器件的显示材料,如手机、电脑和电视等显示设备,极大地改变了人们的生活方式;同时发光材料在检测方面也有重要的应用,如基于荧光信号的新型冠状病毒的检测试剂盒、爆炸物的检测、大气中污染物的检测和水体中重金属离子的检测等;在生物医用方向,发光材料也发挥着重要的作用,如细胞和组织的成像,生理过程的荧光示踪等。习近平总书记在 2020 年科学家座谈会上提出"四个面向"要求,而高性能发光材料的研究在我国面向世界科技前沿和面向人民生命健康方面具有重大的意义,为我国"十四五"规划和2035 年远景目标的实现提供源源不断的科技创新源动力。

　　聚集诱导发光是由我国科学家提出的原创基础科学概念,它不仅解决了发光材料领域存在近一百年的聚集导致荧光猝灭的科学难题,同时也由此建立了一个崭新的科学研究领域——聚集体科学。经过二十年的发展,聚集诱导发光从一个基本的科学概念成为了一个重要的学科分支。从基础理论到材料体系再到功能化应用,形成了一个完整的发光材料研究平台。在基础研究方面,聚集诱导发光荣获 2017 年度国家自然科学奖一等奖,成为中国基础研究原创成果的一张名片,并在世界舞台上大放异彩。目前,全世界有八十多个国家的两千多个团队在从事聚集诱导发光方向的研究,聚集诱导发光也在 2013 年和 2015 年被评为化学和材料科学领域的研究前沿。在应用领域,聚集诱导发光材料在指纹显影、细胞成像和病毒检测等方向已实现产业化。在此背景下,撰写一套聚集诱导发光研究方向的丛书,不仅可以对其发展进行一次系统地梳理和总结,促使形成一门更加完善的学科,推动聚集诱导发光的进一步发展,同时可以保持我国在这一领域的国际领先优势,为此,我受科学出版社的邀请,组织了活跃在聚集诱导发光研究一线的十几位优秀科研工作者主持撰写了这套"聚集诱导发光丛书"。丛书内容包括：聚集诱导发光物语、聚集诱导发光机理、聚集诱导发光实验操作技术、力刺激响应聚集诱导发光材料、有机室温磷光材料、聚集诱导发光聚合物、聚集诱导发光之簇发光、手性聚集诱导发光材料、聚集诱导发光之生物学应用、聚集诱导发光之光电器件、聚集诱导荧光分子的自组装、聚集诱导发光之可视化应用、聚集诱导发光之分析化学和聚集诱导发光之环境科学。从机理到体系再到应用，对聚集诱导发光研究进行了全方位的总结和展望。

历经近三年的时间，这套"聚集诱导发光丛书"即将问世。在此我衷心感谢丛书副总主编彭孝军院士、田禾院士、于吉红院士、秦安军教授、王东教授、张浩可研究员和各位丛书编委的积极参与，丛书的顺利出版离不开大家共同的努力和付出。尤其要感谢科学出版社的各级领导和编辑，特别是翁靖一编辑，在丛书策划、备稿和出版阶段给予极大的帮助，积极协调各项事宜，保证了丛书的顺利出版。

材料是当今科技发展和进步的源动力，聚集诱导发光材料作为我国原创性的研究成果，势必为我国科技的发展提供强有力的动力和保障。最后，期待更多有志青年在本丛书的影响下，加入聚集诱导发光研究的队伍当中，推动我国材料科学的进步和发展，实现科技自立自强。

唐本忠

中国科学院院士

发展中国家科学院院士

亚太材料科学院院士

国家自然科学奖一等奖获得者

香港中文大学（深圳）理工学院院长

Aggregate 主编

前　言

　　环境，虽是人们耳熟能详的词语，但不同领域、不同行业的人对环境认知的深度和广度存在差异。《中华人民共和国环境保护法》指出："本法所称环境，是指影响人类生存和发展的各种天然的和经过人工改造的自然因素的总体，包括大气、水、海洋、土地、矿藏、森林、草原、野生生物、自然遗迹、人文遗迹、自然保护区、风景名胜区、城市和乡村等。"环境科学是一门研究人类社会发展活动与环境演化规律之间相互作用关系，寻求人类社会与环境协同演化、持续发展途径与方法的科学。这一学科年代较短，直到20世纪60年代才成为正式学科。这一学科为跨学科领域学科，在微观上主要研究环境中的物质在有机体内迁移、转化、蓄积的过程以及其运动规律，对生命的影响和作用机理，尤其是人类活动排放出来的污染物质。

　　聚集诱导发光材料与环境科学的交叉研究主要集中在设计及合成特殊的聚集诱导发光材料对环境中各种元素和物质的检测及监测，以及通过聚集诱导发光材料研究环境中各种元素和物质在有机体内迁移、转化、蓄积的过程以及其运动规律，对生命的影响和作用机理。本书以当下的研究热点——聚集诱导发光材料的研究出发，筛选了聚集诱导发光材料在水环境检测、大气环境检测、爆炸物环境检测等领域最新的、具有代表性的研究成果以飨读者。聚集诱导发光材料在环境科学中的应用研究方兴未艾，化学、材料学和环境科学的交叉融合极大地促进了聚集诱导发光荧光探针的发展。可预期在不久的将来，聚集诱导发光材料将在环境检测方面进一步提升灵敏性和选择性、进一步扩大应用范围和检测极限、在环境科学研究领域进一步发挥其自身的巨大价值。

　　本书是聚集诱导发光材料与环境科学交叉产生的一系列原创性成果的系统归纳和整理，对聚集诱导发光材料在环境科学中的发展有着重要的推动意义和学术参考价值。本书可供高等院校及科研单位从事环境检测及监测、新型化学传感器的研究及开发的相关从业人员使用，也可以作为高等院校环境科学与工程、材料科学与工程、化学及相关专业研究生的专业参考书。

在本书的撰写过程中得到了各章节作者和弗林德斯大学章辛夷女士的大力协助和支持，在此深表感谢。同时，著者感谢丛书总主编唐本忠院士、科学出版社丛书策划编辑翁靖一对本书出版的支持。

由于时间仓促以及著者水平有限，书中的疏漏之处在所难免，期望读者批评和指正。

唐友宏　秦安军

2023 年 1 月

于澳大利亚弗林德斯大学，中国华南理工大学

▰▰ 目 　录 ▰▰

第1章 >>

聚集诱导发光分子在水环境应用中的
瓶颈问题和解决方案

    基于荧光的检测技术具有高时空分辨、高灵敏度、简单便携、低成本等诸多优点，已经被广泛应用于环境科学、生物医学等领域[1, 2]。为了获取高质量的光学传感信号，已经开发和使用了基于有机、无机的多种发光材料，包括有机荧光染料、有机染料掺杂型纳米颗粒、有机半导体材料、稀土金属离子掺杂型上转换材料、量子点和荧光蛋白等[3-5]。其中，有机荧光染料和有机染料掺杂型纳米颗粒具有合成灵活性、结构可修饰性、色彩可调性等诸多方面的优势[6-9]，已经成为众多科技工作者研究关注的焦点。

    传统的有机染料通常具有共轭芳环结构，由于其分子间存在强烈的 π-π 相互作用，多数染料分子表现出浓度猝灭效应，称为聚集导致荧光猝灭（aggregation-caused quenching，ACQ）[10]。聚集导致荧光猝灭效应极大地阻碍了传统有机染料在环境检测、化学传感和生物标记等方面的应用。特别是，疏水性的有机染料在亲水性环境中易形成分子聚集体发生荧光猝灭，因此难以在水相环境中实现高性能的分析检测。此外，低浓度的染料发光分子在强光照射下更容易发生光漂白，而浓度猝灭效应进一步限制了染料在高浓度环境中长时间的分析检测应用。

    2001 年，唐本忠教授等发现了聚集诱导发光（aggregation-induced emission，AIE）这一独特的光物理现象[11]，在稀溶液中 AIE 分子处于分子状态不产生荧光发射，而在不良溶剂或固态下形成的聚集体/团簇产生强烈的荧光信号。根据物理学中"任何宏观和微观运动都需要消耗能量"的基本原理，唐本忠教授等提出的分子内运动受限（restriction of intramolecular motion，RIM）机理可以合理地解释这类发光材料的 AIE 现象[12]。具体而言，在良溶剂中，AIE 材料处于分子状态，容易进行分子内的自由运动（如转动和振动），进而以非辐射方式消耗激发态能量。

然而当这些发光分子处于聚集态时，由于空间位阻效应，其分子内运动受限，有效抑制了非辐射跃迁的产生，从而使得激发态能量以光的形式释放出来。此外，已有的 AIE 基团多具有扭曲的三维构型，也能够有效地抑制分子间的 π-π 相互作用。因此，作为高性能的发光材料，AIE 分子在离子检测、气体分析传感、荧光标记等环境应用领域具有良好的前景。

近年来，众多的研究者致力于设计开发新型 AIE 材料，并开拓其在环境分析传感和荧光标记成像方面的应用。值得注意的是，基于 AIE 机制设计的分子荧光探针和标记成像技术经历了飞速的发展阶段，已经在环境科学领域展现出耀眼的光芒。我们将聚焦突破 AIE 分子在环境检测应用中的瓶颈限制，提出针对性的解决方案，并讨论进行 AIE 材料产品化制备。本章分为以下三个部分：AIE 分子水溶性的改善（化学方法与物理方法）、AIE 材料纳米聚集态的形貌调控以及 AIE 纳米颗粒的宏量制备。最后，我们将总结和展望未来 AIE 材料研究在环境领域面临的挑战和机遇。

1.2 ▶ 聚集诱导发光分子水溶性的改善

水是地球上最常见的物质之一。无论在自然环境还是生物体内环境中，水作为广泛存在的基质发挥着至关重要的作用。因此，提高 AIE 分子的水溶性，将是其从实验室制备迈向环境科学应用的重要研究课题。具体来说，理想的 AIE 探针应该在其检测时间阶段内表现出高信噪比。在水相的环境应用分析中，疏水性的 AIE 分子通常会发生自发聚集现象，导致 AIE 分子探针与特定目标未结合之前产生"假阳性"荧光信号，使得其不适合高信噪比的分析检测应用。因此，如何有效改善 AIE 分子探针的水溶性、构建可激活型的分子探针是 AIE 材料在环境科学、生物造影应用的重要前沿课题之一。目前，改善 AIE 分子水溶性的方法主要包括化学方法和物理方法两大类。从适用范围来讲，化学方法更适合于响应型检测（如离子、生物活性物质等的检测），而物理方法更适合于 AIE 纳米颗粒的规模化制备和形貌控制。

1.2.1 化学方法增强 AIE 分子水溶性

基于分子工程化设计策略，通过共价键方式将一个或多个亲水性官能团直接引入疏水性的 AIE 单元，将是构建水溶性 AIE 分子探针的有效途径之一[13]。典型的亲水性官能团包括电负性的羧基、磺酸基和磷酸基，电正性的三苯基膦和铵盐，电中性的糖类、多肽和聚合物等。唐本忠课题组设计的激活型探针 TPE-4TA 是具有代表性的研究工作之一，该探针实现了高信噪比检测水相环境中的银离子（图 1.1）[14]。探针分子采用经典的四苯基乙烯作为高效的 AIE 单元，同时引入四个负电荷的四氮唑基团，作为诱导银离子聚集的高亲和力识别功能基团。与已报道的银离子分子探针相比，TPE-4TA 的分子结构本身拥有四个负电荷，故而能在水相中具有非常高的溶解度，使得探针 TPE-4TA 在水相中处于分子状态，并表现出极低的荧光背景信号。当探针 TPE-4TA 与银离子结合时，通过相互之间的静电作用组装成纳米结构，表现出显著的聚集诱导发光（AIE）信号。进一步的测试结果表明，探针对水相中的银离子检测限达到纳摩尔级别，而且其具有稳定性高、特异性好的显著优势。因此，在 AIE 核心发光单元上通过共价键引入带电荷的亲水基团，将为设计、发展水溶性的高信噪比 AIE 分子探针开辟一条重要的设计途径。

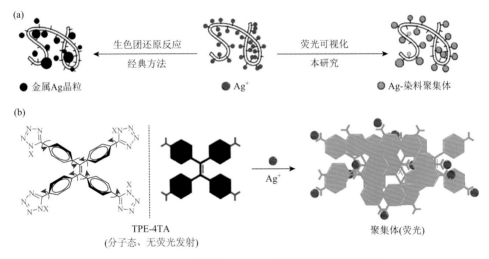

图 1.1 AIE 分子探针 TPE-4TA 检测银离子示意图[14]

分子式中 X 为氢原子

朱为宏课题组发现亲水性官能团的取代基位置改变将对调控 AIE 分子的发光性能起到至关重要的作用[15]。如图 1.2 所示，理性设计、构建亲水性的 AIE 分子探针，通过改变磺酸基的取代位置，得到了聚集态行为迥异的 AIE 分子材料：EDPS分子（磺酸基位于苯环对位）能够在水溶液中自发聚集，表现为紧密的分子聚集态，产生了明显的初始荧光信号；而 EDS 分子（磺酸基取代喹啉腈发光单元）在水溶液中形成了较为松散的聚集态，并未表现出明显的聚集荧光信号，这表明亲水基团的取代位置改变与分子聚集态的变化密切相关，这为合理优化 AIE 分子探针的结构实现其在水相中的检测应用提供了一种重要的设计思路。

基于水溶性 AIE 分子背景信号低的显著特征，其聚集态的变化作为激活型信号不仅可以应用于水相环境中的各种离子检测，同样还可以实现对生物体中微环境变化的监测。例如，与阿尔茨海默病密切相关的 β-淀粉样蛋白（Aβ）斑块，广泛

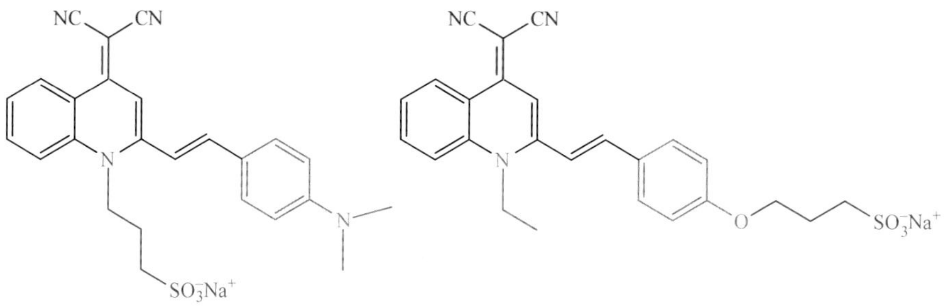

图 1.2 磺酸基取代位置不同的 **EDS** 与 **EDPS** 分子结构[15]

存在于蛋白空腔的微环境中，因此其从亲水性到蛋白质内部疏水性的环境变化为理性设计分子探针检测 Aβ 提供了重要的设计基础。最近，朱为宏等发展了"循序渐进"理性设计策略，报道了一类近红外激活型的 AIE 探针 QM-FN-SO₃，并成功应用于活体中 Aβ 斑块的原位高保真成像（图 1.3）[16]。其理性的分子设计策略分为三步：①引入亲脂性的噻吩桥链，延长荧光发射波长至近红外区域；②创新采用氮取代的喹啉腈母体单元，实现由 ACQ 向 AIE 的荧光性能转变；③利用亲水性的磺酸基增强 AIE 核心发光单元的水溶性，确保其与 Aβ 蛋白结合前具有低的荧光背景信号。研究结果表明，磺酸基的引入不仅对 AIE 分子水溶性改善至关重要，同时显著提高了探针在检测中的灵敏度。具体来说，激活型探针 QM-FN-SO₃ 不仅能够满足长波长发射的亲脂性要求，而且实现了其在水相与蛋白纤维结合之间可激活的分子聚集态调控，表现出超灵敏和高保真的信号响应，这为深入观察体内蛋白纤维形成并进行原位标记成像开辟了重要的途径。基于理性设计策略发展可激活型 AIE 探针为实现其在环境检测中应用提供了重要的参考思路。

聚合物高分子材料具有良好的加工性、溶解性以及相容性等优点，其在环境分析中的检测器件化方面具有广阔的应用前景。通过共价键将 AIE 荧光团引入亲水性的聚合物主链，也是提高 AIE 分子探针水溶性的有效途径之一。最近，朱为宏等报道了一种含有 AIE 单元的聚合物 P(NIPN-*co*-EM)，并将其成功应用于环境温度变化的检测（图 1.4）[17]。在探针 P(NIPN-*co*-EM)中，以喹啉腈衍生物作为 AIE 单元，以聚 *N*-异丙基丙烯酰胺（PNIPAM）作为温度变化响应的功能单元。当环境温度处在最低临界溶液温度（lower critical solution temperature，LCST）以下时，探针（溶解态）并未表现出明显的荧光信号；随着温度上升至高于 LCST 时，其聚合侧链逐渐形成有序排列程度较高的溶剂化外层，使得探针分子中的发光单元处于聚集态，表现为显著的荧光信号增强。探针 P(NIPN-*co*-EM)实现了 AIE 荧光团的接枝行为与其微观结构和性能之间的关联，为发展设计 AIE 分子在环境中的温度传感检测提供了新的设计思路。

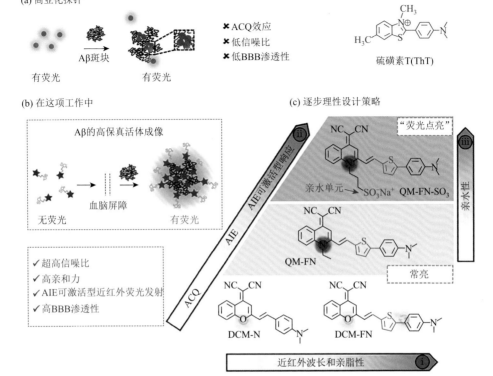

图 1.3　检测 Aβ 斑块的近红外激活型 AIE 探针的合理设计[16]

（a）基于常亮（always-on）模式的商业化探针 ThT；（b，c）逐步（step-by-step）理性设计策略克服商业化探针 ThT 固有缺陷，并构建了一种超灵敏和高保真的激活型近红外荧光探针

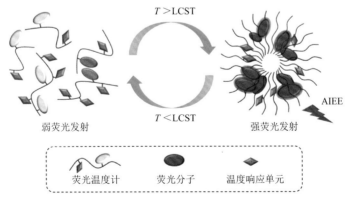

图 1.4　基于温敏聚合物构建 AIE 荧光温度计示意图[17]

以 PNIPAM 作为温敏单元，以喹啉腈衍生物作为 AIE 单元

1.2.2 物理方法增强 AIE 分子水溶性

将水溶性聚合物、刺激响应型嵌段共聚物和蛋白质等以物理方式封装 AIE 分子是另外一种增强 AIE 分子水溶性的有效方法。唐本忠等提出了一种非常有效的策略，即以牛血清白蛋白（BSA）包裹的近红外 AIE 荧光团 TPE-TPA-DCM 纳米颗粒作为检测试剂[18]。何赛灵等也提出利用包裹的策略将 AIE 荧光团四硫富瓦烯（TTF）封装在带有聚乙二醇链的两亲性磷脂 DSPE-mPEG$_{5000}$ 中，实现了一种光稳定性高的纳米颗粒用于活体双光子标记成像（图 1.5）[19]。在水溶液中，

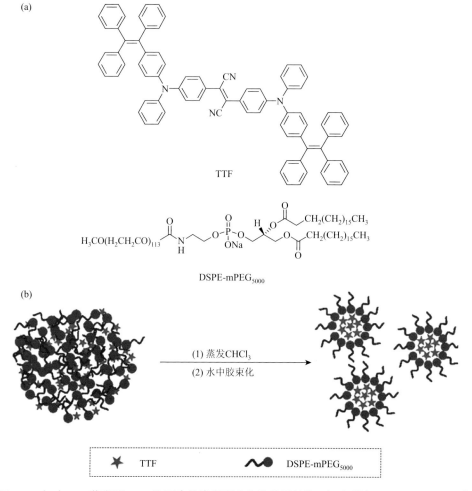

图 1.5　（a）AIE 荧光团 TTF 和两亲性嵌段聚合物的分子结构；（b）制备 DSPE-mPEG$_{5000}$ 包裹 TTF 纳米颗粒的示意图[19]

两嵌段共聚物的疏水磷脂部分嵌在疏水 TTF 核内，而亲水性的聚乙二醇链延伸到水相中，使得 AIE 纳米颗粒具有良好的水分散性。进一步利用其双光子特性，获得的 AIE 纳米颗粒能够进行高分辨率的三维动态成像。

1.3　聚集诱导发光材料纳米聚集态的形貌调控

　　AIE 分子材料作为一种极具发展前景的传感检测材料已经受到广泛的关注。然而，AIE 分子在水相中容易随机聚集成各种不规则的形状，而且粒径分布不均，因此合理调控纳米聚集态的形貌和尺寸非常具有挑战性。特别是考虑到环境检测应用中的实际需求多样性，针对性精确调控 AIE 纳米聚集态的尺寸和形貌尤为重要。

　　为了发展一种理想的 AIE 聚集态形貌调控策略，朱为宏等系统地研究了不同取代基对 AIE 分子聚集形貌的影响，并且通过改变分子结构中的共轭桥链和给体单元，发展了一系列基于喹啉腈的近红外 AIE 荧光探针（图 1.6）[20]。通过在 AIE

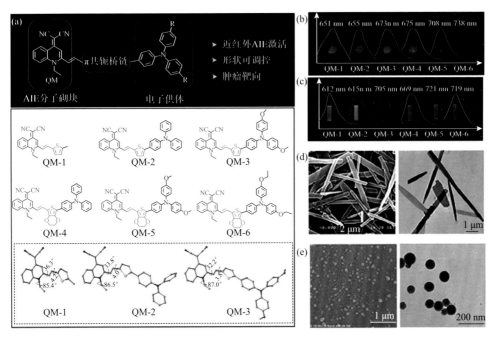

图 1.6　基于喹啉腈的纳米探针及其 **AIE** 性能与形貌调控：（a）探针分子结构和单晶结构；（b）探针溶液的荧光光谱和（c）固体的荧光光谱；（d）棒状 **AIE** 纳米聚集体和（e）球状 **AIE** 纳米聚集体[20]

母体喹啉腈单元中引入强供电子单元，可以将发射波长延伸到近红外区。更令人关注的是，改变 π 共轭桥链的结构对其聚集态形貌的调控非常关键，例如，将 π 共轭桥链从噻吩单元改变为 3,4-乙烯二氧噻吩单元，实现了纳米聚集态的形貌从棒状转变为球状。在该分子设计中，环己烷的柔性结构对实现球状形貌至关重要。该工作基于精准调控喹啉腈染料分子的聚集态形貌设计，为 AIE 分子在环境检测中的多样化应用提供了重要的契机。

朱为宏等优化包裹封装技术实现 QM-2 聚集体的形貌与尺寸调控，成功制备了一种球状的杂化纳米颗粒 QM-2@PNPs[21]。如图 1.7 所示，首先采用两嵌段共聚物聚苯乙烯-b-聚（丙烯酸）（PS-b-PAA）自组装，将 AIE 分子 QM-2 包埋在嵌段聚合物形成的胶束中，再利用有机硅烷试剂 3-巯基丙基三甲氧基硅烷（MPTMS）水解，在胶束表面形成硅交联，大大提高胶束稳定性；进一步通过迈克尔（Michael）加成反应将马来酰亚胺基聚乙二醇单甲醚（mPEG-MAL）修饰在纳米颗粒表面增进其亲水性能。基于该封装技术将 QM-2 的棒状聚集体成功地转变为尺寸均匀、单分散、高稳定性和低毒性的球状纳米颗粒，为调控纳米探针的形貌和尺寸提供了一种强通用性的方法，能够有效提高它们在环境检测中的应用性能。

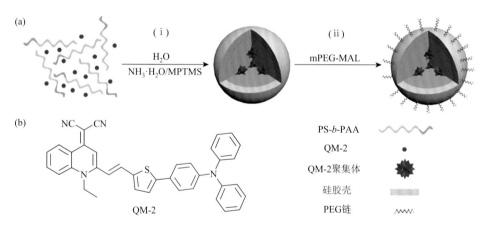

图 1.7　（a）QM-2@PNPs 纳米颗粒的制备过程示意图：（ⅰ）疏水性 QM-2 封装在胶束内部随后与 MPTMS 交联，（ⅱ）mPEG-MAL 对胶束表面进行修饰；（b）AIE 荧光团 QM-2 的分子结构[21]

最近，朱为宏和郭志前等成功利用瞬时纳米沉淀技术对 AIE 纳米聚集体的形貌和尺寸进行调控（图 1.8）[22]。瞬时纳米沉淀（flash nanoprecipitation）技术是一种借助多通道涡流混合系统，通过动力学控制、强化组装制备纳米颗粒的方法。该研究中选取疏水性的 AIE 喹啉腈衍生物作为发光材料，选取两亲性嵌段共聚物右旋糖酐-b-聚乳酸（Dex-b-PLA）和右旋糖酐-b-聚己内酯（Dex-b-PCL）作为聚合物包裹载体，其主要区别是疏水性嵌段部分的刚性不同，这将会对制备的纳米聚集体形貌、尺寸产生重要影响。通过改变溶剂的流速和聚合物的浓度，成功实现了对纳米颗粒的形貌和尺寸的精准调控。

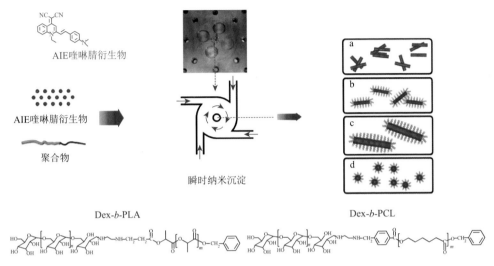

图 1.8　采用瞬时纳米沉淀技术调控纳米聚集体的形貌和尺寸[22]

1.4　聚集诱导发光纳米颗粒的宏量制备

目前，AIE 纳米颗粒常用的制备方法主要依赖于热力学自组装过程，通常基于将疏水性 AIE 分子或嵌段聚合物溶解于良溶剂中，再与不良溶剂混合进行溶剂自挥发聚集过程。然而，该自组装方法往往需要长时间才能形成稳定的纳米颗粒，并且表现出一些固有的缺陷：①纳米颗粒的聚集形貌不可控；②纳米颗粒的尺寸均一性差、粒径分布宽；③纳米颗粒的可重复性制备差；等等。上述问题极大地限制了宏量制备 AIE 纳米颗粒在环境科学中的推广应用，创新开发一种具有易推广、重复性高、可宏量制备特点的新方法是 AIE 纳米颗粒在环境检测等实际应用中亟待解决的难题。

基于动力学控制的瞬时纳米沉淀技术，是一种通过外加作用力进行的动力学控制，实现强化自组装的染料纳米化制备方法，其制备过程中的材料纳米化时间非常短。通过瞬时纳米沉淀技术，将疏水性 AIE 分子和两亲性嵌段共聚物的疏水部分封装在核壳结构纳米颗粒的内部，不仅可以调控聚集体的形貌和尺寸，而且能够快速和宏量制备（图 1.9）[23]，大规模地得到多分散性指数较小的 AIE 纳米颗粒。具体而言，AIE 分子和两亲性聚合物溶解在四氢呋喃中作成

1 号液流（stream 1），2 号液流（stream 2）、3 号液流（stream 3）和 4 号液流（stream 4），它们均为去离子水，优化设置泵的流速参数，同时将 4 股液流注入涡流混合系统中剧烈混合，即可快速得到纳米颗粒。优化瞬时纳米沉淀制备中的溶剂流速、材料浓度等多个参数，透射电子显微术和光谱表征表明 AIE 纳米颗粒的尺寸能控制在 20~60 nm 之间，并且具有良好的重现性和光物理性能。因此，瞬时纳米沉淀方法为规模宏量制备高性能的 AIE 纳米颗粒提供了一种易推广、普适性的制备方法。

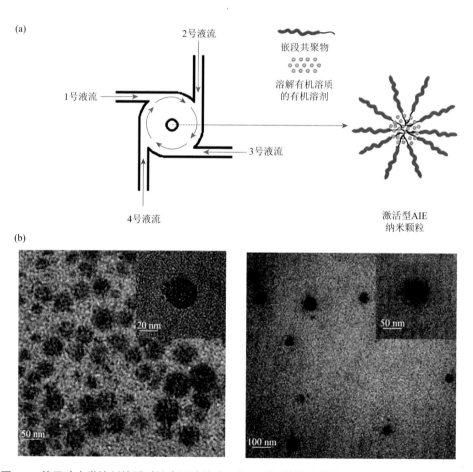

图 1.9　基于动力学控制的瞬时纳米沉淀技术不仅可以调控聚集体的形貌和尺寸，而且能够快速和宏量制备 AIE 纳米颗粒：(a) 瞬时纳米沉淀技术示意图；(b) AIE 纳米颗粒的透射电子显微术表征[23]

　　将理性分子设计策略和瞬时纳米沉淀技术相结合，进一步实现了皂素包裹的近红外 AIE 纳米颗粒的宏量制备（图 1.10）[24]。基于新型的 AIE 母体三氰基亚甲基吡啶（TCM），通过改变其 π 共轭桥链和电子供体，所发展的 TCMN-5 分子具有近红外发射、高固体荧光量子产率、大斯托克斯位移、优异的光稳定性等诸多优点。以 TCMN-5 染料作为发光材料，并选择自然界中的两亲性皂素 α-常春藤皂苷（α-hederin）作为制备纳米颗粒的载体模板，采用瞬时纳米沉淀技术，成功制备了由皂苷包裹的具有形貌均匀、优异的胶体稳定性和光稳定性的 AIE 纳米颗粒。与传统的热力学自组装方法相比，基于动力学主导的瞬时纳米沉淀技术不仅可以调节纳米颗粒的直径大小和形貌，而且可以显著提高纳米颗粒的胶体稳定性，是环境应用中大规模制备纳米材料的有效方法。

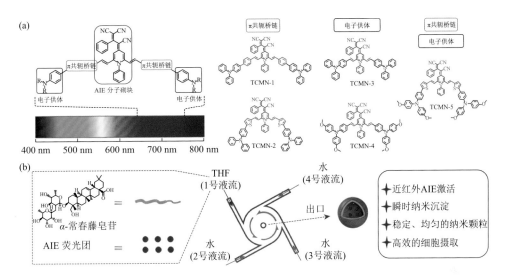

图 1.10　（a）基于 TCM 单元，通过调控 π 共轭桥链和电子供体合理设计近红外激活型 AIE 活性分子；（b）采用瞬时纳米沉淀技术制备稳定的皂素包裹的 AIE 纳米颗粒[24]

1.5　展望

　　化学、材料和环境科学的交叉融合极大地促进了 AIE 分子探针以及 AIE 纳米材料的发展和应用。由于克服了传统荧光染料的 ACQ 效应，AIE 材料为实现高信噪比标记、高性能传感检测及高保真光学成像提供了新的机遇。通过引入识别基团，AIE 分子已经发展成为智能的可激活探针，非常适合于环境检测应用。这里，我们聚焦 AIE 材料在实际应用中面临的水溶性、形貌调控和宏量制备等制约问题，通过代表性的示例针对性提出相应的解决方案。AIE 荧光团的应用性能仍有很大的提升空间，未来发展可以更多地关注以下几方面。

　　（1）发展高性能的新型 AIE 母体单元，拓展发光材料的吸收和发射波长。由于近红外光具有减少光子散射、光吸收和自荧光方面的优势，近红外一区光子能够提供更深的样本成像，有利于提高成像分辨率和对比度。

（2）发展高效率的 AIE 荧光材料。高亮度的 AIE 荧光团或 AIE 纳米颗粒有利于实现适用于不同检测环境的高质量成像，巧妙利用 S_1 的能量暗态[25]显著提高荧光量子产率将是一条重要设计途径。

（3）发展具有多模态的 AIE 探针。目前的 AIE 探针主要局限于双模态，如荧光成像/磁共振成像以及荧光成像/光声成像。基于 AIE 荧光团具有荧光成像与光声成像、磁共振成像和正电子发射成像相结合的多模态成像系统仍有待开发，前景广阔。

（4）发展便携型 AIE 检测体系。目前 AIE 探针仅限于实验室检测研究，基于高性能、响应型 AIE 探针发展便携式检测体系，以满足环境监测中"实时采样、分析"的要求是 AIE 探针迈向环境应用的关键。

（顾开智　燕宸旭　郭志前　朱为宏）

参 考 文 献

[1] Weissleder R，Pittet M J. Imaging in the era of molecular oncology. Nature，2008，452（7187）：580-589.

[2] Sigal Y M，Zhou R，Zhuang X. Visualizing and discovering cellular structures with super-resolution microscopy. Science，2018，361（6405）：880-887.

[3] Vendrell M，Zhai D，Er J C，et al. Combinatorial strategies in fluorescent probe development. Chemical Reviews，2012，112（8）：4391-4420.

[4] Chang C J，Gunnlaugsson T，James T D. Sensor targets. Chemical Society Reviews，2015，44（13）：4176-4178.

[5] Wu D，Sedgwick A C，Gunnlaugsson T，et al. Fluorescent chemosensors：the past，present and future. Chemical Society Reviews，2017，46（23）：7105-7123.

[6] Chan J，Dodani S C，Chang C J. Reaction-based small-molecule fluorescent probes for chemoselective bioimaging. Nature Chemistry，2012，4（12）：973.

[7] Que E L，Bleher R，Duncan F E，et al. Quantitative mapping of zinc fluxes in the mammalian egg reveals the origin of fertilization-induced zinc sparks. Nature Chemistry，2015，7（2）：130.

[8] Wang Y，Zhou K，Huang G，et al. A nanoparticle-based strategy for the imaging of a broad range of tumours by nonlinear amplification of microenvironment signals. Nature Materials，2014，13（2）：204-212.

[9] Abdelfattah A S，Kawashima T，Singh A，et al. Bright and photostable chemigenetic indicators for extended *in vivo* voltage imaging. Science，2019，365（6454）：699-704.

[10] Hong Y，Lam J W，Tang B Z. Aggregation-induced emission. Chemical Society Reviews，2011，40（11）：5361-5388.

[11] Luo J，Xie Z，Lam J W，et al. Aggregation-induced emission of 1-methyl-1, 2, 3, 4, 5-pentaphenylsilole. Chemical

Communications，2001，18：1740-1741.

[12]　Gao M，Su H，Li S，et al. An easily accessible aggregation-induced emission probe for lipid droplet-specific imaging and movement tracking. Chemical Communications，2017，53（5）：921-924.

[13]　Wang D，Tang B Z. Aggregation-induced emission luminogens for activity-based sensing. Accounts of Chemical Research，2019，52（9）：2559-2570.

[14]　Xie S，Wong A Y，Kwok R T，et al. Fluorogenic Ag^+-tetrazolate aggregation enables efficient fluorescent biological silver staining. Angewandte Chemie International Edition，2018，57（20）：5750-5753.

[15]　Shao A，Guo Z，Zhu S，et al. Insight into aggregation-induced emission characteristics of red-emissive quinoline-malononitrile by cell tracking and real-time trypsin detection. Chemical Science，2014，5（4）：1383-1389.

[16]　Fu W，Yan C，Guo Z，et al. Rational design of near-infrared aggregation-induced-emission-active probes：in situ mapping of amyloid-β plaques with ultrasensitivity and high-fidelity. Journal of the American Chemical Society，2019，141（7）：3171-3177.

[17]　Yang J，Gu K，Shi C，et al. Fluorescent thermometer based on a quinolinemalononitrile copolymer with aggregation-induced emission characteristics. Materials Chemistry Frontiers，2019，3（8）：1503-1509.

[18]　Qin W，Ding D，Liu J，et al. Biocompatible nanoparticles with aggregation-induced emission characteristics as far-red/near-infrared fluorescent bioprobes for in vitro and in vivo imaging applications. Advanced Functional Materials，2012，22（4）：771-779.

[19]　Wang D，Qian J，Qin W，et al. Biocompatible and photostable AIE dots with red emission for in vivo two-photon bioimaging. Scientific Reports，2014，4：4279.

[20]　Guo Z，Yan C，Zhu W. High-performance quinoline-malononitrile core as a building block for the diversity-oriented synthesis of AIEgens. Angewandte Chemie International Edition，2020，59（25）：9812-9825.

[21]　Shao A，Xie Y，Zhu S，et al. Far-red and near-IR AIE-active fluorescent organic nanoprobes with enhanced tumor-targeting efficacy：shape-specific effects. Angewandte Chemie International Edition，2015，54（25）：7275-7280.

[22]　Wang M，Yang N，Guo Z，et al. Facile preparation of AIE-active fluorescent nanoparticles through flash nanoprecipitation. Industrial & Engineering Chemistry Research，2015，54（17）：4683-4688.

[23]　Wang M，Xu Y，Liu Y，et al. Morphology tuning of aggregation-induced emission probes by flash nanoprecipitation：shape and size effects on in vivo imaging. ACS Applied Materials & Interfaces，2018，10（30）：25186-25193.

[24]　Zhang J，Wang Q，Liu J，et al. Saponin-based near-infrared nanoparticles with aggregation-induced emission behavior：enhancing cell compatibility and permeability. ACS Applied Biomaterials，2019，2（2）：943-951.

[25]　Lee Y，Cho W，Sung J，et al. Monochromophoric design strategy for tetrazine-based colorful bioorthogonal probes with a single fluorescent core skeleton. Journal of the American Chemical Society，2018，140（3）：974-983.

第2章

>>

基于聚集诱导发光的金属离子检测

引言

　　环境作为以人为主体的外部世界，是人类赖以生存与发展的物质基础，是与人类生活质量密切相关的重要条件。人类为了高质量生存，就需要充分开发利用环境中的各种资源，随之而来的是对环境的破坏，进而使人体健康受到影响，所以，如何更有效地平衡生产生活与环境保护之间的关系，并将对环境的破坏控制在一定限度内，从而利用环境和人体所具有的调节功能使失衡的状态恢复原有的面貌，这就需要人类能够通过提高环境意识，认清环境与健康的关系，规范自己的社会行为（防止环境污染，保持生态平衡，促进环境生态向良性循环发展），建立保护环境的法规和标准，并建立完整而又科学的环境保护评价体系。

　　生物为了更好地生存和发展，必须尽快适应外界环境条件的变化，不断从环境中摄入某些元素以满足机体自身生命活动过程的需要，即这些元素就成了维持生物生存、繁衍等生命过程必不可少的物质成分，缺少了它们，生命活动也就停止了。按照化学元素在生物体内的含量多少，可分为常量元素和微量元素两大类，如铁、铜、锌、锰、钼、钴、钒、镍、铬、锡、氟、碘、硒、硅、砷、硼、锶、锂、锗、铝、钡、铊、铅、镉、汞、稀土等数十种元素都被归为微量元素。

　　微量元素作为维持生命过程和机体健康必需的微量营养物质，具有强大的生物学作用，它们参与酶、激素、维生素和核酸的代谢过程，其生理功能主要表现为协助输送宏量元素、作为酶的组成成分或激活剂、在激素和维生素中起独特作用、影响核酸代谢等，即与必需氨基酸同等重要。

　　但任何事物都存在着两面性，在生物体中存在的微量元素也是如此，不足或过多的微量元素都会引起生物体的负效应。例如：

元素名称	缺乏时的病症	累积过多时的病症
铁	贫血	血色素沉积症，损害基因的氧化作用
铬	糖尿病，动脉硬化	致肺癌
钴	恶性贫血	红细胞增多症
锰	骨骼畸形，关节脆弱	运动失调，震颤性麻痹症（帕金森病）

　　与此同时，大部分重金属如汞、铅、镉等并非生命活动所必需的，而且所有重金属在人体内超过一定浓度都对人体有毒。目前被公认的"五毒"重金属为铅、汞、铬、砷、镉。这些重金属在人体内能和蛋白质及酶等发生强烈的相互作用，能使细胞中活性氧含量升高，损伤 DNA，同时还会启动线粒体信号通路，诱导细胞凋亡；也可以顺利地通过血脑屏障，进入脑组织，损害神经细胞。重金属通过在人体的某些器官中累积，造成慢性中毒，这种累积性危害有时需要一二十年才显示出来。特别是重金属具有放大效应，水体中的重金属通过生物转化变为毒性更强的金属化合物，如汞的甲基化作用就是其中的典型例子。

　　无论何种金属元素，进入人体的途径主要有三种：水、食物和大气。这就意味着要保障人们的安全，创造一个较为舒适的生活环境，实现我国社会的可持续发展，就必须加强环境保护，有效防止污染的产生。但是近半个世纪以来，工农业生产的规模不断扩大，人们在追求经济利益时忽略了对环境的保护，造成了严重污染及生态平衡的破坏，进而影响了人类的健康，甚至导致了一些严重疾病的发生。因此，水环境以及水污染的检测技术在相关研究者的工作中占据着非常重要的地位，也是工作者需要高度关注的一个问题。

　　传统的金属离子检测方法主要有等离子体发射光谱法、电化学法、比色法、质谱法和原子吸收光谱法等，这些方法具有良好的选择性和灵敏度，但对仪器要求高，分析成本高昂。目前，基于荧光检测法的荧光探针因其低成本、高灵敏度的优点及其体内成像应用的能力已经被广泛地应用于金属离子的检测。而传统的有机荧光染料虽然具有合成简便、发光颜色可调、发光效率高等优点，但在浓溶液中或聚集态下，由于生色团间 π-π 相互作用，激发态常常通过非辐射跃迁途径衰减，使其发光减弱甚至不发光，即存在著名的"聚集导致荧光猝灭"（ACQ）现象。这一现象早在 20 世纪中叶就被 Förster 等发现，并被 Birks 在 1970 年作为一种"在大部分芳烃及其衍生物中很常见"的现象写入他的经典著作中[1]。这一自身缺陷使得有机荧光材料只能在很低的浓度下使用，其应用受到严重的限制，为此人们常采用化学、物理或工程的方法或途径试图抑制或降低 ACQ 的影响[2]，但不能从根本上解决这一顽疾。

　　2001 年，香港科技大学唐本忠教授发现 1-甲基-1, 2, 3, 4, 5-五苯基硅杂环戊二烯（silole）在形成聚集态以后会发射很强的荧光，表现出与 ACQ 完全相反的现象，为此唐本忠教授在国际上首次提出了具有中国自主知识产权的"聚集诱导发光"（AIE）概念，由此形成了一个由中国人开创并引领的热点前沿领域[3]。2016年《自然》将 AIE 材料列为支撑"纳米光革命"的四大纳米材料之一[4]。十余年来各类 AIE 化合物不断出现，已经形成多个代表性 AIE 材料体系[5-13]，并在光电转换[14-16]、化学/生物传感[17, 18]和智能响应[19, 20]等领域显示出巨大潜力[21]，尤其在化学传感方面，AIE 材料展现出显著优势：发光效率高、光稳定性与重现性好、可修饰性强，可用于设计具有多重响应能力的荧光探针；由于分子识别、分子聚集等方式限制了分子内运动，可实现新颖的"点亮"检测模式，所以具有更低的背景干扰，可实现高对比度荧光响应，所有这些优点使 AIE 材料正在成为新一代荧光染料。经过十几年的发展，该荧光化学传感通过多种结合模式和不同机制，实现了多种金属离子在各种环境和生物样品中的特异性、高灵敏响应，已经取得一系列研究成果。本章将选择几种重要的金属离子进行评述，旨在推动开发一系列具有自主知识产权的新型 AIE 有机功能材料，并建立在复杂环境下的金属离子检测新方法与新技术，为我国在相关基础理论、材料体系及实际应用的总体水平上继续保持国际领先水平做出贡献。

2.2 铝离子检测

2.2.1 铝离子在环境中的存在形式、分布及其作用

铝元素是目前自然界中含量最大的金属元素，它在地壳中的含量仅次于硅和氧，它的矿藏储量大约占据地壳组成的 8%。不仅仅是含量大，由于其密度小、导电性好等优点，铝及铝合金拥有十分广泛的应用，远远超过了目前铜的使用量，每年铝的产量都占有色金属的第一位。由于铝和铝制品容器的大量使用、生活用铝的增加，人类会更多地吸收铝离子，造成身体的不适[22-24]。

虽然很多金属离子，如铜离子、镁离子、铁离子、锌离子等都在人体中存在，在整个生命过程中起着重要的作用，但这些金属离子在体内的浓度超过某个标准值之后，随时会引发很多疾病。所以检测人体内金属离子的浓度在化学、临床医学等领域均有着十分重大的意义。根据世界卫生组织的报道，人类平均铝离子的摄入量为 3～10 mg/d。如果机体内铝离子过量，会对生物体造成十分严重的危害，如引起细胞新陈代谢紊乱，甚至危害生物体的生命。最直接的实例就是铝离子能够结合蛋白质，而被带入大脑，直接损伤人的中枢神经系统[25, 26]。在大量研究阿尔茨海默病患者的基础上，很多研究者发现患者的神经细胞中存在大量的铝离子，证实

了铝离子对神经细胞存在很大的毒害。近年还有很多报道称铝离子可以间接造成人类记忆力的减退。人体中的铝离子超标并不是一蹴而就的，而是铝离子逐步在人体中富集导致的，不易被发现，因此，准确地检测体内铝离子含量是否达标成为尽早避免患病的有效方法[27, 28]。

到目前为止，人们已经发现了很多种检测不同金属离子的方法，如石墨炉原子吸收光谱法、电感耦合发光光谱法，还有电化学法和色谱层析法等。这些传统的方法往往面临着操作方法复杂、检出时间长等缺点。相比于这些方法，荧光光谱法用于检测铝离子是近几年最受欢迎的，因为它操作简便、选择性好、检测限低、速度快[26, 29, 30]。

在利用荧光光谱法对铝离子进行检测中，随着对检测要求的不断提高，对铝离子的检测从有机/水相混合逐步发展为纯水相；又由于大量工业废水排放而导致的环境及水体中铝离子的浓度越来越高，严重威胁人们的身体健康，这就对检测污水体系甚至细胞中的铝离子提出了挑战[31, 32]。当铝离子进入人体后，会在血清和细胞中逐步累积而危害人体健康，所以如何在复杂的环境中（尤其是生物微环境中）特异性地检出铝离子成为下一个待攻克的难题，若不能及时高效地检测出微量的铝离子，铝离子在环境或水体中逐渐累积，将会逐步增加环境铝负荷，对人类危害越来越大。因此，研究高效检测铝离子的方法是时代之需，有极大的意义。

2.2.2　基于 AIE 的铝离子探针的分子设计及工作机制

设计 AIE 型金属离子探针的思路一般是借助荧光探针对金属离子的相互作用并结合 AIE 机制来研究的。有机荧光分子和受体之间的相互作用是设计金属离子荧光探针的重要环节。常见的构建 AIE 探针的机制有光诱导电子转移（PET）[33, 34]、螯合增强荧光（chelation enhanced fluorescence，CHEF）[22, 26]、激发态分子内质子转移（ESIPT）[35]和电荷诱导发光（EIE）[27, 36]等。它们普遍是在分子设计中引入两种基于 AIE 机理的思路：其一是在聚集诱导发光分子中修饰能够识别金属离子的基团，通过识别基团和金属离子特异性地结合，使聚集诱导发光分子的状态发生改变（聚集或者解聚集），同时对应的荧光信号增强或减弱，实现对金属离子的检测；其二是金属离子和荧光探针之间形成螯合物，使荧光分子内的电荷转移被抑制，使荧光探针分子的共平面性发生改变，从而进一步抑制分子内的自由旋转，探针从分散态变为聚集态，实现对金属离子的荧光增强响应分析检测。

1. 基于静电作用诱导发光的 AIE 分子设计

Leary 课题组报道了一个连接四个磺酸基的水溶性 AIE 探针 **1**。如图 2.1（a）

和（b）所示，在未加入 Al^{3+} 之前，探针 **1** 在 576 nm 处有发射峰，这是由分子上的丹酰胺与水之间的氢键造成的；在加入 Al^{3+} 后，发射峰发生 46 nm 的蓝移并且在 530 nm 处出现新的发射峰[37]。这是因为在 pH = 6 的条件下，$Al(OH)_3$ 胶束的形成使胶束表面带正电，从而与探针 **1** 上的负电基团发生静电作用结合在一起。这种由离子作用导致的聚集使得丹酰胺基团与水的氢键作用变弱，从而波长蓝移。探针 **1** 对 Al^{3+} 的检测限为 1.8 mmol/L。

Chatterjee 课题组设计了一种基于四苯基乙烯（TPE）连接对位磺酸基的 AIE 分子（探针 **2**），通过引入磺酸基可增强其水溶性，做到 100%的水相检测[38]。如图 2.1（c）和（d）所示，向 20 μmol/L 的探针 **2** 的水溶液中逐步滴加 Al^{3+} 溶液至 30 μmol/L 的 Al^{3+}，荧光强度出现 20 倍的增加，检测限为 0.05 μmol/L，并且利用 Job 曲线方程证实了探针 **2** 对 Al^{3+} 的结合比是 1：1。荧光的显著增强是因为加入 Al^{3+} 后，磺酸基和其发生静电作用引发聚集。

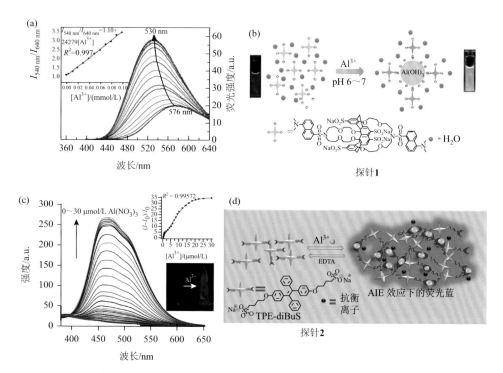

图 2.1 （a）Al^{3+}溶液逐滴加入后探针 **1**（10 μmol/L）的荧光光谱图，激发波长：330 nm；（b）探针 **1** 检测 Al^{3+} 的机理示意图；（c）Al^{3+}溶液逐滴加入后探针 **2**（20 μmol/L）的荧光光谱图（激发波长：345 nm）；（d）探针 **2** 检测 Al^{3+}的机理示意图

Dong 课题组报道了几个关于水溶性 AIE 化合物检测 Al^{3+} 的工作[27, 36, 39]。2011 年报道了三苯基羧酸钠（探针 **3**）对于 Al^{3+} 的选择性检测。如图 2.2（a）所

示,因为分子结构中只有一个—COONa,为了利用其在水/四氢呋喃中聚集的性质,在水/四氢呋喃（75∶25）的条件下进行检测[27]。这是首次水占大比例检测下实现对 Al^{3+} 的检测,由于 Al^{3+} 与—COO^- 的静电作用,苯环的自由旋转被抑制,故表现出较强的荧光。2012 年,基于以上的研究成果,Dong 课题组将单羧酸钠增加至三羧酸钠并引入化合物中,合成探针 **4** 并应用于 Al^{3+} 的水相检测[图 2.2（b）][39]。由于分子更好的水溶性,可实现在水/四氢呋喃（96∶4）的条件下对 Al^{3+} 的选择性检测。随着 Al^{3+} 的逐渐增加,在 450 nm 处的发射强度明显增强。作者利用透射电子显微镜和动态光散射证实了 Al^{3+} 加入后聚集体的生成。与上一个工作[27]相比,由于引入了更多的识别基团,与 Al^{3+} 结合位点更多,可以实现检测限为 5 μmol/L 的检出[图 2.2（b）]。

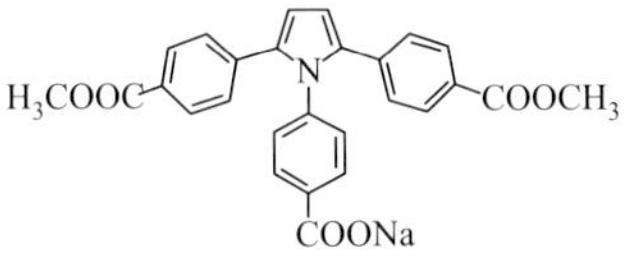

探针 **3** 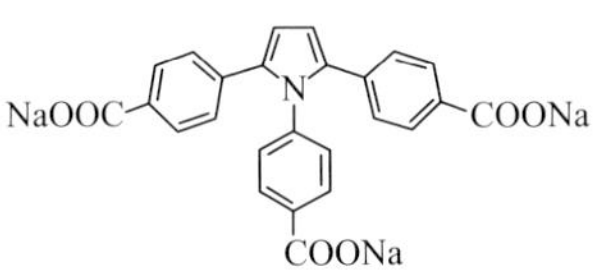　　探针 **4** 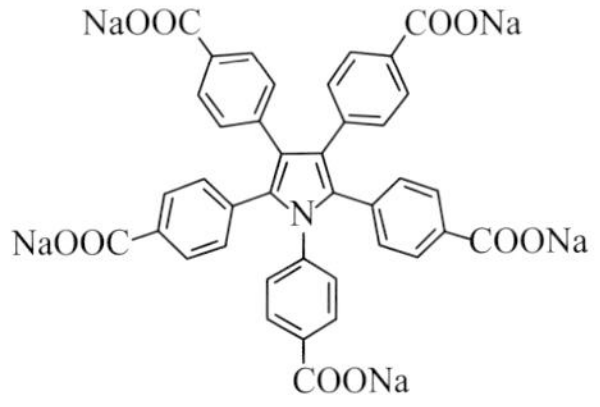　　探针 **5**

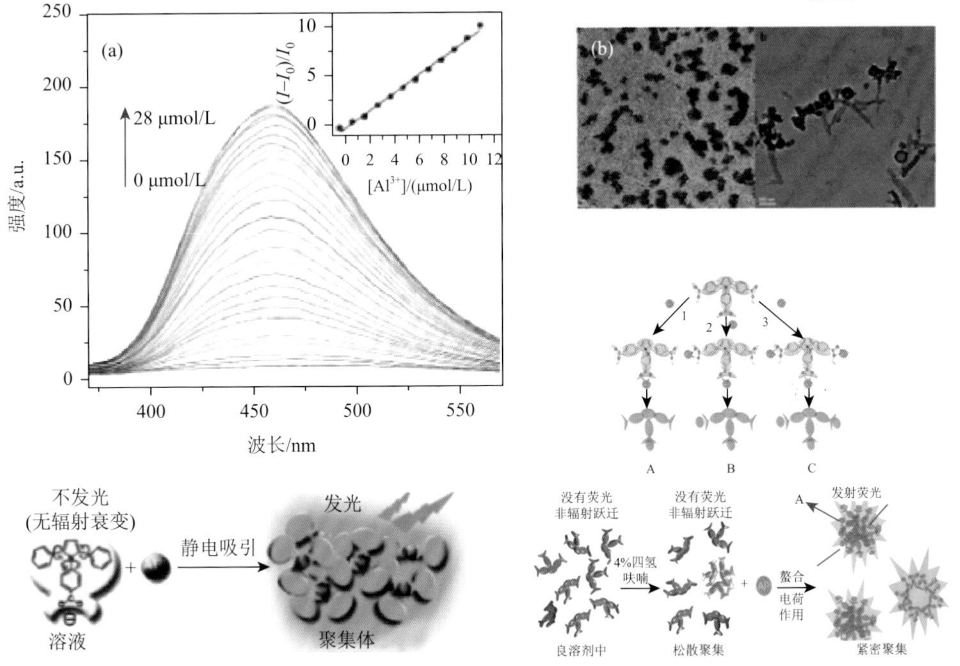

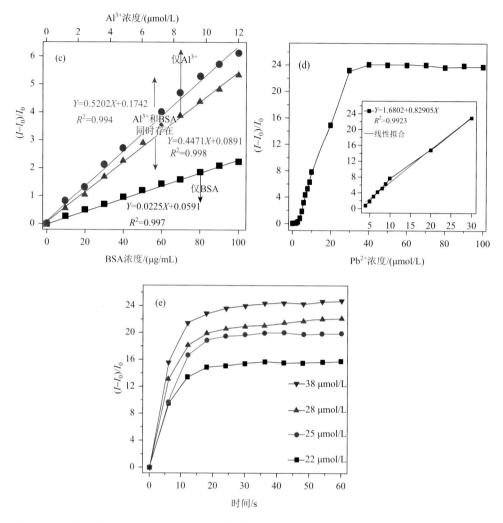

图 2.2　（a）探针 3（100 μmol/L）对 Al³⁺的检测机理图及荧光光谱图（激发波长：326 nm）；（b）探针 4（100 μmol/L）在水/四氢呋喃（96∶4）中加入 Al³⁺（500 μmol/L）前后的 TEM 图及检测机理图；（c）探针 5（10 μmol/L）对 Al³⁺、BSA 及 Al³⁺和 BSA 同时存在下的荧光增强比，激发波长：310 nm；（d）探针 5（10 μmol/L）的水溶液荧光增强比随金属 Pb²⁺含量（0～100 μmol/L）的变化图；（e）加入不同浓度 Pb²⁺的荧光增强比与时间关系图

　　当 Al³⁺进入人体后，大多在血清中累积。考虑到这个现实情况，2017 年 Dong 课题组将更多的识别基团引入五苯基吡咯骨架中，合成的探针 **5** 可以实现在纯 PBS 缓冲液中对 Al³⁺的检出[36]。不仅在 PBS 缓冲液中，在模拟血清的组分下也可以实现对 Al³⁺的高效检出，将荧光检测法在临床应用中不断推进。此外，血清中的 BSA 和其他蛋白质往往被考虑为检测中的干扰因素。但在这篇文

章中，作者发现在 BSA 大分子链的存在下，1, 2, 3, 4, 5-五（4-羧基苯基）吡咯钠盐（PPPNa）与 Al^{3+} 形成的聚集体堆积更为紧密，荧光更强，最终可以实现检测限为 0.98 μmol/L 的检出[图 2.2（c）]。PPPNa 除了对 Al^{3+} 的响应外，还可以实现对 Pb^{2+} 浓度在 5～30 μmol/L 的检出[图 2.2（d）]，浓度超过 30 μmol/L 后荧光的变化不是很明显，这是由结合位点的饱和造成的。对 Pb^{2+} 的响应大约需要 30s[图 2.2（e）]，并不比 Al^{3+} 响应快。实际检测过程中，可以通过这两种离子引起的最大荧光增强比不同、响应快慢不同、荧光发射峰波长不同这三点进行区分。

除了—COONa 和—SO$_3$Na 之外，—COOH 也可以用于检测 Al^{3+}。Zhao 课题组报道了一个以四苯基乙烯（TPE）为主体的 AIE 化合物（探针 6），—COOH 的引入是为了增加其水溶性和生物相容性[25]。当—COOH 与 Al^{3+} 作用后，形成了 TPE-COOH 与 Al^{3+} 的络合物，限制了分子的自由转动，导致强烈的荧光。在二甲基亚砜/水（2:98）的环境下，在 470 nm 处可以观察到强烈的荧光，并且用动态光散射和电镜证实了颗粒的形成[图 2.3（a）]。探针 6 在多种离子的存在下也可以保持对 Al^{3+} 的选择性。如图 2.3（b）所示，当加入 Al^{3+} 后，探针 6 的 ^{1}H NMR 谱上的亚甲基峰由 4.347 ppm 向 4.376 ppm 移动，证实 Al^{3+} 与—COOH 结合后，降低了邻近亚甲基上的电荷密度，导致核磁共振氢谱发生移动，并且通过计量学计算证实探针 6 与 Al^{3+} 的作用比为 1:4。

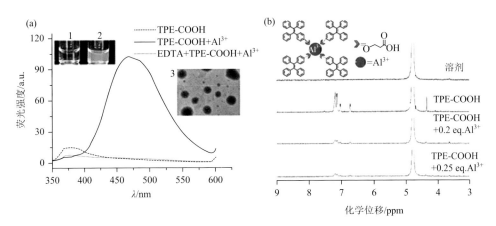

图 2.3　（a）探针 6（20 μmol/L）加入 Al^{3+}（10 μmol/L）前后及加入 EDTA 之后的荧光光谱图；（1）TPE-COOH 溶液和（2）TPE-COOH 和 Al^{3+} 溶液在紫外灯下的照片，（3）纳米聚集体的透射电子显微镜照片（标尺：200 nm）；（b）探针 6 加入不同当量 Al^{3+} 前后的核磁共振氢谱图及机理图

除了传统的基于有机结构的 AIE 分子之外，许多研究者报道了硫醇化的金

属纳米颗粒也具备 AIE 的性质。Du 课题组报道了一种硫醇化的银纳米颗粒（探针 **7**）用于 Al^{3+} 检测的工作。他们利用氧化还原法一步合成了水溶性的银纳米颗粒，在不良溶剂（乙醇）的增加下其荧光逐渐增强，具备聚集增强发光（aggregation enhanced emission，AEE）的性质[40]。在其他阳离子和干扰因素存在下，也可以保持对 Al^{3+} 的高效检出，检测限为 0.1 μmol/L。利用紫外的透过曲线证实了硫醇化的银纳米颗粒对 Al^{3+} 的检测机理为阳离子引发的聚集导致荧光增强，粒径由本身的 7.5 nm 在 Al^{3+} 加入后迅速增长为 190 nm，溶液由澄清变浑浊。这个工作填补了基于 AIE 分子检测 Al^{3+} 的空缺，拓展了纳米颗粒在检测离子中的应用。

2. 基于螯合增强发光的 AIE 分子设计

基于特定的螯合剂（受体）与有机的荧光分子（荧光信号的输出者）而设计荧光探针来识别金属离子是一种最为常见的方法。对于 AIE 分子来说，当金属离子和螯合剂（受体）发生螯合后，其平面性增强或者多个 AIE 分子通过金属离子的螯合连接在一起，引发荧光增强的现象，从而识别体系中的金属离子。其中，由于席夫（Schiff）碱化合物为良好的配位化合物，它的分子结构中的杂原子可以与很多金属离子络合，因此在设计金属离子的荧光探针上有着十分广泛的应用。

Lee 课题组合成了一个含有肽类结构（GlyAsp）的比率型 AIE 荧光探针 **8**[图 2.4（a）]，它可以利用分子中的肽类结构与 Al^{3+} 螯合后自组装成一个发射波长在 600 nm 处的红光纳米颗粒[22]。由于 Al^{3+} 的加入，探针自组装形成 J 聚集体造成波长红移，从荧光光谱可见 600 nm 处的发射峰逐渐升高，535 nm 处的发射峰逐渐下降。探针 **8** 可以实现在多种金属和蛋白质的存在下对 Al^{3+} 的高度选择性，并且在 pH = 5～7.4 之间均适用。在纯水相中的检测限可以达到 145 nmol/L。同时，利用动态光散射、核磁共振波谱以及透射电子显微镜证实了探针 **8** 与 Al^{3+} 自组装形成的纳米颗粒的存在。

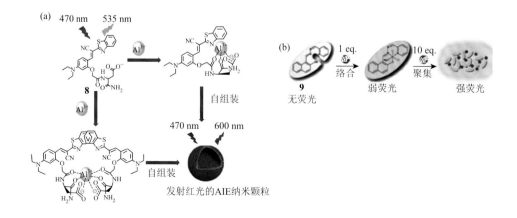

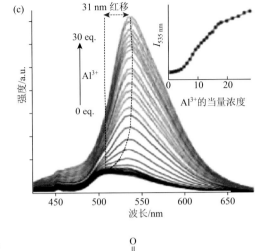

图 2.4　（a）探针 8 检测 Al^{3+} 的机理示意图；（b）探针 9 检测 Al^{3+} 的机理示意图；（c）探针 9
（10 μmol/L）溶解于甲醇/HEPES（9∶1）下加入 Al^{3+} 的荧光光谱图，激发波长：400 nm；
（d）探针 10 的结构式

　　由于席夫碱结构的特殊性，Das 课题组在 2014 年便设计了利用席夫碱结构的荧
光探针用于 Al^{3+} 检测[图 2.4（b）][26]。探针 9 在甲醇/水中表现出标准的 AIE 性质。
在甲醇/4-羟乙基哌嗪乙磺酸（HEPES）缓冲液（9∶1）中实现对 Al^{3+} 的特异的点亮
型响应，质谱数据证实了探针 9 与 Al^{3+} 的结合比为 1∶1[图 2.4（c）]。探针 9 与 Al^{3+}
作用后荧光增强的原因是与 Al^{3+} 的螯合限制了分子内的自由旋转并形成了聚集体，
其检测限为 2.8 μmol/L。其后，作者采用粒径分析、原子力显微镜等证实了聚集体
的形成。除此之外，强螯合剂 EDTA 的加入可以使 Al^{3+} 从 9-Al 的螯合物中解离，使
聚集体解体，导致了荧光强度的下降，进一步证实了荧光的产生是由聚集导致的。
　　同年，Lin 课题组也报道了基于芘的荧光化合物 10[41]，与 Das 课题组的工作相
比[26]，Lin 的工作将检测体系中缓冲液的比例提高（二甲基亚砜∶HEPES = 8∶2），
但无法实现特异性检出。探针 10[图 2.4（d）]对三价金属（Al^{3+}、Cr^{3+} 和 Fe^{3+}）
都可以点亮。当 Al^{3+} 浓度增加到 8 eq.时，443 nm 处的发射峰红移到 527 nm，这

是由席夫碱上的—C＝N 和羰基与 Al^{3+} 螯合后使—C＝N 异构化，造成荧光分子 **10** 完全共轭导致的。核磁共振波谱图中，—NH 在 12.26 ppm 处峰的消失就意味着—NH 与 Al^{3+} 发生螯合，Job 曲线方程显示其结合比为 1∶2。

Fan 课题组分别在 2018 年和 2019 年报道了结构相似的两种席夫碱化合物用于 Al^{3+} 检测[32, 42]。探针 **11** 在 90%水含量下，荧光强度比纯 *N, N*-二甲基甲酰胺溶液增强 20 多倍，是一个标准的 AIE 化合物。探针 **11** 与 Al^{3+} 的结合比为 1∶2，在 Al^{3+} 加入后，核磁共振波谱图上—OH 的峰消失，席夫碱上的—CH 由 9.02 ppm 向 9.22 ppm 移动，证实了席夫碱上的—C＝N 和苯环上的—OH 与 Al^{3+} 发生螯合，形成聚集体使其发光。在第二个工作中，探针 **12**-Al^{3+} 的螯合物表现出 AIE 的特性。对于这类分子，是因为当 Al^{3+} 与探针 **12** 螯合后，其头尾排列更加规整，形成了 J 聚集体，造成发光，探针 **12** 与 Al^{3+} 的结合比为 1∶1，检测限为 $5.3×10^{-8}$ mol/L。

3. 基于抑制 PET 的 AIE 分子设计

基于 PET 抑制机制的荧光分子探针一般由三个部分组成，分别是发色团、识别基团和连接基团。在受到激发时，荧光发色团的电子被激发跃迁到较高的能级，而具有给电子能力的识别基团可以将电子通过连接基团转移到荧光发色团空出的基态电子轨道，使得荧光基团上被光激发的电子无法回到原来的基态轨道，从而无法发射出荧光，导致荧光的猝灭，此时该探针分子处于"关闭"的状态；当识别基团和金属离子结合后，识别基团的给电子能力降低，从而使得整个电子转移过程受阻，荧光发色团上被光激发的电子又能重新回到基态轨道并发射荧光，此时探针分子处于"开启"的状态。

Mobin 课题组报道了一种联氮结构的荧光探针 **13** 用于 Al^{3+} 检测，由于其存在光诱导电子转移效应，探针 **13**[图 2.5（a）]自身在 500 nm 处有较弱的发射峰；当逐渐加入 Al^{3+} 后，化合物荧光增强并出现了 50 nm 的波长红移[43]。这是因为探针 **13** 与 Al^{3+} 发生螯合后，抑制了电子给体和受体之间的电子转移效应，使能量以光的形式发射出来。如果在加入 Al^{3+} 的溶液中加入 EDTA，可以破坏这种螯合作用，使化合物的荧光变弱[图 2.5（b）]。

Misra 课题组报道了一种以芘为电子受体的 AIE 荧光化合物，探针 **14** 在乙腈/水的体系中存在聚集诱导荧光增强（AIEE）的性质[44]。当没有 Al^{3+} 存在时，受激发的—C＝N 上的电子向芘的共轭苯环转移，使能量不能以光的形式耗散出来；当 Al^{3+} 加入后，Al^{3+} 与席夫碱上的—C＝N 和邻近苯环上的—OH 螯合后，抑制了分子内的电子转移，使化合物发出明亮的荧光。在乙腈/水（95∶5）的体系下，Al^{3+} 和探针 **14** 的螯合物由于较低的溶解性，会引发更大程度的聚集，当加入 1 eq.、2.5 eq.和 10 eq.的 Al^{3+} 后，粒径分别为 232 nm、444 nm 和 1753 nm[图 2.5（c）]，证实了发光是由螯合引发聚集导致的。

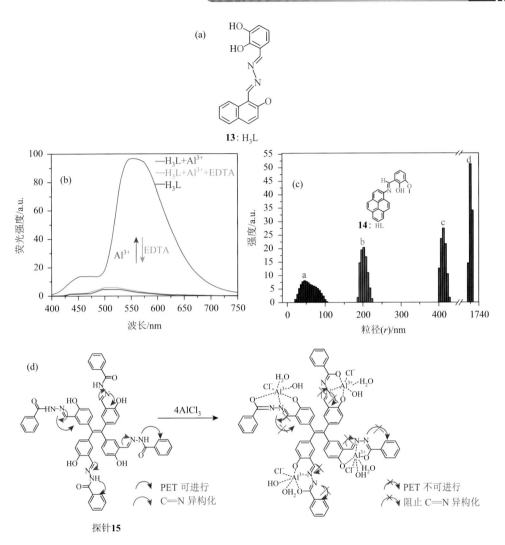

图 2.5　（a）探针 **13** 的分子结构；（b）探针 **13** 及加入 Al³⁺（20 μmol/L）、EDTA（过量）后的荧光光谱图（激发波长：382 nm）；（c）探针 **14** 的分子结构及加入 1 eq.、2.5 eq.、10 eq.的 Al³⁺后的粒径分布；（d）探针 **15** 检测 Al³⁺的机理图

Wang 课题组在 2019 年报道了一种以四苯基乙烯（TPE）为受体的 AIE 探针 **15**，在四氢呋喃/水的体系中表现出明显的 AIE 性质[34]。在二甲基亚砜/水（9∶1，V/V）的环境下，可以实现检测限为 500 nmol/L 的 Al³⁺检测。其检测机理为：在没有 Al³⁺存在时，受到激发后分子内电荷从电子给体（氨基）向电子受体（TPE）转移；当 Al³⁺加入后，Al³⁺与电子供体之间的螯合抑制了 PET，使能量以光的形式耗散出来，同时 C═N 的异构化限制了分子进一步旋转，导致发光更强[图 2.5（d）]。

4. 基于抑制 ESIPT 的 AIE 分子设计

具有激发态分子内质子转移（ESIPT）的荧光探针一般发生在激发态分子内部邻近的质子给体与质子受体之间的质子转移，通常表现出大的斯托克斯位移，与金属螯合诱导发射波长蓝移或者红移等特点。而且，ESIPT 机制可以减小供体的碱性，使探针适合在中性的 pH 条件下应用于生物体系中。通过改变激发态的光诱导分子内电荷转移，修饰后的 D 或 A（供体或受体）可以作为一些金属离子的识别基团，与离子螯合后可以诱导激发/发射波长蓝移或者红移，为设计比率型金属离子荧光探针提供了有效的策略。

Murugesapandian 课题组报道了一种二乙氨基功能化的标准 D-A-D 结构荧光分子，当水含量高于 60% 时荧光增强，表示探针 **16** 是一个标准的 AIE 分子[图 2.6（a）][45]。分子内存在很强的 ESIPT 作用，但当 Al^{3+} 与—C≡N 的螯合作用导致 ESIPT 作用被抑制时，其荧光增强[图 2.6（b）]。探针 **16** 对 Al^{3+} 的检测限为 6.2 nmol/L，结合比为 1:3。但由于其只溶于有机溶剂，其所有检测均在有机相中完成，实际应用性并不强。

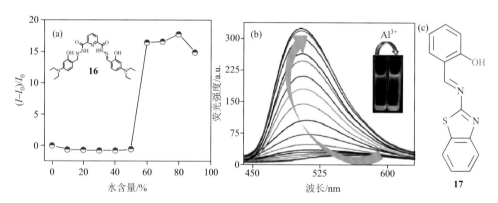

图 2.6   （a）探针 16（100 μmol/L）在四氢呋喃/水中的荧光增强比（激发波长：375 nm）；（b）探针 16 溶解于 N, N-二甲基甲酰胺（10 μmol/L）后向其滴加 Al^{3+}（0～20 eq.）的荧光光谱图（激发波长：378 nm）；（c）探针 17 的分子结构

Laskar 课题组报道了一种苯并噻唑结构，在甲醇/水中表现出明显的 AIE 性质[图 2.6（c）]。在不同 pH 下由于被酸化/碱化，探针 **17** 呈现不同的溶液颜色[46]。当 pH<5 时，溶液呈无色；当 pH = 6～8 时，溶液呈黄色；当 pH>9 时，溶液呈绿色。当逐步加入 Al^{3+} 后，在 480 nm 处的发射峰强度逐渐增强，检测限为 12 pmol/L。核磁共振和红外数据均证实化合物对 Al^{3+} 的特异性响应是由于化合物中的—OH 及—C≡N 与 Al^{3+} 进行螯合，阻断了分子内的 ESIPT 效应，导致发光。

Huang 课题组通过席夫碱反应合成了一种不溶于水的 AIE 化合物探针 **18**。由于其水溶性差，对 Al^{3+} 的检测只能在四氢呋喃/水（2∶3，V/V）中进行[31]。当 Al^{3+} 逐渐加入时，探针 **18** 在 448 nm 处的发射峰强度逐渐增强。这是由于在溶液状态中，席夫碱上的—C═N 与苯环上的—OH 之间存在强烈的 ESIPT 效应，使能量不能以光的形式发散出来。当 Al^{3+} 逐渐加入后，通过核磁共振波谱图判断—OH 峰逐渐消失，其他—H 的峰位的移动证实了席夫碱上的 C═N 也与 Al^{3+} 络合形成了某种络合物。通过 Job 曲线方程及质谱数据证实其与 Al^{3+} 的作用比为 2∶1。为增强其在检测 Al^{3+} 中的应用及用于细胞成像，作者利用亲水的 DSPE-PEG 包裹起来使其可以稳定存在于水和 PBS 缓冲溶液中。当加入 Al^{3+} 后，其在 443 nm 处的发射峰强度逐步增强，可能与纳米颗粒的存在有关，当用 DSPE-PEG 包裹之后，其对 Al^{3+} 的响应在 30 min 后才可完全达到稳定。通过包裹亲水性的 DSPE-PEG，荧光探针可以在缓冲溶液中得以使用，大大扩展其应用范围。

Zheng 课题组报道了一种具有 AIE 性质的酰腙衍生物探针 **19**，在 DMSO 体系中，随着水含量由 75%增加到 99%，其荧光强度明显增强，利用动态光散射和扫描电子显微镜证实了不良溶剂的增加导致聚集的形成[35]。在二甲基亚砜/水（9∶1）体系下，发现其对 Al^{3+} 和 Zn^{2+} 都有荧光增强的响应，加入 Fe^{3+} 后可以使溶液颜色变红。这是因为分子内的羰基和—C═N 双键与金属离子进行螯合，抑制 ESIPT 并导致发光。Luxami 课题组报道了一类 AIE 化合物探针 **20**，在 345 nm 激发下，发射峰出现在 455 nm 和 545 nm 处。化合物溶解在甲醇溶液中，随着 Al^{3+} 的加入，355 nm 处的吸收峰强度逐渐减弱伴随着 465 nm 处的吸收峰强度逐渐增强，这是由其与 Al^{3+} 螯合后抑制 ESIPT 造成的[47]。

2.2.3　基于 AIE 的铝离子探针的应用

1. 在湖水、食物、血清中的 Al^{3+} 检测

在实际应用中，Al^{3+} 大多数存在于湖水、污水或者日常的食物中，通过多种途径进入人体并在血清和细胞中累积，所以如何在这些较为多样的体系下实现 Al^{3+} 的特异性检出变成了一个迫在眉睫的问题。Fan 等报道了将定量的 Al^{3+} 加入湖水、污水中，并用荧光化合物对其进行检出，发现与已知定量的 Al^{3+} 浓度基本相似，可以达到 90%左右的符合，证明其可以用于复杂体系下的 Al^{3+} 检出[38, 42]。在湖水中不可能只存在单一的 Al^{3+}，所以对 Al^{3+} 的非专一性响应显得十分有优势。探针 **5** 除了对 Al^{3+} 响应外，对 Pb^{2+} 也存在一定的荧光增强效果。我们能明显看出在大多数浓度下，探针 **5** 对 Al^{3+} 和 Pb^{2+} 的响应程度有明显的差别，尤其二者的最大荧光增强比相差一倍，这为区别两种离子提供了有利条件。除此以外，两种离子对应的定量检出区间不同，Al^{3+} 对应曲线在浓度为 0～3 μmol/L 时具有较好的线

性，而 Pb^{2+} 对应曲线在浓度为 5～30 μmol/L 时具有较好的线性，所以二者的定量检测互不影响存在理论上的可能。

除了水体系外，研究者还选取了卷心菜、面包等生活中常用的食物，将其磨碎后加入浓 HCl 和浓 H_2SO_4 中蒸煮，最后加入 HNO_3 使其成为透明溶液，并向其中加入定量的 Al^{3+}，与通过荧光法测出来的 Al^{3+} 浓度相比所差无几，证明其可以应用于食物样品中的检测[32]。

实际应用中，摄入的 Al^{3+} 会在血清中累积，所以如何方便快捷地在血清中避免干扰检测 Al^{3+} 变成了迫于解决的问题。Dong 课题组将探针 **5** 应用于血清检测中，如图 2.7（a）所示，血清中 BSA 的生物大分子链有助于聚集的形成[36]。当有 BSA

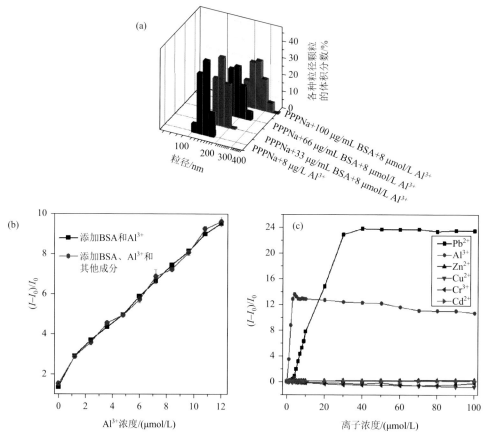

图 2.7 （a）向探针 5（10 μmol/L）的 PBS 溶液中加入 8 μmol/L Al^{3+} 和不同浓度的 BSA 后的粒径分布图；（b）向探针 5（10 μmol/L）的 PBS 溶液中加入不同浓度的 Al^{3+} 和不同浓度的 BSA（100 μg/mL）后的荧光强度变化图；（c）探针 5（10 μmol/L）的水溶液荧光增强比随不同金属含量（0～100 μmol/L）的变化图

存在时，探针 **5**-Al^{3+}形成更大尺寸的聚集，粒径明显增大。当都加入 8 µmol/L 的 Al^{3+}后，未加入 BSA 的颗粒的平均粒径为 122 nm；当分别混入 33 µg/mL、66 µg/mL 和 100 µg/mL 的 BSA 时，粒径分别增加至 164 nm、190 nm 和 255 nm。当混入血清中其他组分（BSA：γ-球蛋白：纤维蛋白原：葡萄糖：尿素：胆固醇 = 400：300：19：6.7：1：4，质量比）时，其荧光强度并没有发生很大变化，与单纯只有 Al^{3+}的荧光强度比差别不大，证明其可以应用于血清的检测，为 AIE 探针检测 Al^{3+}的临床应用找到了新出口。

2. 细胞内 Al^{3+}的检测

当 Al^{3+}进入体内后，一部分存在于血清中，一部分通过细胞膜渗透到细胞中。许多文献报道 Al^{3+}对神经的损伤是由对神经细胞的破坏开始的。由于化合物的不同，其在细胞内的"点亮型"响应可以分为两种，一种是"从无到有"；另一种是发生颜色的改变。如图 2.8（A）所示，在人肾（HK-2）细胞中，单独加入 Al^{3+}和探针 **2** 并不能引起细胞发光[图 2.8（A）中（a）、（b）、（d）]；但如果将化合物加入缓冲液中并与细胞共培养一段时间后，加入 Al^{3+}，细胞会出现明显的蓝色荧光[图 2.8（A）中（a）、（f）]。图 2.8（B）展示了另一种探针 **8** 可以实现对细胞内 Al^{3+}的动态检测，在探针 **8** 单独与人乳腺癌细胞（MDA-MB-231）孵化时，细胞呈黄色荧光，当 Al^{3+}溶液加入装载了探针的细胞中，细胞呈现红色荧光，与体外实验

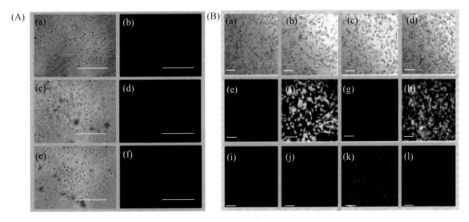

图 2.8　（A）HK 细胞与 Al^{3+}（1 µmol/L）培养（a，b）、与探针 2（10 µmol/L）培养（c，d）、与探针 2 培养后加入 Al^{3+}（e，f）的明场、荧光场图片（标尺：1 µm）；（B）MDA-MB-231 细胞与 Al^{3+}（50 µmol/L）培养（a，e，i）、与探针 8（10 µmol/L）培养（b，f，j）、与探针 8 培养后加入 Al^{3+}（c，g，k）、与探针 8 和 EDTA 培养后加入 Al^{3+}（d，h，l）的明场、荧光场图片（标尺：50 µm）

一致[22]；但如果将装载探针的细胞与螯合剂 EDTA 共孵育，过量的 Al^{3+} 加入并不能引起红色荧光，这是由肽类部分与 EDTA 进行螯合，不能与 Al^{3+} 作用形成纳米颗粒造成的。

相比于其他将 Al^{3+} 加入已经和探针共培养的细胞中，如何检出细胞内本身的 Al^{3+} 变得更为实用。当细胞与 Al^{3+} 共培养 12 h 或者长达 24 h 后，向其中加入探针 **5** 仍然可以看到明显的蓝色荧光（图 2.9），对比之下，单独与探针 **5** 孵育的细胞没有明显的蓝色荧光，这证明探针 **5** 可以用于 Al^{3+} 长期累积的体系中进行检测。同时，细胞的"点亮型"响应也说明已经扩散在细胞质内的 Al^{3+} 可以重新由于静电作用聚集在探针周围。

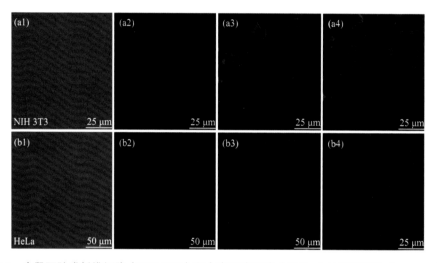

图 2.9　小鼠胚胎成纤维细胞（NIH 3T3）和人宫颈癌细胞（HeLa）的明场图片（a1，b1）以及与 10 μmol/L 探针 **5** 共培养（a2，b2）、与 Al^{3+}（12 μmol/L）孵育 12h 之后加入探针 **5**（a3，b3）、与 Al^{3+}（6 μmol/L）孵育 24h 之后加入探针 **5**（a4，b4）的荧光场图片

除了将 Al^{3+} 的检测应用于细胞内 Al^{3+} 示踪中，Dong 课题组还将其用于 Al^{3+} 的吸附从而减少 Al^{3+} 对细胞内蛋白质的损伤[36]。他们发现，Al^{3+} 与细胞培养相同的时间内（48 h、72 h），一组在观察前 24 h 和 48 h 加入 10 μmol/L 探针 **5**，一组不做任何额外处理。通过流式细胞仪给出的细胞凋亡数据，发现在提前加入探针 **5** 的一组细胞与不加入探针 **5** 的细胞相比，NIH 3T3 细胞存活率由 80% 增加到了 88.2%（探针 **5** 加入 24h），探针 **5** 加入 48 h 后细胞存活率由 76.6% 增加至 83.5%；对 HeLa 细胞而言，探针 **5** 加入 24 h 和 48 h 后，其细胞存活率分别由 82.8% 增加至 89.8%、由 79% 增加至 84%，后者增长了 6.3%[图 2.10（C）]，说明即使 Al^{3+} 在细胞中自由分散 24 h 的情况下，探针 **5** 仍然可以将细胞质内游离的 Al^{3+} 吸附在探针附近，避免其对细胞造成一定的损伤。

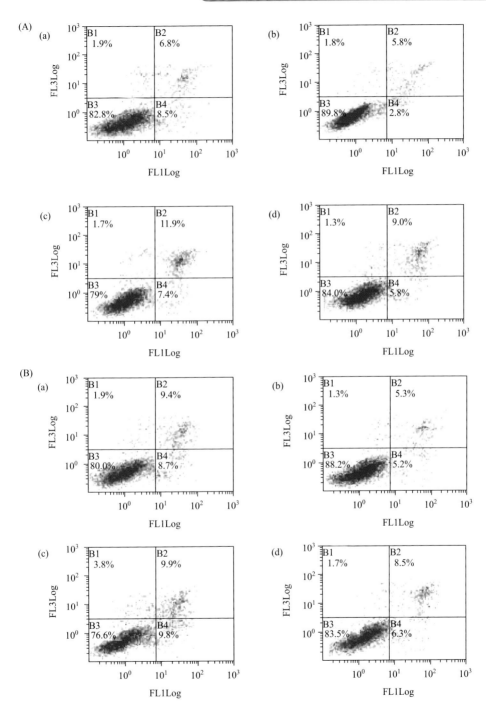

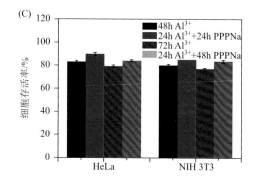

图 2.10 （A）HeLa 细胞和 Al³⁺（6 μmol/L）共培养 48 h（a，b）、72 h（c，d），其中（b）、（c）分别在观察前 24 h 和 48 h 加入探针 5（10 μmol/L）的流式凋亡数据；（B）NIH 3T3 细胞和 Al³⁺共培养 48 h（a，b）、72 h（c，d），其中（b）、（c）分别在观察前 24 h 和 48 h 加入探针 5（10 μmol/L）的流式凋亡数据；（C）（A）、（B）两图的数据汇总

B2：细胞存活；B4：早期凋亡；B3：晚期凋亡；B1：坏死；FL1Log 为 FITC 通道；FL3Log 为 PE 通道

3. DNA 示踪与 PPi 检测

在进行 Al³⁺检测时，科研人员往往利用电荷作用或者螯合作用，使 Al³⁺与荧光化合物形成一定程度的聚集，使该聚集体对 Al³⁺存在点亮型响应；但从另一个角度来说，也可以破坏这种聚集来检测其他蛋白质或者盐离子。

Chatterjee 等就利用荧光探针与 Al³⁺形成复合物之后，加入循环肿瘤 DNA（ctDNA）后荧光逐渐减弱。这是因为 ctDNA 是一种具有强负电性的生物大分子，它与荧光分子存在竞争关系并且可以将 Al³⁺从荧光分子与 Al³⁺的络合物中解离出来，使荧光化合物的荧光减弱，说明其未来可以用于细胞内的 DNA 示踪[图 2.11（a）][26, 38]。除 ctDNA 之外，焦磷酸盐（PPi）也可以与 Al³⁺更为紧密地结合，破坏化合物与 Al³⁺之间的螯合作用。因此，当向探针 **11**-Al³⁺的复合物溶液中加入 PPi 后，可以观察到荧光的明显减弱，使探针与 Al³⁺的聚合物解聚[图 2.11（b）和（c）][42]。

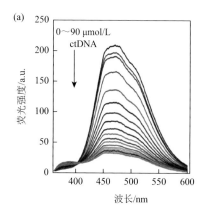

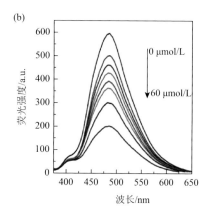

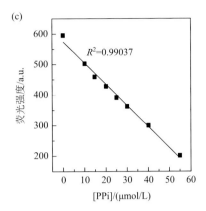

图 2.11　（a）向探针 2（20 μmol/L）和 Al^{3+}（24 μmol/L）的混合溶液中加入 ctDNA 后的荧光光谱图，激发波长：345 nm；（b）向探针 11（20 mmol/L）和 Al^{3+}的混合溶液中加入 PPi 后的荧光光谱图，激发波长：370 nm；（c）图（b）中荧光光谱的线性拟合

该化合物还可以实现在水和尿液的混合体系中对 PPi 的检测，证实其可以被用于复杂体系中的检测。

4. 试纸中对 Al^{3+}的固相检测

大多数荧光分子需要溶解于有机溶剂或者缓冲溶剂中进行 Al^{3+} 的检测，当需要配备一定浓度的液体时，显得略有不便。为增强荧光法检测 Al^{3+} 的应用性，Luxami 等将对 Al^{3+}的检测拓展到试纸条中。他们将荧光分子溶解于易挥发的有机溶剂中，并滴在试纸条上，待试纸烘干之后，向其上滴加不同浓度的 Al^{3+}，发现其有明显的颜色变化；向不同试纸条上滴加不同的金属离子，发现只有滴加 Al^{3+} 的区域呈现明亮的荧光，证实对 Al^{3+} 的检测可以拓展到固相领域[47]。

上述总结了 AIE 探针检测 Al^{3+}的基本原理，分别是光诱导电子转移（PET）[33, 34]、螯合增强荧光（CHEF）[22, 26]、激发态分子内质子转移（ESIPT）[35]和电荷作用诱导发光（EIE）[27, 36]等。其中，基于电荷作用诱导发光的分子往往带有亲水性基团，更适用于水体系、生物体系的检测；而其他机理则是大多利用席夫碱基团的特殊性，与 Al^{3+}螯合实现的，但因为绝大多数分子均是不溶于水的，检测条件需要一定比例的有机溶剂，或者用亲水性的化合物将其包裹起来，应用受限。

尽管很多研究者发现阿尔茨海默病患者的神经细胞中存在较大量的 Al^{3+}，证实了 Al^{3+}对神经细胞存在很大的毒害，即认为 Al^{3+}进入细胞内会影响蛋白质的折叠和表达，但并没有直接证据证明 Al^{3+}诱导蛋白质折叠过程。截至目前，研究工作利用荧光探针实现对易受损伤蛋白的位点进行确认及相关研究，大多只停留在细胞内对 Al^{3+}的示踪上；同时利用静电作用或者螯合作用可以实现对 Al^{3+}的吸附，能否将 AIE 荧光探针由 "发现型 Al^{3+}" 转变为 "治疗型 Al^{3+}"？通过其可与 Al^{3+} 进行结合来避免其对蛋白质的损伤，也是 AIE 探针下一步研究的思路。

2.3 铁离子检测

2.3.1 铁离子在环境中的存在形式、分布及其作用

铁离子进入环境的途径大部分来自矿物加工、钢铁冶炼等工业生产过程，其次来自矿物质类燃料（煤、石油等）的燃烧；如果化肥、农药的使用过量也会造成大量的铁离子进入环境而导致污染。

但同时铁是人体内不可缺少的微量元素，是构成肌红蛋白、血红蛋白及多种生物酶的重要成分，如果体内缺铁会影响肌红蛋白、血红蛋白的合成，造成缺铁性贫血[48]，从而导致一些与生物氧化、组织呼吸、神经递质的分解或者与合成有着密切关系的酶活性降低[49]。此外，铁也是固氮酶的重要组成部分。因此，铁元素的缺失可以引发很多生理变化，导致免疫力及智力降低，影响身体调节体温的能力，引起神经紊乱等疾病。

但如果大量的铁离子被排放到环境中，就会被人体以接触或食用的方式累积在血液中。一旦铁离子在体内的累计浓度超过某个值，也有可能引起中毒，或导致严重的健康问题，如引发癌症和某些器官如心脏、胰腺和肝脏的老化[50, 51]。

因此，寻求一种能对铁离子进行快速检测的方法仍然值得重视。目前，检测铁离子的方法主要有原子吸收光谱法、高效液相色谱法和共振光散射法等。然而，上述方法均需要昂贵的大型分析仪器，样品需要经过复杂的前处理，检测过程也极为烦琐[52]。除了利用仪器，还有一种常见的检验铁离子的方法——目视法，是利用金属离子和显色剂反应生成有颜色的络合物，而金属浓度和颜色变化之间是呈线性关系的，利用这种线性关系可以进行定量分析。但这种分析方法的准确性有待考量[53, 54]。因此，建立快速高效、成本低廉的铁离子检测方法具有重要的理论和实际应用价值。相比于传统的原子吸收光谱法等检测铁离子的方法，荧光探针法具有快速简洁、实时检测、应用性强等优点，所以近几年很多研究者将重点放在荧光探针对铁离子的 "turn on" 或者 "turn off" 响应中。

2.3.2 基于 AIE 的铁离子探针的分子设计及工作机制

1. 点亮型 AIE 探针分子设计

Tang 课题组报道了一个基于四苯基乙烯（TPE）连接吡啶基团的探针 **21** [图 2.12（A）][55]。在四氢呋喃/水的体系中，当水含量大于 70% 时，溶液的荧光

强度开始剧烈增强。探针 **21** 在纯四氢呋喃溶液中的量子效率是 0.06,但其固态量子效率则达到 0.58,从而显示其具有 AIE 性质。鉴于吡啶基团极容易与过渡金属或镧系金属发生配位作用,所以作者基于空间计算认为邻位取代吡啶更容易与镧系金属进行配位,希望能够在四氢呋喃/水(3∶7)中,实现对 Ir^{3+} 或 Ru^{3+} 的响应,但实验结果表明溶液颜色并没有明显的变化。为此作者尝试过渡金属及其他金属离子,却发现只有当 Fe^{3+} 加入后,其荧光强度有所增强并且伴随荧光发射从 450 nm 到 578 nm 的红移。作者认为红移的原因是 Fe^{3+} 的加入增强了水的解离,引发探针 **21** 被质子化而产生了分子内电子转移,为验证这一猜想,作者在不同 pH 下进行了测试,发现当 pH<3 时,探针 **21** 的发射峰由原来的 472 nm 红移到 595 nm,证实在强酸下探针 **21** 被质子化导致波长红移,印证了加入 Fe^{3+} 波长红移是由质子化造成的。进一步分析表明因为探针 **21** 的 pK_a 值为 3.27,比较不同离子的氢氧化物的 pK_a 值,也只有 Fe^{3+} 的 pK_a 值为 3.20(表 2.1),可以与探针 **21** 的 pK_a 值相匹配,诱使探针被质子化,故表现出对 Fe^{3+} 的特异选择性。经计算得到探针 **21** 对 Fe^{3+} 的检测限为 10.4 μmol/L。

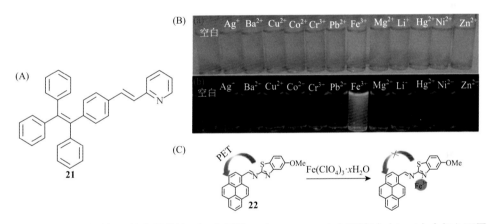

图 2.12　(A)探针 **21** 的分子结构;(B)探针 **22**(25 μmol/L)在甲醇/水(1∶1)中加入不同种类的金属离子(100 μmol/L)后在日光(a)和手持紫外灯(b)下的照片;(C)探针 **22** 的检测机理示意图

表 2.1　不同金属离子的 K_{sp} 值和 pK_a 值

金属氢氧化物	K_{sp}	pK_a	金属氢氧化物	K_{sp}	pK_a
$Fe(OH)_3$	4.0×10^{-38}	3.20	$Zn(OH)_2$	1.2×10^{-17}	10.03
$Al(OH)_3$	1.3×10^{-33}	4.70	$Cu(OH)_2$	2.2×10^{-20}	9.11
$Cr(OH)_3$	6.3×10^{-31}	5.60	$Pb(OH)_2$	1.2×10^{-15}	10.69
$Fe(OH)_2$	8.0×10^{-16}	10.63	$Mg(OH)_2$	1.8×10^{-11}	12.09
$Co(OH)_2$	1.6×10^{-15}	10.73	$Ca(OH)_2$	5.5×10^{-6}	13.91

注: [TPE-*o*-Py] = 10^{-5} mol/L, [M^{2+}]、[M^{3+}] = 10^{-5} mol/L。

Bhosale 课题组报道了以芘为发色团的探针 **22** 用于检验 Fe^{3+}[图 2.12（C）]。在乙腈/水中，随着水含量的增加，探针 **22** 与水之间形成的氢键抑制了苯并噻唑到芘之间的电子转移，使分子间的堆积更为紧密，使探针 **22** 的荧光逐渐增强，表现出 AEE 的性质。当加入 Fe^{3+} 后的探针 **22** 溶液由黄色变为无色，通过肉眼即可判断；在手持紫外灯的照射下，可以看到加入 Fe^{3+} 后的探针 **22** 溶液荧光明显增强[图 2.12（B）]。逐滴向溶液中加入 0~3eq. Fe^{3+} 时，荧光强度增长了 200 倍，得到探针 **22** 对 Fe^{3+} 的检测限为 2.16 μmol/L。根据 Job 曲线方程计算出探针 **22** 与 Fe^{3+} 的结合比为 1∶1，在红外光谱图中，—C≡N 的峰位由 1634cm^{-1} 移动到 1744cm^{-1}，进一步证实是由—C≡N 与 Fe^{3+} 螯合导致的[56]。

Xu 课题组以 1,8-二萘甲酰亚胺为发色团、二亚乙基三胺为 Fe^{3+} 识别基团设计合成了探针 **23**[图 2.13（a）、（b）][57]。在乙腈/水的体系中，随着水含量的逐渐增加（0%~70%），探针 **23** 荧光强度逐渐增强，同时发射波长由 513 nm 红移到 524 nm；在 70%水含量下，探针 **23** 会组装成 162 nm 的荧光纳米颗粒，在 90%水含量下，颗粒尺寸剧烈增加至 622 nm，证实了水含量高时聚集体的生成，即探针 **23** 具有 AIE 性质。在 PBS 缓冲溶液环境下，探针 **23** 只对 Fe^{3+} 呈现明显的荧光增强，Job 曲线方程证实两者结合比为 1∶1，根据 Benesi-Hildebrand 方程算出的探针与 Fe^{3+} 的结合常数 K_a 值为 7.1×10^5 mol^{-1}，证明探针 **23** 与 Fe^{3+} 之间存在较强的配位作用。经计算得到的检测限为 0.35 nmol/L。Fe^{3+} 加入后所引起的发射波长蓝移是因为 Fe^{3+} 与二亚乙基三胺上的 N 原子螯合后，抑制了光诱导电子转移，导致荧光增强。加入 Fe^{3+} 后，探针 **23**-Fe^{3+} 络合物的粒径缩小为 66 nm，比之前探针

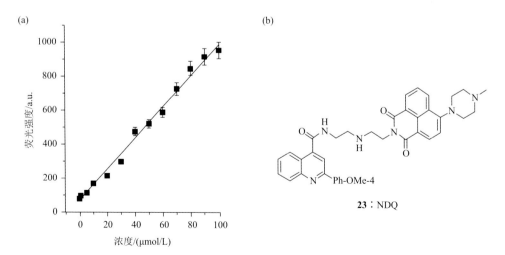

图 2.13　（a）探针 23（10 μmol/L）在 PBS 体系下加入不同浓度的 Fe^{3+}（1~100 μmol/L）后的荧光强度与 Fe^{3+} 浓度的线性关系（激发波长：403 nm）；（b）探针 23 的分子结构

23 在水中的聚集颗粒小许多，这是因为 Fe^{3+} 与探针 **23** 形成螯合物后，使探针 **23**-Fe^{3+} 的络合物表面带更多的正电荷，由于电荷相斥而导致本来的聚集重新排布，变成了更稳定的小纳米颗粒。

Lin 课题组报道了以芘为发色团并具有 AIE 性质的探针 **24**[41]。其可以在二甲基亚砜/HEPES（8∶2）的体系中进行检测，但同时对 Al^{3+}、Fe^{3+} 和 Cr^{3+} 都具有"点亮型响应"。加入 Fe^{3+} 后，探针 **24** 的发射波长由 443 nm 红移到 527 nm，这是由于席夫碱上的—C=N 和羰基与 Fe^{3+} 螯合后使—C=N 异构化，造成探针 **24** 分子结构进一步增强共轭所致。在 0～300 μmol/L 浓度范围内，Fe^{3+} 的加入使 443 nm 处荧光强度逐渐增加，并保持良好的线性关系（$R^2 = 0.968$），据此算得探针 **24** 对 Fe^{3+} 的检测限为 0.3 μmol/L。

Jin 课题组所报道的具有明显 AIE 性质的探针 **25** 则对 Al^{3+}、Zn^{2+} 和 Fe^{3+} 都有一定的响应，其中对 Al^{3+} 和 Zn^{2+} 的响应主要体现在荧光强度的变化上，而对 Fe^{3+} 的响应则体现在溶液的颜色变化上[35]。作者分别在二甲基亚砜/水（9∶1）、N, N-二甲基甲酰胺/水（9∶1）和四氢呋喃/水（9∶1）中加入 Fe^{3+}，均没有出现荧光变化，但在日光下溶液颜色却变成深棕色，探针 **25**-Fe^{3+} 复合物的紫外光谱表现出更宽的吸收峰，证明发生了探针与金属之间的电子转移。NMR 则证明 Fe^{3+} 并没有与 H_2 旁边的氧原子螯合而是与 H_3 旁边的氧原子螯合造成的荧光增强。通过计算得到探针 **25** 对 Fe^{3+} 的检测限为 0.34 μmol/L。鉴于探针 **25** 与 Fe^{3+} 结合比为 2∶1，可以推测两个探针分子与一个 Fe^{3+} 螯合后导致聚集，引发了在长波长可见光谱中吸收增强的现象。

Lee 课题组合成了探针 **26** 用于检测 Fe^{3+}（图 2.14）[58]。在 422 nm 激发下，探针 **6** 在乙醇中表现出对 Fe^{3+} 和 Cr^{3+} 荧光增强的性质，但因为 Cr^{3+} 在生物体中的含量微乎其微，所以在生物体中检测 Fe^{3+} 时可以忽略 Cr^{3+} 的干扰。探针 **26** 与 Fe^{3+} 的结合比为 2∶1。探针 **26** 对其他离子具有很强的抗干扰性，加入 10 eq.其他离子也不会影响探针 **26** 对 Fe^{3+} 荧光强度的变化。但如果加入强螯合剂 EDTA 之后，探针的荧光强度恢复到加入 Fe^{3+} 之前，表明探针与金属离子之间的作用是由螯合引起的。当 Fe^{3+} 与探针 **26** 螯合后，探针的自由旋转被抑制导致荧光增强。作者又合成了几种类似结构的探针（如将酯基去掉，或将噻吩环换成呋喃环），同时发现酯基在对 Fe^{3+} 的"点亮"响应中是主要的因素，去掉酯基的分子对 Fe^{3+} 检测的响应微乎其微；但将噻吩环换成呋喃环后，其对 Fe^{3+} 检测的"点亮"响应影响并不大。

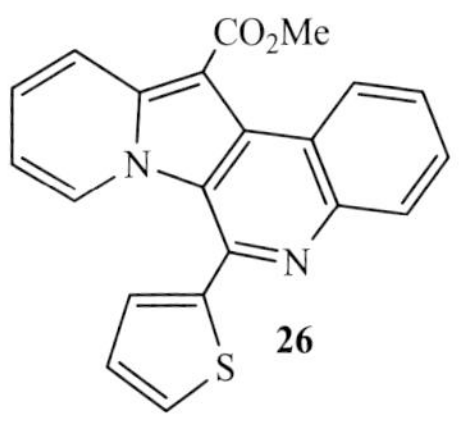

图 2.14　探针 **26** 的分子结构

2. "猝灭"型 AIE 探针分子设计

Li 课题组报道了一个可以与三磷酸腺苷（ATP）自组装为纳米颗粒的探针 **27**[图 2.15（a）][59]。为了避免传统荧光分子的聚集导致荧光猝灭（ACQ）效应，作者将 TPE 作为发光基元引入其中使其具备 AIE 的性质，同时通过双咪唑连接基增加其对 ATP 的响应，利用低聚聚乙烯醇增加水溶性。因为 ATP 带有三个呈负电性的磷酸基团，所以咪唑烷上的正电荷可以与 ATP 发生静电相互作用，从而限制分子运动导致发光。粒径分布图显示该探针与 ATP 混合后，可以自组装成纳米颗粒，而且随着 ATP 浓度的增加，粒径由几纳米增加至 800 nm[图 2.15（b）]。由于纳米颗粒表面的腺嘌呤、咪唑啉和磷酸盐等都呈负电性，可以与金属离子结合。作者尝试了向纳米颗粒溶液中加入不同金属离子，结果发现只有 Fe^{3+} 加入后，其荧光发生明显猝灭[图 2.15（c）]。这是因铁作为一种过渡金属，Fe^{3+} 通常在光诱导下发生电子转移，探针的激发态能量减少，从而导致荧光的猝灭。荧光强度在 $1\sim10$ nmol/L 内线性下降，证实其可以在纳摩尔级进行检测。因为纳米颗粒具有纳米尺寸的优良效应，表面电势能高并且比表面积大，与小分子荧光探针相比，其更容易捕捉 Fe^{3+}，从而进行检测。

Lin 课题组则利用轮烷结构与 TPE 通过分子设计合成了具有 AEE 性质的探针 **28**[图 2.15（d）][60]。因为探针 **28** 中的 N、O 原子和轮烷结构中的"大环"可以有效地捕捉金属离子，所以作者将多种金属离子加入探针溶液中，观察有无

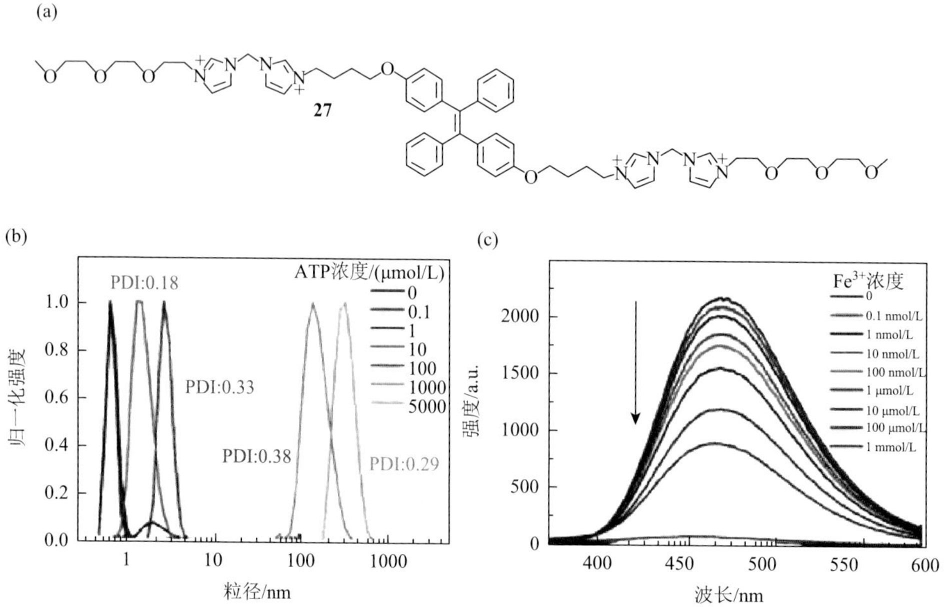

(a)

27

(b)

(c)

(d)

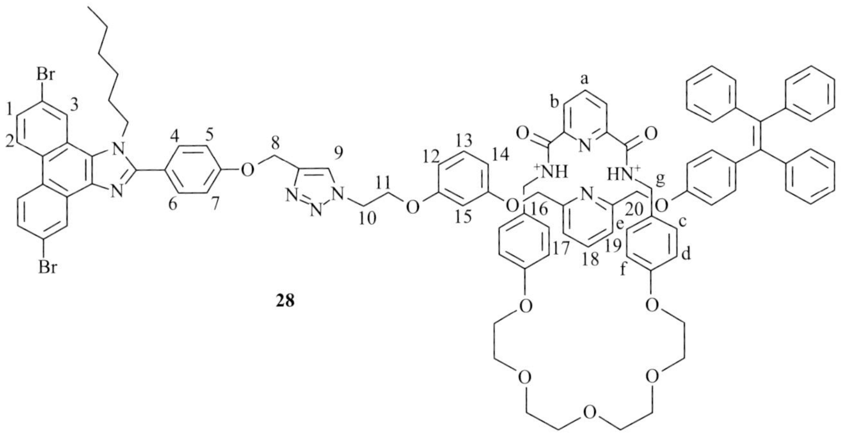

28

图 2.15　（a）探针 27 的分子结构；（b）向探针 27（10 μmol/L）的 HEPES 缓冲溶液中加入不同浓度的 ATP 后的粒径分布；（c）向探针 27 与 ATP 组成的纳米颗粒中加入不同浓度的 Fe^{3+} 的荧光光谱（激发波长：316 nm）；（d）探针 28 的分子结构

光物理性能的变化。通过紫外吸收的变化，作者发现只有 Fe^{3+} 加入后与探针 **28** 之间存在明显的电子转移。在 0～16 μmol/L 浓度范围内，Fe^{3+} 的加入使探针 **28** 荧光强度呈线性下降，这是因为 Fe^{3+} 作为客体被"大环"捕捉后，作为主体的探针 **28** 与客体发生了能量转移，导致探针 **28** 的荧光猝灭。作者利用探针 **28** 加入 Fe^{3+} 前后的核磁数据变化证明"大环"结构中的 N 原子与 Fe^{3+} 发生螯合，其附近的质子峰向高场移动，经 Job 曲线方程计算得出探针 **28** 与 Fe^{3+} 的结合比为 1∶1。

Wang 课题组报道了一种含 TPE 的两性离子型共轭聚合物探针 **29**，其在二甲基亚砜中荧光较弱，但随着水含量的增加，形成聚合物纳米颗粒的同时其荧光强度逐渐增加，表现出 AEE 的性质[61]。但当水含量超过 80% 时，由于不良溶剂的增加导致了聚合物的沉淀析出，其荧光强度减弱。甲醇和水中，在 DSPE-PEG$_{2000}$ 形成胶束过程中实现聚合物的包裹，可以得到溶于水的探针 **29** 纳米颗粒，由动态光散射测得平均粒径为 23 nm，其吸收波长为 365 nm，发射波长为 500 nm。当加入 Fe^{3+} 后，探针 **29** 纳米颗粒的荧光强度逐渐下降，检测限为 0.22 μmol/L，要比一些基于 TPE 的荧光分子（0.7 μmol/L）[62]、纳米金（2 μmol/L）[63]的检测限都低。此外，探针 **29** 纳米颗粒表现出对 Fe^{3+} 具有很强的选择性，即使加入其他不同价态的金属离子，对探针 **29** 纳米颗粒的荧光并不会产生影响。

Zhou 课题组将带有磺酸钠基团的 TPE（SPOTPE）与带有季铵盐基团的纤维素（QC）进行物理混合形成了探针 **30**[64]。QC 是一种带强正电的聚合物，其上的—$(CH_3)_3N^+$ 可以与—SO_3^- 发生强的静电相互作用结合在一起。在 TEM 下探针 **30** 纳米复合物呈现为大约 80 nm 纳米线聚集态结构；与没有和 QC 混合的 SPOTPE

相比，纳米复合物的荧光并没有发生波长的移动（激发波长：348 nm；发射波长：472 nm），但是荧光却明显增强，这是因为两者结合后限制了分子内旋转，从而导致非辐射能量转移被抑制。当逐渐加入 Fe^{3+}（0～200 μmol/L）后，探针 **30** 溶液的荧光急剧下降，在 0～100 μmol/L 保持很好的线性关系，检测限为 2.92 μmol/L，而其他离子加入后并没有表现出荧光猝灭的现象，体现出探针 **30** 对 Fe^{3+} 的特异性。通过动态光散射测得的粒径证实，纳米复合物与其他离子混合后的粒径约为 200 nm，但只有和 Fe^{3+} 混合后的粒径为 86 nm，证明 Fe^{3+} 和其他离子相比可以使探针 **30** 的纳米复合物的聚集更为紧密。因为 Fe^{3+} 具有顺磁性，它的 d 轨道没有被电子填满，所以它很容易与相近的荧光团发生电子转移导致荧光猝灭。所以当 Fe^{3+} 加入纳米复合物中时，它会与其中的醚键和羟基发生螯合，发生电子和能量的转移，导致荧光猝灭。

Liu 课题组报道了一个以三苯胺为主体可一步合成的荧光探针 **31**[图 2.16（a）][65]。该具有 AIE 性质的荧光探针，当逐滴加入 Fe^{3+} 后，其溶液颜色由橙色变为无色，同时荧光强度衰减到原来的 1/26。紫外吸收峰变宽说明在与 Fe^{3+} 相互作用时发生了探针 **31** 的超共轭和电子转移，利用核磁共振氢谱证明探针内本身三苯胺乙烯基和氰基之间的共轭结构被破坏，从而导致荧光的猝灭[图 2.16（b）]。分析表明探针 **31** 对 Fe^{3+} 的检测限为 1.44 mmol/L，且两者结合比为 1∶1。

Han 课题组合成了带咪唑（Im）的四苯基乙烯探针 **32**[图 2.16（c）][66]。实验结果显示在水含量达到 99% 的四氢呋喃/水中荧光强度比在纯四氢呋喃中高 10 倍，表明该探针具有显著的 AIE 性质。同时在水含量为 99% 的四氢呋喃/水中，加入 2.5 eq. 不同金属离子，发现 Cu^{2+}、Fe^{2+} 和 Fe^{3+} 都可以不同程度地使荧光猝灭，但只有 Fe^{3+} 使荧光完全猝灭[图 2.16（d）]。如果先加入其他离子，尽管可引起荧光发生一定强度的变化，但再加入 Fe^{3+}，荧光基本全部被猝灭，即 Fe^{3+} 要比其他离子更容易与探针 **32** 相互作用而引起荧光猝灭[图 2.16（d）]，证实了探针 **32** 的高度选择性和抗干扰能力。探针 **32** 对 Fe^{3+} 的响应是基于咪唑很容易与 Fe^{3+} 配位形成络合物，使其水溶性更强，故表现出溶液会由浑浊变为澄清，聚集体因解聚而导致荧光的猝灭。

Feng 课题组通过将噻吩引入硅核结构中制备了具有 AEE 性质的硅烷基探针 **33**[67]。该探针在水含量为 99% 的四氢呋喃/水溶液中的量子效率为 44.6%，高出在纯四氢呋喃中的（15%）近 2 倍。实验结果显示：随着 Fe^{3+}（0～5 μmol/L）的加入，探针 **33** 的荧光强度逐渐下降，并且在 0～1 μmol/L 中保持良好的线性关系，为此得到检测限为 1.54 μmol/L，并确定探针 **33** 与 Fe^{3+} 的结合比为 1∶1。经分析可以认为：Fe^{3+} 与探针 **33** 相互作用时，受到激发的探针最低未占据轨道（LUMO）电子首先向 Fe^{3+} 中空的 d 轨道转移，随后再向另一个探针的最高占据轨道（HOMO）转移，如此过程导致了能量以非辐射的形式耗散出来，其结果是荧光猝灭。

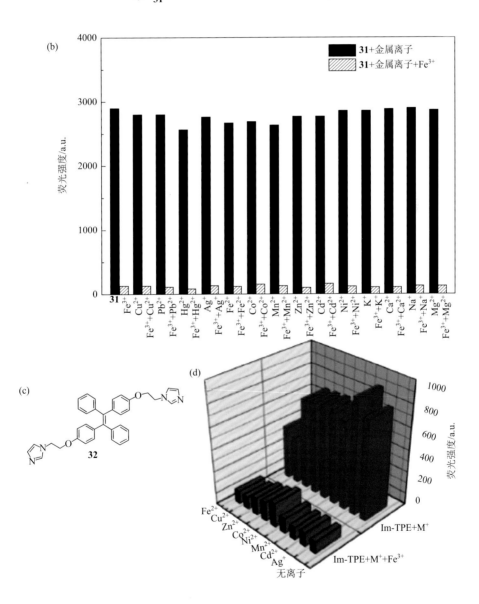

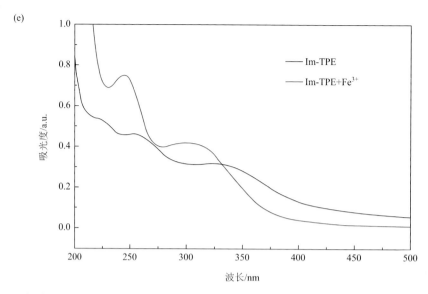

(e)

图 2.16　（a）探针 31 的检测机理图；（b）探针 31（2 μmol/L）、加入不同金属离子（400 μmol/L）及再向其中加入 Fe³⁺（400 μmol/L）的荧光强度；（c）探针 32 的分子结构；（d）向探针 32（20 μmol/L）加入不同金属离子（50 μmol/L）及再向其中加入 Fe³⁺（50 μmol/L）的荧光强度（激发波长：320 nm）；（e）加入 Fe³⁺前后的紫外光谱

He 课题组报道了一种以 TPE 为发光团的 AIE 化合物 **34**（图 2.17）[62]。在四氢呋喃/水（1∶2）混合溶剂下，逐步加入 0～30 μmol/L Fe³⁺离子，荧光逐渐猝灭，并且在 Fe³⁺浓度为 0～20 μmol/L 时保持良好的线性关系。作者将探针 **34** 溶液的 pH 在 2～10 之间进行调节，结果表明 pH 对 Fe³⁺的检测没有影响，证明探针可以用于多种酸碱条件下的检测。通过核磁共振数据分析，显示探针 **34** 对 Fe³⁺的响应是基于吡啶上的 N 原子和噻吩上的 S 原子与 Fe³⁺发生了螯合，使探针 **34** 与 Fe³⁺之间发生电子转移造成了荧光猝灭。

34

Fe³⁺≤1.0 eq.

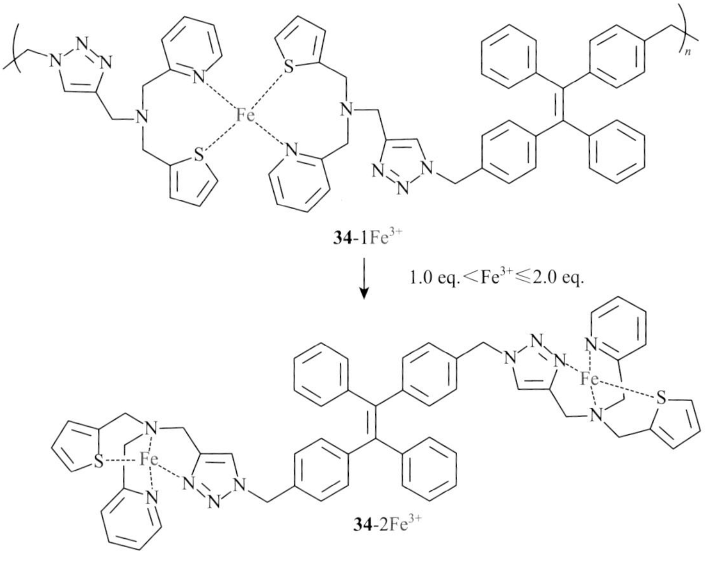

图 2.17　探针 34 的分子结构及检测机理

　　Yang 课题组将 TPE 嵌入聚氨酯分子主链中，制备了具备 AEE 性质的探针 **35**（图 2.18）[68]。在二甲基亚砜/水（2∶8）混合溶剂中加入相同浓度的不同金属离子，结果显示只有 Fe^{3+} 能使探针 **35** 荧光减弱，而且 Fe^{3+} 浓度在 $0\sim200$ μmol/L 范围内时保持很好的线性关系。根据加入 Fe^{3+} 前后溶液的紫外吸收，加入 Fe^{3+} 后在 380 nm 处的吸收峰下降，这是因为 Fe^{3+} 在强水解作用下，探针被质子化从而水溶性增强，使得聚集状态遭到了破坏而解聚，故荧光猝灭。

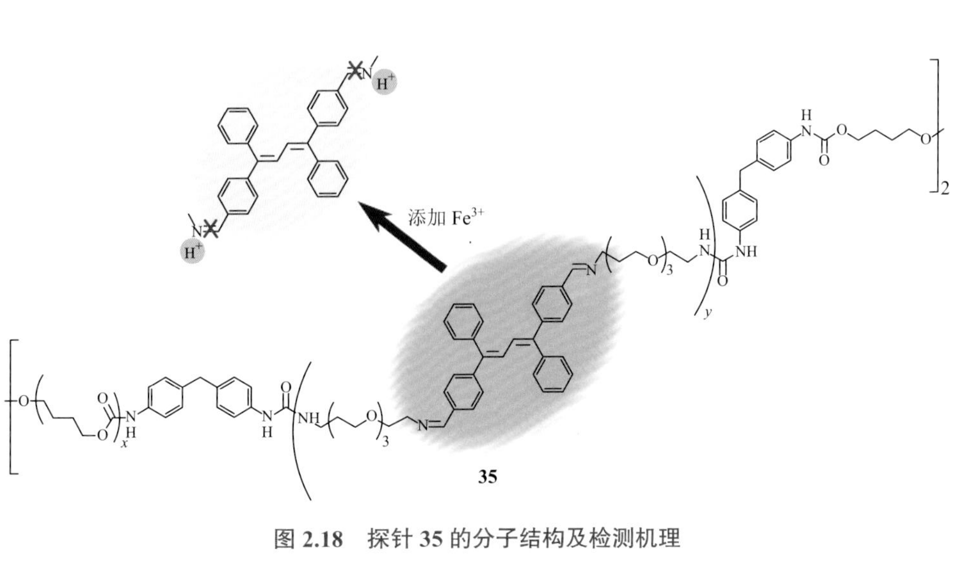

图 2.18　探针 35 的分子结构及检测机理

2.3.3 基于 AIE 的铁离子探针的应用

1. 在细胞中对 Fe^{3+} 的检出

由于环境中大量 Fe^{3+} 的存在，通过饮食和接触，Fe^{3+} 会进入人体血液和细胞中。当 Fe^{3+} 进入体内后，一部分存在于血清中，一部分通过细胞膜渗透到细胞中。Fe^{3+} 在细胞中过量存在会影响细胞的蛋白质表达[57, 63]。所以如何检测细胞中的 Fe^{3+} 成为应用在生物体系的重要问题。

Tang 等将不同浓度的 Fe^{3+} 与 HeLa 细胞共培养 5h，使细胞内可以装载过量的 Fe^{3+}，模拟细胞中 Fe^{3+} 过量的条件[55]。之后与探针 **21** 共培养 0.5h 后，发现只有当 Fe^{3+} 加入后，405 nm 激发下的蓝色荧光逐渐变弱，但 488 nm 激发下的红色荧光却变强。这是因为 Fe^{3+} 在水中发生水解反应，引发探针 **21** 被质子化而产生分子内电子转移，出现了波长红移。

除了 Fe^{3+} 的过量可以使探针的颜色发生变化，Fe^{3+} 作为过渡金属往往与探针发生电子转移导致荧光猝灭，所以还可以观察到细胞内的荧光"从有到无"的现象。探针 **27** 即使达到 60 μmol/L 的浓度，MTT 分析显示细胞仍有 95%左右的活力，证明其生物毒性很小，并可以看到细胞内部的青绿色荧光，说明探针均匀地分布在细胞质内而且具备很好的膜穿透性[35]。当在培养液中加入 1 μmol/L Fe^{3+} 以后，可以看到随着时间的延长，Fe^{3+} 的荧光猝灭效应不断增强，青绿色荧光也随之逐渐变弱（图 2.19）。

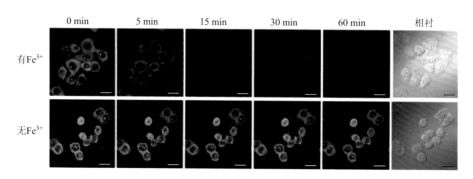

图 2.19　探针 27（50 μmol/L）与 HeLa 细胞共培养后加入 1 μmol/L 的 Fe^{3+} 观察不同时间后的荧光照片（标尺：20 μm）

除了简单的细胞内 Fe^{3+} 的检测，还可以对细胞内的 Fe^{3+} 进行示踪。MTT 比色法测得 10 μmol/L 下探针 **26** 是无毒的[58]，因为 Fe^{3+} 在细胞中很难稳定存在，所以用柠檬酸铁铵代替 Fe^{3+}。与不加柠檬酸铁铵的细胞相比，加入了柠檬酸铁铵后其在细胞的特定位置发出明亮的绿色荧光，而且与 Lysotracker 和 Mitotracker 共染之后发现其与 Lysotracker 的染色有较高的皮尔森系数（0.78），证实其主要存在于溶酶体之中，这可能是因为溶酶体会帮助分解含铁的蛋白质导致周围 Fe^{3+} 的存在。

2. 自来水及血清中对 Fe^{3+} 的检测

我们日常生活中最常饮用的就是自来水，Feng 等发现利用探针 **33** 的荧光变化检测出自来水中的 Fe^{3+} 浓度为 2.02 μmol/L，与常用的原子吸收分光光度法检测出的 2.3 μmol/L 相差不大，说明探针 **33** 可以用于实际生活水样中 Fe^{3+} 的快速检测[67]。

BSA 是血清中含量最高的蛋白质，考虑到 Fe^{3+} 在血清中累积的问题，Feng 等在探针 **33**-Fe^{3+} 的混合体系中加入不同浓度的 BSA，发现当 BSA 的加入量在 200 μL 以下时，其荧光强度并没有变化，即 BSA 不干扰探针 **33** 对 Fe^{3+} 的检测，这说明探针 **33** 有潜力应用于生物、医学领域。

3. Fe^{3+} 的固相检测

试纸条检测不需要复杂和昂贵的设备，操作起来简便易行，实际应用性强。如图 2.20（A）所示，将探针 **27** 的溶液滴在滤纸上挥发干后，可以做成便携的固相检测 Fe^{3+} 的试纸条。向试纸上滴加不同的含待检金属离子的溶液，只有含 Fe^{3+} 的溶液能够使试纸变成黑色，发生明显的荧光猝灭[59]。

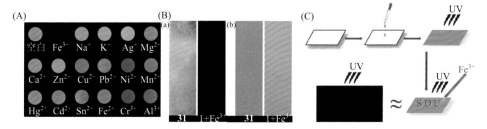

图 2.20　（A）探针 **27**（10 μmol/L）滴在滤纸上，又向其中滴加不同种类的含金属离子（1 mmol/L）的溶液后，在手持紫外灯下的荧光照片；（B）探针 **31**（10 μmol/L）滴在滤纸上，向其中滴加 Fe^{3+}（1.12 mg/L）后的荧光（a）和日光（b）照片；（C）探针 **31** 的溶液涂于二氧化硅片上，用蘸有 Fe^{3+} 溶液的棉签涂写英文单词后，用紫外灯照射过程示意图

除了在手持紫外灯下可以看到荧光的变化，如图 2.20（B）所示，向探针 **31**（10 μmol/L）的试纸条上滴加 Fe^{3+}，发现不仅在手持紫外灯下可以看到荧光

的猝灭，还可以在日光下观察到溶液颜色的变化，使固相检测可以更直观地被观察到[60]。1000 μmol/L 浓度探针 **31** 的四氢呋喃溶液涂在二氧化硅片上，等溶剂挥发干后，用蘸有 Fe^{3+} 溶液的棉签在二氧化硅片上写英文单词，并用手持紫外灯照射，发现写过英文单词的地方由于 Fe^{3+} 使探针荧光发生猝灭从而变黑，其他地方仍然保持蓝色荧光，说明探针 **31** 也可以被用于某些机密信息的传递[59]。

综上所述，到目前基于 AIE 原理对于 Fe^{3+} 的检测大部分还是以"猝灭"型为主，主要原因是 Fe^{3+} 作为一种过渡金属离子，往往容易与荧光团分子发生电子转移，从而导致荧光猝灭，这就没有完全发挥 AIE 探针发光的优势；对于检测 Fe^{3+} 的"点亮"型探针则主要是利用电荷静电相互作用，由金属离子将探针分子聚集起来，限制分子内运动，抑制非辐射能量转移，促使荧光增强，发挥出 AIE 探针聚集诱导发光的性质，然而这方面的研究还需要进一步增强，因为"点亮"型探针要比"猝灭"型探针更灵敏，适用性更强。

目前对 Fe^{3+} 响应的探针主要应用于细胞成像和固相检测，而 Fe^{3+} 的加入经常还伴随着波长的移动，所以不仅仅在手持紫外灯下可以看到荧光的变化，肉眼也可以看到颜色的变化，所以特别适用于固相检测。虽然细胞成像已取得了研究成果，但在血清及其他生物环境下对 Fe^{3+} 的检测，特别是对体内 Fe^{3+} 的示踪研究都较少，这应该是未来对 Fe^{3+} 响应的 AIE 探针的主要研究方向。

2.4 汞离子检测

2.4.1 汞在环境中的存在形式、分布及其作用

汞是生态环境中最突出的污染元素之一，俗称水银，是常温常压下唯一以液态形式存在的金属。其化学元素符号为 Hg，原子序数为 80，是元素周期表中位列 ⅡB 族的过渡金属元素。汞在自然界中分布十分广泛，大部分存在于辰砂、硫汞碲矿、氯硫汞矿和其他矿物中，其中以辰砂最为常见，仅极少数以单质形式存在。汞能与大多数金属形成汞齐合金。

汞在自然界中以多种形式存在，既可以是单质，也可以以 +1 价或 +2 价氧化态的形式存在。在无机和有机汞化合物中，汞元素多以 +2 价存在。汞在自然界主要以如下四种形式存在[69]：

（1）蒸气汞。这种汞主要存在于土壤及岩石的缝隙及孔隙中，其浓度受湿度、温度以及风速等外部环境因素的影响较大。

（2）胶体汞离子和吸附汞。胶体汞离子的相对含量可达 15%，吸附汞则主

要存在于铁、锰等三氧化物颗粒表面或矿物中。

（3）汞化合物。该类汞的稳定性一般，可在高温条件或者还原条件下转化成原子态。

（4）汞配合物。二价汞离子，即 Hg^{2+}，易在水相介质中形成配合物，汞离子与甲基汞离子还能与各种有机配位体形成稳定的配合物。

汞在自然界中的分布极不均匀，其宇宙丰度为 0.0000284%。汞是地壳中含量相当稀少的元素，仅 0.08 ppm（1 ppm ＝ 10^{-6}）。在地球其他圈层中汞的丰度分别为：地幔，0.01 ppm；地核，0.008 ppm。此外，在各类岩石中，汞的丰度情况为：黏土岩石（0.1～1 ppm）＞基性岩（0.09 ppm）＞酸性岩（0.08 ppm）＞碳酸岩（0.04 ppm）＞超基性岩（0.01 ppm）。

通常，汞化合物的化合价为 ＋1 或 ＋2，目前尚未发现 ＋3 价的汞化合物，＋4 价的汞化合物目前仅有四氟化汞（HgF_4）。相比于 ＋1 价的亚汞离子，18 电子构型的 2 价 Hg^{2+} 在环境中更为常见，也更为稳定。Hg^{2+} 的极化力和变形性都很大，能和除氟离子之外的卤素离子、SCN^- 及 CN^- 等形成四配位的配合离子。Hg^{2+} 的八面体配合物较少，其与碳、氮、磷及硫等配位原子结合的配位离子一般较稳定，但与其他过渡金属离子相反的是，其卤素配合物的稳定性顺序为 $I^- > Br^- > Cl^-$。

汞及其无机化合物可与人体内的大分子共价结合，从而表现出剧毒。Hg^{2+} 具有高度的亲水性，可强烈地攻击体内含硫、氧、氮等电子供体的酶以及蛋白质，甚至使其失活。而且，人体还含有许多构成球蛋白疏水部分的非功能性巯基，这些巯基在与汞结合后会使得蛋白质体积缩减，整个分子扭曲变形，进而使得酶失活。除此之外，Hg^{2+} 的亲电性使得其对 DNA 具有强烈的攻击性，可造成 DNA 单链断裂。

有机汞化合物中烷基汞易溶于脂肪且在体内分解得十分缓慢，烷基汞的毒性比可溶性无机汞化合物的毒性高 10～100 倍，而甲基汞（CH_3Hg^+）又是毒性最强的汞化合物之一。甲基汞主要毒害生物体的神经系统，破坏蛋白质和核酸。水俣病则是由食用被甲基汞污染的鱼和贝类或者饮用了被甲基汞污染的水所导致的。在河流和湖泊中，无机汞离子在微生物的作用下可转化为甲基汞。甲基汞极易被生物利用并在水系食物链中富集，甲基汞能与许多有机配位基团结合，甲基汞不仅能被碱基束缚，还可直接结合到核糖上，因此，极易与蛋白质、氨基酸以及核酸等物质作用，产生生物毒性。除了大气汞，与环境和人类生活息息相关的汞大多存在于水体中。汞在水体中的存在形式多样，以 Hg^{2+}、CH_3Hg^+、HgO、$CH_3Hg(OH)$、CH_3HgCl、$C_6H_5Hg^+$、HgS、$CH_3Hg(SR)$、$(CH_3Hg)_2S$、CH_3Hg 以及 CH_3HgCH_3 等为主要形态。这些汞的存在形式基本均可在生态系统中通过一定的途径转化为二价汞离子，因此，目前，关于汞的检测分析的焦点大多落在了 Hg^{2+} 的检测上。

汞的物理和化学性质决定了其用途的多样性。据统计，汞及其化合物的用途约有千余种，广泛应用于工业、农业、科学技术、交通运输、医药卫生及军工生产等各领域。在汞的总用量中，汞单质约占 30%，汞化合物约占 70%。常见的二价汞的化合物有 HgO、$HgCl_2$、HgS、$HgSO_4$ 以及 $Hg(NO_3)_2$ 等。含汞废物中主要含有 $HgCl_2$、HgO、金属汞以及有机汞等，如在生产、使用和处置过程中发生含汞废物泄漏、汞意外排放等事故及长期的累积排放，均会对环境和人体健康造成极大危害[70]。美国环境保护署（United States Environmental Protection Agency，EPA）将饮用水中汞含量的安全阈值设定为 2 ppb（1 ppb = 10^{-9}），约 10 nmol/L。繁多的用途、剧烈的毒性加之易生物富集性使得监测环境中汞的含量对生态环境及人类健康具有极其重要的意义。

目前用于环境和生物样品中汞的分析方法主要包括电化学分析法（如阳极溶出伏安法）、分光光度法、中子活化法、原子光谱法、电感耦合等离子质谱等。但这些常规的汞的检测分析方法往往依赖于昂贵的仪器，操作烦琐且需专业人员操作，此外还具有样品预处理复杂以及检测周期长等缺陷，不利于汞的实时在线监测。荧光方法相比于上述方法具有可视化、灵敏度高、简便经济、快捷等优势，在环境现场检测中具有极大潜力。荧光检测的效果取决于荧光探针性能，而探针性能主要依赖于荧光材料。本章主要介绍基于 AIE 的汞离子荧光探针的设计及其在环境中汞离子的检测中的应用。

2.4.2　基于 AIE 的汞离子探针的分子设计及工作机制

1. 基于配位作用的 AIE 汞离子探针

配位是金属离子检测中最常用和最有用的策略之一。Hg^{2+} 具有极强的配位能力，可与多种杂原子体系发生配位作用，基于这一特性，最近几年，研究者们陆续开发了一系列基于配位作用的用于汞离子检测的 AIE 荧光探针。胸腺嘧啶（thymine，T）与 Hg^{2+} 的配位作用已被广泛应用于汞离子检测，基于这一机制所构建的探针中不乏基于 AIE 的体系[71-79]。2013 年，Hua 等报道了第一个基于这一机制的 AIE 汞离子探针，该探针由具有 AIE 活性的三苯胺-三苯基均三嗪骨架和两个胸腺嘧啶基元组成（图 2.21，探针 **36**）。凭借 AIE 特性和胸腺嘧啶与 Hg^{2+} 间的特异性络合作用，探针 **36** 实现了对 Hg^{2+} 的荧光开启式检测[71]。AIE 化合物 **36** 在二甲基亚砜/水（9∶1，V/V）的混合溶剂中具有良好的溶解性，由于分子内的剧烈运动而仅呈现微弱的荧光。而在 Hg^{2+} 存在时，探针 **36** 上的两个胸腺嘧啶与 Hg^{2+} 络合，引发聚集，从而限制了探针 **36** 的分子内运动，荧光被"点亮"。这一检测机制可通过紫外-可见吸收光谱的改变、^1H NMR 谱图的变化以及扫描电子显微镜图像予以证实。除了优异的选择性，探针 **36** 对 Hg^{2+}还表现出高灵敏度，其检测限可低至 66 nmol/L。

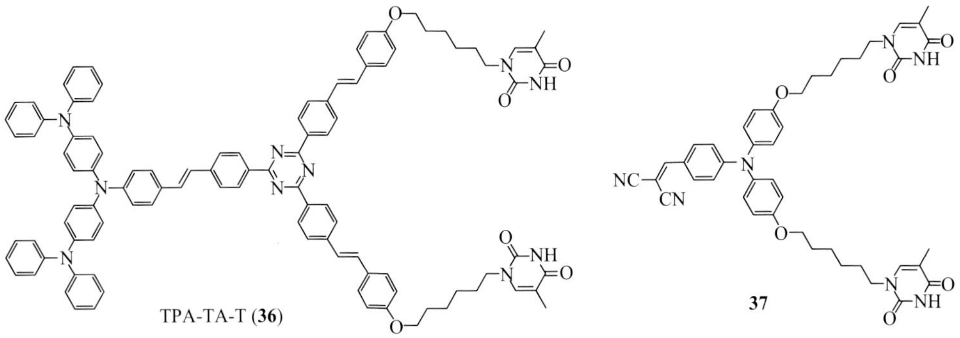

TPA-TA-T (**36**)

37

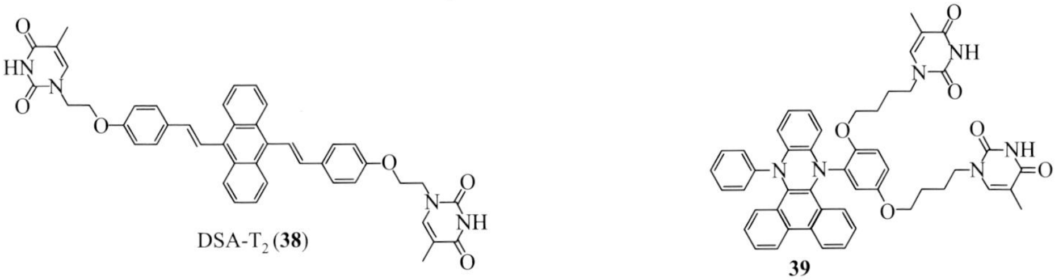

DSA-T_2 (**38**)

39

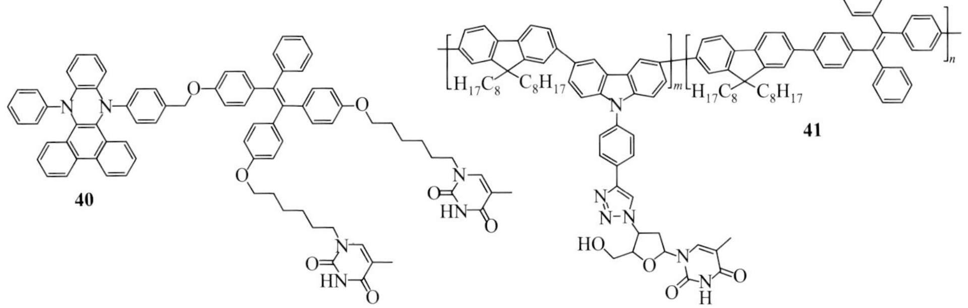

40

41

图 2.21 由胸腺嘧啶功能化的用于 Hg^{2+}检测的 AIE 荧光探针

图 2.21 中总结了近年来利用胸腺嘧啶功能化的 AIE 荧光分子实现汞离子的特异性检测的工作，AIE 体系 **37**～**41** 基本都呈现出对 Hg^{2+}的点亮式响应，它们的工作机理与探针 **36** 基本一致，即利用 Hg^{2+}与胸腺嘧啶间的配位作用触发 AIE 基元的聚集或者构型僵化，限制分子内运动而实现 Hg^{2+}的荧光开启式检测。另一个基于三苯胺的 AIE 荧光体系化合物 **37** 在 *N*, *N*-二甲基甲酰胺/水（13∶12，*V/V*）实现了对 Hg^{2+}更高灵敏度的检测，该 AIE 化合物的荧光强度在 1.5～8.8 μmol/L 汞离子范围内呈现良好的线性关系且检测限低至 6.6 nmol/L[72]。和化合物 **36** 的体系一

样，在加入 Hg^{2+} 后，**37** 与 Hg^{2+} 形成的络合物的聚集体可通过扫描电子显微镜显示，印证了其分子内运动受限机理。除了三苯胺衍生物，其他 AIE 骨架，如 9, 10-二苯乙烯基蒽（**38**）[73]、9, 14-二苯基-9, 14-二氢二苯[a, c]吩嗪（DPAC）（**39 和 40**）[74, 75]、四苯基乙烯基共轭聚合物（**41**）[76]等也被作为荧光信号团，通过引入胸腺嘧啶基元实现了汞离子的特异性检测，其检测限分别为 340 nmol/L、21.7 μmol/L、6.1 nmol/L 和 15.3 nmol/L。其中，化合物 **39** 和 **40** 除呈现出 AIE 性能外，还具有独特的振动诱导发光（vibration-induced emission，VIE）性能。在分子分散状态下，吩嗪环的自由弯曲振动使得激发态可呈现平面构型，发射橙红色荧光；在聚集状态下，分子间的紧密堆积使得吩嗪环的振动受限，平面构型的物种的形成概率下降，橙红色荧光减弱，同时，聚集激活的分子内运动受限过程使得其位于蓝光区域的本征荧光增强，表现出 AIE 效应。基于 AIE + VIE 特性，探针 **39** 和 **40** 对 Hg^{2+} 均表现出比率荧光响应，即随着 Hg^{2+} 浓度的增加，检测体系的橙红色荧光稍减弱，蓝色荧光显著增强。与探针 **39** 不同的是，探针 **40** 中通过在 DPAC 骨架上额外引入一个四苯基乙烯（TPE）基元，实现了检测信号的放大，使得灵敏度大大提升，检测限由 21.7 μmol/L 降低至 6.1 nmol/L。

除了直接将胸腺嘧啶基元标记在 AIE 分子骨架上之外，Lou 和 Xia 等还巧妙地将富含胸腺嘧啶的 DNA 链段通过点击反应连接至 TPE 核心上，制得了带有 AIE 基元的功能核酸，并利用该 AIE-DNA 共轭体实现了汞离子的荧光开启式检测，其检测限低至 10 fmol/L[图 2.22（a）][77]。基于功能核酸的生物传感器由于其成本低和易操作等优点而在重金属离子检测中显示出巨大的潜力。然而，在大多数基于功能核酸的荧光探针中，双标记（荧光团和猝灭基团）的 DNA 序列的巧妙设计不仅增加了有机合成的难度，还限制了这类强大的生物传感器的实际应用。而由 AIE 基元功能化的核酸（探针 **42**）仅由荧光团组成而无猝灭基团。凭借 AIE 特性和双链特异性核酸酶（DSN）的靶向酶解作用，这一分析方法可以灵敏地选择性地检测真实水样中的 Hg^{2+} 并显示细胞内 Hg^{2+} 的分布，无需使用染料-猝灭剂双标记的寡核苷酸，也无需多个测定步骤，具体检测效果将在 2.4.3 节中予以介绍。其工作机制可阐述为：由于 TPE 基元上被修饰了带有 19 个碱基的亲水寡核苷酸，探针 **42** 可溶于水，在缓冲溶液中仅微弱发光。当加入 Hg^{2+} 后，柔性 AIE-DNA 共轭体 **42** 转变为刚性 T-Hg^{2+}-T 结构，荧光峰强度稍增强。当加入 DSN 后，荧光显著增强，这是因为探针 **42** 中的亲水寡核苷酸在 Hg^{2+} 的存在下被 DSN 消耗，释放出疏水 TPE 基元，在水相介质中发生聚集，从而"开启"荧光。

同样是利用富含胸腺嘧啶的 DNA 与 Hg^{2+} 的配位作用，Ji 和 Tang 等开发了无需标记的基于 AIE 的 Hg^{2+} 的荧光传感器[78]。如图 2.22（b）所示，季铵盐化的

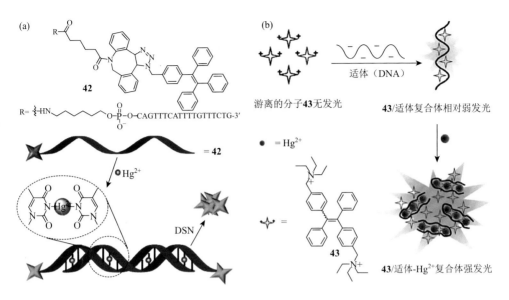

图 2.22　基于 DNA 中胸腺嘧啶与 Hg^{2+} 配位作用的 AIE 荧光探针体系[77, 78]

TPE（**43**）由于良好的亲水性而在 Tris-HCl 缓冲溶液中几乎不发光。当加入带负电的抗 Hg^{2+} 的适体单链 DNA 后，由于静电相互作用，**43**/适体复合物仅发出中等强度的荧光。而在 Hg^{2+} 存在时，富含胸腺嘧啶的适体单链 DNA 与 Hg^{2+} 特异性结合，形成 Hg^{2+} 桥连的碱基对，进而适体单链 DNA 转变为"发夹"形结构，拉近了 AIE 基元间的距离，使得荧光增强，从而实现了 Hg^{2+} 的特异性检测。该检测体系检测限为 224 nmol/L。

超分子聚合物是单体单元以高度取向和可逆的非共价相互作用结合而成的聚合物。与传统聚合物相比，由于其可逆的单体-聚合物转变，它们具有更好的可加工性和更好的再循环性能。鉴于此，Wu 等报道了基于胸腺嘧啶取代的柱[5]芳烃 **44** 和 TPE 衍生物 **45** 的自组装所构建的 Hg^{2+} 的超分子检测体系（图 2.23）[79]。一方面，柱[5]芳烃 **44** 可与 Hg^{2+} 紧密配合，形成 T-Hg^{2+}-T 配对。另一方面，**44** 的空腔和 AIE 化合物 **45** 上的氰基部分可通过主客体相互作用结合。这些联合相互作用使得 **44**、**45** 和 Hg^{2+} 形成交叉网络并最终组装成球形纳米颗粒。**45** 的 AIE 特性使得所形成的超分子聚合物表现出强烈荧光，这使得检测含 Hg^{2+} 的纳米颗粒和随后的去除变得方便。此外，通过简单处理可以容易地分离聚合物沉淀物，并且拟轮烷（**45** ⊂ **44**）可被循环利用。该工作阐明了一个通过构建超分子聚合物来检测和去除水中重金属离子的实用策略，遗憾的是其灵敏度还有待进一步提高，其检测限为 2.3 μmol/L。

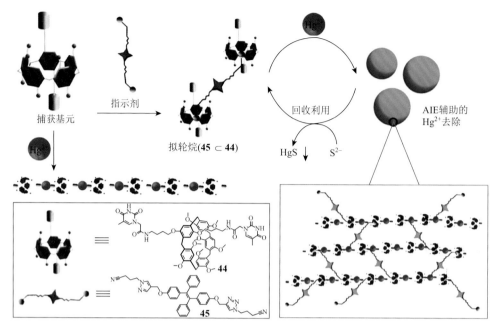

图 2.23 具有同时检测和去除水体中 Hg^{2+} 能力的基于柱[5]芳烃的 AIE 超分子探针体系[79]

除了胸腺嘧啶外，许多杂环化合物均可与 Hg^{2+} 配位，从而引起探针荧光性能的改变，进而实现 Hg^{2+} 的检测。图 2.24 中总结了基于 Hg^{2+} 与杂环的配位作用所构建的用于 Hg^{2+} 检测的 AIE 荧光探针体系。巴比妥酸中具有类似胸腺嘧啶的亚胺结构，可与 Hg^{2+} 特异性配位，基于这一特性，Shi 和 Xie 的课题组与 Manoj 课题组分别通过简单的 Knoevenagel 反应在三苯胺[80]和咔唑环[81]上引入了巴比妥酸基元，开发了具有 AIE 特性和 Hg^{2+} 检测性能的荧光探针 **46** 和 **47**。探针 **46** 在四氢呋喃/水（7：3，V/V）的混合溶液中通过 Hg^{2+} 与巴比妥酸基元上的亚胺的特异性结合而发生聚集，使得荧光增强，其检测限为 3.4 μmol/L。与探针 **46** 一样，探针 **47** 也具有良好的选择性，而且 **47** 还具有极强的 Hg^{2+} 结合能力[K_a = 8.73×10^{13} (mol/L)$^{-2}$]和高的灵敏度（检测限为 8.9 nmol/L）。脲基嘧啶酮也具有类似胸腺嘧啶的亚胺结构，因此也被用作 Hg^{2+} 识别基元引入 AIE 骨架上以制得基于 AIE 的 Hg^{2+} 荧光探针。**48** 即是这样的例子，其由具有 AIE 特性的 TPE 单元和两个脲基嘧啶酮基元组成，呈顺式（Z 型）构型[82]。位于同侧的两个脲基嘧啶酮基元所形成的空腔为 Hg^{2+} 提供了螯合位点。研究表明，探针 **48** 在四氢呋喃/水（1：1，V/V）的混合溶液中可以选择性地识别 Hg^{2+}，且其检测限为 3 ppm。

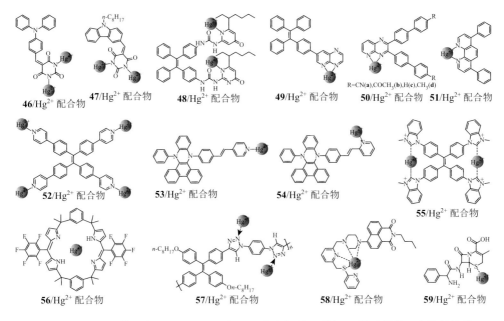

46/Hg²⁺ 配合物 47/Hg²⁺ 配合物 48/Hg²⁺ 配合物 49/Hg²⁺ 配合物 50/Hg²⁺ 配合物 51/Hg²⁺ 配合物

R=CN(**a**),COCH₃(**b**),H(**c**),CH₃(**d**)

52/Hg²⁺ 配合物 53/Hg²⁺ 配合物 54/Hg²⁺ 配合物

55/Hg²⁺ 配合物

56/Hg²⁺ 配合物 57/Hg²⁺ 配合物 58/Hg²⁺ 配合物 59/Hg²⁺ 配合物

图 2.24　基于 Hg²⁺与杂环的配位作用的 AIE 荧光探针及其与 Hg²⁺形成的配合物的结构

　　在 AIE 骨架上引入吡啶并吡嗪环也可达到特异性检测 Hg²⁺的目的。例如，以吡啶并吡嗪环修饰的 TPE 衍生物（探针 **49**）具有分子内电荷转移（ICT）特性，在乙腈溶液中发射中等强度的红光。而与前文中的例子不同的是当加入 Hg²⁺后，荧光被猝灭，测得其检测限为 7.46 μmol/L[83]。Milton 等基于分子内运动受限机制，以吡啶并吡嗪为生色基团，在其两侧通过单键接入联苯基元，设计合成了新型 AIE 化合物 **50a**～**50d**[84]。研究表明，带有吸电子联苯环（**50a** 和 **50b**）的吡啶并吡嗪衍生物可作为优良的荧光"开启式"Hg²⁺探针，而带有给电子联苯环（**50c** 和 **50d**）的吡啶并吡嗪衍生物则为荧光"关闭式"Hg²⁺探针。该探针对 Hg²⁺响应的优良选择性不仅可通过荧光的变化来体现，还可通过表观颜色从未加 Hg²⁺时的无色到加入 Hg²⁺后的黄色的变化来体现。**50a**～**50d** 对 Hg²⁺的检测限分别为 114 nmol/L、95.5 nmol/L、337 nmol/L 和 81.7 nmol/L。吡啶并吡嗪衍生物 **50a**～**50d** 与 Hg²⁺所形成的配合物的 1∶1 的化学计量关系可通过 Job 曲线和 NMR 予以证实。加入 KI 后发现，Hg²⁺与吡啶并吡嗪的结合是可逆的，并且该过程可以多次重复。另外，涂有 **50a** 和 **50b** 的滤纸条也可用于检测 Hg²⁺。

　　氮杂菲环是一类公认的金属离子配体，鉴于其具有多重转子结构，Misra 等考察了市售 4,7-二苯基-1,10-菲咯啉即红菲咯啉（探针 **51**）在聚集态和溶液态的荧光性能，发现红菲咯啉具有 AIE 特性[85]。进而，他们利用红菲咯啉中氮杂菲环的 Hg²⁺配位能力和红菲咯啉在水相介质中的高效发光以荧光"关闭"的方式实现了

痕量 Hg^{2+} 的特异性检测。该探针的工作机理被阐述为基态下红菲咯啉与 Hg^{2+} 的配位络合和 Hg^{2+} 对激发态红菲咯啉的重原子扰动效应的综合作用。

吡啶作为一类氮杂环具有强的 Hg^{2+} 配位能力，鉴于此，Zhang 等设计合成了四吡啶基取代的 TPE 衍生物（化合物 **52**）并将其用作 Hg^{2+} 荧光探针[86]。探针 **52** 在 N,N-二甲基甲酰胺（0.1 mmol/L）中几乎不发光，当与 Hg^{2+}（≥ 0.4 mmol/L）共存时，荧光显著增强，这是由于吡啶基与 Hg^{2+} 间的配位作用驱动了配合物网络的形成，限制了 TPE 基元的分子内旋转，开启了辐射跃迁通道。但将探针 **52** 在 N,N-二甲基甲酰胺中的浓度降低至 10 μmol/L 时，即便与 50 eq. Hg^{2+}（5 mmol/L）共存时，荧光增强也不明显，说明在低的探针浓度时，**52** 与 Hg^{2+} 的配合物可以形成，但无法形成配合物网络，TPE 基元的分子内旋转不能被充分限制，激发态能量大部分还是以非辐射跃迁的形式耗散。当向 **52**（10 μmol/L）与 Hg^{2+}（40 μmol/L）的配合物体系中加入 80 μmol/L HSO_4^- 时，体系荧光急剧增强，表明 Hg^{2+} 与 HSO_4^- 的协同作用有效限制了 **52** 的分子内运动。Su 等通过在具有 AIE + VIE 特性的 DPAC 骨架上引入吡啶基元制得了能以比色法和荧光法快速识别 Hg^{2+} 的高效荧光探针 **53** 和 **54**[87]。由于 VIE 特性和剧烈的分子内运动，**53** 和 **54** 在溶液中呈现微弱的黄光。当向探针的四氢呋喃溶液中加入 Hg^{2+} 时，溶液颜色在几秒内由无色变为黄色，荧光由微弱的黄光快速转变为强烈的蓝光。这是由于 Hg^{2+} 与 **53** 和 **54** 中吡啶基的配位作用使得荧光团之间发生聚集，阻碍了分子内运动，降低分子内构型平面化的概率的同时也使得激发态能量以辐射跃迁的形式释放。研究表明，**53** 和 **54** 均对 Hg^{2+} 表现出良好的选择性和高灵敏度，其检测限分别为 4.8 nmol/L 和 2.6 nmol/L。

基于苯并咪唑与 Hg^{2+} 或有机汞分子的配位作用，Zhu、Li 和 Kong 等设计开发了 Hg^{2+} 或有机汞分子的 AIE 荧光探针 **55**[88]。探针 **55** 由 4 个甲基化的带正电荷的苯并咪唑基元和 1 个 TPE 核心构成，在水中具有良好的溶解性，因此几乎不发光。当与 Hg^{2+} 或有机汞分子如甲基汞（CH_3Hg^+）和苯基汞（$PhHg^+$）共存时，探针 **55** 与 2 个汞离子或有机汞分子配位，形成平面的双核 Hg^{II} 环状四碳烯配合物，该配合物可进一步聚集，从而激活分子内运动受限过程，开启荧光。检测过程可在 3 min 内完成，且探针 **55** 对 Hg^{2+}、CH_3Hg^+ 和 $PhHg^+$ 的检测限分别为 63 nmol/L、94 nmol/L 和 78 nmol/L。凭借其高信噪比和选择性，探针 **55** 可在活细胞中鉴定汞物种的富集。

杯芳烃即聚吡咯大环类化合物被广泛用于配位化学领域，但其在金属离子检测中的应用却非常稀少。2011 年，Srinivasan 课题组开发设计了具有 AIE 特性的杯[2]-间苯并[4]卟啉衍生物 **56** 并将其用作 Hg^{2+} 的化学传感器[89]。探针 **56** 在乙腈/水（1:9，V/V）的混合溶液中呈现聚集态，因此发射强烈的绿光。当向该探针体系加入 Hg^{2+} 时，体系荧光迅速被猝灭，表现出荧光关闭式响应。探针 **56** 对 Hg^{2+} 具有高选择性，且以 1:1 的计量比形成配合物，检测限为 1.4 ppm。此外，探针

56 也可在固态实现对 Hg^{2+} 的特异性检测。

除了小分子 AIE 体系，带有氮杂环的大分子 AIE 体系也可通过巧妙的结构设计而被开发为 Hg^{2+} 探针，如 **57**。聚合物 **57** 由四苯基乙烯和二氮杂苯通过点击反应合成[90]。该聚合物表现出典型的 AIE 特征，在四氢呋喃/水（1∶9，V/V）的混合溶液中发射强烈的天蓝色荧光。在水相溶液（含水量 90%）中，基于聚合物 **57** 的 AIE 特性和三唑环与 Hg^{2+} 的配位作用，聚合物 **57** 对 Hg^{2+} 的荧光猝灭响应大于其他竞争性金属离子。

除了氮原子，硫原子也具有强的配位能力。目前，已有不少含硫的杂环化合物被用作 Hg^{2+} 的 AIE 荧光探针的构筑基元，如图 2.24 中的化合物 **58** 和 **59**。萘酰亚胺衍生物 **58** 在水相介质中同时表现出扭转分子内电荷转移性能和 AIE 特性[91]。在没有 Hg^{2+} 存在的情况下，哌嗪上的氮原子和硫原子上的孤对电子靠近萘酰亚胺部分，发生光诱导电子转移（photon-induced electron transfer，PET），从而导致荧光猝灭。当 Hg^{2+} 存在时，哌嗪和硫原子与萘酰亚胺被隔断，PET 过程被阻断，同时，分子构型被僵化，分子内运动受限，从而使得荧光被开启。基于模型化合物的研究、紫外-可见吸收和荧光光谱分析、Job 工作曲线、Hg^{2+} 的配位化学原理以及 ^1H NMR 滴定实验，建立了图 2.24 中所示的 **58** 与 Hg^{2+} 的配位络合模型。该探针对 Hg^{2+} 表现出良好的选择性和高灵敏度，其检测限为 62.8 nmol/L。探针 **59** 的本名为头孢氨苄，是一种抗生素。研究发现，该化合物可在水中通过超声诱导和脉冲激光驱动发生自组装后发射蓝色荧光[92]。Hg^{2+} 与 **59** 中的硫原子配位后，**59** 的自组装纳米结构的荧光被猝灭。该探针可测得浓度低至 100 nmol/L 的 Hg^{2+}，并对 Hg^{2+} 表现出优于其他金属离子的响应性。

席夫碱化合物具有合成简便且易与金属离子配合等优点，近年来，涌现出了一大批基于具有 AIE 活性的席夫碱化合物的 Hg^{2+} 荧光探针（图 2.25）[93-109]。例如，结合 AIE 活性基元 α-氰基二苯乙烯与席夫碱的金属配位能力，Zhang 和 Yang 等通过简单直接的方法合成了席夫碱功能化的氰基二苯乙烯衍生物 **60**，并将其用于 Hg^{2+} 的检测[93]。紫外-可见吸收光谱和荧光滴定实验的结果表明，**60** 具有 AIE 特性，能在四氢呋喃/水（4∶1，V/V）的混合溶液中选择性地以荧光开启的方式检测 Hg^{2+}，其检测限为 2.4 μmol/L。探针 **60** 和 Hg^{2+} 配位生成的 **60**/Hg^{2+} 配合物被锁在柔性链两端"舞动"的基元，与此同时，配合物较低的溶解性诱导了大聚集体的形成，进一步限制了非辐射跃迁，进而使得荧光增强。这一工作机制通过 ^1H NMR 和动态光散射（DLS）予以证实。探针 **61** 的分子结构与 **60** 相似，主要区别在于 **61** 中的三苯胺不具有 AIE 特性，但其螺旋桨构型使得它常被用作 AIE 体系的构筑基元。原本在四氢呋喃/水（8∶2，V/V）的混合溶液中不发光的 **61** 在其席夫碱上的氮原子与 Hg^{2+} 配位后，发射蓝光[94]。通过紫外-可见吸收光谱、荧光光谱、扫描电子显微镜、质谱和核磁共振谱等研究，确定了探针 **61** 对 Hg^{2+} 的独特识别机理，其检测机理与探针 **60** 一致。该探针具有对 pH 稳定、对 Hg^{2+} 响应快、检测限低（77 nmol/L）、抗干扰能力强以及在活体细胞内成像好等优点。探针 **62** 是另一个基于分子内配位的双席夫碱 Hg^{2+} 荧光探针[95]，其工作机制与探针 **60** 和 **61** 一致。扫描电子显微镜照片显示，**62** 与 Hg^{2+} 配位后生成的配合物在检测体系中组装成了纳米棒，直观地证明了该探针的 AIE 特性。探针 **62** 对 Hg^{2+} 的检测限为 35.9 ppb（约 179.5 nmol/L）。探针 **63** 与 **62** 结构近似，但因 **63** 中的 AIE 活性基元六苯基苯上连接的芘基具有比 **62** 中的 N, N'-二甲基苯乙烯基更大的尺寸，**63** 与 Hg^{2+} 为分子间配位，而非 **62** 与 Hg^{2+} 的分子内配位[96]。**63** 与 Hg^{2+} 的分子间配位生成了配合物，由于相邻分子上的芘基之间的 π-π 相互作用，该配合物进一步在检测介质中组装成了纳米纤维，限制了分子内运动，从而使得荧光开启。**63** 对 Hg^{2+} 的检测限为 4.5 nmol/L，相较于 **62**，探针 **63** 的灵敏度得到了显著提升。探针 **64** 与探针 **60** 的结构近似，但由于两个 C═N 双键之间的连接基团由柔性烷氧基链变成了刚性苯基，**64** 呈现反式构型，从而使得 **64** 与 Hg^{2+} 的配位形式和 **60** 与 Hg^{2+} 的不同[97]。**64** 与 Hg^{2+} 的分子间的配位作用，使得其易形成配合物且进一步组装成微米棒，更好地限制了分子内运动，从而提高了信噪比和灵敏度。探针

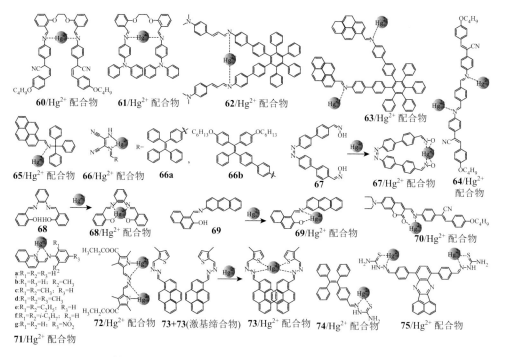

图 2.25 基于 Hg^{2+} 与席夫碱的配位作用的 AIE 荧光探针及其与 Hg^{2+} 形成的配合物的结构

64 在四氢呋喃中对 Hg^{2+} 的检测限为 3.4 nmol/L，在四氢呋喃/水（8∶2，V/V）混合溶液中的检测限为 240 nmol/L，显然，探针 **64** 的灵敏度大大高于探针 **60**。

除了双席夫碱 AIE 化合物，许多单席夫碱 AIE 化合物也被开发为 Hg^{2+} 的荧光探针。三苯基-芘的席夫碱化合物 **65** 表现出典型的 AIE 行为，其在 N,N-二甲基甲酰胺和水的混合溶液（6∶4，V/V）中几乎不发光，当加入 Hg^{2+} 后，体系出现强烈的绿光，表明 **65** 对 Hg^{2+} 呈现荧光开启式响应[98]。这是因为相邻两个 **65** 分子与 Hg^{2+} 以 2∶1 的方式进行分子间配位，配合物的形成限制了分子内运动，使得激发态能量以辐射形式耗散。该探针对 Hg^{2+} 的检测限为 420 nmol/L，且其在活细胞中具有低毒性和强荧光的特点，因此可被用于活细胞和环境中 Hg^{2+} 的检测，探针 **65** 在实际水体中检测汞离子的相关数据将在 2.4.3 节中予以讨论。探针 **66a** 和 **66b** 既带有 AIE 基元又含有席夫碱结构，可在水溶液和活细胞中选择性识别 Hg^{2+}[99]。与探针 **60**～**65** 不同的是，**66a** 和 **66b** 对 Hg^{2+} 呈现荧光关闭式响应，这是由于 Hg^{2+} 不仅与相邻两个 **66a** 或 **66b** 分子上的席夫碱上的氮原子配位，还与其上的氨基配位，形成了激基缔合物，导致了荧光猝灭。得益于其 AIE 特性，**66a** 和 **66b** 虽然以荧光猝灭的方式检测 Hg^{2+}，但灵敏度仍然很高，**66a** 和 **66b** 的检测限分别为 19.4 nmol/L 和 9.84 nmol/L（<2 ppb）。由于带有两个烷氧基链且具有更长的共轭长度，**66b** 在几乎纯水相中的荧光发射更强，因此具有比 **66a** 更高的灵敏度。羟肟基联苯偶氮衍生物，即探针 **67**，为一类特殊的席夫碱化合物，分子中羟基的存在，使得 Hg^{2+} 既与 **67** 分子中的 C=N 键上的氮原子配位又与羟基配位，形成稳定的分子内的四配位化合物[100]。探针 **67** 在四氢呋喃/水（8∶2，V/V）混合溶液中仅微弱发光，但与 Hg^{2+} 共存时则荧光增强。这是由于 Hg^{2+} 与 **67** 的配位僵化了分子构型，限制了分子内运动，从而使得激发态能量更多地以辐射跃迁的形式释放。

ESIPT 化合物既是一类特殊的席夫碱也是一类独特的 AIE 分子。鉴于这一特性，不少 ESIPT 化合物已被开发为 Hg^{2+} 荧光探针，如化合物 **68** 和 **69**。化合物 **68** 由邻苯二胺与水杨醛经一步缩合反应合成，同时具有 ESIPT 和 AIE 特性[101]。在乙腈/水（4∶6，V/V）混合溶液中，由于剧烈的分子内运动，**68** 几乎不发光。当向体系中加入一定量的 Hg^{2+} 后，荧光迅速被开启，这是因为探针的水杨醛部分与 Hg^{2+} 以 1∶1 的计量比配位，限制了分子内运动，促进了 AIE 过程。构效关系研究表明，该类探针对 Hg^{2+} 的荧光响应模式与 Hg^{2+} 的尺寸和探针的几何构型间的匹配程度有关。探针 **68** 对 Hg^{2+} 表现出优良的选择性和高灵敏度，其检测限为 12.5 ppb。探针 **69** 即 1-（蒽-2-炔基甲基）-萘-2-醇通过简单的一锅反应由廉价的试剂合成得到[102]。**69** 具有 AIE 特性，在高含水量的 H$_2$O-THF 混合溶液中发射强烈的绿光。**69** 的荧光聚集体可选择性地与 Hg^{2+} 结合并表现出"开-关"型荧光转换。在 0.3～3.6 μmol/L Hg^{2+} 浓度范围内，荧光强度与 Hg^{2+} 浓度呈线性相关性，检测限低至约 3 ppb。由于 **70** 和 Hg^{2+} 之间的基态络合和由 Hg^{2+} 引起的外部重原子对 **69** 的激发态的扰动，因此在 Hg^{2+} 存在下观察到 **69** 的聚集体的发射强度急剧下降，Stern-Volmer 猝灭常数为 2.54×10^5 L/mol。该探针被制作成试纸条，展现了其在 Hg^{2+} 的现场可视化检测中的潜在前景。**69** 还被用于测定实际水样中 Hg^{2+} 的浓度，证明了其实用性。

通过将香豆素和 AIE 基元 α-氰基二苯乙烯简单结合，制得了新的具有 AIE 活性的席夫碱（探针 **70**）[103]。**70** 可以荧光开启的方式在二甲基亚砜/水（8∶2，V/V）混合溶液中选择性地识别 Hg^{2+}，这是由于 **70** 与 Hg^{2+} 的配位作用导致了聚集体的形成，限制了分子内运动，减少了非辐射跃迁，从而使得荧光增强。**70** 对 Hg^{2+} 的检测限为 1.5 μmol/L。Fan 和 Yang 等通过一步简单的缩合反应合成了 7 个具有 AIE 活性的基于喹啉的席夫碱 **71a~71g**[104]。探针 **71a~71g** 与 Hg^{2+} 配位生成的配合物可聚集成纳米颗粒，激活 **71a~71g** 的分子内运动受限过程而强烈发光，呈现对 Hg^{2+} 的荧光点亮式检测。该检测机理通过 X 射线单晶衍射分析、Job 曲线、Benesi-Hildebrand 方程、动态光散射、扫描电子显微镜以及元素映射分析等予以证明。**71a~71g** 对 Hg^{2+} 的检测限最低可为 0.20 nmol/L，表明该类席夫碱式 AIE 探针灵敏度超高。探针 **70** 和 **71** 中，除了 C=N 键上的氮原子参与 Hg^{2+} 的配位外，香豆素上的氧原子和喹啉上的氮原子也参与了 Hg^{2+} 配位。考虑到吡咯环也具有良好的金属离子配位性能，Wu、Zhao 和 Xu 等设计合成了简单的基于吡咯的二腙（**72**），该化合物可与 Hg^{2+}、Cu^{2+} 和 Zn^{2+} 形成不同的配合物，从而实现对这三种离子的特异性识别[105]。**72** 在乙醇/水（1∶1，V/V）混合溶液中仅微弱发光，当与 Hg^{2+} 共存时，荧光显著增强。通过对 **72**/Hg^{2+}配合物的 X 射线单晶衍射分析，确认了 **72** 与 Hg^{2+} 形成了 3∶3 的金属/配体配合物。**72**/Hg^{2+}配合物的晶胞中含有一个离散的三聚体 Hg^{2+} 分子。每个 Hg^{2+} 与相邻的 Hg^{2+} 通过两个独立的去质子化的 **72** 分子的两个吡咯-2-基-亚甲基胺亚基桥接，最终形成类似杯芳烃的结构。配合物中强的 $Hg \leftarrow N$ 配位键可有助于保持构型的稳定并僵化分子构型，从而限制分子内运动，激活 AIE 过程。**72** 对 Hg^{2+} 的检测限为 69.4 nmol/L。该探针可被用于实际水样中 Hg^{2+} 的检测，具体数据将在 2.4.3 节中予以讨论。

前文中提到，硫原子具有良好的配位能力，尤其是对 Hg^{2+}。为了增强对水性介质中 Hg^{2+} 的亲和力，Panja 等将噻吩环与芘腙连接，制得了具有 AIE 性能的二腙化合物（**73**），其中，芘作为荧光团，3-甲基噻吩醛腙部分作为离子载体[106]。**73** 可以选择性地检测痕量的 Hg^{2+}，其检测限为 30.6 nmol/L。**73** 通过与 Hg^{2+} 以 2∶1 的计量比配位形成激基缔合物而点亮荧光。该探针的检测性能进一步通过对实际水样中 Hg^{2+} 的检测予以考察，具体数据将在 2.4.3 节中讨论。将具有 Hg^{2+} 亲和配位能力的氨基硫脲引入 AIE 骨架也可得到具有 AIE 活性的席夫碱化合物和 Hg^{2+}

荧光探针，如图 2.25 中的分子 **74** 和 **75**。探针 **74** 在二甲基亚砜/水（1∶9，*V/V*）混合溶液中形成聚集体，发射强烈的绿色荧光，当向该体系中加入 Hg^{2+} 时，荧光猝灭，这是由于 **74** 与 Hg^{2+} 以 2∶1 的结合比例形成了配合物，配体到金属的电荷转移性能使荧光猝灭[107]。该探针的检测限为 10 μmol/L。**75** 与 **74** 具有类似的分子结构和相似的工作机制[108]，不同的是，**75** 具有两个氨基硫脲基元，使得探针分子与 Hg^{2+} 的结合比为 1∶1。**75** 在二甲基亚砜/水（9∶1，*V/V*）混合溶液中也对 Hg^{2+} 表现出荧光猝灭式响应，其检测限为 0.907 μmol/L，比 **74** 具有更高的灵敏度。

富含电子的酰胺键和羧基也是 Hg^{2+} 的优良配体，肽链中富含氨基酸，因此，已有若干研究报道将肽链与 AIE 基元结合而开发的 Hg^{2+} 荧光探针，如图 2.26 中的 **76**～**79**。探针 **76** 以具有 AIE 活性的 TPE 为荧光信号基元，以二肽为 Hg^{2+} 受体[110]。由于二肽基元的存在，**76** 具有良好的水溶性，在水性缓冲溶液中几乎不发光。加入 Hg^{2+} 后，检测体系在 470 nm 附近的发射显著增强，呈现出荧光开启式响应。**76** 对 Hg^{2+} 高度敏感，约 1.0 eq.的 Hg^{2+} 便足以使发射强度的变化达到饱和状态，其检测限为 5.3 nmol/L，且在 2～3 s 内便能完成检测。此外，该肽基 AIE Hg^{2+} 探针还可以荧光开启的方式检测活细胞内的 Hg^{2+}。Lee 课题组在开发 **76** 之后，进一步开发了另一个 TPE-二肽共轭体，即探针 **77**[111]。**77** 可在蒸馏水和中性的磷酸缓冲溶液中选择性地识别 Hg^{2+}，且其检测前后在 470 nm 处的荧光可增强 100 倍，其检测限低至 0.46 ppb，表明了该肽基 AIE 探针的超高灵敏度。

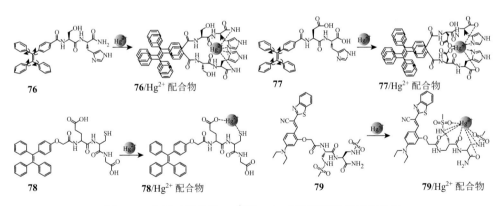

图 2.26 多肽功能化的 Hg^{2+} 的 AIE 荧光探针及其工作机制

最近，Huang 和 Zhao 等设计合成了 TPE 与谷胱甘肽（三肽）的共轭体并将其用作 Hg^{2+} 探针（**78**）[112]。AIE 活性基元 TPE 的引入和两亲性结构使得共轭体具有可视化 Hg^{2+} 的能力以及自组装性能。探针 **78** 对缓冲溶液和活细胞中的 Hg^{2+} 具有高特异性和纳摩尔级的响应，其检测限为 1.9 nmol/L。在配位作用、静电相互作用、氢键和 π-π 堆积等非共价相互作用的驱动下，**78** 与 Hg^{2+} 的配合物组装形成了扭曲纳米纤维，限制了 TPE 的分子内运动，从而使得荧光被开启。得益于其生物相容性、快速响应性和可切换的荧光响应，**78** 被成功用于 Hg^{2+} 成像及监测活细胞和斑马鱼中的 Hg^{2+} 分布情况。凭借其良好的质膜和组织渗透性，**78** 表明 Hg^{2+} 会在细胞核和斑马鱼的脑中优先分布，这与无机汞对生物系统的有害作用有关。

与 76～78 不同，肽基 AIE 荧光探针 **79** 可以以比率变化的荧光信号选择性地检测 Hg^{2+}[113]。该探针基于含有磺胺基的非天然肽受体及同时具有 AIE 和扭转分子内电荷转移（twisted intramolecular charge transfer，TICT）活性的荧光团——氰基二芳基乙烯。**79** 从 14 种金属离子中高选择性地以比率荧光响应识别出 Hg^{2+}。所有测试均在仅含有 1%二甲基亚砜的纯水溶液中进行。**79** 对 Hg^{2+} 的比率响应在 3 min 内完成，且 Hg^{2+} 诱导的比率荧光响应可在大的 pH 范围（5.5～11.5）的缓冲溶液中发生，不受其他金属离子的干扰。该探针对 Hg^{2+} 的检测限为 420 nmol/L。利用透射电子显微镜、核磁共振波谱、红外光谱和质谱对 Hg^{2+} 和探针的结合模式进行了研究，发现非天然肽受体的磺胺基团在 Hg^{2+} 的络合和络合诱导的纳米聚集体中起着重要的作用（图 2.26），导致了在 600 nm 处荧光强度的增强和 535 nm 处荧光强度的降低。**79** 可以比率荧光法定量检测自来水和地下水中微摩尔级别的 Hg^{2+}，具体数据将在 2.4.3 节中予以讨论。

2. 基于亲金属相互作用的 AIE 汞离子探针

近年来，以金属纳米颗粒或纳米团簇为基础的荧光探针因其高亮度、大的斯托克斯位移和良好的光稳定性等特征吸引了广泛的关注，其中，也有不少被用于汞离子检测。图 2.27 总结了基于金属纳米颗粒或纳米团簇的 AIE 汞离子探针及其工作机制。金属纳米颗粒和团簇的荧光源于配体-金属-金属间的电荷转移（ligand-metal-metal charge transfer，LMMCT）。聚集时，纳米颗粒/团簇的配体内部和配体之间的相互作用增强，使得 LMMCT 概率增大，从而导致荧光增强，因此大多金属纳米颗粒/纳米团簇表现出 AIE 特性。当向金属纳米颗粒或纳米团簇中加入 Hg^{2+} 后，Hg^{2+} 与纳米颗粒/纳米团簇中的金属之间的强烈的亲金属相互作用将破坏 LMMCT 过程，从而猝灭荧光，使得 Hg^{2+} 得以被识别。

发光金纳米颗粒（AuNPs）由于丰富的光学特性、超小的尺寸和多种表面功能，在生物医学、光学标记以及传感等领域具有巨大的应用潜力，近年来受到了人们的广泛关注。Liu 等报道了一种简单的一步法制备发光金纳米颗粒（AuNPs）的方法，该 AuNPs 组装在具有高汞吸收容量的海绵状网络中[探针 **80**，图 2.27（a）][114]。他们以四硫醇季戊四醇四巯基丙酸（PTMP）为还原剂和表面配体，合成了（2.4±0.4）nm 的发光 PTMP-AuNPs。由于超小尺寸的 PTMP-AuNPs 之间的巯基桥连作用，PTMP 还作为海绵状 AuNPs 网络形成的交联剂，从而形成最大

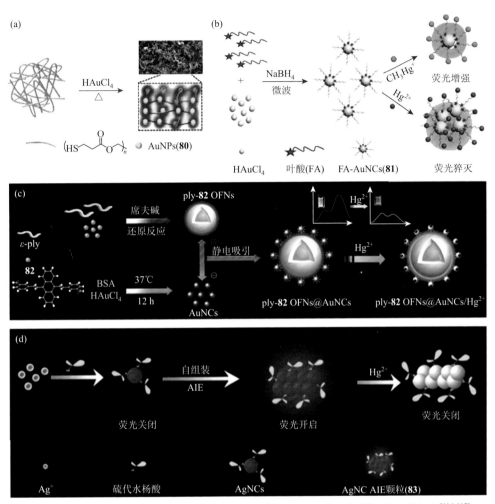

图 2.27　基于金纳米颗粒/纳米团簇或银纳米团簇的 AIE 汞离子探针及其工作机制[114-117]

图中 ply 代表聚赖氨酸

波长为 675 nm 的不溶性红色发射宏观聚集体，随后表面配体产生协同疏水效应。在超声波作用下，利用典型的表面活性剂辅助方法增强了宏观聚集体的分散性，但并没有改变 PTMP-AuNPs 海绵状网络的形态。所制备的 PTMP-AuNPs 海绵状网络为吸附重金属离子提供了良好的基础，由于海绵状结构的高孔隙率和高亲和力的亲金属 Hg(Ⅱ)-Au(Ⅰ)的协同作用，吸附剂的饱和容量为 2.48g Hg(Ⅱ)/g。此外，该网络优异的光学性能以及特定的、强的封闭壳-金属相互作用为 Hg^{2+} 传感提供了一个高灵敏度和高选择性的平台，其检测限为 6.0 nmol/L。因此，海绵状 PTMP-AuNPs 网络在饮用水中 Hg^{2+} 的检测和消除方面具有潜在的应用前景。

基于金纳米团簇（AuNCs）的 Hg^{2+}荧光检测分析法因 AuNCs 对 Hg^{2+}的高灵

敏度而备受关注。AuNCs 的尺寸一般小于 3 nm，由于强烈的量子限制效应，呈现出离散的电子态，在紫外-可见吸收和荧光特性上表现出类分子性质。Hg^{2+} 和 Au^+ 之间的 $5d^{10}$-$5d^{10}$ 相互作用改变了 AuNCs 的电子结构，从而改变其荧光性能。Yu 等利用叶酸修饰的金纳米团簇（FA-AuNCs，探针 **81**）的荧光特性，首次报道了 Hg^{2+} 和甲基汞（CH_3Hg^+）的形态结构[115]。FA-AuNCs 的平均尺寸为（2.08±0.15）nm，最大发射波长为 440 nm，量子产率为 27.3%。Hg^{2+} 使 FA-AuNCs 的荧光显著猝灭，而 CH_3Hg^+ 则使 FA-AuNCs 的荧光显著增强[图 2.27（b）]。基于 Hg^{2+} 和 CH_3Hg^+ 荧光响应之间的区别，开发了一种用于 CH_3Hg^+ 和 Hg^{2+} 形态分析的新型纳米传感器，FA-AuNCs 在 100～1000 nmol/L 范围内对 Hg^{2+} 和 CH_3Hg^+ 的检测限分别为 28 nmol/L 和 25 nmol/L。该传感系统对汞的选择性很高。通过对环境水体和鱼类样品中 CH_3Hg^+ 的分析和汞（CH_3Hg^+ 和 Hg^{2+}）的形态分析，进一步证明了其实际应用价值。

比率型荧光传感器以其可视化检测、自校准功能以及不易受外界干扰等突出优点而受到广泛关注，一些基于有机荧光团的比率型汞离子荧光传感器已经被设计出来，但是它们涉及复杂的设计和合成过程。鉴于此，Ouyang 课题组以带正电荷的 AIE 有机荧光纳米颗粒（ply-**82** OFNs）为参比基元，以带负电荷的 AuNCs 为响应基元，通过静电吸引作用制备了一种基于杂化纳米体系的双发射比率型荧光探针 ply-**82** OFNs@AuNCs[图 2.27（c）][116]。由于 AuNCs 的红色荧光可被 Hg^{2+} 猝灭，该探针可用于 Hg^{2+} 的可视化定量测定并被三聚氰胺回收，这是因为它具有较强的亲金属 Hg(Ⅱ)-Au(Ⅰ) 相互作用和更强的 Hg^{2+}-N 亲和性。在这个过程中，由于 ε-聚赖氨酸（ε-ply）的保护，ply-**82** OFNs 的绿色荧光保持不变。此外，该双发射比率型荧光探针具有良好的生物相容性和高灵敏度（检测限为 22.7 nmol/L），显示了其在生物成像和检测方面的应用潜力。结果表明，这种双发射比率型荧光探针拓宽了 AIE 基有机荧光纳米颗粒的应用范围，为制备灵敏度更高、生物相容性更好、可视性更强的荧光探针提供了新方法。

银纳米团簇（AgNCs）相比于金纳米颗粒和金纳米团簇具有成本低以及稳定性好等优点，在化学传感和生物传感领域有着十分广阔的应用前景。硫氰酸盐保护的 AgNCs 具有 AIE 特性，但由于它们在水溶液中的超低亮度而受到限制。Qian 和 Zhou 等利用疏水相互作用简便地制得了 AgNCs 自组装颗粒[117]。他们采用疏水性配体硫代水杨酸以一步法制备 AgNCs，硫代水杨酸修饰的 AgNCs 表现出明显的 AIE 行为。AgNCs 的 AIE 特性使其能够对多种外界刺激（如溶剂极性、pH 和环境温度）做出选择性响应。作为 AgNCs 的封端配体硫代水杨酸的疏水性驱动了 AgNCs 在水溶液中的自组装过程，从而形成具有明亮发光的自组装 AgNCs 粒子[**83**，图 2.27（d）]。利用汞离子通过亲金属 Hg(Ⅱ)-Ag(Ⅰ) 作用对具有高荧光亮度的 AgNCs-AIE 颗粒的强猝灭效应，实现了对 Hg^{2+} 的灵敏检测，其检测限为 91.3 nmol/L。

3. 基于电子转移效应的 AIE 汞离子探针

荧光团容易通过电子转移作用被重金属离子猝灭，但这样的行为常常不具有特异性，因此，需要巧妙的设计来提升基于电子转移机制的荧光探针对特定金属离子的选择性识别能力。Heng 等充分利用了六苯基噻咯（hexaphenylsilole，HPS）的 AIE 特性，研制了一种高荧光量子产率的噻咯渗透的光子晶体薄膜，该薄膜作为一种高效的荧光关闭式传感器，对 Hg^{2+} 和 Fe^{3+} 具有高灵敏度、高选择性，且有良好的重现性[图 2.28（a）][118]。由于光子晶体（photonic crystal，PC）的慢光子效应，HPS 渗透的光子晶体（HPS-PC）显示出增强的荧光，这是因为 HPS 的发射波长位于所选光子晶体阻带的蓝色带边缘。由于从 HPS 向金属离子的电子转移，具有高的电极电位，并且小尺寸的 Hg^{2+}/Fe^{3+} 可以有效地猝灭 HPS 渗透的光子晶体的荧光。由于 AIE 的高荧光量子产率和光子晶体的慢光子效应，灵敏度提高，使得 Hg^{2+}/Fe^{3+} 的检测限低至 5 nmol/L。此外，这种 HPS-PC 膜对其他金属离子的响应可以忽略不计，并且由于光子晶体的特殊表面附着性，可以通过纯水洗涤去除 Hg^{2+}/Fe^{3+} 离子来方便地再现和重复使用。具体来说，当 HPS-PC 膜浸入含有不同浓度 Hg^{2+} 的水溶液中时，随着 Hg^{2+} 浓度的增加，荧光逐渐减弱[图 2.28（b）]。在 5～210 nmol/L Hg^{2+} 浓度范围内，获得了猝灭效率（$1-I/I_0$）与 Hg^{2+} 浓度的线性关系，为 Hg^{2+} 的定量检测提供了便利。

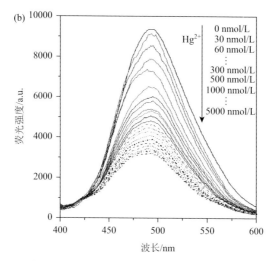

图 2.28　基于电子转移效应的 **AIE** 汞离子探针及其工作机制[118]

4. 基于碘离子消除策略的 AIE 汞离子探针

碘离子消除是利用 I⁻ 的重原子效应猝灭荧光团的荧光，待其与荧光团的复合物中加入 Hg²⁺ 后，通过 HgI₂ 的形成而消除重原子效应，进而还原荧光团的荧光，从而实现 Hg²⁺ 的荧光开启式检测的策略。例如，唐本忠研究组利用 TPE 功能化的苯并噻唑盐（**84**），以碘离子作为反离子，构建了可在水溶液中工作的 Hg²⁺ 的荧光开启式传感器 **84**-I[119]。**84**-I 在溶液状态下显示出相对强的荧光，因为 **84**-I 分子以被溶剂隔离的离子对的形式存在，这样的结构使得原子间的碰撞率较低，因此阻碍了 I⁻ 的重原子效应。然而，**84**-I 在聚集态或固态时是不发光的，这是因为在凝聚态时，紧密接触的离子对中的碘离子和阳离子单元之间的剧烈碰撞使得激子被湮灭[图 2.29（a）]。这样强烈的猝灭效应为 Hg²⁺ 的荧光点亮式检测提供了非常低的背景。众所周知，Hg²⁺ 对 I⁻ 具有高亲和力，因此可以设想 Hg²⁺ 的加入将置换 **84**-I 中的阳离子单元而形成 HgI₂。**84**-I 对 Hg²⁺ 的响应在缓冲溶液（pH 为 7.4，含 1% DMSO 的 HEPES 缓冲液）中进行，以确保初始状态的荧光关闭。加入 Hg²⁺ 后，荧光出现，并随着 Hg²⁺ 含量的增加而增强[图 2.29（a）]。很明显，**84**-I 可以作为 Hg²⁺ 的荧光探针，且具有极好的特异性和选择性。该荧光传感器的工作机理被阐述为通过形成 HgI₂ 消除 I⁻ 的猝灭效应，以及 Hg²⁺ 与 **84** 的苯并噻唑上的硫原子络合引起的聚集使得荧光增强。以简便的方式制得 **84**-I 的固体薄膜并将其用于检测水溶液中的 Hg²⁺ 水平。该碘离子消除法简便、经济，检测限为 1 µmol/L。

在 **84**-I 工作的基础上，唐本忠课题组基于碘离子消除法进一步开发了用于生物富集 Hg²⁺ 双重检测的荧光探针[120]。建立一种灵敏可靠的重金属生物蓄积毒素检测方法，对生物毒性评价具有重要意义。然而，传统的基于发光细菌的生

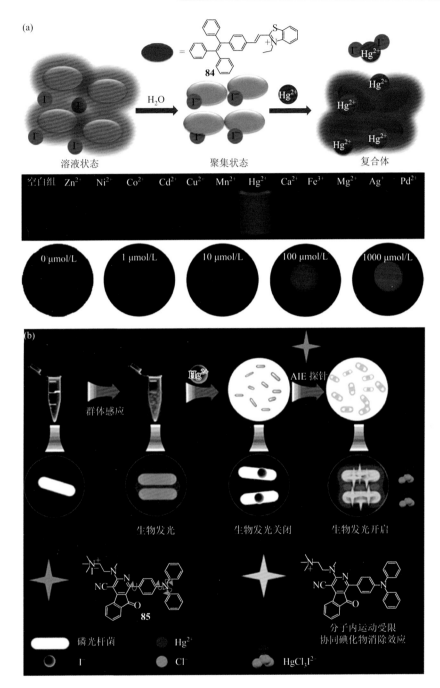

图 2.29　基于碘离子消除策略的 AIE 汞离子探针及其工作机制[119, 120]

物毒性评价方法在光照检测模式下只能检测出整体毒性而没有选择性。虽然目前已开发出多种用于重金属离子选择性检测的荧光探针，但它们在生物体系中局部累积后往往会发生聚集猝灭现象。唐本忠课题组开发的基于发光细菌和 AIE 的用于对磷光杆菌（*P. phosphoreum*）中生物累积 Hg^{2+} 的荧光开启式检测的具体方案如图 2.29（b）所示：高浓度磷光杆菌可导致基于群体感应的强生物发光。Hg^{2+} 通过在细菌内部累积和干扰群体感应，可以有效地抑制磷光杆菌的生物发光。AIE 活性探针 **85** 可进入受损菌体内，与 Hg^{2+} 形成聚集体，并通过 AIE 基元的分子内运动受限和碘离子的荧光猝灭效应的消除以及扭转分子内电荷转移的抑制等协同作用开启荧光。这种双重检测策略具有高信噪比和优异的选择性，特别适用于评估生物富集的 Hg^{2+} 的毒性。

5. 基于化学反应的 AIE 汞离子探针

反应型荧光探针具有优异的选择性、高灵敏度以及快速响应等特点，吸引了越来越多的关注。目前，已有许多基于 AIE 的反应型汞离子荧光探针被开发出来。其中，Hg(Ⅱ)介导的硫代缩醛脱保护是近年来开发的检测 Hg^{2+} 的化学剂量学方法之一，因此基于该类反应的 AIE 汞离子探针体系占据了很大比例（图 2.30）。探针 **86a** 为带有硫代缩醛基元的 V 型萘酰亚胺衍生物，在聚集态高效发光[121]。由于实际应用需要与水介质相容的荧光探针，同时由于水是硫代缩醛脱保护的必要条件，因此，该探针的检测介质为四氢呋喃/水（1:1，*V/V*）的混合溶剂。在 Hg^{2+} 存在的条件下，**86a** 完全转化为 **86b**，该反应通过 ^1H NMR 予以了确认。相应地，荧光强度显著增加，仅添加 6.0 eq.的 Hg^{2+} 便可使荧光强度达到饱和（强度增加 8.7 倍），这是因为 **86b** 比 **86a** 在检测介质中的溶解性更差，导致聚集发生，分子

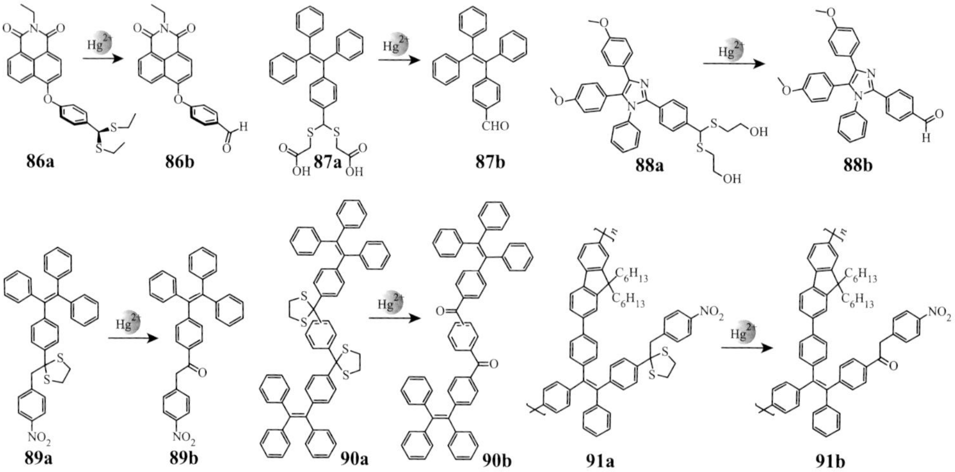

图 2.30　基于 Hg^{2+} 介导的硫代缩醛/酮脱保护反应的 AIE 汞离子探针体系

内运动受限，从而使得荧光被开启。**86a** 对其他金属离子未显示出显著的变化，表明了其良好的选择性。同样的检测机理也适用于探针 **87a**～**91a**，即根据 AIE 效应的特性，利用探针的极性部分硫代缩醛在与 Hg^{2+} 相互作用时的消除，导致弱极性的醛基化合物 **87b**～**91b** 的形成，触发聚集，从而开启荧光。

具体来说，**87a** 中的二硫代乙酰部分不仅作为 Hg^{2+} 离子的配位位点，还提供了良好的水溶性和对 Hg^{2+} 的高选择性[122]。Hg^{2+} 诱导的二硫代乙酰基的消除和 **87b** 的生成使得仅加入 1 eq.的 Hg^{2+} 便可引起 410 倍的荧光增强，其检测限为 0.1 μmol/L。水溶性荧光探针 2, 2′-((4-(4, 5-双(4-甲氧基苯基)-1-苯基-1*H*-咪唑-2-基)苯基)亚甲基)双(磺胺基)二乙醇（**88a**）对 Hg^{2+} 检测具有较高的选择性和敏感性[123]。通过 $^1H\ NMR$ 滴定、高效液相色谱分析和高分辨质谱等方法验证了 **88a** 对 Hg^{2+} 的响应机理。**88a** 对 Hg^{2+} 的检测限为 1.45 nmol/L，低于大多数已报道的 Hg^{2+} 探针。利用 AIE 体系优良的光学性能，将 **88a** 固定在 Waterman 试纸上，研制了一种纸基 Hg^{2+} 传感器。同时，**88a** 在实际水样和尿样中均显示出良好的分析性能。此外，**88a** 具有较好的水溶性、细胞膜透性和较低的细胞毒性，可进一步用于活细胞和斑马鱼体内 Hg^{2+} 的检测。

除了硫代缩醛外，硫代缩酮也可被用作 Hg^{2+} 识别基团，如探针 **89a**、**90a** 与 **91a** 中的 Hg^{2+} 识别基团。**89a** 对 Hg^{2+} 的荧光开启式响应具有良好的选择性，不受其他金属离子的干扰，且合成简单、选择性高、灵敏度高，其对水溶液中 Hg^{2+} 的检测限为 100 nmol/L，可作为现场检测 Hg^{2+} 的方便经济的工具[124]。**90a** 几乎可被看作 **89a** 的二聚体，尽管如此，两者的荧光响应却有所不同。**90a** 对 Hg^{2+} 的响应除了荧光增强外还表现为颜色从蓝色变为绿色，但 **90a** 的检测限仅为 0.1 μmol/L，这可能与 **90a** 的溶解性较差有关[125]。**91a** 是 **89a** 与芴的共轭共聚物，与 **90a** 一样拥有被 Hg^{2+} 点亮荧光的能力，在四氢呋喃/水（水的体积分数为 98%）混合溶液中，**91a** 对 Hg^{2+} 的检测限为 230 nmol/L[126]。

罗丹明中螺环的开环反应已被广泛用于开发各种荧光探针，其中，基于 AIE 的汞离子荧光探针也不在少数（图 2.31）。萘酰亚胺-罗丹明衍生物 **92a** 在乙醇/水（1∶1，*V*/*V*）混合溶液中仅发射微弱的蓝光，发射波长 λ_{em} = 440 nm，当加入 Hg^{2+} 时，440 nm 处的荧光峰增强且伴随 578 nm 处的荧光峰的出现[127]。随着 Hg^{2+} 浓度的增加，440 nm 和 578 nm 处的荧光强度均逐渐增强且分别与 Hg^{2+} 的浓度呈线性关系，因此 **92a** 不仅可实现 Hg^{2+} 的比率检测，还可以实现双通道识别。其工作机制可以阐述为当 Hg^{2+} 的浓度较低时，Hg^{2+} 会与罗丹明螺环上的 N 原子结合，同时与周边的杂原子共同作用，形成相对稳定的络合物，抑制了罗丹明螺环上的 N 原子到萘酰亚胺的 PET 过程，使得萘酰亚胺部分的荧光得以恢复。当 Hg^{2+} 的浓度上升到一定值时，螺环被破坏，罗丹明开环，生成 **92b**，发射出红色荧光，且随着 Hg^{2+} 浓度的增加而增强。探针 **93a**、**94a** 与 **92a** 的结构近似，工作机理也类似，此处不再赘述[128, 129]。其中，**93a** 在乙醇/水（1∶1，*V/V*）混合溶液中对汞离子的检测限为 2.72 μmol/L[128]。

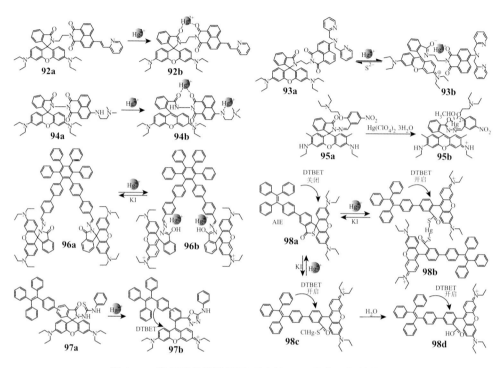

图 2.31　基于罗丹明的开环反应的 AIE 汞离子探针体系

罗丹明的席夫碱衍生物 **95a** 在所有与生物相关的金属离子和有毒重金属存在的情况下，能选择性地快速识别 Hg^{2+}，且表现出非常低的检测限（78 nmol/L）[130]。扫描电子显微镜和透射电子显微镜研究表明，在 5 mmol/L 十二烷基硫酸钠（SDS）存在下，**95b** 与 SDS 形成了强烈的聚集，其在 9 mmol/L SDS 存在下，进一步形成孤立的核壳结构。在 SDS（9 mmol/L）水溶液中，**95b** 的荧光强度比在没有 SDS 的情况下提高了 143 倍。研究表明，在微观非均匀环境中，**95b** 的刚性增强，显著地限制了其动态运动，这种现象可以归结为 AIE 效应。

六苯基苯（HPB）是一个典型的 AIE 基元，在其上接上两个罗丹明基元后得到六苯基苯并罗丹明衍生物 **96a**，该化合物在 HEPES/乙腈（1∶1，*V/V*）混合溶液中表现出 AIE 特性，形成荧光聚集体[131]。当 Hg^{2+} 离子加入 **96a** 的聚集体溶液中时，在 582 nm 处出现一个新的谱带，而 475 nm 处的发射强度逐渐降低。这是由于 Hg^{2+} 离子与罗丹明螺环结合，使得螺环打开，从而导致供体（HPB）向受体（罗丹明）的有效能量转移（图 2.31）。582 nm 和 475 nm 处的荧光强度的比值随浓度的增加呈线性增加。在加入 320 μmol/L Hg^{2+} 后，检测体系的荧光达到饱和状态。研究表明，**96a** 对所测试的各种金属离子中的 Hg^{2+} 具有选择性。**96a** 的检测限为 100 nmol/L，这对于监测生物样品中的 Hg^{2+} 水平来说是足够低的，因此 **96a** 被成功用于 MCF-7 细胞系中 Hg^{2+} 的比率成像。

唐本忠课题组以 AIE 活性单元 TPE 为能量供体，发展了一种新型的暗态跨键能量转移（dark through band energy transfer，DTBET）机制，并基于该机制设计合成了高效的比率计量型 Hg^{2+} 探针（**97a**）[132]。TPE 在溶解状态下量子产率很低，作为能量供体可以有效降低荧光泄漏，从而降低背景荧光，提高信噪比。由于 TPE 在溶液中非辐射跃迁速率较快（10^{11}～10^{12} s^{-1}），会与能量转移过程竞争而降低能量转移效率。跨键能量转移（TBET，此机制类似于荧光共振能量转移（FRET）机制，涉及由连接子连接的能量供体与能量受体，在供体、受体不共平面的情况下，实现能量转移与比率式荧光测量技术）机制对光谱重叠度要求较低，且能量转移速率可达 10^{15} s^{-1} 级别。因此，他们采用 TBET，以罗丹明 B 的衍生物为能量受体，发展了新型的 DTBET 机制，此机制采用量子产率较低的供体片段，通过提高能量转移效率，减少供体的荧光泄漏，降低了背景荧光强度。实验表明，该 DTBET 体系中，斯托克斯位移可达 280 nm，能量转移效率可达 99%，且即使在能量转移效率为 69% 的情况下也几乎观察不到供体荧光的泄漏。该团队还结合理论计算，研究了 DTBET 体系结构性能之间的关系，发现能量供体偶极矩方向与连接体轴线之间的夹角越小，能量转移效率越高。探针自身在含水溶剂中溶解度较低，导致聚集而发射较强的蓝绿色荧光。与 Hg^{2+} 发生反应后，罗丹明 B 开环，生成罗丹明发光团 **97b**，同时在含水溶剂中溶解度提高，发生 DTBET 过程，进而发射出强烈的橙红色荧光。探针对 Hg^{2+} 表现出专一的选择性，荧光强度增强达 6000 倍以上，检测限低至 0.3 ppb。此外，细胞成像实验结果表明，DTBET 探针可用于检测活体 HeLa 细胞中 Hg^{2+}。

此外，**97a** 的纳米颗粒还被用于汞离子生物蓄积量的定量评价及体内可视化[133]。Tang 等以 TPE 和罗丹明的加合物 **97a** 监测和量化了微观水生生态系统中复杂的生物累积过程[134]。以汞离子为污染源，以细眼虫为代表藻种，研究了藻类中重金属的生物富集和生物释放过程。利用 **97a** 的荧光开启特性可以很容易地检测到环境中的 Hg^{2+}，并建立了光致发光强度、**97a** 的浓度和 Hg^{2+} 浓度之间的关系。通过读取溶液的荧光强度，可以有效地利用 **97a** 对生物累积过程中的 Hg^{2+} 浓度进行定量。用该方法对小眼虫细胞和环境中 Hg^{2+} 的生物富集、生物富集效率和比例进行了详细的表征，并用现有的分析方法对结果进行了进一步的验证。**97a** 可定量检测藻类对 Hg^{2+} 的吸收和释放，为了解水生生物与环境之间 Hg^{2+} 的动态变化提供了一种新的、绿色的、可持续的方法。

探针 **98a** 与 **97a** 的结构近似，因此对汞离子的检测机理也基本相同。两者都是利用 AIE 和 DTBET 机理设计的比率型荧光探针。**98a** 以 TPE 为暗供体，罗丹明 B 硫内酯为受体构建[135]。利用 DTBET 的优点，消除了暗供体的发射泄漏，提供了近 100%的能量转移效率，**98a** 与 Hg^{2+}反应后荧光强度比值提高了 30000 倍以上。探针 **98a** 的性能概括如下：①超敏，检测限为 43 pmol/L，是所报道的比率型 Hg^{2+}探针中最低的；②选择性良好、响应时间短（<10 s）和 pH 应用范围宽；③对纸基比色分析具有很强的适用性，信号可以通过肉眼读取；④洋葱表皮组织中 Hg^{2+}的荧光成像，表明了其在生物体中的潜在应用。

　　除了上述两类反应型 AIE 汞离子探针体系外，还有一些基于其他反应的汞离子探针体系，如 **99a**~**103a**（图 2.32）。Yang 等设计合成了一种硫脲官能化的 (Z)-N-((4-(2-氰基-2-苯基乙烯基)苯基)氨甲酰)乙酰胺（**99a**），并用常规光谱分析手段进行了表征[136]。**99a** 在高含水量的二甲基亚砜/水体系中表现出良好的 AIE 特性，对 Cu^{2+}和 Hg^{2+}具有高选择性和高灵敏度的识别能力，荧光变化较大。在含有 0.1% 二甲基亚砜的 **99a** 的 PBS 缓冲溶液中加入 Cu^{2+}后，生成了 Cu-**99a** 络合物，表现出荧光猝灭，这一机理得到了理论计算的证实。而 Cu^{2+}-**99a** 配合物（**99b**）由于发生了 Hg^{2+}诱导的脱硫反应而对 Hg^{2+}具有较高的选择性和灵敏度。此外，荧光强度与 Hg^{2+}浓度之间存在良好的线性关系。**99a** 对 Hg^{2+}的检测限为 45 nmol/L。

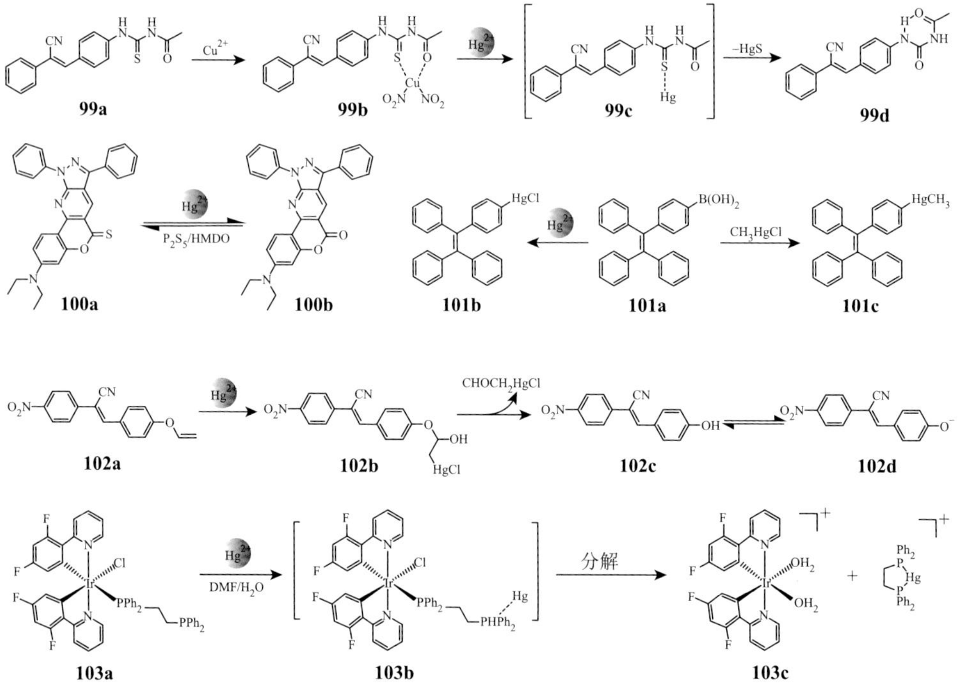

图 2.32　其他反应型的 AIE 汞离子探针体系及其工作机制

Ju 等基于吡唑并[3, 4-*b*]吡啶基香豆素生色团（**100b**）的 AIE 特性，研制了一种新型的 Hg^{2+}荧光传感器（**100a**）[137]。通过 Hg^{2+}诱导的脱硫反应，非 AIE 的 **100a** 可以转化为具有 AIE 活性的 **100b**，因此，**100a** 用于水溶液中 Hg^{2+}的荧光开启式检测。其 503 nm 处的荧光强度随着 Hg^{2+}浓度的增加而增加，当 Hg^{2+}浓度达到 1 eq. 后，荧光基本保持相对恒定的强度。荧光强度与 Hg^{2+}浓度在 0～2.5 μmol/L 范围内可实现线性拟合，其检测限为 2.6 nmol/L。除了高灵敏度，该探针还对 Hg^{2+}的荧光响应表现出良好的选择性。质谱上 *m/z* = 460.2 处的电子轰击质谱（EI-MS）信号证实了 Hg^{2+}的高亲硫性导致了 **100b** 的形成。

AIE 活性的单硼酸 TPE 衍生物 **101a** 是一种简单、高灵敏度和高选择性的无机汞离子和有机汞的荧光开启式探针[138]。探针 **101a** 对 Hg^{2+}的响应基于汞离子促进的芳基硼酸的转化反应。该探针首次成功地用于甲基汞污染的活细胞和斑马鱼的 AIE 荧光成像研究。Hg^{2+}和 CH_3Hg^+均导致 TPE-硼酸的快速转移，使得产物（**101b** 和 **101c**）在工作溶剂体系中的溶解度急剧降低，聚集的发生使得分子内运动受限，促进了荧光发射。该探针具有设计简单、合成成本低、选择性高、仪器价格低、信号传导速度快以及检测限低（0.12 ppm）等优点。

π 共轭氰基苯乙烯衍生物(*Z*)-2-(4-硝基苯基)-3-(4-(乙烯氧基)苯基)丙烯腈（**102a**）因其 AIE 特性而在四氢呋喃/水（2：8，*V/V*）混合溶液中强烈发光[139]。在 0～50 μmol/L Hg^{2+}浓度范围内，**102a** 的荧光可被 Hg^{2+}线性猝灭，相关系数 $R^2 = 0.9957$。**102a** 对 Hg^{2+}的检测限为 37 nmol/L。其检测是基于 Hg^{2+}对乙烯基的选择性裂解和 π 共轭氰基苯乙烯衍生物的 AIE 特性。该探针在实际样品分析中的应用将在 2.4.3 节中予以介绍。

除了荧光体系，聚集诱导磷光的体系也可经过合理的分子设计而被开发为 Hg^{2+}探针，例如，带有苯基取代的二膦配体的具有 AIE 活性的蓝光双环金属化铱（III）配合物 **103a**[140]。探针分子上的二膦配体上的游离磷供体原子被证明提供了对 Hg^{2+}的选择性结合能力。**103a** 对汞离子的选择性结合能力导致其荧光被完全猝灭，从而产生可检测信号。根据 Pearson 的硬-软酸碱理论，Hg^{2+}是一种软离子（软酸），它会优先与软碱相互作用。因此，探针分子的猝灭效应是由探针分子上游离的软碱磷原子和作为软酸的汞离子之间的强相互作用而引发的铱（III）络合物的解离。该探针对 Hg^{2+}的检测限为 170 nmol/L。

2.4.3 基于 AIE 的汞离子探针的应用

前述种类繁多的 AIE 汞离子探针中，用于实际水样中 Hg^{2+}的检测分析为数不多，其中，包括探针 **42**、**65**、**79**、**81**、**102a** 以及 **104**。总体来说，这些探针之所以能被用于实际样品检测主要是因为灵敏度高、检测限低，具有线性响应区间，选择性好且抗干扰能力强等优点。

在不含 Hg^{2+} 的检测介质中，探针 **42** 几乎没有荧光发射。探针在 475 nm 处的荧光强度随 Hg^{2+} 加入量的增加而增强，在 Hg^{2+} 浓度为 100 nmol/L 时，荧光强度提高了 13.5 倍。这些结果表明，475 nm 处的荧光增量与 Hg^{2+} 浓度呈正相关。在 475 nm 处，Hg^{2+} 的荧光强度随 Hg^{2+} 浓度线性增加。I_{475} 与 Hg^{2+} 在 10 fmol/L～1 nmol/L 范围内的浓度对数呈良好的线性关系（$R^2 = 0.9903$），证实了探针 **42** 可用于水溶液中低浓度 Hg^{2+} 的定量检测。携带寡核苷酸受体的 Hg^{2+} 探针对 Hg^{2+} 表现出超敏感的荧光"开启"式响应，检测限为 10 fmol/L。

为验证探针 **42** 对 Hg^{2+} 检测的适用性和可靠性，从武汉东湖、自来水和长江水中采集了不同的环境水样。这些加有一定量 Hg^{2+} 的样品按照上述方案进行了分析，并进行了三次实验。检测结果见表 2.2。当样品中加入 0.1 nmol/L 或 1 nmol/L Hg^{2+} 时，得到了令人满意的结果，标准偏差分别不大于 0.005 和 0.06。回收率在 97.4%～106.8% 之间，表明不同水样的潜在干扰可以忽略不计。上述结果表明，该探针可成功地用于实际环境样品中痕量 Hg^{2+} 的测定。

表 2.2　环境水样中 Hg^{2+} 的测定（探针 **42**）

样品	Hg^{2+} 添加量/(nmol/L)	实测值(平均值±标准差)/(nmol/L)	回收率/%
自来水 1	0	—	—
自来水 2	0.1	0.09±0.005	98.7
自来水 3	1	0.97±0.04	97.4
长江水 1	0	—	—
长江水 2	0.1	0.11±0.004	106.8
长江水 3	1	1.01±0.03	101.3
东湖水 1	0	—	—
东湖水 2	0.1	0.10±0.004	105.1
东湖水 3	1	1.01±0.06	101.5

探针 **65** 可用于环境水样中 Hg^{2+} 的检测。在 0～20 μmol/L 浓度范围内，随着 Hg^{2+} 的加入，荧光强度增大，**65** 的荧光强度与 Hg^{2+} 的浓度呈线性关系。Hg^{2+} 的检测限为 420 nmol/L。用探针来检测实际的水样，在自来水和河水中加入不同量的 Hg^{2+}，每个样本重复三次。所得 Hg^{2+} 的浓度与加标样品一致。回收率在 89.0%～94.5% 之间，结果令人满意（表 2.3）。

表 2.3　探针 **65** 对实际水样中 Hg^{2+} 的检测结果（$n = 3$）

样品	Hg^{2+} 添加量/(μmol/L)	实测值(平均值±标准差)/(μmol/L)	回收率/%	RSD/%
自来水	4	3.56±0.28	89.0	2.56
	8	7.40±0.42	92.5	3.12

续表

样品	Hg^{2+}添加量/(μmol/L)	实测值(平均值±标准差)/(μmol/L)	回收率/%	RSD/%
河水	4	3.78±0.37	94.5	2.93
	8	7.25±0.49	90.6	3.45

探针 **79** 可以通过比率荧光定量检测 Hg^{2+} 在实际样品溶液中的浓度，如自来水和地下水。地下水和自来水分别用缓冲溶液（20 mmol/L HEPES，pH = 7.4，2% DMSO）稀释至其体积的两倍。向自来水中加入 Hg^{2+} 后，随着其浓度的增加，535 nm 处的发射强度显著降低，600 nm 处的发射强度显著增加。当 Hg^{2+} 的浓度为 3 eq.时，荧光强度达到饱和，说明 **79** 对自来水中 Hg^{2+} 的灵敏度与缓冲溶液中的相似。当向地下水中加入 Hg^{2+} 后，535 nm 处的发射强度显著降低，600 nm 处的发射强度显著提高，强度比（I_{600}/I_{535}）明显提高。地下水中约 3 eq. 的 Hg^{2+} 足以完全改变荧光。由于 **79** 对自来水和地下水中 Hg^{2+} 的敏感比率反应，测量了地下水和自来水中已知添加量 Hg^{2+} 的回收率（表 2.4）。用强度比值变化测定了缓冲溶液中 Hg^{2+} 在地下水和自来水中的回收率。如表 2.4 所示，自来水和地下水中已知添加量的 Hg^{2+} 的回收率均超过 90%。这是因为 **79** 在其他金属离子存在的情况下对 Hg^{2+} 表现出灵敏和选择性的比率响应，最大化地排除了非特异性结合和外部干扰。

表 2.4　探针 79 对实际水样中 Hg^{2+}的检测结果[113]

样品	Hg^{2+}添加量/(nmol/L)	荧光强度比（I_{600}/I_{535}）变化	回收率/%
自来水	6	1.53±0.02	97±2
	4	1.18±0.02	94±3
	2	0.65±0.03	91±6
	1	0.38±0.01	93±3
地下水	6	1.54±0.04	97±4
	4	1.25±0.03	100±3
	2	0.70±0.02	98±4
	1	0.37±0.02	92±4

基于金纳米团簇的 Hg^{2+}探针 **81** 的荧光强度与 Hg^{2+}浓度之间在 0.1～1.0 μmol/L 范围内呈线性关系，如图 2.33（a）和（b）所示。类似地，通过绘制 **81** 在 0.1～1.0 μmol/L 范围内的荧光变化与 CH$_3$Hg$^+$浓度曲线[图 2.33（c）]，得到

了线性关系[图 2.33（d）]。上述结果表明了探针 **81** 定量检测 Hg^{2+} 和 CH_3Hg^+ 的能力和在实际样品中应用的潜力。

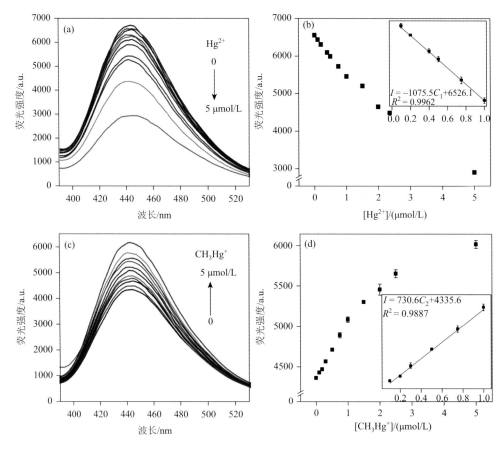

图 2.33　（a）探针 **81** 对 Hg^{2+} 浓度在 0～5 μmol/L 的荧光发射光谱；（b）荧光强度与 Hg^{2+} 浓度的关系，插图为探针体系对 Hg^{2+} 浓度在 0.1～1.0 μmol/L 的校准曲线；（c）探针 **81** 对 CH_3Hg^+ 浓度在 0～5 μmol/L 的荧光发射光谱；（d）荧光强度与 CH_3Hg^+ 浓度的关系，插图为探针体系对 CH_3Hg^+ 浓度在 0.1～1.0 μmol/L 的校准曲线[115]

　　利用探针 **81** 对地表水和鱼类样品中的 Hg^{2+}、CH_3Hg^+ 进行了分析，评价了该探针在实际样品中的实用性。电感耦合等离子体质谱预分析表明，上述样品中的总汞含量低于探针 **81** 的检测限。因此，对方法验证进行了加标回收试验。地表水样中添加 Hg^{2+} 和 CH_3Hg^+ 的分析结果见表 2.5，回收率在 95%～110% 之间。表 2.5 的结果清楚地表明了 **81** 对地表水样中的 Hg^{2+} 和 CH_3Hg^+ 进行形态分析的可行性。表 2.6 显示了用富含胸腺嘧啶的 DNA 掩蔽潜在共存的 Hg^{2+} 后鱼类样品中的 CH_3Hg^+ 的峰值回收率，表明了探针 **81** 的实用性。

表 2.5　探针 81 对地表水样品中 Hg^{2+}和 CH$_3$Hg$^+$的形态分析（$n=3$）

样品	添加量/(μmol/L)		实测值(平均值±标准差)/(μmol/L)	
	Hg^{2+}	CH$_3$Hg$^+$	Hg^{2+}	CH$_3$Hg$^+$
湖水	1.0	0.5	0.95±0.03	0.46±0.04
河水	1.0	1.0	1.10±0.05	0.54±0.13

表 2.6　探针 81 对鲫鱼体内 CH$_3$Hg$^+$的峰值回收率（$n=3$）

样品	CH$_3$Hg$^+$添加量/(μmol/L)	CH$_3$Hg$^+$实测值(平均值±标准差)/(μmol/L)	回收率/%
	0.25	0.24±0.03	97±8
鲫鱼	0.5	0.47±0.04	94±7
	1.0	0.98±0.05	98±5

在较低的 Hg^{2+}浓度下观察到 **102a** 的荧光猝灭。当 Hg^{2+}添加到 2.0 eq.（50 μmol/L）时，发射强度的变化趋于恒定，并下降为原来的 1/7。537 nm 处的荧光强度与 0～50 μmol/L 范围内的 Hg^{2+}浓度之间存在近似线性关系（$R^2=0.9957$），表明 **102a** 具有定量测定 Hg^{2+}的潜力。

采集了北京清河、北京未名湖和自来水 3 份水样进行了实用性评估。探针 **102a** 对水样中 Hg^{2+}的测定结果见表 2.7，三个空白样品中均未检出 Hg^{2+}。当加入 Hg^{2+}时，用标准加入法测定 3 次回收率，范围为 101%～103%。结果表明，所提出的检测策略在实际样品中检测 Hg^{2+}是成功的。为了进一步验证该方法的准确性，按照分析程序对标准溶液中的 Hg^{2+}进行了标准物质的检测，显示了预期值和实验值之间的良好一致性。以上数据表明，**102a** 可用于实际样品中 Hg^{2+}的精确分析。

表 2.7　探针 102a 对实际水样中 Hg^{2+}的检测结果

样品	Hg^{2+}添加量/(μmol/L)	实测值/(μmol/L)	回收率/%	RSD/%
自来水	0	—	—	—
	30	30.82	102.73	2.91
清河水	0	—	—	—
	30	30.74	102.47	3.29
未名湖水	0	—	—	—
	30	30.38	101.27	1.91

化合物 **104** 为 TPE 和喹啉的共轭体，在水相介质中形成纳米聚集体时表现出强烈的红光[141]。当加入 I$^-$后，由于 **104** 与 I$^-$的静电相互作用和聚集体间的剧烈碰撞，**104** 的荧光发射被有效地猝灭。**104** 和 I$^-$的复合物（**104-I**）则由于

Hg^{2+} 和 I^- 之间的高亲和力而通过显示荧光 "开启" 信号识别 Hg^{2+}，检测限低至 71.8 nmol/L。此外，**104** 的高选择性和高灵敏度使其非常适合检测实际样品如自来水和尿液中的 Hg^{2+}。**104** 对 Hg^{2+} 的荧光响应如图 2.34（a）和（b）所示。在 **104**-I 的水溶液中加入 Hg^{2+} 后，荧光明显增强，当 Hg^{2+} 浓度为 150 μmol/L 时，荧光强度达到饱和[图 2.34（a）]，同时在 365 nm 紫外光照射下，无色溶液变为鲜红色。这种荧光开启可以归因于 HgI_2 的形成消除了 I^-。更重要的是，在 610 nm 处的发射强度与 Hg^{2+} 浓度（0.5～4.0 μmol/L）之间观察到良好的线性关系（$R^2 = 0.9956$）[图 2.34（b）]。在 Hg^{2+}（150 μmol/L）存在下，610 nm 处的发射强度在约 13 min 后达到最大值，表明探针对 Hg^{2+} 的快速响应。

为了验证 **104**-I 对 Hg^{2+} 的实用性，**104**-I 通过标准加入法（表 2.8）用于检测自来水和尿液中的 Hg^{2+}。随着自来水样品中 Hg^{2+} 标准溶液的浓度从 0.5 μmol/L 增加到 1.0 μmol/L，**104**-I 的荧光强度增强，加标自来水样品的回收率分别为 98.1% 和 100.6%，表明 **104**-I 在自来水中的应用效果良好。同样，在相同条件下，**104**-I 的测定浓度与加入尿液中 Hg^{2+} 的测定浓度一致，回收率最低可达 94.7%（当 Hg^{2+} 浓度为 1.0 μmol/L）。结果表明，**104**-I 对实际水体和生物样品中 Hg^{2+} 的定量分析具有较好的实用性。

表 2.8 自来水和尿液中 Hg^{2+} 的测定（探针 104）

样品	Hg^{2+} 添加量/(μmol/L)	实测值/(μmol/L)	回收率/%	RSD（$n=3$）/%
自来水	0.5	0.4934	98.1	0.3
	1.0	0.9940	100.6	5.7
尿液	0.5	0.4928	98.0	0.2
	1.0	0.9450	94.7	7.5

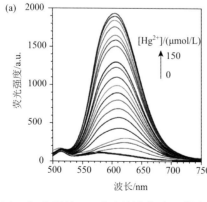
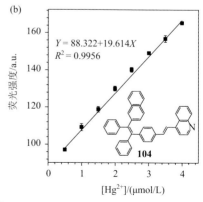

图 2.34　（a）探针 **104** 在水溶液中对 Hg^{2+} 浓度在 0～150 μmol/L 的荧光发射光谱；（b）荧光强度与 Hg^{2+} 浓度的关系（0.5～4.0 μmol/L）[141]

2.5 银离子检测

2.5.1 银在环境中的存在形式、分布及其作用

银从需求上来讲是仅次于金的贵金属元素，也是微量元素，地壳中银的平均含量为$1\times10^{-5}\%$。银是地壳中丰度最高的贵金属元素，在自然界中主要以化合物状态存在。银的化学元素符号为 Ag，原子序数为 47，是元素周期表中位列 IB 族的元素。银具有良好的导热性、导电性、延展性、感光性和化学稳定性，已被广泛用于化工、电子、医药以及航空航天技术中。

银在化合物中常表现为 +1 价，在自然界中，银主要以硫化物的形式存在。银的化合物还包括卤化物。Ag 的外层电子结构为$4d^{10}5s^1$，第四主能级上有 18 个电子，意味着 Ag 具有高的稳定性和良好的耐腐蚀性。而第五主能级上有 1 个电子意味着 Ag 的主要化合价为 +1 价。Ag 在大多数化合物，包括无机化合物、有机化合物和配合物中的化合价为 +1 价，偶尔会在某些化合物中呈 +2 或者 +3 价。在水溶液中，只有 Ag(Ⅰ)稳定，Ag(Ⅱ)和 Ag(Ⅲ)不稳定。因此，在银离子的分析检测中，基本都以 Ag(Ⅰ)为对象。Ag(Ⅰ)在环境中以氧化银（Ag_2O）、硫化银（Ag_2S）、硒化银（Ag_2Se）、卤化银（AgF、AgCl、AgBr、AgI）、硝酸银（$AgNO_3$）、硫酸银（Ag_2SO_4）、高氯酸银（$AgClO_4$）、硫氰酸银（AgSCN）、乙酸银（CH_3COOAg）、六氟磷酸银（$AgPF_6$）以及氰化银（AgCN）等形式存在[142]。

Ag^+是一种剧毒的重金属离子，在医药和电子工业中有着广泛的应用，被认为是毒性最高的一类。Ag^+有一定的负面生物效应、生物富集性和毒性，如Ag^+引起的巯基酶失活和与各种代谢物的羧基、胺、硫醇及咪唑的结合等。美国环境保护署设定的饮用水中Ag^+的安全阈值为 0.9 μmol/L[143]。因此，开发Ag^+敏感和选择性化学传感探针对环境保护和人类健康具有重要意义。目前广泛应用的分析测试方法包括重量法、电位滴定分析法、分光光度法、催化动力学分析法、化学发光法、原子吸收分光光度法、发射光谱分析法、极谱分析法、离子选择性电极分析法、X 射线荧光分析法、中子活化分析法等[144]。然而，上述传统方法通常需要烦琐的分析、复杂的操作程序、大量的样品、精密的仪器或专门的技能，因此在实际应用中既昂贵又费时。荧光检测分析手段的优势已在前文阐明，此处不再赘述。本章主要介绍基于 AIE 的银离子荧光探针的设计及其在环境中的银离子检测中的应用。

2.5.2　基于 AIE 的银离子探针的分子设计及工作机制

1. 基于配位作用的 AIE 银离子探针

Ag[+]能和多种杂原子配位，因此，目前已开发的 AIE 银离子探针中基于配位作用占据较大比例。探针 **105**，即 4, 4-(1E, 1E)-2, 2-(蒽-9, 10-二基)双(乙烯-2, 1-二基)双(N, N, N-三甲基苯胺碘化物)，具有 AIE 特性。选择富含胞嘧啶的 DNA（oligo-c）作为底物，在 Ag[+]存在下可诱导其形成发夹状结构[145]。为了提高 Ag[+]检测的灵敏度，选取核酸酶 S1，通过其强烈的水解 oligo-c 的能力来降低 **105** 的荧光强度，在含有 oligo-c、**105** 和核酸酶 S1 的溶液中，在没有 Ag[+]的情况下，核酸酶 S1 将 oligo-c 裂解成片段，这意味着 **105** 不能聚集，因此不发光。在 Ag[+]存在的情况下，oligo-c 通过 C-Ag[+]-C 碱基对诱导形成发夹结构，不能被核酸酶 S1 破坏。由于荧光探针 **105** 含有两个正电荷，可以通过静电作用与带负电荷的 oligo-c 相互作用，发夹结构的形成将促进 **105** 在 oligo-c 表面的聚集，**105** 在发夹结构表面聚集产生强烈的荧光（图 2.35）。随着 oligo-c、**105** 和核酸酶 S1 溶液中 Ag[+]含量的增加，**105** 的荧光强度逐渐增大，最高荧光强度比原荧光强度高近 16 倍。检测限为 155 nmol/L。该传感方法简便易行，对 Ag[+]的检测具有良好的灵敏度和选择性。

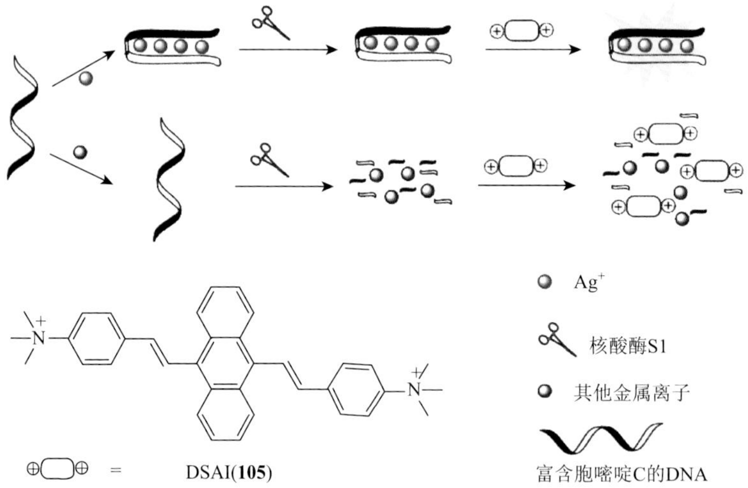

图 2.35　基于胞嘧啶与 Ag[+]配位的 AIE 荧光探针 **105** 的分子结构及其选择性识别 Ag[+]的机理[145]

在 oligo-c（200 nmol/L）和核酸酶 S1（11 U）溶液中探针 **105** 的荧光强度随着 Ag[+]含量的增加而变化。当 Ag[+]浓度从 0 增加到 6 μmol/L 时，**105** 的荧光强度逐渐增大。当 Ag⁺浓度为 6 μmol/L 时，荧光强度达到饱和，进一步添加 Ag⁺，荧光强度几乎没有增加。在这一 Ag⁺浓度下，所有的 oligo-c 都形成了发夹结构，这意味着随着 Ag⁺的进一步加入，没有残留的 oligo-c 能够形成发夹结构，因此，当 Ag⁺浓度为 6 μmol/L 时，**105** 在发夹结构上聚集产生的荧光强度达到了最大。**105** 的荧光强度提高了近 16 倍，**105** 显示出较高的灵敏度。当 Ag⁺浓度在 0~4 μmol/L 范围内时，得到线性关系（$R^2 = 0.9773$），意味着 **105** 具有定量检测水溶液中 Ag⁺浓度的能力。

与探针 **105** 不同，探针 **106** 和 **107** 上直接连有 Ag⁺的配位基元。通过利用 TPE 基元独特的 AIE 特性和腺嘌呤与 Ag⁺的特异结合能力，Zhang 团队开发了荧光开启式探针 **106**。TPE 核心和两个丙氧基修饰的腺嘌呤部分构成了探针 **106**[图 2.36（a）][146]。在水/四氢呋喃（5∶1，V/V）混合溶液中进行了 Ag⁺的检测，探针仅微弱发光，背景信号低。通过添加 AgClO₄，开启了 TPE 基元的荧光发射。由于高的信噪比，在紫外光照射下肉眼可以观察到这样的荧光开启响应。荧光增强归因于 **106** 上的腺嘌呤基元与 Ag⁺的配位，形成了配合物，该配合物由于溶解度较低而易于聚集。因此，分子内运动受限过程被激活，诱导荧光增强[图 2.36（a）]。**106** 对 Ag⁺具有良好的选择性和灵敏度，检测限为 0.34 μmol/L，线性响应范围为 0~75 μmol/L。

107 为将 AIE 与 VIE 巧妙结合而开发的一种 Ag⁺荧光探针。该探针由 9,14-二苯基-9,14-二氢二苯并[a, c]吩嗪（DPAC）骨架、TPE 单元和两个胸腺嘧啶/腺嘌呤基团组成[图 2.36（b）][147]。其中，具有 VIE 特性的 DPAC 单元用作双发射荧光团，而 AIE 基元即 TPE 部分在蓝光区域有很强的发射，使用 TPE 基团作为信号放大器，可以增强探针的荧光信号强度，提高信噪比。腺嘌呤基团与 Ag⁺之间的配位导致聚集体的形成，限制了 DPAC 的分子内振动和 TPE 的分子内旋转，激活了 TPE 的 AIE 效应并导致 DPAC 呈弯曲构型，阻碍了分子内平面化过程。因此，随着 Ag⁺浓度的增加，检测体系的整体荧光从中等强度的橙红光变为强蓝光，

(a)

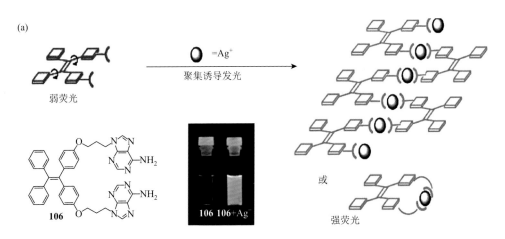

弱荧光　＝Ag⁺　聚集诱导发光　**106**　**106 106+Ag⁺**　或　强荧光

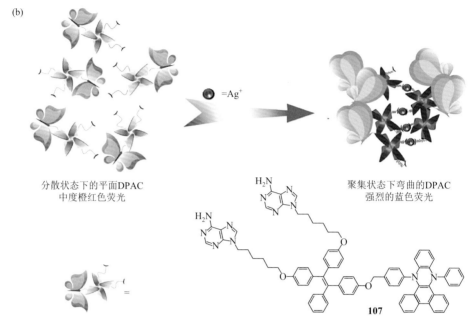

图 2.36 基于腺嘌呤与 Ag^+ 配位的 AIE 荧光探针：（a）探针 106 选择性识别 Ag^+ 的机理[146]；（b）探针 107 以比率式荧光信号识别 Ag^+ 的示意图[147]

中间经过白光区域，同时，伴随着 475 nm 处的荧光增强和橙红光的减弱以及蓝色/橙红色光比率的急剧增加。此外，**107** 对 Ag^+ 极高的灵敏度通过低至 0.1 μmol/L 的检测限得到了证明，该浓度低于美国环境保护署设定的饮用水中 Ag^+ 的最大允许浓度（0.9 μmol/L）。

除了胞嘧啶和腺嘌呤，Ag^+ 还可与多种杂环配位，如吡啶、苯并咪唑、菲并咪唑、喹啉、噻唑和三唑等。图 2.37 中总结了基于 Ag^+ 与这些杂环的配位作用和荧光团的 AIE 效应的 Ag^+ 探针 **108～114**。**108** 由 TPE 衍生物与双（2-吡啶甲基）胺经"点击"反应而得到[148]。在四氢呋喃/水（1：2，*V/V*）混合溶液中，**108** 在 435 nm 处显示出相当弱的发射。而 Ag^+ 加入后，在 485 nm 处出现发射带，当[Ag^+]/[**108**]比值小于或等于 2：1 时，发射带强度逐渐增大。此外，在 485 nm 处 **108** 的荧光强度在 0.2～2.0 μmol/L 区间随 Ag^+ 浓度线性增加，其检测限低至 0.2 μmol/L。当[Ag^+]/[**108**]比值达到 2：1 时，Ag^+ 总量的增加并没有导致进一步的发射增强。在 Ag^+ 结合滴定实验中，当 2 eq. Ag^+ 加入后，荧光达到饱和，表明 **108** 与 Ag^+ 形成了计量比为 1：2 的络合物。此外，通过改变 **108** 和 Ag^+ 的浓度绘制的 Job 曲线的最大值出现在 0.67 摩尔分数处，接近典型的配体摩尔分数（0.66），表明 Ag^+ 与 **108** 之间的化学计量比为 2：1。荧光发射峰的显著红移使得化合物 **108** 成为 Ag^+ 的比率传感器。在 Ag^+ 存在下观察到的 **108** 的这种荧光增强归因于 **108** 的双（2-吡啶甲基）胺基元和三唑环与 Ag$^+$的配位导致配合物的形成，而配合物由于溶解度低而进一步聚集，因此，TPE 单元的荧光增强。

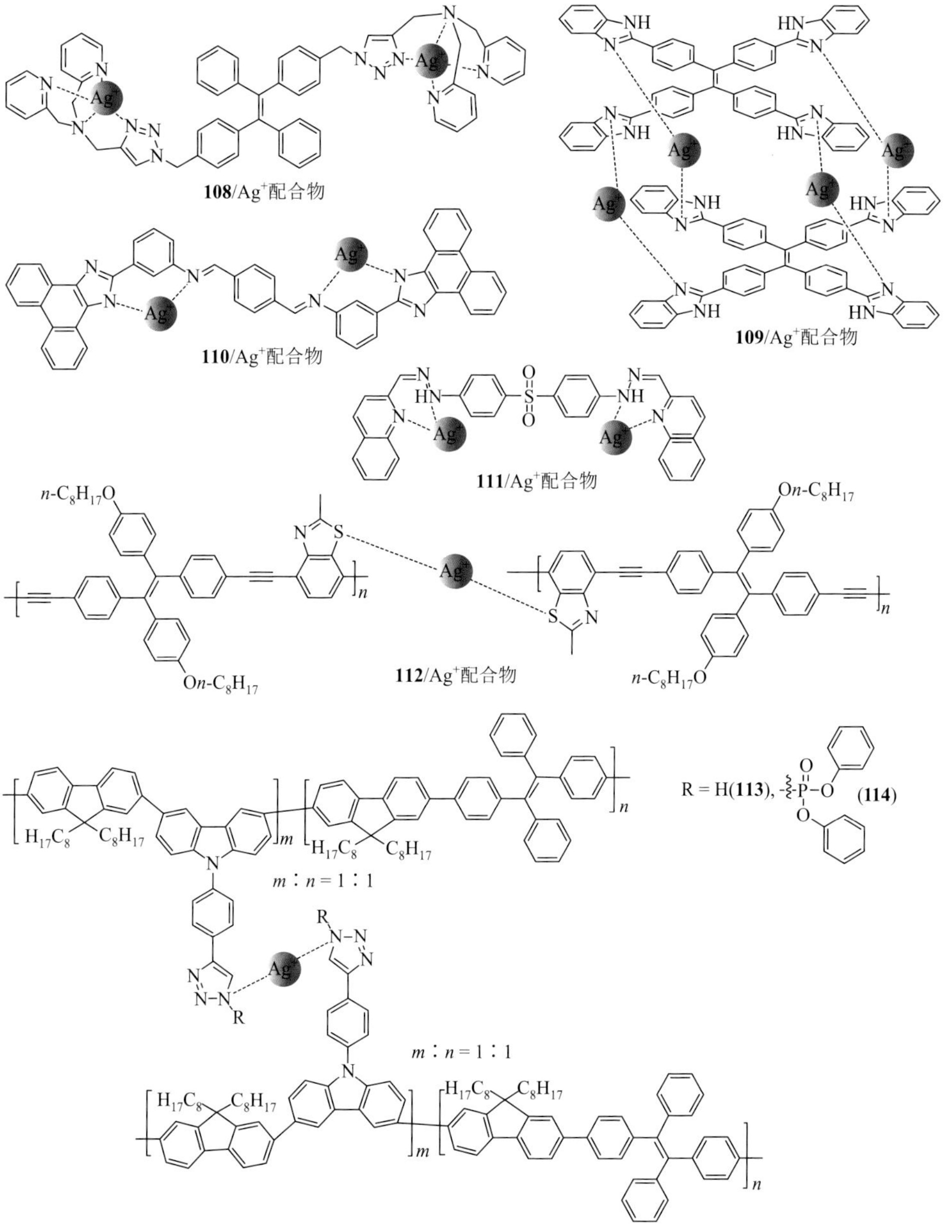

图 2.37 基于 Ag$^+$与杂环的配位作用和 AIE 效应的 Ag$^+$探针及其与 Ag$^+$的配位模式

    Ag⁺对苯并咪唑具有很高的亲和力，能形成稳定的配合物。鉴于此，Zheng 等设计合成了一种新型的含 TPE 和 4 个苯并咪唑基团的 Ag⁺探针 **109**[149]。**109** 富含 N 原子，与 Ag⁺具有良好的偶联能力。**109** 的甲醇溶液几乎不发光，当向其中加入 Ag⁺后，基于强配位作用，Ag⁺和 **109** 形成了 AIE 聚集体，使得荧光增强，从而使得 Ag⁺以荧光"开启"的方式被检测到。Ag⁺-**109** 聚集体的形成通过高分辨透射电子显微镜和扫描电子显微镜测试予以了证明。由 Job 曲线确定了 **109** 和 Ag⁺的化学计量比为 1∶2。MALDI-TOF-MS 测得 Ag⁺-**109** 配合物的质量为 2021.398 Da，表明形成的配合物的分子式为(**109**)₂Ag₄。AIE 探针 **109** 具有高的化学选择性、短的响应时间、高灵敏度（检测限为 90 nmol/L）和宽线性响应区间（100 nmol/L∼6 μmol/L），已成功用于实际环境样品中 Ag⁺的测定。

    与探针 **108** 和 **109** 不同，探针 **110** 以荧光关闭的方式实现 Ag⁺的检测[150]。**110** 由 1,4-苯二甲醛与 3-(1*H*-菲[9, 10-*d*]咪唑-2-基)苯胺偶联而成。该探针在 *N*, *N*-二甲基甲酰胺和 HEPES 的缓冲溶液中形成聚集体，高效发光。当加入 Ag⁺后，荧光被猝灭至 99%。这种猝灭现象很可能源于 Ag⁺与咪唑和席夫碱片段结合后的 PET 效应。探针 **110** 的荧光强度在 75 nmol/L∼1 μmol/L 范围内与 Ag⁺浓度呈线性关系，且检测限低至 74.5 nmol/L。基于 **110** 对 Ag⁺的高灵敏度和选择性荧光关闭式响应，探针 **110** 被用于对真实水和唾液样品中 Ag⁺的测定。具体检测数据将在 2.5.3 节中予以讨论。

    Zhou 等利用喹啉和二苯基砜的酰肼桥连设计合成了新型有机荧光团——双-4-(2-喹啉酰肼基)二苯砜（**111**）[151]。该荧光团具有显著的 AIE 效应，在纯四氢呋喃中发出微弱的蓝色荧光，在聚集态成为强发射体。在四氢呋喃/水（*V*/*V* = 1/9，pH = 7.4）中原本强烈发光的体系在 Ag⁺加入后蓝光发射减弱且表观颜色由淡黄色变为红色。作为紫外比色和荧光关闭式化学传感器，**111** 可以在低浓度（检测限为 200 nmol/L）下选择性地结合 Ag⁺，计量比为 1∶2，在四氢呋喃/水（1∶9*V*/*V*）混合溶液中的结合常数为 $1.58 \times 10^{10} (mol/L)^{-2}$。

    除了小分子 AIE 体系，带有杂环的大分子 AIE 体系也可被开发成 Ag⁺探针，如探针 **112**[152]。通过钯催化的 Sonogashira 偶联反应，设计合成了一种新型的含噻唑和 TPE 的活性共轭聚合物（**112**），其中 AIE 基元 TPE 为荧光信号基元，噻唑基团为金属离子识别单元。在四氢呋喃与水的混合溶剂中，聚合物呈现典型的聚集诱导荧光增强现象，在纯的四氢呋喃溶液中，由于主链的共轭结构，聚合物传感器 **112** 显示出微弱的荧光而不是无荧光，当水的体积分数为 90%时，聚合物的荧光强度达到最大值。在水相（f_w = 90%）中，聚合物传感器对 Hg²⁺和 Ag⁺的荧光猝灭响应大于其他阳离子，这是由 Ag⁺和 Hg²⁺的重金属效应造成的。

    1,2,3-三唑也是一种常见的 Ag⁺的配位基元，Shi 和 Xie 等通过乙炔取代的前体聚合物与叠氮三甲基硅烷之间的 Cu⁺催化的点击反应，成功合成了一种 N-取代的 1, 3-三唑修饰的共轭聚合物 **113**，其具有聚集增强发光特性[153]。除 Ag$^+$ 外，其他金属离子的引入对 **113** 的光学性质影响不大。随着 Ag$^+$ 水溶液的引入，**113** 在四氢呋喃/水（4:1，V/V）混合溶液（以 Tris-CA 缓冲，1 mmol/L，pH = 7.4）中的荧光在蓝色（～420 nm）和绿色（～495 nm）波段显示出比率变化。在整个 Ag$^+$ 滴定过程中，相应的 I_{495}/I_{420} 比值始终保持上升趋势。根据 I_{495}/I_{420} 比值与 Ag$^+$ 浓度的对应关系，算得 Ag$^+$ 的检测限约为 1.4 μmol/L。Ag$^+$-三唑间的配位相互作用引起的聚合物链间的聚集是 **113** 的光学性质改变的可能原因。

Shi 和 Xie 等开发的 **114** 与 **113** 具有相同的主链结构，其区别在于侧链上的三唑环上的取代基不同[154]。**113** 的三唑环上的取代原子为氢，而 **114** 上的为二苯基磷酰。二苯基磷酰三唑被认为是潜在的 Ag$^+$ 靶向剂，因为它的结构中存在与 Ag$^+$ 配位的 N 原子和 P—O 基团。**114** 对 Ag$^+$ 在相对较高的水含量的四氢呋喃/水（2:3，V/V）混合溶液中表现出特定的光学响应。随着 Ag$^+$ 的加入，**114** 的吸收峰出现了明显的红移（约 30 nm），同时伴随着吸光度和 500 nm 处荧光强度的降低。根据 **114** 的荧光随 Ag$^+$ 浓度增加的变化，**114** 对 Ag$^+$ 的检测限低至约 11 nmol/L（3σ，信噪比 S/N = 3）。其他常见背景金属离子的存在给 **114** 检测 Ag$^+$ 仅带来微弱的干扰。进一步研究发现二苯基磷酰三唑片段的存在对 **114** 检测 Ag$^+$ 起着关键作用。

除了前述的几种杂环，许多四唑化合物也能有效地从溶液中"沉淀"出 Ag$^+$，由此产生的不溶性四唑啉配合物是无限金属配合物，其中，银原子以单齿、双齿或三齿的形式与四唑环的 N 原子结合。鉴于此，Chen 和 Tang 等设计合成了由 4 个四唑环修饰的 TPE 衍生物[**115**，图 2.38（a）]并将其用于 Ag$^+$ 的检测和 Ag$^+$ 的荧光生物染色[155]。对于 **115** 而言，阴离子四唑作为 Ag$^+$ 特异性靶向基团而触发聚集，而核心 TPE 则赋予其聚集诱导发光特性[图 2.38（a）]。当 **115** 未在水溶液中聚集时，由于苯环的自由旋转运动激活了激发态的非辐射跃迁途径，此时，**115** 几乎不发光。Ag$^+$ 的加入使得体系在 490～530 nm 处产生最大强度的荧光，激发波长为 368 nm。这一"点亮式"响应几乎是瞬时的。化学计量研究表明，随着 Ag$^+$ 的逐步添加，荧光逐渐增强[图 2.38（b）]。通过绘制 504 nm 处的强度对[Ag$^+$]/[**115**]值的曲线，在 15～40 μmol/L Ag$^+$ 浓度区间建立了荧光强度与 Ag$^+$ 浓度的线性关系，R^2 = 0.996[图 2.38（c）]。随着 Ag$^+$ 浓度的进一步增加，荧光强度达到饱和，趋于稳定。荧光强度与 Ag$^+$ 浓度的线性关系接近最高点时 Ag$^+$ 与四唑基团的 1:1 的摩尔比表明，传感过程与化学计量的金属有机配位驱动的组装存在良好的相关性。**115** 对 Ag$^+$ 的检测限为 2.3 nmol/L，即 0.25 μg/L（S/N = 3；n = 12），是双硫腙比色法（10 μg/L）的 1/40，是目前 Ag$^+$ 检测性能最好的荧光探针之一。此外，该探针还被用于实时监测银纳米颗粒和纳米线在水环境中的溶解动力学[156]。

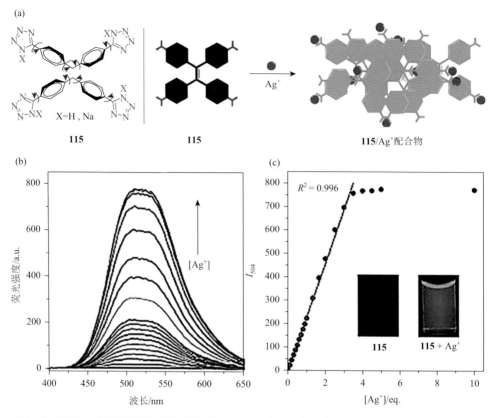

图 2.38 基于 Ag⁺与四唑基元间的配位作用的 AIE 探针：（a）探针 115 的分子结构及其检测机理；（b）在去离子水中逐步添加 Ag⁺后，115（5 µmol/L）的荧光光谱；（c）以 504 nm 处的荧光强度对 Ag⁺的浓度作图得到的曲线[155]

Ag⁺和 Hg²⁺作为最常见的重金属离子污染物，由于它们具有相似的反应和配位能力，在同一体系中很难区分。Yuan 和 Wang 等设计并合成了荧光开启式化学传感器 116，它是罗丹酚和 2-羟基苯并噻唑的加合物，在罗丹酚羟基的邻位引入了一个苯并噻唑单元[157]。116 显示出显著的固态发光，具有 AIE 特性。利用 X 射线单晶结构和光物理性能测定对 AIE 机理进行了探索。116 在 520 nm 和 595 nm 处对 Ag⁺和 Hg²⁺具有灵敏的双通道荧光增强响应，实现了对 Ag⁺和 Hg²⁺的区分，检测限分别为 0.45 µmol/L 和 0.27 µmol/L。116 在 0～5 µmol/L 的 Ag⁺浓度区间，对 Ag⁺线性响应（图 2.39）。对其传感机理的研究表明，Hg²⁺诱导的 595 nm 处的橙色荧光源于不可逆的 Hg²⁺促进的噁二唑形成反应，而 520 nm 处的 Ag⁺诱导的绿色荧光源于 116/Ag⁺配合物的特殊分子堆积限制了分子内运动（图 2.39），使得激发态能量以辐射形式耗散。此外，在 HepG2 细胞中进一步证实了探针 116 作为实际生物显像剂的潜力。

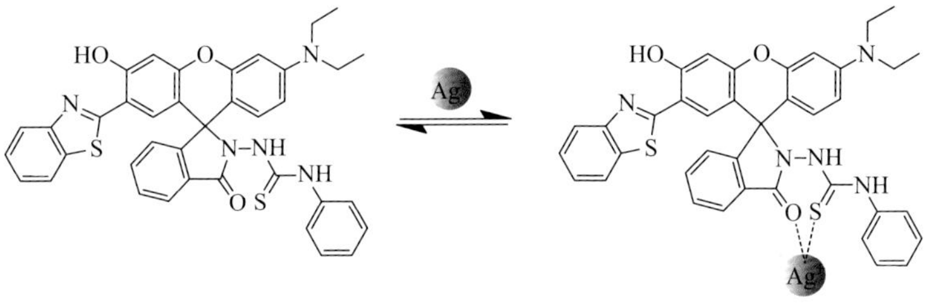

图 2.39　探针 116 选择性识别 Ag$^+$的机理[157]

利用 TPE 的 AIE 性能和二甲基二硫代氨基甲酸酯对 Ag$^+$的识别性能，Shao 和 Gan 等成功研制出一种新型快速响应的 Ag$^+$荧光传感器 117（图 2.40）[158]。室温下，117 在水/四氢呋喃（6∶4，V/V）混合溶液中几乎不发光，而与 Ag$^+$共存时，荧光被点亮。随着 Ag$^+$的加入，117 在 488 nm 处的发射强度逐渐增大。在没有 Ag$^+$的情况下，117 的荧光量子产率仅为 0.92%。而在 Ag$^+$（2.0 eq.）存在下，检测体系的荧光量子产率上升到 7.38%。根据 117 的荧光强度随 Ag$^+$浓度的线性变化，算得 117 的检测限为 874 nmol/L。在各种金属离子（5 eq.）的存在下，研究了 117 的荧光行为。仅在 Ag$^+$的加入下，117 在 488 nm 处表现出明显的绿色荧光增强，激发波长为 353 nm，并显示出较大的斯托克斯位移（135 nm）。其他金属离子均未引起荧光增强。即使在 Hg^{2+}存在下，也只能检测到微弱的荧光变化。可见，由于 Ag$^+$的高亲电性和高亲硫性，该传感器对 Ag$^+$的识别能力优于其他 12 种金属离子。采用 Job 曲线测定了 117 与 Ag$^+$的结合化学计量比。当 Ag$^+$的摩尔分数接近 0.61 时，荧光强度达到最大值，表明 1∶2 的化学计量比是 117 与 Ag$^+$结合的可能方式。117 与 Ag$^+$存在三种可能的配位方式。此外，还采用 DLS 手段研究了 117 与 Ag$^+$的配位。初始 DLS 信号对应 55 nm 的物种，这与 117 在水/四氢呋喃（6∶4，V/V）中形成纳米聚集体有关。但随着 Ag$^+$的加入，聚集体变大。该结果应归因于配位低聚物和聚合物在水/四氢呋喃（6∶4，V/V）混合溶液中的低溶解度而导致进一步聚集，同时，分子内运动受限使得荧光被开启。

2. 基于卤键作用的 AIE 银离子探针

卤键（halogen bond，XB）是一个与氢键平行的领域，卤键与氢键在能量强度和方向性等方面具有可比性。卤键在卤素原子 X（X = F、Cl、Br 和 I）和电子供体原子 Y（N、S 和 O）之间形成。所形成的卤键（C—Y⋯X）具有静电性质，它形成于 X 的缺电子部分和 Y 原子的高电子密度端（Ⅰ型）之间。此外，卤键可能形成于 X 原子赤道轴上的电子密度带和 Y 原子的电子密度带（Ⅱ型）之间。在超分子结构和阴离子识别等不同应用中，卤键已被证明是可与氢键竞争的结合基

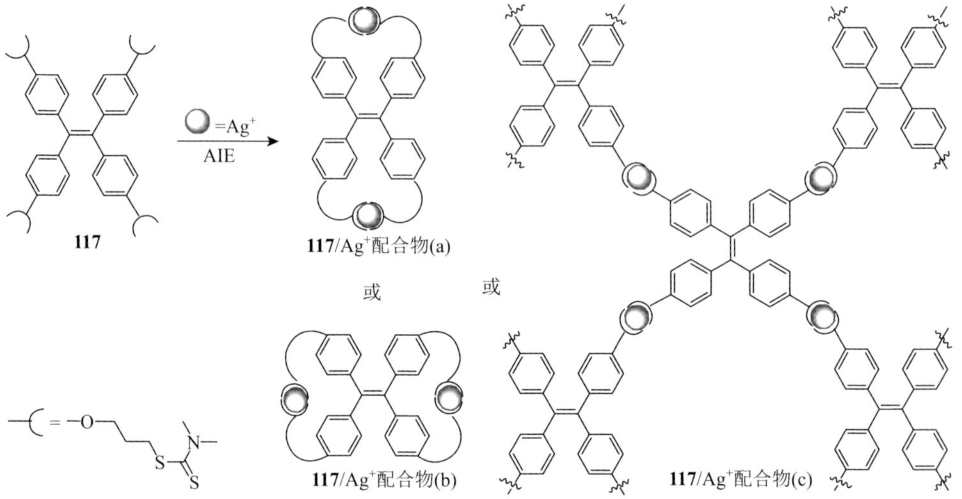

图 2.40 基于银离子的高亲电性和亲硫性的荧光探针 117 及其与 Ag$^+$的配位模式示意图[158]

元。卤键可以在卤素原子的 σ 空穴（σ 空穴是指当卤素原子周围存在其他吸电子基团时，在卤原子已经形成的 σ 键的对位产生的正电性空穴）与有机底物、大环、金属中心和纳米结构的负带之间形成。卤键被用作结合基元来抑制芳基碘化物的金基双金属催化。而且，AgNPs 与 1,4-二碘苯之间的相互作用被用于单分子结。

鉴于此，El-Sheshtawy 设计合成了染料 CyI[**118**，图 2.41（a）]，并基于卤键触发的 AIE 创制了一种用于皮摩尔级别的银纳米颗粒（AgNPs）的检测的超灵敏选择性传感器[159]。**118** 的骨架中含有碘原子，碘原子起到卤键受体的作用，AgNPs 等离子体则作为卤键供体，使得染料分子在 AgNPs 表面形成聚集体。**118** 中的碘原子或与 Ag$^+$的空位 π 轨道形成卤键[图 2.41（b）]。卤键的形成导致荧光增强，形成 AgNPs 或 Ag$^+$传感器检测的基础。当加入 Ag$^+$后，在 535 nm 和 600 nm 处出现荧光峰，分别归属于单体（535 nm）和聚集体（600 nm）的发射。在添加不同浓度的 Ag$^+$和 AgNPs 后，观察到单体峰随后减小，并且在较长波长处观察到峰连续增大[图 2.41（c）和（d）]。新的荧光峰（600 nm）归因于 **118** 与 Ag$^+$和 AgNPs 的络合聚集。探针 **118** 的荧光响应在 1.0～10 μmol/L 范围内与 Ag$^+$浓度呈线性关系，检测限为 2.36 μmol/L（σ＝3），而 AgNPs 在 1.0～8.2 pmol/L 范围内呈线性关系，检测限为 6.21 pmol/L。与 Ag$^+$（μmol/L）相比，该传感器对 AgNPs（pmol/L）具有更显著的灵敏度。与 10 倍以上浓度的其他金属离子共存时，该传感器没有显示任何来自不同金属离子的干扰。结果表明，该传感器对自来水和废水中 AgNPs 的检测具有廉价、简便、灵敏和高选择性等优点，具体实验细节将在 2.5.3 节予以讨论。

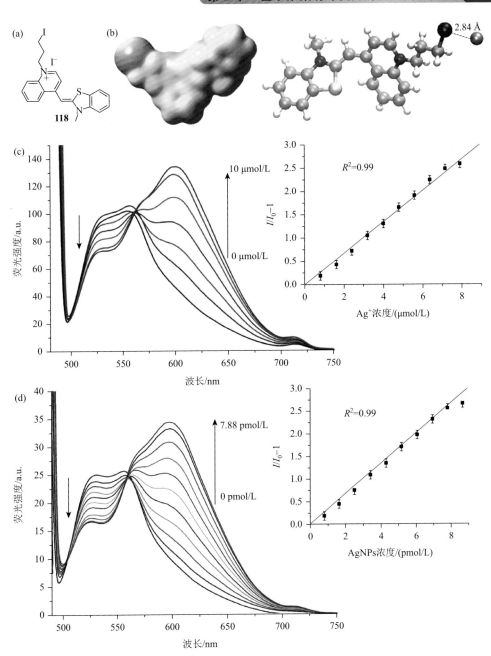

图 2.41　基于卤键作用的 AIE 银离子探针：（a）118 的分子结构；（b）计算得到的 118 的分子静电势（molecular electrostatic potential，MEP）和 118/Ag$^+$配合物的 B3 LYP/LanL2DZ 理论优化结构；（c）室温下，10 μmol/L 118 的发射光谱和在水溶液中随 Ag$^+$浓度变化的荧光光谱；（d）随 AgNPs 浓度变化的荧光光谱。插图是加入不同浓度的 Ag$^+$（c）或 AgNPs（d）后 600 nm 处的发射强度[159]

3. 亲电性的 AIE 银离子探针

已有研究表明，银离子可以增强某些金纳米团簇（AuNCs）的光致发光，氧化还原反应机制是导致这种现象的主要原因。然而，Zhou 等发现 Ag^+ 可以在不改变价态的情况下增强金纳米团簇（AIE-AuNCs）聚集诱导发光[160]。加入 Ag^+ 后，AIE-AuNCs（**119**）的发光强度立即提高 7.2 倍，发射峰从 610 nm 逐渐红移到 630 nm，表明 Ag^+ 通过影响其配体-金属电荷转移（LMCT）而影响 AIE-AuNCs 的发光特性。当 Ag^+ 被去除后观察到发光特性的完全恢复。

该金纳米团簇对 Ag^+ 具有良好的选择性。选择性可能源自谷胱甘肽（GSH）层的保护以及独特的电荷转移过程。作为基于高发光 AIE-AuNCs 的发光增强纳米传感器，可以容易地观察到清晰且强的信号响应，这可以减少背景发射引起的分析误差，并使该方法成为 Ag^+ 监测的简单方法。利用 AIE-AuNCs 作为纳米传感器，建立了一种经济、快速、高灵敏度、高选择性的痕量 Ag^+ 检测方法。该分析方法的线性范围为 0.5~20 µmol/L，检测限为 0.2 nmol/L，对环境水体中 Ag^+ 的监测具有很好的应用前景。实际样品检测结果将在 2.5.3 节予以讨论。

2.5.3　基于 AIE 的银离子探针的应用

评估探针 **110** 在瓶装水、自来水和生活湖水等各种实际水样中检测 Ag^+ 的实用性。在检测之前，实验中使用的所有水样均按照标准方法进行处理。对不同浓度的 Ag^+ 样品进行回收试验，评价其可行性。表 2.9 中的回收率在 95.6%~101.6% 之间，证实了探针 **110** 在实际应用中适用于 Ag^+ 的检测。为了证明探针 **110** 对固体银的传感能力，考查了 **110** 在检测 AgNPs 中的应用。AgNPs 直接从商家购买，其形貌通过透射电子显微镜和动态光散射予以了表征。AgNPs 不经预处理直接分散于探针 **110** 的溶液中。探针 **110** 仍然显示了 AgNPs 的猝灭行为，这类似于其对 Ag^+ 的响应。此外，随着 AgNPs 浓度的增加，荧光强度逐渐衰减，当 AgNPs 浓度达到 25 µmol/L 时，荧光强度下降至初始值的约 1/20。结果表明探针 **110** 可以方便地测定自然环境和生理环境中的 AgNPs。

表 2.9　实际水样中 Ag^+ 的测定（探针 **110**）

样品	Ag^+ 添加量/(µmol/L)	实测值/(µmol/L)	回收率/%	RSD/%
瓶装水	10.0	9.75	95.6	0.45
	50.0	48.82	96.3	0.39
	100.0	98.02	97.7	0.36

续表

样品	Ag⁺添加量/(μmol/L)	实测值/(μmol/L)	回收率/%	RSD/%
自来水	10.0	10.98	99.8	0.22
	50.0	51.28	100.1	0.17
	100.0	99.58	98.3	0.25
湖水	10.0	11.54	96.5	0.37
	50.0	53.21	101.6	0.26
	100.0	102.53	100.1	0.34

探针 118 对水溶液中的 AgNPs 具有超高灵敏度,因此有望被用于实际样品检测。鉴于此,使用标准加入法验证了 118 的实用性。在自来水和废水中原位制备了银纳米颗粒,即采用柠檬酸三钠化学还原 Ag⁺以制备 AgNPs。在柠檬酸钠存在下,将样品暴露于紫外光(365 nm)下 10 min,以验证 AgCl 已完全还原和转化为 Ag NPs。自来水从谢赫村省(Kafrelsheikh)供水系统中获取,而废水则来自埃及 Kafrelsheikh 的 Kitchener 下水道系统。Kitchener 下水道系统位于开罗北部 20 km 处,延伸超过 69 km,穿过埃及三个省区。它被认为是埃及污染最严重的排水沟,主要来自工业和农业活动。Kitchener 下水道中重金属含量最高的是 Cd、Ni 和 Pb。实验分三次进行($n = 3$)。借助标准校准曲线,118 能够以高灵敏度回收原位生成的 AgNPs,回收率在 105.2%~96.9% 之间(表 2.10)。结果表明,该传感器在实际条件下对 AgNPs 的检测具有较高的灵敏度和选择性。

表 2.10 实际水样中 AgNPs 的测定(探针 118)

样品	AgNPs 添加量/(pmol/L)	AgNPs 实测值/(pmol/L)	回收率/%
自来水	0.96	1.01	105.2
	1.28	1.28	100
	1.60	1.57	98.1
废水	1.50	1.47	98
	1.87	1.87	100
	2.25	2.18	96.9

如前所述,探针 119 对 Ag⁺具有高灵敏度和高选择性,具有用于实际样品检测的潜力。鉴于此,Zhou 等利用湖水和自来水样品验证了该金纳米团簇在实际水样中检测 Ag⁺的可行性。当水样中加入标准的 AgNO₃ 溶液后,在 630 nm 处可以观察到荧光增强。如表 2.11 所示,水样中的回收率为 89.0%~103.3%,表明实际样品中与 Ag⁺共存的其他离子和物种干扰对 Ag⁺的检测几乎没有影响。

表 2.11　实际水样中 Ag^+ 的测定（探针 119）

样品	Ag^+ 添加量/(nmol/L)	Ag^+ 实测值/(nmol/L)	回收率/%
	—	未检出	—
	1	0.89±0.08	89.0
湖水	200	191.21±3.24	95.6
	500	516.78±4.56	103.3
	1000	986.23±7.76	98.6
	—	未检出	—
	1	0.92±0.07	92.0
自来水	200	186.41±1.36	95.2
	500	481.71±3.31	96.3
	1000	982.39±5.53	98.2

2.6　铜离子检测

2.6.1　铜在环境中的存在形式、分布及其作用

铜是地壳中含量最丰富的过渡金属之一，是动植物必需的微量元素，是人体中第三丰富的微量金属（仅次于铁和锌），它是多种氧化酶的辅因子，在各种生物过程中发挥着重要作用。铜的化学符号为 Cu，原子序数为 29，是元素周期表中位列 I B 族的元素。铜在自然界中以多种形式存在，既可以是单质也可以以 +1 价或 +2 价的形式存在。自然界和环境中，铜主要以 +2 价存在。Cu^{2+} 广泛分布于生物组织中，很多是金属蛋白，它们以酶的形式在体内起着重要的生理生化功能。因此，在铜离子的分析检测中，基本都以 Cu(II) 为对象。Cu(II) 在环境中以氧化铜（CuO）、硫化铜（CuS）、卤化铜（$CuBr_2$、$CuCl_2$、CuI_2）、硝酸铜[$Cu(NO_3)_2$]、硫酸铜（$CuSO_4$）、乙酸铜[$Cu(CH_3COO)_2$]等形式存在。

Cu^{2+} 是人体新陈代谢最重要的微量元素之一，低浓度的铜在生物体内的各种生物过程中起着至关重要的作用，人体缺少铜会引起高胆固醇血症等多种疾病，高浓度的铜被认为具有潜在的毒性，可能导致胃肠道紊乱、严重的神经退行性疾病（包括门克斯病、威尔逊病、家族性肌萎缩侧索硬化症和阿尔茨海默病）、肝或肾损伤、双相情感障碍、甲状腺功能减退和桥本甲状腺炎（又称桥本病）等。

Cu^{2+} 也是一种重要的金属污染物，因为近几十年来，工业三废、矿山开发、城市垃圾、农药和污肥的广泛使用，已经不同程度地造成了水环境和土壤等中铜含量的增加，部分地区甚至已经造成环境污染，给人类健康造成隐患，由于

铜在日常生活中的广泛使用，美国环境保护署将铜的含量限制在 1.3 ppm，即饮用水中的铜含量约为 20 μmol/L。因此，对环境中铜的分析检测，具有重要的意义。

检测铜离子的经典方法，如电感耦合等离子体质谱法、电感耦合等离子体原子发射光谱法和原子吸收光谱法，已被用作标准方法。这些技术已被证明具有良好的精度，但相关仪器的成本和复杂性是它们在大规模实际问题中使用的一大障碍。因此，迫切需要建立简单、高选择性、高灵敏度的铜离子检测方法。荧光法由于其信号读出容易、成本低、灵敏度高、简便、特异、快速等优点，已受到广泛关注。本章主要介绍基于 AIE 的铜离子荧光探针的设计及其在环境中铜离子的检测中的应用。

2.6.2 基于 AIE 的铜离子探针的分子设计及工作机制

1. 基于配位作用的 AIE 铜离子探针

与其他重金属离子一样，Cu^{2+} 也具有极强的配位能力，可与氧、硫、氮等杂原子配位，从而影响荧光团的光物理性能。目前，已有一大批基于 Cu^{2+} 与杂原子的配位作用构建的 AIE 铜离子荧光探针。图 2.42～图 2.46 总结了其中的典型代表。

Dey 课题组以 1-异硫氰酸酞和 3-氨基-7-二乙氨基香豆素为原料，通过简单的反应合成了香豆素-萘共轭化学传感器（**120**，图 2.42），在两个部分之间形成了硫脲键[161]。**120** 在甲醇/水（50∶50，V/V）中表现出突出的 AIE 效应，经扫描电子显微镜分析，证实其具有完美的矩形聚集体形貌。**120** 对 Cu^{2+} 和 Ag^+ 表现出不同的检测机制和响应行为[图 2.42（a）～（d）]。**120** 本身表现出微弱的荧光特性，在加入 Cu^{2+} 后荧光强度不断增强。以 400 nm 激光激发时，记录了其在 480 nm 处的发射光谱[图 2.42（c）]。当加入 Ag^+ 时，**120** 的荧光强度被猝灭，体系中生成了新的化合物 **121**[图 2.42（a）]。在 Ag^+ 的存在下，检测体系没有形成新的发射带而是发生荧光猝灭[图 2.42（d）]，这是由能量转移过程导致的。根据软硬酸碱理论，S 原子表现为软碱，具有极化的孤对电子，易与软酸（如 Ag^+）形成络合物。因此，Ag^+ 与硫脲上的 S 原子形成了稳定的络合物，以转化为 **121**。因此，当 S 原子被 O 原子取代时，荧光发射强度较低，因为 O 原子常常被作为荧光猝灭剂。利用 Gaussian 09 中的 Gauss-View 5.0 应用密度泛函理论（DFT）方法进行量子化学计算，对 **120**、**120**:Ag^+ 和 **120**:Cu^{2+} 的结构进行了优化。B3 LYP/6-311G 基组被用于 **120** 和 **120**:Cu^{2+}，而 Lan2 LMB 基组则被用于 **120**:Ag^+。**120** 的分子静电势（MEP）图[图 2.42（b）]用红色和蓝色表示，其中红色表示富电子区，蓝色表示缺电子区。红色位于电负性 S 原子和香豆素的两个 O 原子上方。**120** 的总能量

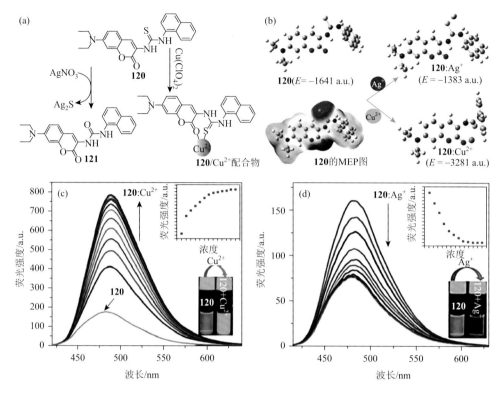

图 2.42 （a）120 与 Cu²⁺和 Ag⁺可能的络合方式和在 AgNO₃的存在下 121 的形成；（b）探针 120 及 120 与 Ag⁺和 Cu²⁺结合的理论计算结果；（c，d）120（5.4 μmol/L）在甲醇/水（9∶1，*V/V*，pH = 7.2，HEPES 缓冲溶液）的混合溶液中的荧光滴定光谱：（c）0～3 eq. Cu²⁺，（d）0～3 eq. Ag⁺（插图：荧光照片）[161]

（*E* = −1641 a.u.）高于 **120:Cu²⁺**（−3218 a.u.）而低于 **120:Ag⁺**（−1383 a.u.），因此，清楚地表明了 **120** 没有 **120:Cu²⁺**稳定而比 **120:Ag⁺**更稳定。该探针对 Cu²⁺和 Ag⁺的检测限分别为 8.1 nmol/L 和 44 nmol/L。

双（2-吡啶甲基）胺作为 Cu²⁺的优良配体而被用于 Cu²⁺荧光探针的构筑，如 **122** 与 **123**（图 2.43）。**122** 为双（2-吡啶甲基）胺功能化的 TPE 衍生物，在四氢呋喃/水（1∶99，*V/V*）混合溶液中强烈发光[162]。随着 Cu²⁺的加入，荧光发射逐渐被猝灭，表明 **122** 以荧光"关闭"的方式识别汞离子，经计算，其检测限为 0.17 μmol/L，低于在美国环境保护署设定的饮用水中的安全阈值（约 20 μmol/L）。质谱测试结果表明 Cu²⁺与 **122** 以 1∶1 的计量比形成配合物，由于 Cu²⁺的顺磁性质，通过电子或能量转移有效地猝灭 **122** 的荧光。Ir(III)配合物 **123** 的分子设计原理与 **122** 相同，检测机理也完全一致。**123** 由荧光团、酰胺桥连基元和 Cu²⁺捕获基元——双（2-吡啶甲基）胺组成[163]。该配合物具有显著的 AIE 特性和良好的光物理性质。即使在水溶液中有其他金属离子存在时，它对 Cu^{2+} 也显示出高灵敏度的荧光关闭式响应，检测限为 65 nmol/L。

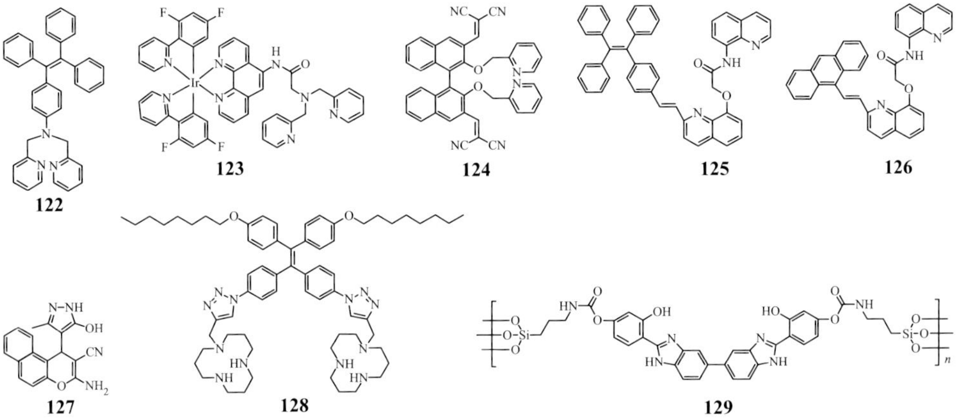

图 2.43　基于 Cu^{2+} 与杂环的配位作用的 AIE 铜离子探针

与 **122** 和 **123** 类似，双（2-吡啶甲基）基元的双氰甲基取代的(*R*)-1, 10-联萘酚（**124**，图 2.43）也是一个优良的 Cu^{2+} 荧光探针[164]。**124** 在二甲基亚砜/PBS（20∶80，*V/V*，pH = 7.4）缓冲溶液中发射强烈的绿光。当 Cu^{2+} 存在时，**124** 的荧光强度和圆二色信号强度由于其与 Cu^{2+} 的配位而明显下降，这进一步得到了 X 射线晶体学的证实，表明在吡啶单元的协助下，**124** 可以在聚集状态下高选择性和高灵敏度检测 Cu^{2+}，检测限为 148 nmol/L。此外，Cu^{2+} 的加入可以诱导 **124** 的自组装。

基于喹啉基元优异的光谱性能和金属离子配位性能，Ji 和 Huo 等设计并合成了两种具有 AIE 特性的新型高选择性喹啉基荧光探针 **125** 和 **126**（图 2.43），并将其用于水介质中和试纸上的 Cu^{2+} 的快速分析[165]。探针 **125** 和 **126**，对 Cu^{2+} 的检测具有良好的灵敏度和抗干扰能力，检测限分别低至 13 nmol/L 和 85 nmol/L，远低于饮用水（EPA）中 Cu^{2+} 的允许标准（20 μmol/L）。更重要的是，这两种探针成功地应用于实际水样中 Cu^{2+} 的测定（具体数据将在 2.6.3 节中予以讨论），并制备了用于快速和现场检测 Cu^{2+} 的简易装置测试条。有趣的是，它们也可以通过加入过量的 S^{2-} 而再生。此外，单晶 X 射线衍射研究证实了探针 **125** 的晶体结构。Job 曲线分析和 ESI-MS 研究表明了 **125**/Cu^{2+} 和 **126**/Cu^{2+} 配合物中的 Cu^{2+} 与探针的 1∶1 的计量关系。

凭借吡唑基的配位特性，化合物 **127**（图 2.43）可对多种离子响应[166]。吡唑基衍生物 **127** 具有 AIE 特性，在水性介质中聚集发光。多组分探针 **127** 可通过荧光关闭的方式检测 Cu^{2+} 与 Ni^{2+}，以比率荧光变化识别 Hg^{2+}。用密度泛函理论在

B3LYP/6-31+ g(d, p)（LanL2DZ）水平上优化了探针 **127**-Ni、探针 **127**-Hg 和探针 **127**-Cu 的基态几何结构，并用计算方法进一步研究了实验结果。以结合能为基础，研究了金属配合物的稳定性，在 **127**-Ni 和 **127**-Cu 络合物中，观察到从 **127** 到金属离子的电荷转移，揭示了从配体到金属的电荷转移（LMCT），而在 **127**-Hg 络合物中，则同时观察到 LMCT 以及探针 **127** 内的分子内电荷转移。该探针对 Cu^{2+} 的检测限为 1.61 μmol/L。

探针 **128** 带有三唑环和 1, 5, 9-三氮杂环十二烷，从而具有 Cu^{2+} 识别能力[167]。TPE 衍生物 **128** 具有两亲性，可通过水溶液中的自组装生成 AIE 胶束，为此，Lu 和 He 等开发了一种新的界面体系，用于连续识别 Cu^{2+} 和 ATP。该检测体系具有很高的选择性和敏感性。一旦将 Cu^{2+} 引入探针 **128** 的 100%水溶液中，立即形成由探针 **128** 和 Cu^{2+} 组成的配合物，其化学计量比为 1∶2，从而导致显著的荧光猝灭。将 ATP 加入原位生成的 **128**-Cu^{2+} 配合物中，可以很容易恢复体系的荧光。计算得出 Cu^{2+} 和 ATP 的检测限分别为 100 nmol/L 和 1.5 μmol/L。

二苯并咪唑是一个典型的 Cu^{2+} 配体，为此，Han 等开发了二苯并咪唑的 ESIPT 衍生物，该化合物既具有 AIE 特性又具有 ESIPT 的特性，如大斯托克斯位移和双荧光发射等[168]。进一步地，Han 等通过共缩合法合成了二苯并咪唑的 ESIPT 衍生物的桥连周期性介孔有机二氧化硅（**129**）球形纳米颗粒并将其用于 Cu^{2+} 检测[8]。对于 **129** 而言，二氧化硅骨架提供了一个限制分子内旋转的刚性环境，从而改善了荧光发射。特别地，**129** 具有烯醇和酮的双重发射，在较宽的 pH 范围内对 Cu^{2+} 具有较高的灵敏度和选择性。另外，**129** 在水溶液中对 Cu^{2+} 的检测限低达 7.15 nmol/L。X 射线吸收近边光谱（X-ray absorption near-edge spectroscopy，XANES）表明，在与 Cu^{2+} 配位的 **129** 分子中，苯并咪唑的 N 原子与铜离子相互作用，形成配位结构。这些结果表明，杂化材料 **129** 在生物成像和环境监测领域具有潜在的应用前景。

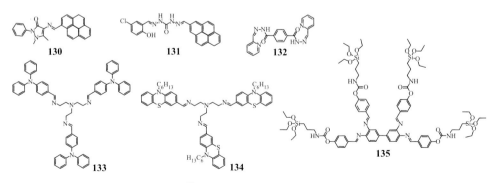

图 2.44 基于 Cu^{2+} 与席夫碱的配位作用的 AIE 铜离子探针

席夫碱具有良好的金属配位能力，目前已被广泛用于金属离子荧光探针的构筑。图 2.44 和图 2.45 总结了近年来开发的基于席夫碱的 AIE 铜离子探针的典型代表。化合物 **130**（图 2.44）是将芘基通过席夫碱键连接到 4-氨基安替比林基元上而得到的。该化合物中的芘基作为荧光信号基元，而含有吡唑啉酮单元的安替比林部分对 Cu^{2+} 起到螯合作用，因此，**130** 是一种理想的 Cu^{2+} 点亮型荧光探针，Cu^{2+} 与探针分子的络合阻断了分子内的 PET 过程而点亮荧光[169]。**130** 中含有芘基疏水骨架，有助于在水-溶剂体系的二元溶液中形成聚集体，该化合物在水/乙腈混合溶液中表现出 AIE 特征。通过紫外-可见分光光度法、稳态发射和荧光寿命研究对探针的检测性能进行了评价。结果表明，**130** 对 Cu^{2+} 具有良好的选择性和灵敏度（检测限为 2.5 μmol/L），该检测性能源于 **130** 的 AIE 特性和与 Cu^{2+} 的 1∶1 的络合。

另一个基于芘的席夫碱 AIE 体系（**131**，图 2.44）以 5-氯水杨醛、1-芘甲醛和碳酰肼为原料，通过缩合反应合成[170]。双席夫碱化合物 **131** 不仅具有典型的 π 共轭体系，还具有酚羟基和 C═N 键，对金属离子具有很高的配位能力。**131** 在水溶液中具有较强的绿光发射（525 nm），而该发射在 Cu^{2+} 存在下被猝灭，**131** 对 Cu^{2+} 的荧光关闭式检测可能源于配位效应和重原子效应。该探针本身对 Cu^{2+} 具有优异的选择性，检测限为 0.132 μmol/L。为了进一步降低其对 Cu^{2+} 的检测限，在 **131** 体系中引入了荧光染料尼罗红。**131** 与尼罗红之间存在明显的 FRET 过程。在最佳浓度比为[**131**]/[尼罗红] = 100 的 FRET 体系中，**131** 为能量供体，尼罗红为受体。此外，利用 **131**-尼罗红系统的 FRET 效应，通过监测 630 nm 处的荧光，Cu^{2+} 的检测限可进一步降低至 9.12 nmol/L。

132，即双（吡啶-2-亚甲基）对苯二甲酸乙二酯（图 2.44），也是一个双席夫碱化合物，同样地，也具有 AIE 特性[171]。鉴于此，Tong 等基于 **132** 开发了 Cu^{2+} 的荧光化学传感器。染料分子 **132** 表现出 182 nm 的大斯托克斯位移，在缓冲溶液中发射明亮的绿光。在 Cu^{2+} 存在条件下，**132** 与 Cu^{2+} 在水溶液中形成计量比为 1∶2 的金属-配体络合物，该探针对 Cu^{2+} 的响应具有高度的敏感性和选择性。在 516 nm 处，Cu^{2+} 诱导的荧光猝灭在 0.2～8 μmol/L 的 Cu^{2+} 浓度范围内与 Cu^{2+} 的浓度成正比，检测限低至 160 nmol/L。此外，利用其 AIE 特性，**132** 还可以被制成用于现场检测的荧光试纸，这对于许多其他 Cu^{2+} 荧光传感器来说具有挑战性，因为其在固态中具有强的自猝灭效应。

除了单席夫碱和双席夫碱衍生物外，还有三席夫碱（**133** 和 **134**，图 2.44）和四席夫碱（**135**，图 2.44）的 AIE 化合物被开发为 Cu^{2+} 荧光探针。**133** 和 **134** 分别为基于三苯胺和吩噻嗪的席夫碱，两者均具有 AIE 特性[172]。**133** 和 **134** 对 Cu^{2+} 具有明显的荧光猝灭响应，检测限分别为 1.8 ppb 和 4.8 ppb。且这两个席夫碱对 Cu^{2+} 离子具有良好的选择性，不受其他 10 种常见阳离子的干扰。Job 曲线测定结

果表明 **133** 和 **134** 与 Cu^{2+} 以 1∶2 的化学计量比形成配合物。研究表明，两个化合物中的 C=N 键对 Cu^{2+} 检测性能起到了关键作用。

四席夫碱化合物 **135** 为四亚硝甲基六苯基（TH）衍生的四硅氧烷，Han 等以其为前驱体，成功地制备了具有高荧光亮度和 Cu^{2+} 响应性的周期性介孔有机硅（TH-PMOs）材料[173]。TH 单元通过四个甲硅烷基被嵌入 PMOs 的框架内，并且即使对于由 100%有机硅前驱体 **135** 制备的 PMOs，也获得了高的荧光量子产率。光学研究表明 TH-PMOs 分子骨架限制了 TH 分子内的转动，导致非辐射衰变过程的减弱和单体荧光发射的增强。TH 基团的独特结构不仅保证了它们的 AIE 特性，而且为金属离子提供了潜在的配位点。因此，TH-PMOs 的增强荧光显示出对水溶液中 Cu^{2+} 的高选择性响应，检测灵敏度可达 10 nmol/L。此外，用扫描透射 X 射线显微镜测量了 Cu^{2+} 的扩散过程以及 Cu^{2+} 和 Fe^{2+} 对 TH-PMOs 的竞争效应，结果表明，TH 和 Cu^{2+} 的特异结合使杂化材料对 Cu^{2+} 的吸附能力相对较高。

水杨醛衍生的席夫碱化合物常常具有 ESIPT 性能，其上的羟基和 C=N 单元为离子识别提供了便利。近年来，涌现出一批基于具有 ESIPT 性能的席夫碱的 AIE 铜离子探针，图 2.45 总结了其中的典型代表。探针 **136**（图 2.45）为一种基于水杨醛的简单不对称肼酮，在水溶液中具有 570 nm 的长波长发射，表现出明显的 AIE 性能和 ESIPT 特性[174]。探针 **136** 可以通过螯合增强荧光机制选择性地检测甲醇溶液中的 Al^{3+}，并基于 Cu^{2+} 诱导的聚集体组装，通过水溶液中的荧光猝灭

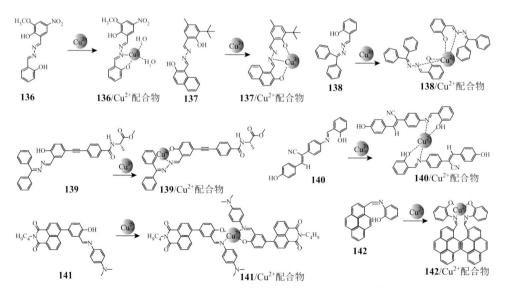

图 2.45 基于具有 ESIPT 性能的席夫碱的 AIE 铜离子探针的分子结构及其与 Cu^{2+} 的络合模式

与 Cu²⁺作用前后，荧光量子产率从 0.12 变为 0.001。其他测试金属离子导致的光来识别 Cu²⁺。作为从水杨醛衍生的 AIE 活性腙，探针 **136** 对 Cu²⁺具有很高选择性，谱变化可忽略不计。荧光滴定实验表明，Cu²⁺的线性响应浓度范围为 0.5～5 μmol/L，检测限为 74.5 nmol/L。Job 曲线表明，**136** 与 Cu²⁺的结合遵循 1∶1 的化学计量关系。**136** 在 5.0～7.6 的 pH 范围内能很快发挥对 Cu²⁺的检测作用，适合于生物体系中 Cu²⁺的检测。

1-(((3-(叔丁基)-2-羟基-5-甲基苄叉)肼基)甲基)萘-2-醇（**137**，图 2.45）既具有 AIE 性能也具有 ESIPT 特性，对 Cu²⁺具有荧光猝灭行为[175]。探针 **138** 对 Cu²⁺具有很高的选择性、灵敏度和快速响应性，在较宽的 pH 范围（1～12）内对其他常见离子具有很好的抗干扰能力。用于 Cu²⁺检测的探针 **137** 显示快速响应时间（≤40 s）和低检测限（1.6 μmol/L）。通过 ¹H NMR、红外光谱、Job 曲线分析和 TD-DFE（time-dependent density-functional theory，含时密度泛函理论）计算证实了其传感机理（图 2.45），Cu²⁺与 **137** 以 1∶1 的化学计量比形成络合物，由于 Cu²⁺的强顺磁性而导致配体与金属间的电荷转移而使荧光猝灭。探针 **137** 可用于实际水样中 Cu²⁺的检测和定量，具有较高的精度和准确度。此外，该探针还可以实现 Zn²⁺和 CN⁻的快速灵敏检测，表明这一工作为环境和健康系统中 Cu²⁺、Zn²⁺和 CN⁻多目标待测物的选择性、灵敏和定量检测提供了一种经济、廉价且不复杂的路线。

利用水杨醛席夫碱结构的 ESIPT 过程，唐本忠课题组研制了两种简单的 Cu²⁺荧光探针 FAS 和 DPAS（**138**，图 2.45）[176]。FAS 与 **138** 结构近似，区别在于 FAS 基于芴而 **138** 则基于二苯基。在不含任何有机溶液的水性缓冲体系中，AIE 化合物 **138** 和 FAS 形成具有高发光效率的聚集体，对 Cu²⁺具有良好的选择性和高的灵敏度，其对 Cu²⁺的检测限分别为 67 nmol/L 和 126 nmol/L。它们对 Cu²⁺的较大的缔合常数及适当的亲水性和疏水性在降低检测限方面起着关键作用。**138**/Cu²⁺配合物中，**138** 和 Cu²⁺的比例为 2∶1，这意味着一个 Cu²⁺与两个 **138** 分子结合，类似于大多数水杨醛席夫碱衍生物。在 **138** 的基础上通过简单的合成，Li 和 Tang 等进一步开发了具有手性丙氨酸基元的手性席夫碱化合物 **139**（图 2.45）[177]。手性基元的引入使得 **139** 具有自组装性能和圆偏振荧光特性。由于增大的分子共轭程度和分子刚性，**139** 表现出聚集诱导荧光增强而不是严格的 AIE，但其仍然保留了对 Cu²⁺的荧光猝灭式检测性能。和 **138** 一样，**139** 对 Cu²⁺的检测限也是 67 nmol/L。不同的是，Job 曲线表明，**139** 与 Cu²⁺按照 1∶1 的化学计量比形成配合物，且 Cu²⁺可能与 **139** 中亚氨基上的氮和酚羟基（脱质子形式）的氧结合。

与 **136**～**139** 不同，探针 **140**（图 2.45）不含肼基，但也是一个具有 AIE 效应和 ESIPT 特性的席夫碱衍生物，它通过(E)-α-(对氨基苯基)-β-(对羟基苯基)丙烯腈和水杨醛的缩合反应以高达 90%的产率制得[178]。由于其 AIE 效应和疏水性，**140** 在四氢呋喃/水（1∶9，*V*/*V*）混合溶液中具有较强的绿光发射。与其他 AIE 和 ESIPT 的体系一样，**140** 的聚集态荧光可被 Cu^{2+}高效猝灭，因此，可作为 Cu^{2+}的荧光探针。**140** 对 Cu^{2+}具有优异的选择性，而且其荧光响应不受其他共存的离子干扰。Job 曲线表明，**140** 与 Cu^{2+}可以 4×10^9(L/mol)^{2}的结合常数和 2∶1 的化学计量比配位。该探针对 Cu^{2+}的检测限为 1.5 μmol/L。

席夫碱 **141**（图 2.45）由萘酰亚胺取代的水杨醛与 *N*, *N*-二甲基苯胺缩合反应得到[179]，其结构特点决定了该化合物具有 AIE、ESIPT 特性以及 Cu^{2+}的检测性能。与大多数基于水杨醛的席夫碱不同，**141** 在乙腈/水（4∶1，*V*/*V*）混合溶液中通过螯合增强荧光显示对 Cu^{2+}的荧光开启传感。它的响应速度快，线性范围为 0～20 μmol/L，探测限为 230 nmol/L。Job 曲线分析显示，**141** 与 Cu^{2+}以 2∶1 的计量比进行配位。

Lin 等采用一锅法合成了新的芘基席夫碱衍生物 **142**（图 2.45），该化合物具有 AIE 和 ESIPT 性能，基于螯合荧光增强原理被开发为 Cu^{2+}的荧光开启式探针[180]。根据紫外-可见吸收滴定法测定的 Job 曲线算得 **142**/Cu^{2+}配合物中 **142** 与 Cu^{2+}的化学计量比为 2∶1。此外，用 ^{1}H NMR 滴定法很好地确定了 **142**/Cu^{2+}配合物中 **142** 与 Cu^{2+}的结合位点（图 2.45），并用金属离子和五甲基二乙烯三胺顺序加入的荧光可逆性进行了验证。在加入 Cu^{2+}后，**142** 自组装形成二聚体结构，发射出激基缔合物的荧光。**142** 对 Cu^{2+}的荧光响应不受 pH 限制，在 1～14 的 pH 范围内均能发生。**142** 对 Cu^{2+}的检测限为 972 nmol/L。

除了直接利用具有 ESIPT 性能的席夫碱自发形成的聚集体来检测 Cu^{2+}外，Zheng 和 Gao 等将具有 pH 依赖性发射的 AIE + ESIPT 特性的席夫碱 4, 4′-(肼-1, 2-二亚叉双(甲酰亚胺-双(3-羟基苯甲酸)))（HDBB，**143**）整合到金属有机框架 UiO-66 中，得到了高效的 Cu^{2+}纳米荧光探针 UiO-66⊃HDBB[图 2.46（a）][181]。HDBB 的荧光特性可以通过独特的纳米空间限制效应来调节。由于金属有机框架的纳米孔道对 **143** 的分子内运动的限制，UiO-66⊃HDBB 在 pH = 7.0 的 Tris 缓冲溶液中呈现出强烈的黄光。当向体系中加入 Cu^{2+}后，荧光逐渐被猝灭。随着 Cu^{2+}浓度从 0 μmol/L 增到 4 μmol/L，560 nm 处的荧光逐渐减弱[图 2.46（b）]，在 0.1～4 μmol/L 的 Cu^{2+}浓度范围内，猝灭水平（F_0/F）与 Cu^{2+}浓度呈良好的线性关系[图 2.46（c）]。研究表明，非荧光基态配合物中 **143** 与 Cu^{2+}的比例为 1∶1。**143** 中的 O 原子和 N 原子是很好的电子给体，它们可以显示出配位铜离子的能力，形成稳定的非荧光基态配合物。**143** 对 Cu^{2+}的检测限为 50 nmol/L。

除上述化合物外，还有不少基于席夫碱 AIE 体系的 Cu^{2+}探针[182-186]，由于篇幅限制，不再一一介绍。

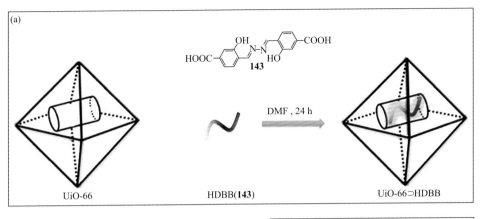

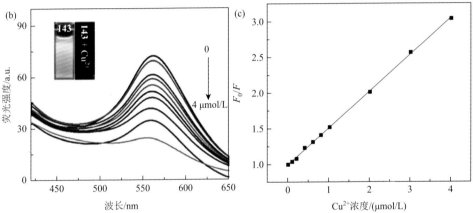

图 2.46 （a）基于受限在金属有机框架的纳米通道中的具有 ESIPT 性能的席夫碱（143，HDBB）的 AIE 铜离子探针（UiO-66⊃HDBB）的合成路线；（b）UiO-66⊃HDBB 与不同浓度的 Cu^{2+} 在 pH = 7.0 的 Tris 缓冲溶液中共存时的荧光发射光谱（UiO-66⊃HDBB 的浓度为 0.1 mg/mL，Cu^{2+}浓度分别为 0 μmol/L、0.1 μmol/L、0.2 μmol/L、0.4 μmol/L、0.6 μmol/L、0.8 μmol/L、1.0 μmol/L、2.0 μmol/L、3.0 μmol/L、4.0 μmol/L）；（c）F_0/F 值与 Cu^{2+}浓度的线性关系图[181]

2. 基于静电相互作用的 AIE 铜离子探针

Ren 和 Zheng 等采用离子自组装（ionic self-assembly）方法由 4′, 4″, 4‴, 4⁗-（乙烯-1, 1, 2, 2-四烷基）四联苯-4-羧酸（H₄ETTC）和二甲基十八烷基溴化铵（DOAB）制得了一种新型的固态发射增强的四苯基乙烯复合物体系 ETTC-DOAB[144，图 2.47][187]。实验结果表明，尽管 ETTC 核具有大的共轭结构和高的刚性，但离子自组装的复合物 ETTC-DOAB 可以自组装成具有增强发光性能的有序螺旋超分子结构。由于共轭长度的延长，ETTC-DOAB 的荧光量子产率提高到 66%。ETTC-DOAB 复合物的组装体是一种有效的 Cu^{2+} 传感器。如图 2.47 所示，由于 ETTC-DOAB 聚集的解组装调控，Cu^{2+} 可以选择性地、灵敏地猝灭组装体的荧光发射。在乙醇/水（1∶1，*V*/*V*）混合溶液中，在紫外光照射下，观察了 ETTC-DOAB（10 μmol/L）对不同金属离子（30 μmol/L）的响应。在 Cu^{2+} 存在下，**144** 的荧光显著猝灭，而其他金属离子的荧光则没有显著变化。随着 Cu^{2+} 浓度的增加，探测系统的荧光强度逐渐降低。加入 Cu^{2+}（20 μmol/L）后，荧光几乎被完全猝灭，是未加入 Cu^{2+} 的混合物的 1/35，最大发射强度与 Cu^{2+} 浓度呈线性关系（2～20 μmol/L；$R^2 = 0.99$），检测限低至 12.6 nmol/L。实验结果表明，该探测系统适用于 Cu^{2+} 的定量检测。这一检测体系的工作机理被阐述为：ETTC-DOAB 复合物与 Cu^{2+} 之间的有效静电相互作用力诱导了 ETTC-DOAB 聚集体的分解。与其他金属离子相比，Cu^{2+} 具有更强的结合能力，能更有效地解离 ETTC 和阳离子表面活性剂之间的离子键。因此，Cu^{2+} 更容易穿透复合物，破坏 ETTC-DOAB 聚集体。解离后的聚集体在水溶液中可以很好地分散和溶解，从而导致荧光发射减弱。ETTC-DOAB 分子独特的结构对 Cu^{2+} 的选择起着重要的作用。所有实验结果一致证实 Cu^{2+} 与 ETTC-DOAB 复合物之间的静电相互作用可以导致大聚集体的解离，这是导致水溶液中荧光猝灭的原因。

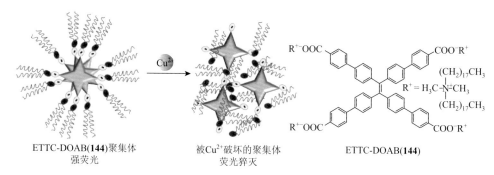

图 2.47　ETTC-DOAB（144）对 Cu^{2+} 的检测机理[187]

3. 基于化学反应的 AIE 铜离子探针

根据 AIE 机理，如果待测物和探针之间的反应改变了荧光物种的聚集行为（溶解度），则可以观察到荧光的开/关过程。换言之，此时，探针对待测物的识别取决于反应依赖的荧光团聚集，或探针分子和待测物反应产物的溶解度。这种方法本质上是一种荧光滴定法，它结合了荧光光谱的高灵敏度和沉淀滴定法的可靠性。在基于 AIE 的铜离子探针体系中也有一些基于化学反应策略的例子（图 2.48）。

探针 **145** 是基于丙氨酸和四苯基乙烯官能化甲醇（**147**）构建的模型氨基酸酯[188]。该化合物具有 AIE 特性，可特异性识别 Cu^{2+}，其特异性依赖于在许多金属阳离子中，只有 Cu^{2+} 能在室温下催化 *α*-氨基酸酯在水溶液中水解生成 *α*-氨基酸和相应的醇，在此过程中，Cu^{2+}先与 **145** 配位生成络合物 **146**。与探针 **145** 相比，水解产物 **147** 具有较低的溶解度，并且易在水中形成聚集体，从而显示出更高的荧光响应[图 2.48（a）]。因此，可以通过记录荧光增强来监测 Cu^{2+}催化水解反应，从而合理地实现对 Cu^{2+}的荧光开启式检测。在水性缓冲溶液中，检测体系的荧光强度在 1～100 μmol/L 范围内的 Cu^{2+}浓度成正比。其他金属离子的存在对荧光强度的变化影响不大。这表明，**145** 可作为荧光探针特异性检测水溶液中的 Cu(Ⅱ)。

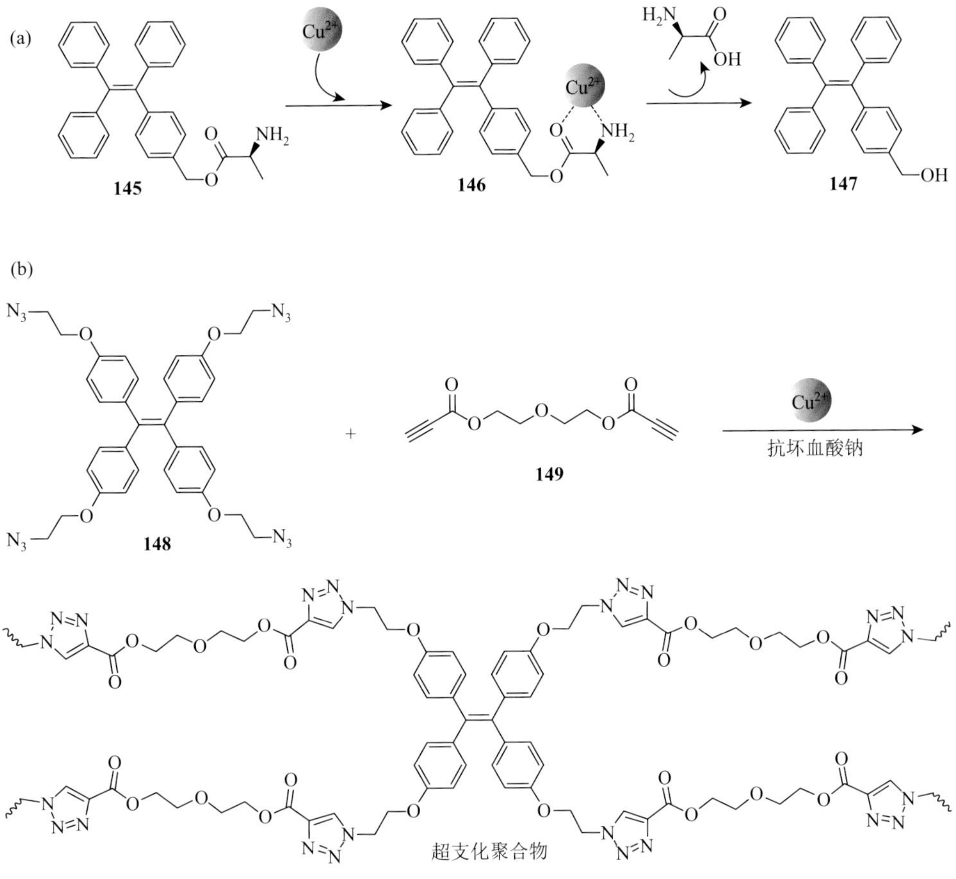

图 2.48　基于化学反应的 AIE 铜离子探针示例：（a）基于 Cu^{2+}催化的 α-氨基酸酯的水解反应的 AIE 铜离子探针及其检测机理；（b）基于 Cu(Ⅰ)催化的点击反应的 AIE 铜离子探针及其检测机理[189]

铜(Ⅰ)催化的叠氮化物-炔烃环加成（CuAAC）是一个典型的点击反应示例，基于这一反应和 AIE 效应，Sanji 和 Tanaka 等设计合成了叠氮修饰的 TPE 衍生物 **148** 和聚乙二醇二丙炔酸酯 **149**，并利用 **148** 和 **149** 的点击反应开发了一类新型的 Cu^{2+}荧光探针[图 2.48（b）][189]。在微量的铜（Ⅰ）离子（由抗坏血酸钠还原 Cu^{2+}

原位生成）存在下，**148** 和 **149** 反应形成分子间交联产物（如超支化聚合物），由于分子内运动受限，荧光将被开启。基于 AIE 活性的叠氮基 TPE 与二炔的点击反应形成共价交联的发光网络，在水溶液中高选择性地实现了 Cu^{2+} 的荧光检测。该探针体系的检测限为 1 µmol/L，大大低于饮用水中铜的安全水平（20 µmol/L），这有助于在不借助先进仪器的情况下进行"肉眼"检测。类似地，利用叠氮化物-炔烃点击反应，Chatterjee 和 Banerjee 等设计了用于选择性检测 Cu^{2+} 和抗坏血酸离子的另一个荧光开启式化学剂量计[190]。在抗坏血酸存在下，Cu^{2+} 的加入很容易触发二炔 TPE 和二叠氮 TPE 单体的线性聚合，产生一种不溶性 TPE 基聚三唑，由于分子内运动受限过程的活化而产生强烈荧光。当然，这样一个简单快速的探测系统也显示出对 Cu^{2+} 的良好选择性。

2.6.3 基于 AIE 的铜离子探针的应用

监测水样中 Cu^{2+} 的含量是非常重要的，因为人体内 Cu^{2+} 容易生物累积，损害人体健康。目前已开发的基于 AIE 的荧光探针中，能用于实际样品检测的不多，如探针 **125**、**126** 和 UiO-66⊃HDBB 以及本节要特别介绍的 **150**、4CI-PMP 和 **151**。

如前所述，探针 **125** 和 **126** 具有高灵敏度、良好的选择性和抗干扰性，因此，为了研究 **125** 和 **126** 在天然水样中的可靠性和实用性，分别评估了 **125** 和 **126** 对饮用水、自来水和当地中央湖水中 Cu^{2+} 的荧光猝灭响应（表 2.12）。在实际水样中加入不同量的 Cu^{2+}（2 µmol/L 和 4 µmol/L），每种浓度的 Cu^{2+} 分三次测定。可以发现，基于以下方程：回收率（%）= $F/S \times 100\%$，其中 S 是实际水样中 Cu^{2+} 的加标浓度，F 是水样中 Cu^{2+} 相对于标准校准曲线的实测浓度，计算得到的各种真实水样中 Cu^{2+} 的回收率均在 84%～117%范围内。

表 2.12 实际水样中 Cu^{2+} 的测定（探针 125 和 126）

探针	添加量 /(µmol/L)	饮用水		自来水		中央湖水	
		实测值 /(µmol/L)	回收率/%	实测值 /(µmol/L)	回收率/%	实测值 /(µmol/L)	回收率/%
125	2	1.94±0.09	97	1.87±0.08	94	1.70±0.11	85
	4	3.84±0.04	96	3.67±0.10	92	3.36±0.09	84
126	2	1.79±0.07	90	2.34±0.12	117	2.04±0.35	102
	4	3.89±0.10	97	4.62±0.25	115	3.70±0.18	93

此外，为了研究探针 **125** 和 **126** 的实际应用，选择滤纸作为探针的支撑物，制作了 Cu^{2+} 检测试纸。因此，通过将滤纸浸入 **125** 和 **126**（1×10^{-3} mol/L）的二甲基亚砜溶液中约 5 min，然后在空气中干燥而制得试纸。当浸泡在不同浓度的 Cu^{2+} 水溶液中时，所有这些测试条在 365 nm 紫外灯下清晰地显示出肉眼观察得到的从亮绿色到无色的明显颜色变化。使用探针 **125** 和 **126**，Cu^{2+} 的可识别浓度分别低至 10 μmol/L 和 1 μmol/L。重要的是，这些条带可以方便地用于 Cu^{2+} 的检测。

Zheng 和 Gao 等将受限在金属有机框架的纳米通道中的 AIE 铜离子探针 UiO-66⊃HDBB 应用到实际水样中 Cu^{2+} 的测定中。考虑到水样的复杂组分，他们还对含有 Cu^{2+} 的混合物以及水中常见阴离子和有机组分可能产生的干扰进行了荧光测量。实验结果表明，所研究的阴离子和有机组分对荧光探针性能没有影响。将该荧光探针应用于绿湖水样中 Cu^{2+} 的实际分析，验证了 UiO-66⊃HDBB 的实用性。用此方法测得绿湖水样中 $n = 4$ 的 Cu^{2+} 浓度的平均值，然后与标准校准曲线的截留量相减后得到 Cu^{2+} 浓度为（0.558 ± 0.025）μmol/L，回收率为 $99.15\% \pm 1.26\%$。而 ICP 光谱法测得的结果为（0.534 ± 0.081）μmol/L，表明该荧光纳米探针可用于水样中 Cu^{2+} 的测定。

Zheng 等通过 TPE 的二醛衍生物和 1,2-苯二胺的缩合反应，合成了具有 AIE 效应的可用于实际水样中 Cu^{2+} 检测的席夫碱大环[图 2.49（a）][191]。该大环化合物可以在水溶液中聚合成纳米纤维，得到稳定的荧光悬浮液。荧光纳米纤维对水溶液中的 Cu^{2+} 具有高选择性，**150**/Cu^{2+} 络合物的形成和从 Cu^{2+} 到 TPE 单元的分子内电荷转移是 Cu^{2+} 猝灭探针荧光的主要原因。同时，由于 AIE 效应的存在，纳米纤维的发射光谱出现了 260 nm 的超大斯托克斯位移，使发射光谱进入红色区域，避免了背景干扰。因此，该大环探针在含水猪肉汁等实际水样中的 Cu^{2+} 检测具有很大的潜力[图 2.49（b）]。

具体来说，**150** 可在水/四氢呋喃（9∶1，*V/V*）混合溶液和含水猪肉汁中检测 Cu^{2+}。随着铜离子浓度的增加，595 nm 处 **150** 的荧光强度逐渐降低[图 2.49（c）]。当加入 2.5 eq. 的 Cu^{2+} 时，发射几乎完全猝灭，这与紫外-可见滴定中 **150** 对 Cu^{2+} 的 1∶2 结合比一致。很明显，即使是在 5.0 nmol/L Cu^{2+} 存在的情况下，**150** 的荧光强度也明显降低，算得 **150** 对 Cu^{2+} 的检测限低至 1.1 nmol/L。而且，在 5.0 nmol/L～20 μmol/L 的 Cu^{2+} 浓度范围内，Cu^{2+} 浓度的对数与荧光强度呈线性关系，有利于 Cu^{2+} 的定量分析。

从武汉的长江和东湖分别取江水和湖水，用普通猪肉制备含猪肉汁的水来评估 **150** 的实用性。发现加标的长江水和东湖水中 Cu^{2+} 浓度的对数与 **150** 的荧光强度呈线性关系。如图 2.49（d）所示，当 20 μmol/L 的 Cu^{2+} 逐渐添加到在含水猪肉汁的 10 μmol/L **150** 中时，**150** 的荧光强度逐渐降低。即使在 0.05 μmol/L Cu^{2+} 的低

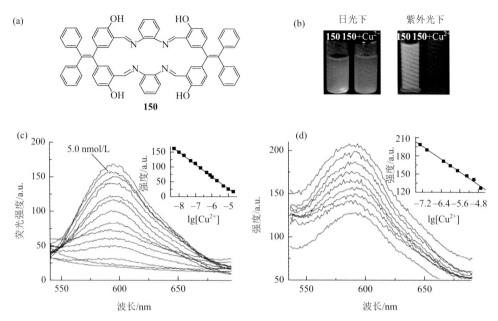

图 2.49 （a）可用于实际水样中的 Cu²⁺检测的席夫碱大环 **150** 的分子结构；（b）含水猪肉汁（含水猪肉汁/四氢呋喃 = 9 : 1，*V*/*V*）在日光下和 365 nm 的紫外光下的照片，[**150**] = 10 μmol/L，[Cu²⁺] = 20 μmol/L；（c）**150** 与 Cu²⁺在水/四氢呋喃（9 : 1，*V*/*V*）混合溶液中的荧光光谱变化，插图：595 nm 处荧光强度与 Cu²⁺浓度对数的关系曲线；（d）**150** 与 Cu²⁺含水猪肉汁/四氢呋喃（9 : 1，*V*/*V*）中的荧光光谱变化，插图：荧光强度与 Cu²⁺浓度对数的关系曲线[191]

浓度下，**150** 的荧光强度也显著降低。荧光强度随 Cu²⁺浓度对数的变化也是线性的。此外，在紫外光下和日光下，肉眼都能看到 Cu²⁺（20 μmol/L）的加入引起的颜色变化[图 2.49（b）]。这些结果表明，探针 **150** 几乎不受生物物质的干扰，显示了其优良的实用性。

Tong 等通过将席夫碱（SB）固定在介孔二氧化硅（孔径为 3.1 nm）的孔表面，制备了可用于实际水样中 Cu²⁺检测的席夫碱固定化杂化介孔二氧化硅膜 SB-HMM[192]。他们以 4-氯-2[（丙基氨基）甲基]-苯酚（4Cl-PMP）作为 Cu²⁺检测的席夫碱配体，将其接枝到嵌在多孔氧化铝膜孔道中的介孔二氧化硅中。与在均一溶液中不发光的席夫碱 4Cl-PMP 不同，SB-HMM 强烈发光，这是由于具有 ESIPT 和 AIE 特性的 4Cl-PMP 基团在孔表面聚集而导致荧光增强。表面 4Cl-PMP 基团的高量子产率使 SB-HMM 能够作为水溶液中 Cu²⁺的荧光传感器，具有良好的灵敏度、选择性和重现性。SB-HMM 在加入 Cu²⁺（0～60 μmol/L）后表现出显著的荧光猝灭，但在其他金属离子存在时，SB-HMM 不呈现这种荧光猝灭。在最佳条件下，SB-HMM 的荧光强度对 Cu²⁺浓度的线性响应范围为 1.2～13.8 μmol/L 和 19.4～60 μmol/L，算得其检测限为 0.8 μmol/L。此外，SB-HMM 经酸性溶液再生

后可重复用于 Cu^{2+} 的传感。SB-HMM 的薄膜基底促进了样品溶液中的可逆测量,从而产生了一种可用于水溶液和实际样品中 Cu^{2+} 传感的可重复染料掺杂荧光固体传感器。

进一步,以 SB-HMM 为固体传感器,分别测定了自来水和河水(清华大学河水、北京大学河水)中的 Cu^{2+}。将 9.50 mL 样品溶液转移到 10 mL 试管中。然后加入 0.5 mL 1.0 mol/L 的 Na_2HPO_4 母液,使 pH 为 5.3,在摇床上充分混合。之后,将 3.0 mL 该溶液移入石英比色皿(1 cm×1 cm)中,将样品膜固定在比色皿中的聚四氟乙烯样品架上,测量荧光信号。结果汇总在表 2.13 中。尽管由于河水中的微量铜(Ⅱ)污染,河水样品的回收率相对较高,为 108%,但结果显示,所有其他样品的回收率(102%~103%)和 RSD 值均令人满意,表明 SB-HMM 具有良好的应用潜力。

表 2.13　实际水样中 Cu^{2+} 的测定(SB-HMM)

样品	Cu^{2+}添加量/(μmol/L)	Cu^{2+}实测值/(μmol/L)	平均回收率/%	RSD/%
自来水	3.40	3.50	103	2.4
	34.0	34.70	102	25
河水	—	—	—	—
	3.40	3.68	108	2.7

除了基于配位作用的上述探针外,目前也有基于化学反应的铜离子探针被用于实际样品中 Cu^{2+} 的检测,如图 2.50 中所示的体系。Zheng 等以 Cu^{2+} 催化的叠氮化合物-炔烃点击反应(CuAAC)和聚集的 AIE 活性分子为信号基元,开发了一种新型的荧光开启式 Cu^{2+} 传感体系[193]。CuAAC 反应使 TPE 基元在微量 Cu^{2+} 存在下由分散状态转变为聚集态,而且叠氮基团对 TPE 荧光的猝灭作用被消除,从而产生了肉眼可判断的强烈荧光开启式响应(图 2.50)。叠氮化的 TPE 衍生物 151 由于分子内运动和叠氮的猝灭效应而在溶液中不发光。当体系中加入 Cu^{2+} 后,在 151 的叠氮单元和连接分子 152 的炔基之间生成稳定的三唑。结合物诱导 TPE 的聚集,从而引发 AIE 现象。发射强度与 Cu^{2+} 的浓度呈正相关,肉眼很容易识别,且检测体系的荧光与在 0.2~12 μmol/L 范围内的 Cu^{2+} 浓度呈线性关系。在最佳条件下,0.2 μmol/L 和 0.5 μmol/L 的 Cu^{2+} 可分别用荧光分光光度计和肉眼成功地被检测到。该法操作简单、成本低,不需要昂贵的设备。此外,由于点击反应的高度特异性,该信号不受其他金属离子的影响。

由于 CuAAC 反应具有优越的特异性,因此该法能够在实际样品中检测到其他与环境相关的金属离子共存时的 Cu^{2+},这表明它可以作为现场 Cu^{2+} 分析的传感器。为了评估其测试性能,对真实的水样(珠江)进行了测试。采集河流样本,

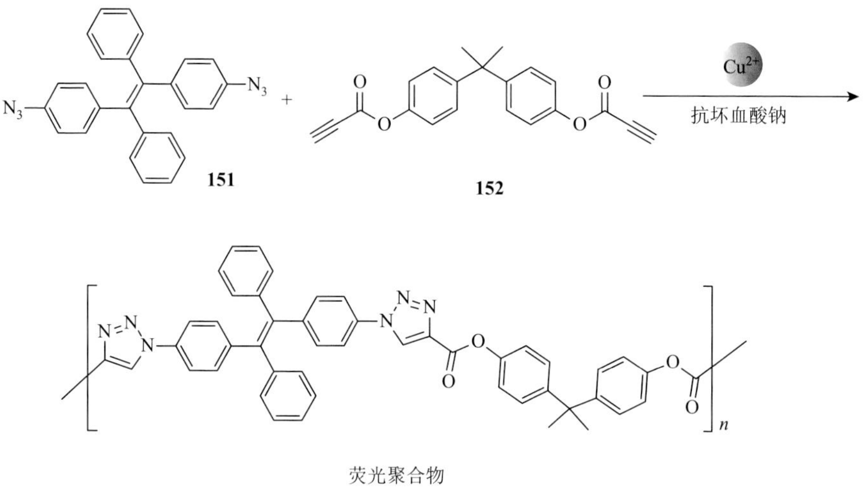

图 2.50   基于点击化学聚合发光的 Cu^{2+} 检测原理图[193]

并在分析前通过硝化纤维过滤器（0.45 μm）去除不溶性物质。但在天然水样中未观察到"开启"荧光发射，也未观察荧光信号增强，表明河流未受到 Cu^{2+} 污染。然后，向制备好的河流样品中加入不同浓度的 Cu^{2+} 后再分析。如表 2.14 所示，当 Cu^{2+} 浓度在 0.5～10 μmol/L 区间变化时，标准加入法的平均回收率在 98%～103% 之间，表明回收率令人满意，说明该检测系统可以用于实际环境水样中的 Cu^{2+} 分析，而无需复杂的仪器。与传统方法相比，该方法具有选择性强、成本低、操作简单等优点，是一种理想的 Cu^{2+} 现场检测传感器。

表 2.14   实际水样中 Cu^{2+} 的测定（151 与 152 的聚合体系）

样品	Cu^{2+}添加量/(μmol/L)	Cu^{2+}实测值/(μmol/L)	平均回收率/%	RSD/%
河水 1	0.5	0.514	103	6.2
河水 2	4.0	3.910	98	1.9
河水 3	6.5	6.583	101	2.4
河水 4	10.0	10.139	101	5.0

2.7 锌离子检测

锌是原子序数为 30 的元素，其金属在常温下呈现银白色略带淡蓝色，质地坚硬却易碎。锌具有强还原性，易被氧化，主要以 +2 价离子形式存在，其化合物广泛地被应用于工业、医药、制造等领域，主要包括电镀和合金制造，也可作为工业添加剂、催化剂。一方面，锌是动物、植物、微生物不可或缺的重要元素[194]。许多生物酶和转录因子需要锌离子发挥其正常功能[195]。例如，锌离子作为酶的催化中心能够调节其活性[196]。锌离子可与多肽的氨基酸侧链配位，以稳定蛋白质的结构和功能[197]。在一些疾病的发生和发展过程中，如阿尔茨海默病、癫痫、缺血性卒中[198]，锌离子也发挥着重要作用。另一方面，摄入过量的锌，对动物、植物、微生物都会产生一定的毒性。高剂量的锌能够影响生物体对其他金属离子的摄取，对人体可造成恶心呕吐、肌肉痉挛。因此，检测环境中锌的含量对于维护生物圈稳态和人体健康均有重大意义。

不同于其他过渡金属离子，如铁离子、铜离子，由于 d^{10} 电子的构象，锌离子比较难以简单地通过光谱学性质或磁性来检测。近些年，基于荧光信号的检测技术脱颖而出，具有高灵敏度、无创伤性等优点，渐渐成为主流方法[199]。锌的化学荧光探针检测原理主要有两大类：光诱导电子转移（PET）和分子内电荷转移（ICT）[200]。PET 探针常常是由一个荧光团通过间隔基团（spacer）连接到含有高能量的非键电子对的受体上设计而成。电子对能将电子转移到受激的荧光团上进而使荧光猝灭。当锌离子通过配位作用结合电子对时，受体的还原电势上升，PET 过程受到阻断因而荧光团被点亮。ICT 探针的设计原理，则是由一个荧光团直接连接到受体（通常是氨基）上形成 π 电子共轭。锌离子和受体的相互作用能够改变荧光团的激发和发射光谱，从而产生比率荧光信号。

聚集诱导发光是一种基于荧光信号的检测锌离子的方法。相比于传统的荧光方法，聚集诱导发光有低背景信号、高信噪比、高灵敏度和准确性、抗荧光漂白性等优点。通过锌离子螯合基团，修饰传统的 AIE 荧光团，如 TPE 或 silole，是经典的开发锌离子探针的设计思路。锌离子能够与此类探针螯合，形成配合物或者多聚体，使得探针的分子结构变得硬化、固定，于是探针的荧光发射强度大大增强，或者发生红移。此外，锌离子也可诱导金属纳米颗粒聚集发光。以下内容将根据不同的螯合基团或金属纳米颗粒，探讨和分析几类聚集诱导发光探针的设计、原理及应用。

2.7.1　以三联吡啶为螯合基团

Tang 课题组利用三联吡啶合成了探针 **153**[TPE-三联吡啶衍生物，图 2.51（b）]以检测锌离子[201]。**153** 在 THF 溶液中不发光，而在加入锌离子后，**153** 在波长 550 nm 处呈现很强的发射光。相比于 **153** 的纳米聚集体的发射光（490 nm）而言，锌离子使得 **153** 的发射光发生了显著的红移。这是由于 **153** 与锌离子络合后形成了寡聚体或多聚体[图 2.51（a）]，增强了电子共轭效应和"推-拉"效应，这降低了最低未占分子轨道的能级，缩小了能量差，因而产生荧光红移[图 2.51（c）]。实验数据表明，**153** 可用于检测 2.5～500 mol/L 的锌离子。值得注意的是，**153** 与锌离子的反应也可发生于聚集状态（THF/水，f_w = 99vol%）甚至是固态[滤纸或薄层色谱（TLC）板]，通过特征性的红移鉴别锌离子的存在。此外，由于配体对金属的电荷转移，**153** 溶液与亚铁离子反应会呈现明显的品红色，该探针也可用于鉴别亚铁离子。以 silole 为荧光基团的三联吡啶探针 **154**（图 2.52）也呈现了很好的光学性质和选择性，可用于检测水溶液中 5～100 mol/L 的锌离子[202]。

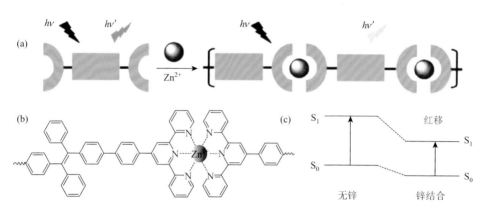

图 2.51　TPE-三联吡啶荧光探针 153：（a）发光原理示意图；（b）化学结构；（c）红移原理

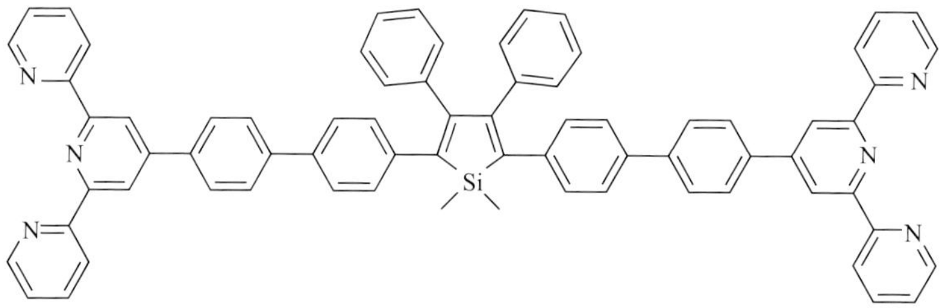

图 2.52　silole-三联吡啶探针 154 的化学结构

2.7.2　以—N(CH₂COO⁻)₂ 为螯合基团

除了三联吡啶基团，其他能与锌离子螯合的基团，如—$N(CH_2COO^-)_2$，也可用于修饰 AIE 荧光团，使其具有检测锌离子的能力[203]。例如，Zhang 课题组开发了一种检测水溶液中锌离子的荧光"开关" **155**。其设计和合成方法为，在 TPE 的主核上接上 4 个—$N(CH_2COO^-)_2$ 基团。**155** 在水溶液中溶解性良好并且不发光，与锌离子反应后，在 485 nm 处的发射光逐渐增强。锌离子可以通过两种模

式（图 2.53）与 **155** 发生反应：①锌离子与同一个分子内的两个—N(CH₂COO⁻)₂
发生反应；②锌离子与不同荧光分子的—N(CH₂COO⁻)₂ 反应，分子间络合，生成
了螯合寡聚体或多聚体。在这两种情况下，TPE 基团的分子内运动受到了限制，
因而发出荧光。实验表明，该探针能够检测到水溶液中低至 10 mol/L 的锌离子，
且对锌离子的选择性好，不易受其他杂质离子的干扰。

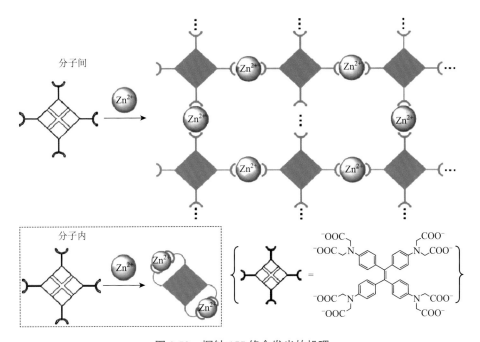

图 2.53　探针 155 络合发光的机理

2.7.3　以喹啉基团为螯合基团

Ning 课题组报道了一种 8-氨基喹啉的衍生物 **156**[204]，能够实现快速、高特异
性检测锌离子，检测限低至 2.6 nmol/L，是迄今最灵敏的探针之一。**156**（图 2.54）
包含双萘胺和两个喹啉基团。其荧光激发谱显示，相比于其他金属离子，该探针
对锌离子有最高的比率反应（ratiometric response）。研究者发现，**156** 在水溶液中，
由于分子内的旋转，基本不发光。而与锌离子反应时，喹啉基团能与锌离子螯合，
探针的分子构象发生改变，分子内电荷转移促使比率反应的发生。该课题组进一
步发现，**156** 在生理 pH 条件下仍能保持良好性质，且细胞毒性低，细胞膜通透性
良好，可用于生物成像。通过荧光显微镜技术，研究者发现该探针能够点亮细胞
内的锌离子。由于锌离子可存在于生物酶的催化中心或作为辅因子，也能影响细
胞迁移、细胞分化，该探针有着非常广阔的应用空间。

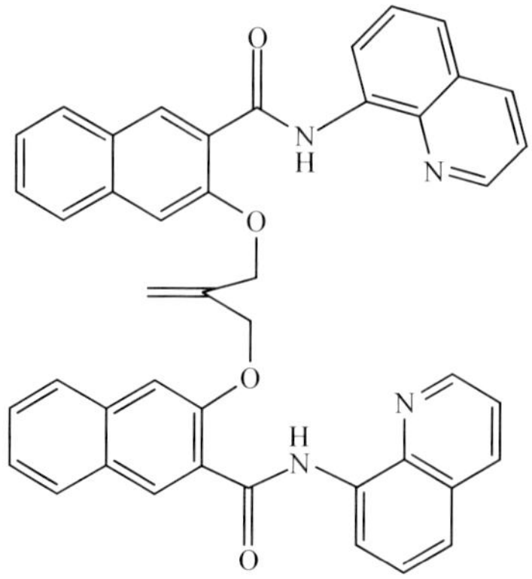

图 2.54　探针 156 的化学结构

2.7.4　以肼为螯合基团

An 课题组通过水杨醛和肼反应，合成了一种高灵敏度、高选择性的锌离子探针 **157**[205]。同样地，该探针（图 2.55）能与锌离子络合，形成寡聚物或多聚物并发出荧光。相比于传统的 AIE 探针，该探针可检测低至 0.1 μmol/L 的锌离子，且合成方法简易快捷。

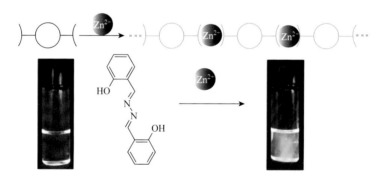

图 2.55　探针 157 的化学结构及发光机理

2.7.5　以羟基和亚胺为螯合基团

Ajay 课题组开发并合成了一类新型聚集诱导荧光增强（aggregation induced emission enhancement，AIEE）的活性探针 **158**[206]。锌离子能与 **158** 的羟基和亚胺络合，抑制分子的自由旋转并增强分子的刚性；通过抑制 PET，产生 CHEF 效应（图 2.56），从而使探针的荧光增强。**158** 与锌离子的反应速率极快，选择性与灵敏度俱佳，检测限低至 0.11 μmol/L。

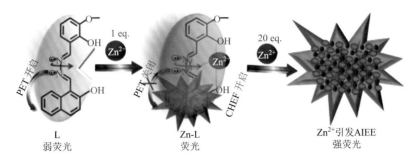

图 2.56　探针 158 检测锌离子的原理：基于络合和锌离子介导的 AIEE 效应

2.7.6　金纳米团簇探针

金属有机框架（MOF）由金属离子和有机物配体组成，是一类特殊的多功能的化学材料，有着巨大的表面积和可调节的框架结构、孔径大小与形状[207, 208]。其多孔的结构可被用于开发纳米团簇/金属有机框架复合物，以增强纳米团簇的荧光强度。Huang 课题组开发了一种通过金纳米团簇的 AIEE 性质检测锌离子浓度的方法[209]。在 2-甲基咪唑和锌离子存在的条件下，金纳米团簇能够被包装入 Zn-MOF 中形成复合体。原位形成的 Zn-MOF 诱使金纳米团簇聚集，限制了金纳米团簇的分子内旋转，使得其荧光强度大大增强（图 2.57）。该方法的线性检测范围为 12.3～24.6 nmol/L，检测限低至 6 nmol/L。

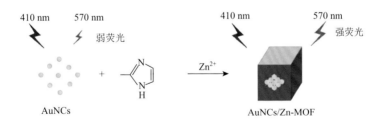

图 2.57　原位形成金纳米团簇/Zn-MOF 复合物诱导聚集发光检测锌离子浓度

2.7.7　铜纳米团簇探针

Zhao 课题组开发了一种利用铜纳米团簇的基于光致发光的 Zn^{2+} 检测方法[210]。铜纳米团簇可在常温下数分钟内，通过调节 GSH/Cu^{2+} 混合物的 pH 制备而成。Zn^{2+} 可以与铜纳米团簇的表面基团相互作用，中和铜纳米团簇的表面电荷，进而发生交联反应使其聚集。聚集后的铜纳米团簇，其分子振动、旋转和扭转都受到了极大限制，产生光致发光（图 2.58）。基于该原理，铜纳米团簇可用于检测线性范围为 4.68~2240 μmol/L 的锌离子，检测限为 1.17 μmol/L。该课题组也发现铜纳米团簇的生物兼容性良好，可用于细胞内的锌离子成像。

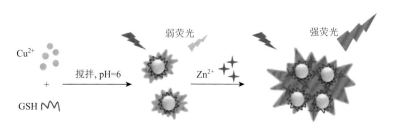

图 2.58 铜纳米团簇的制备过程简易，在锌离子存在的条件下可被诱导聚集，产生光致发光

综上所述，锌离子探针能够在锌离子存在的条件下被诱导聚集发光，或产生红移。对于 AIE 小分子探针而言，不同的螯合基团对锌离子有不同的亲和力和选择性，不同的 AIE 荧光团有不同的光谱学性质。优化螯合基团和 AIE 荧光团能够使得探针的选择性和灵敏度发生巨大改良。不同的探针在不同的使用条件下也会各有优劣，如环境检测、温度变化或生理条件。此外，与 Zn 结构性质类似的离子可能会对锌离子的检测有一定的干扰。

2.8 铅离子检测

铅是地壳中自然存在的金属。2014 年全球铅的年产量达到 1000 万吨，其中一半以上来自回收[211]。铅具有密度高、熔点低、延展性好、耐腐蚀、耐氧化等优点。加上其较高的自然丰度和较低的生产成本，铅被广泛应用于建筑、管道、电池、子弹、焊料、涂料、电缆和辐射屏蔽[212]。但是，铅是一种有毒金属，其广泛使用也造成了大范围的环境污染和公共健康问题[213, 214]。铅及其产品的提取、生产、使用和处置已经对地球的土壤和水造成了严重污染。铅可在土壤中累积，附着于植物表面并抑制光合作用。土壤和植物中铅的污染可以通过食物链传递到微生物、动物及人类[215]。铅是一种累积性毒物，主要累积在软组织和骨骼中，损害神经系统并干扰生物酶的功能[214]。铅中毒会影响大脑和神经系统的发育，其毒性影响对年幼儿童尤为显著[216]。美国环境保护署设定饮用水中铅含量的安全阈值为 15 ppb，国际癌症研究机构（IARC）设定的阈值更低，为 10 ppb。因此，即时监测环境中铅的含量对人类健康极为重要。

目前用于检测和分析环境中铅的方法主要包括分光光度法、原子吸收光谱法、X 射线荧光法和电化学方法[217, 218]。但传统铅检测方法的仪器昂贵、检测周期较长并需要专业人员操作，限制了其在现场检测方面的广泛应用。相比之下，荧光检测法具有较高的检测灵敏度、可视化、操作简单快速等优势，在环境现场检测中具有很大的潜力。而荧光检测法的实现主要依赖于荧光探针的设计。此节主要集中介绍用于环境中铅检测的 AIE 荧光探针的设计和应用。

利用聚集诱导发光的特性，此类探针的设计可分为如下几类。

2.8.1　AIE 小分子络合法

其机理主要是通过 AIE 分子直接与铅离子配位，实现荧光团聚集进而发光。文献调查显示，烷基磷酸酯对二价铅离子具有非常强的亲和力。Chatterjee 等利用这个特点用磷酸基修饰 TPE 得到水溶性探针 **159**[图 2.59（a）][219]。当 **159** 与铅离子配位结合之后，其水溶性变差，在水中聚集发光。水中铅离子浓度越高，其荧光强度越大，因此可用于铅离子的半定量检测。该课题组也证明了 **159** 对铅离子的选择特异性及抗干扰性。**159** 检测范围在 50～250 nmol/L，检测限为 10 ppb。

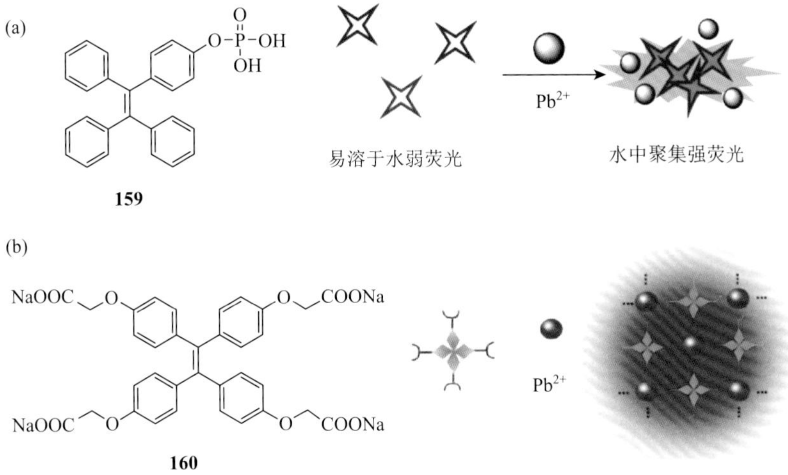

图 2.59　AIE 小分子络合法用于铅离子检测

Feng 等报道合成了带四个羧酸的 TPE 分子 **160**[图 2.59（b）][220]。该分子具有良好的水溶性，与铅离子结合后形成一个聚集体系，TPE 内旋转受限，从而荧光增强。但该体系选择性易受铝离子影响。为了减小铝离子的干扰，他们采用的方法是通过添加掩蔽剂，如 $NaBF_4$，$NaBF_4$ 可与铝离子选择性络合，从而消除体系中铝离子对铅离子检测的干扰。该体系对铅离子的检测范围为 2～300 µmol/L，检测限为 0.6 µmol/L。在灵敏度和选择性方面，磷酸 TPE 更佳。

2.8.2　DNA 适体介导检测法

DNA 适体是能够特异性识别靶配体的 DNA 寡核苷酸。Chang 等于 2009 年报道了凝聚酶适体（序列：GGTTGGTGTGGTTGG）在铅离子存在的条件下可折叠成 G-四链体结构[221]。G-四链体是富含鸟嘌呤的 DNA 序列，其中当四个鸟嘌呤碱基通过氢键结合时可形成四分体平面结构，两个或更多鸟嘌呤四分体堆叠时形成 G-四链体（G-quadruplex）。核酸酶 S1 是单链特异性的内切核酸酶，可以有效地将单链 DNA 降解为单核苷酸或寡核苷酸片段。当单链 DNA 折叠成 G-四链体时，则无法被核酸酶 S1 降解。借助核酸酶的作用，Tian 等报道了 DNA 适体介导法检测铅离子[222]。具体如图 2.60 所示，9, 10-二苯乙烯蒽（DSA）是一个具有 AIE 性质的荧光团。带正电的 DSA 分子 **161** 可通过静电作用与带负电的 DNA 链段如凝聚酶适体结合而发光。在铅离子存在的条件下，凝聚酶适体折叠形成 G-四链体，核酸酶 S1 无法作用，**161** 分子聚集在 G-四链体上保持发光。而在其他金属离子存在的条件下，凝聚酶适体则保持单链结构，进而被核酸酶 S1 水解，**161** 无法聚集，荧光减弱。此方法可以区分溶液中是否存在铅离子。该体系对铅离子的检测范围为 0.6～200 μmol/L，检测限为 60 nmol/L。

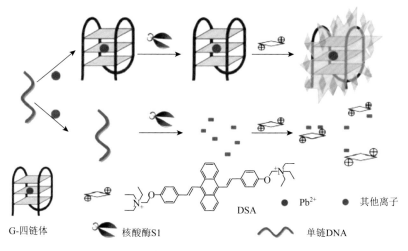

图 2.60　凝聚酶适体介导 AIE 小分子 161 用于铅离子检测

2.8.3　金纳米颗粒/纳米团簇检测法

以金属纳米颗粒为基础的荧光探针因其较宽的斯托克斯位移、良好的光稳定性等优势引起了极大的关注，其中大量研究以可发射荧光的一价金-硫醇盐络合物为主。此类金纳米颗粒的荧光源于表面金-硫醇配体-金属-金属间电荷转移（LMMCT）。当金纳米颗粒聚集时，其配体内部和配体之间的相互作用增强，LMMCT 概率增大，从而荧光增强。因此，此类络合物也具有聚集诱导荧光增强的特性。基于这个特性，Zeng 等设计了一种基于金纳米颗粒荧光的铅离子检测方法[223]。该课题组制备了 Au(Ⅰ)-谷胱甘肽纳米颗粒，此纳米颗粒在铅离子存在的条件下可发生聚集，荧光增强。他们进一步发现，乙醇的存在可提高铅离子检测灵敏度。此方法的检测范围为 2～350 μmol/L，检测限为 100 nmol/L。

　　光致发光金属纳米团簇介乎金属原子和纳米颗粒之间，一般由几个到几百个原子组成，显示分子属性，被认为最有希望替代有机染料和量子点的新一代材料。此类材料具有超小尺寸、高生物相容性、荧光可调性和低毒性等优势，在过去一二十年中备受关注。迄今为止，金纳米团簇（AuNCs）研究最为广泛，其传感、催化和成像等应用被广为开发。与金纳米颗粒相比，金纳米团簇量子产率更高。利用谷胱甘肽与铅离子的选择配位作用，Pei 等报道了 Au(Ⅰ)-谷胱甘肽纳米团簇用于铅的检测[224]。该纳米团簇通过铅离子与表面谷胱甘肽的配位作用发生聚集，荧光增强[图 2.61（a）]。检测过程快速并且选择性佳。其检测范围为 5～50 μmol/L，检测限为 5 μmol/L。Ling 等发现当 Au(Ⅰ)-谷胱甘肽纳米团簇系统中存在锌离子时，两种金属离子可协同诱导金纳米团簇聚集，从而提高检测灵敏度[225]。在锌存在下，该纳米团簇对铅的检测范围可降低到 2～40 μmol/L。Kong 等采用牛血清蛋白作为稳定剂修饰金纳米团簇，与谷胱甘肽相比具有更好的水溶性，因此背景更低。该纳米团簇对铅离子具有很高的灵敏度，检测限可低至 7.9 nmol/L[226]。

　　Su 等进一步使用 Au(Ⅰ)-谷胱甘肽纳米团簇为发光团，开发了一种简单、便携式、可重复使用的铅离子检测试纸，可用于铅离子的现场和实时检测[227]。在15 种不同物质和金属离子存在的条件下，该试纸只特异性地在铅离子存在下荧光增强，而在汞离子存在下荧光猝灭[图 2.61（b）]。肉眼检测的铅离子和汞离子的检测限分别为 50 μmol/L 和 5 μmol/L。更重要的是，通过将试纸浸润在乙二胺四乙酸中可恢复初始荧光，从而实现试纸的循环利用，有助于减少资源消耗。该课题组也证明了该试纸具有强抗干扰能力，可实际应用于环境水样的检测。

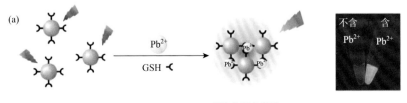

(a)

AuNCs-GSH　　　　　　　　　　　聚集体发光增强

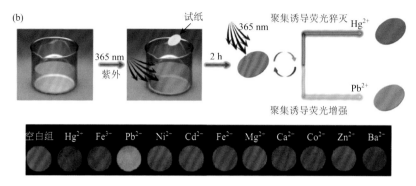

图 2.61　（a）基于金纳米团簇荧光的铅离子检测方法；使用基于金纳米团簇试纸的检测流程及试纸检测各种离子的显色照片

2.8.4　铜纳米团簇检测法

相比之下，铜纳米团簇（CuNCs）的应用很大程度上仍未开发。与金纳米团簇相比，铜纳米团簇荧光性能相当而且生产成本低，具有广泛的应用前景。Liu 等报道了一种牛血清蛋白（BSA）介导的铜纳米团簇铅检测方法[图 2.62（a）][228]。铜纳米团簇具有聚集诱导发光特性，在水溶液中会聚集到 BSA 内部而荧光增强。当加入铅离子后，铅离子与 BSA 络合而取代铜纳米团簇，此过程一方面导致铜纳米团簇荧光猝灭，另一方面导致光散射信号增强。通过荧光关闭和光散射的双模式检测，此方法可选择性检测水样中铅离子的浓度，检测限可低至 10 nmol/L。

通过修饰铜纳米团簇，Wang 等报道了一种荧光开启的铅离子检测方法。受谷胱甘肽保护的铜纳米团簇在水中分散，几乎没有荧光[229]。在铅离子存在下，此类铜纳米团簇聚集，荧光增强，显示出明显的橙色荧光[图 2.62（b）]。此方法简单、

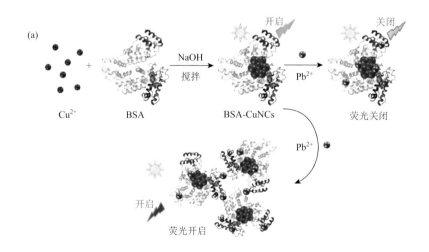

(b)

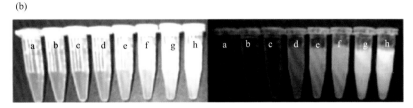

图 2.62 基于铜纳米团簇荧光的铅离子检测方法

快速、选择性高，可在紫外灯下对铅离子进行视觉定性鉴定。此方法的铅离子浓度检测线性范围为 200～700 μmol/L，检测限为 106 μmol/L。

2.8.5 碳纳米点检测法

相比于传统的半导体量子点发光材料，碳纳米点（碳点；carbon nanodots 或 C-dots）不仅具有良好的光学性质还具有成本低和生物相容性好等优势，因此近十年来被广泛应用于传感器、光催化、能量储存、生物成像和药物传输等领域[230]。但是，传统制备方法得到的碳点材料在固态下存在聚集荧光猝灭效应，因此很难直接被应用于固态荧光传感与检测。Li 课题组报道了一种基于聚集诱导荧光增强的碳点作为模板进行铅离子检测[231]。该课题组将碳点固定在聚苯乙烯-聚丙烯酸球形电解质刷（SPB）的刷层中。由于静电相互作用，固定在刷层中的碳点被迫分散于刷层中而发生荧光猝灭。当向溶液中添加铅离子时，SPB 粒子发生聚集，在刷层中的碳点聚集在铅离子周围，进而产生荧光（图 2.63）。研究发现该方法对铅离子具有良好的选择性，有较宽的检测范围（0～1.67 mmol/L，检测限：22.8 μmol/L）和良好的线性范围。聚集诱导发光碳点提供了另一种金属离子检测的方法，但仍需进一步优化来提高检测灵敏度。

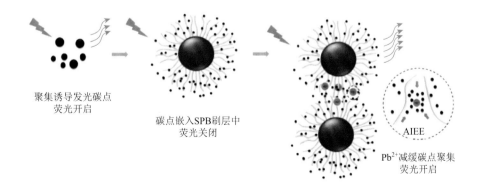

图 2.63 聚集诱导发光碳点用于铅离子检测

综上所述，通过分子修饰或材料表面修饰，我们可以利用聚集诱导发光的特性来设计荧光开启的铅离子传感器。我们可通过增强分子或纳米材料的水溶性来降低背景，提高检测灵敏度。利用固态发光的优势，聚集诱导发光材料可直接制成试纸，用于环境中和水样中的铅离子现场和实时检测，具有广阔的应用前景。

2.9 镉离子检测

近年来，随着社会、经济的快速发展，环境中的重金属污染问题受到了越来越多的关注。金属镉在工业上大多用作防腐材料，保护其他金属免受腐蚀和锈损，如电镀钢。此外，硫化镉或硒化镉是塑料制品中常用的颜料。镉化合物还应用在电池、电子元件甚至核反应堆中[232]。与前文提到的铅相似，镉也是一类有毒且有致癌性的金属[233]。由于无法被生物体降解，镉在水源及生物链中的累积同样导致了严重的环境污染和公共健康问题。因此，世界卫生组织（World Health Organization，WHO）和美国环境保护署对饮用水中的镉含量都有着相对严格的规定。对于人体而言，镉元素的主要暴露源包括吸烟、食品和含镉灰尘的吸入。此外，镉的高暴露水平与心血管疾病、肺炎、肺气肿以及癌症的患病风险息息相关[234]。综上所述，设计开发高效灵敏的镉离子（Cd^{2+}）检测方法对于环境保护、人类健康和生态建设是十分有必要的。

常见的镉检测分析方法包括原子吸收光谱法[235]、电感耦合等离子体质谱法[236]、离子色谱法[237]、电化学法[238, 239]以及光学探针[240-242]。除了光学检测法，其他方法由于需要利用大型昂贵的仪器设备，且要求繁复、大量的样品制备，已较少见于常规的环境测试中。光学检测法包括荧光变化法和荧光比色法，是相较之下最为方便、简单的检测方法之一。由于其较高的信噪比、优异的检测灵敏度、高选择性和较低的检测限度，光学探针在实际检测中具有巨大的应用潜力。目前，大部分用于金属离子检测的荧光探针是基于有机发光体与离子的配位结合或者被离子介导的分解所导致的荧光增强或猝灭。然而，传统的有机发光分子在水相溶液中具有聚集导致荧光猝灭（ACQ）的性质，这极有可能会对检测过程产生强烈的干扰[243]。因此，设计合成具有 AIE 特性的金属离子检测探针成为最近十年来的研究热点。此外，锌离子（Zn^{2+}）是地球上最丰富的过渡金属离子，其理化性质与 Cd^{2+} 相似[244]，因而对于 Cd^{2+} 检测的另一难关便是如何避免 Zn^{2+} 的干扰。此节主要集中介绍用于环境中镉检测的 AIE 荧光探针的设计和应用。

2.9.1 AIE 小分子络合法

AIE 小分子络合法的机理是通过 AIE 有机小分子直接与镉离子发生配合反

应，形成金属-有机配合物，进而实现分子内旋转受限，诱导荧光团聚集发光。Li 等报道了含双羧基的 AIE 分子 **162** 用于 Cd^{2+} 的检测[245][图 2.64（a）]。研究发现，该分子具有良好的水溶性，因而在水相溶液中不易聚集而荧光猝灭。而在 Cd^{2+} 存在的条件下，由于羧酸与 Cd^{2+} 反应生成 **162**-Cd 配位聚合物进而限制了其分子内旋转，实现荧光"点亮"。**162** 展现了对 Cd^{2+} 检测的优异选择性[图 2.64（b）]，线性检测范围为 $0.0\sim9.0$ μmol/L，检测限为 0.88 μmol/L。

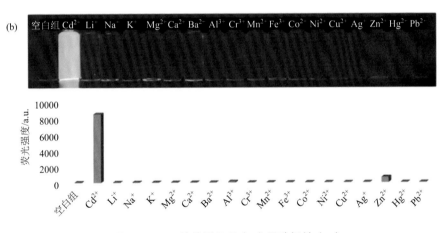

图 2.64　**162** 的检测机理（a）及选择性（b）

相似的检测机理也被应用于 AIE Cd probe 2[246]。**163** 是一个含有双咪唑的 Y 形有机发光团 [图 2.65（a）]，与 **162** 不同的是，**163** 本身在水相溶液中能聚集发光。为了实现最佳的检测效果，Li 等将其应用条件限定在乙腈/水（2∶8，V/V）的共溶剂体系中。在乙腈/水（2∶8，V/V）体系中，**163** 本身几乎不发光，而当与 Cd^{2+} 结合后，荧光增强了大约 20 倍。扫描电子显微镜照片[图 2.65（b）]显示，**163** 与 Cd^{2+} 反应形成了纳米纤维，印证了聚合物形成限制了分子内旋转诱导发光这一假说。**163** 对 Cd^{2+} 的检测同样具有优异的选择性。

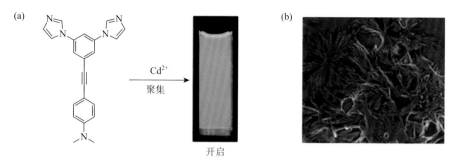

图 2.65　163 对 Cd²⁺的点亮效果（a）和反应形成的纳米纤维（b）

另外，Zhang 等报道了合成含三氮唑和环糊精的 TPE 探针 **164** 用于 Cd²⁺检测（图 2.66）[247]。与 **162** 和 **163** 不同的是，**164** 对 Cd²⁺的检测机理是基于三氮唑和环糊精对于 Cd²⁺的共同螯合作用而非生成金属-有机配合高分子。**164** 的应用条件是二甲基亚砜/水（1 : 1，V/V），线性检测范围是 0.2～2.0 μmol/L，检测限是 0.01 μmol/L。

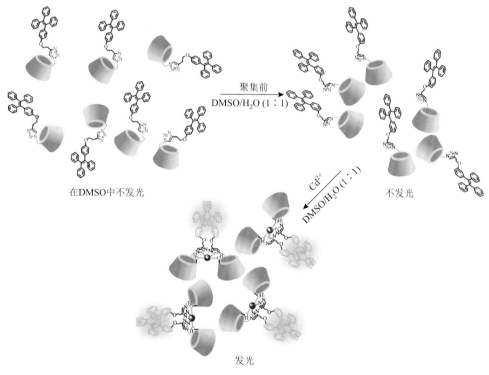

图 2.66　164 用于 Cd²⁺检测

除了上述三种探针，Lin 等[248]和 Qian 等[249]也开发了一系列的用于 Cd²⁺检测的 AIE 小分子。这类小分子均表现出优良的灵敏度和选择性，不仅在常规的现场检测中有广阔的应用前景，还被应用在活细胞内的离子检测、生物成像等方面。

2.9.2 荧光有机纳米颗粒

近年来，荧光有机纳米颗粒（fluorescent organic nanoparticles，FONs）由于其便于调控的光学性质、良好的生物兼容性等优点在传感器及成像方面引起了许多研究人员的关注。荧光有机纳米颗粒最为突出的优点在于，通过改变纳米颗粒的形成条件，能使其光学性质在一定程度上得到优化（较大的斯托克斯位移、发射波长红移等），从而在实际应用中达到更佳的效果。Aguilar 等报道制备了同一类聚集诱导荧光增强的荧光有机纳米颗粒 **165**（图 2.67）用于 Cd^{2+} 的检测[250]。**165** 的粒径大小在 36 nm 左右，分散于水相溶液中形成均质稳定的悬浮液。当加入 Cd^{2+} 后，纳米颗粒与其结合引发聚集，导致了荧光增强。进一步研究表明，该纳米颗粒对 Cd^{2+} 检测的选择性良好，与 Cd^{2+} 的结合常数高达 1.38×10^{14} L/mol。在后续的实验中，**165** 还被用于检测烟草中的镉含量。同样的检测机理也出现于 Mahajan 等的报道中[251]。

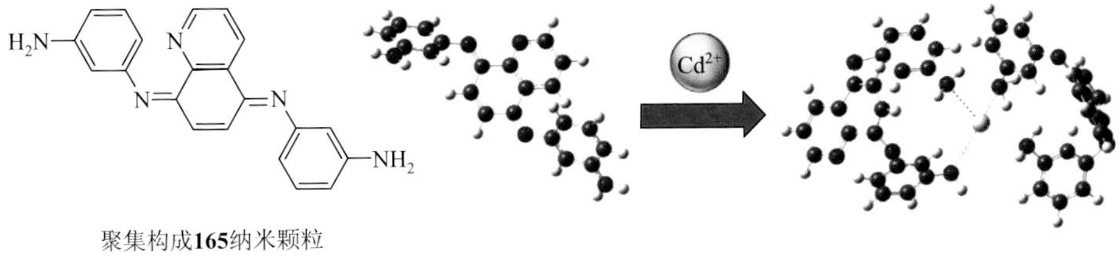

聚集构成**165**纳米颗粒

图 2.67 **165** 的分子结构及检测机理

2.9.3 量子点

量子点（quantum dots，QDs），一类具有三维结构的电子或空穴半导体纳米颗粒，由于其较宽的激发光谱、优越的量子产率、较大的斯托克斯位移以及较高的化学稳定性和光稳定性，在近年来的研究中也引起了各方面的关注。Wei 等利用 Zn-Ag-In-S（ZAIS）量子点，以半胱氨酸为配体，制备了一类基于 AIEE 的 Cd^{2+} 探针 **165**[252]。这一类量子点具有易于制备[图 2.68（a）]、成本低、选择性优良及灵敏度高等优点，并且成功应用于水样 Cd^{2+} 含量的检测，其检测机理为 Cd^{2+} 与游离巯基的结合作用[图 2.68（b）]诱导荧光发射增强。实验数据给出 **166** 的线性检测范围为 2～25 mmol/L，检测限为 1.56 μmol/L。

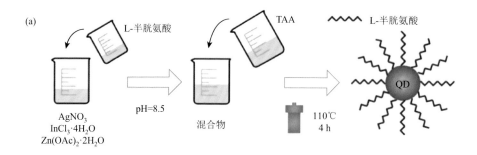

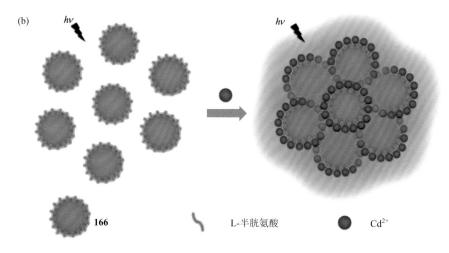

图 2.68　166 的制备方法（a）和对 Cd²⁺的检测机理（b）

TAA：硫代乙酰胺

2.9.4　金属-有机配位聚合物

荧光金属-有机配位聚合物（metal-organic coordination polymers，MOCP）由于其可调控的光学特性、强荧光发射以及优越的稳定性，近年来逐步开始应用于金属离子检测中。He 等报道了一类由锶离子（Sr²⁺）及两类弱荧光的配体构筑的MOCP 用于痕量 Cd²⁺的检测[253]。晶体衍射数据显示，这类高分子由于其类螺旋桨的构型，很大程度上抑制了分子内 π-π 相互作用，因而具有 AIE 的性质。在水相溶液中，这类 MOCP 较低的溶解度导致了聚集发光；而在 Cd²⁺存在的条件下，含 N 活性位点与 Cd²⁺之间的相互作用可以显著干扰配体的电子结构，进而引起了高分子构型框架的变化，AIE 的性质受到了破坏，导致荧光猝灭（图 2.69）。研究还发现，简单地使用乙醇或者去离子水进行反复清洗后，这类 MOCP 还能可逆地多次用于 Cd²⁺的检测，其检测限为 1 nmol/L。

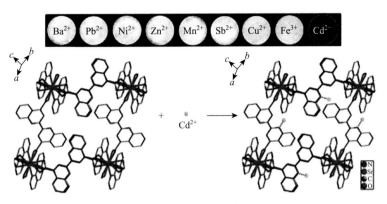

图 2.69 MOCP 用于 Cd^{2+} 的检测

2.10 小结与展望

在这一章中，我们列举了 AIE 在检测金属离子中的应用，侧重介绍了环境中与人类健康密切相关的铝、铁、汞、银、铜、锌、铅、镉等八种金属离子的检测。作为新型化学传感荧光探针，目前已开发的 AIE 荧光试剂具有高信噪比、高灵敏度和快速简便等优点。其响应基本原理是通过分子内旋转受限（RIR）机制，引发 AIE 效应，这些可以通过结合待分析物或者通过各种相互作用改变探针的溶解性来实现。通过 AIE 荧光团和目标配位能达到更好的选择性，特别是点亮型 AIE 探针，已经具备很好的使用价值和应用前景。

毫无疑问，AIE 荧光探针将会在环境保护领域获得广泛应用。值得注意的是，随着 AIE 荧光团的材料、探针设计的持续进步，它们将成为实现先进的化学传感的有力工具。另外，虽然 AIE 荧光探针在其他光电领域的应用研究起步较晚，但是凭借 AIE 的固有属性和优势（尤其是高效的聚集态发光效率），在不久的将来，必将取得不断发展和突破。

（刘　派　蔡政旭　佟　斌　董宇平　章守祥　丁锶杨　洪煜柠　梅　菊）

参 考 文 献

[1] Birks J B. Photophysics of Aromatic Molecules. London：Wiley，1970.

[2] Taylor P N，O'Connell M J，McNeill L A, et al. Insulated molecular wires: synthesis of conjugated polyrotaxanes by suzuki coupling in water. Angewandte Chemie International Edition，2000，39：3456-3460.

[3] Luo J D，Xie Z L，Lam J W Y，et al. Aggregation-induced emission of 1-methyl-1, 2, 3, 4, 5-pentaphenylsilole. Chemical Communications，2001，（18）：1740-1741.

[4] Lim X Z. The nanolight revolution is coming. Nature，2016，531：26-28.

[5] Chen J W，Law C C W，Lam J W Y，et al. Synthesis，light emission，nanoaggregation，and restricted intramolecular rotation of 1, 1-substituted 2, 3, 4, 5-tetraphenylsiloles. Chemistry of Materials，2003，15：1535-1546.

[6] Yin G Q，Wang H，Wang X Q，et al. Self-assembly of emissive supramolecular rosettes with increasing complexity using multitopic terpyridine ligands. Nature Communications，2018，9：567.

[7] Dong Y Q，Lam J W Y，Qin A J，et al. Switching the light emission of（4-biphenylyl）phenyldibenzofulvene by morphological modulation：crystallization-induced emission enhancement. Chemical Communications，2007，（1）：40-42.

[8] Martinez-Abadia M，Gimenez R，Ros M B. Self-assembled α-cyanostilbenes for advanced functional materials. Advanced Materials，2018，30：1704161.

[9] Naito H，Nishino K，Morisaki Y，et al. Solid-state emission of the anthracene-o-carborane dyad from the twisted-intramolecular charge transfer in the crystalline state. Angewandte Chemie International Edition，2017，56：254-259.

[10] Ning Z J，Chen Z，Zhang Q，et al. Aggregation-induced emission（AIE）-active starburst triarylamine fluorophores as potential non-doped red emitters for organic light-emitting diodes and Cl_2 gas chemodosimeter. Advanced Functional Materials，2007，17：3799-3807.

[11] Shi B B，Jie K C，Zhou Y J，et al. Nanoparticles with near-infrared emission enhanced by pillararene-based molecular recognition in water. Journal of the American Chemical Society，2016，138：80-83.

[12] Lu H G，Zheng Y A，Zhao X W，et al. Highly efficient far red/near-infrared solid fluorophores：aggregation-induced emission，intramolecular charge transfer，twisted molecular conformation，and bioimaging applications. Angewandte Chemie International Edition，2016，55：155-159.

[13] Carrara S，Aliprandi A，Hogan C F，et al. Aggregation-induced electrochemiluminescence of platinum（II）complexes. Journal of the American Chemical Society，2017，139：14605-14610.

[14] Yao L，Zhang S T，Wang R，et al. Highly efficient near-infrared organic light-emitting diode based on a butterfly-shaped donor-acceptor chromophore with strong solid-state fluorescence and a large proportion of radiative excitons. Angewandte Chemie International Edition，2014，53：2119-2123.

[15] Furue R，Nishimoto T，Park I S，et al. Aggregation-induced delayed fluorescence based on donor/acceptor-tethered Janus carborane triads：unique photophysical properties of nondoped OLEDs. Angewandte Chemie International Edition，2016，55：7171-7175.

[16] Yu L，Wu Z B，Xie G H，et al. Molecular design to regulate the photophysical properties of multifunctional TADF emitters towards high-performance TADF-based OLEDs with EQEs up to 22.4% and small efficiency roll-offs. Chemical Science，2018，9：1385-1391.

[17] Wang X R，Hu J M，Zhang G Y，et al. Highly selective fluorogenic multianalyte biosensors constructed via enzyme-catalyzed coupling and aggregation-induced emission. Journal of the American Chemical Society，2014，136：9890-9893.

[18] Liu P，Li W Y，Guo S，et al. Application of a novel "turn-on" fluorescent material to the detection of aluminum ion in blood serum. ACS Applied Materials & Interfaces，2018，10：23667-23673.

[19] Ren Y S，Xie S，Grape E S，et al. Multistimuli-responsive enaminitrile molecular switches displaying H^+-induced aggregate emission，metal ion-induced turn-on fluorescence，and organogelation properties. Journal of the American Chemical Society，2018，140：13640-13643.

[20] Yang J，Gao X M，Xie Z L，et al. Elucidating the excited state of mechanoluminescence in organic luminogens with room-temperature phosphorescence. Angewandte Chemie International Edition，2017，56：15299-15303.

[21] Mei J，Leung N L，Kwok R T K，et al. Aggregation-induced emission：together we shine，united we soar！Chemical Reviews，2015，115：11718-11940.

[22] Neupane L N，Mehta P K，Oh S，et al. Ratiometric red-emission fluorescence detection of Al^{3+} in pure aqueous solution and live cells by a fluorescent peptidyl probe using aggregation-induced emission. Analyst，2018，143（21）：5285-5294.

[23] Li Q，Wu X，Huang X，et al. Tailoring the fluorescence of AIE-active metal-organic frameworks for aqueous sensing of metal ions. ACS Applied Materials & Interfaces，2018，10（4）：3801-3809.

[24] Neupane L N，Hwang G W，Lee K H. Tuning of the selectivity of fluorescent peptidyl bioprobe using aggregation induced emission for heavy metal ions by buffering agents in 100% aqueous solutions. Biosensors and Bioelectronics，2017，92：179-185.

[25] Gui S，Huang Y，Hu F，et al. Fluorescence turn-on chemosensor for highly selective and sensitive detection and bioimaging of Al^{3+} in living cells based on ion-induced aggregation. Analytical Chemistry，2015，87（3）：1470-1474.

[26] Samanta S，Goswami S，Hoque M N，et al. An aggregation-induced emission（AIE）active probe renders Al（III）sensing and tracking of subsequent interaction with DNA. Chemical Communications，2014，50（80）：11833-11836.

[27] Han T，Feng X，Tong B，et al. A novel "turn-on" fluorescent chemosensor for the selective detection of Al^{3+} based on aggregation-induced emission. Chemical Communications，2012，48（3）：416-418.

[28] Ao H，Feng H，Li K，et al. Coordinate bonding-induced emission of gold-glutathione complex for sensitive detection of aluminum species. Sensors and Actuators B：Chemical，2018，272：1-7.

[29] Hwang G W，Jeon J，Neupane L N，et al. Sensitive ratiometric detection of Al(III) ions in a 100% aqueous buffered solution using a fluorescent probe based on a peptide receptor. New Journal of Chemistry，2018，42（2）：1437-1445.

[30] Lu H，Xu B，Dong Y，et al. Novel fluorescent pH sensors and a biological probe based on anthracene derivatives with aggregation-induced emission characteristics. Langmuir，2010，26（9）：6838-6844.

[31] Wang C X，Wu B，Zhou W，et al. Turn-on fluorescent probe-encapsulated micelle as colloidally stable nano-chemosensor for highly selective detection of Al^{3+} in aqueous solution and living cell imaging. Sensors and Actuators B：Chemical，2018，271：225-238.

[32] Wu Y，Wen X，Fan Z. Selective and sensitive fluorescence probe for detection of Al^{3+} in food samples based on aggregation-induced emission and its application for live cell imaging. Food Analytical Methods，2019，12（8）：1736-1746.

[33] Shellaiah M，Simon T，Srinivasadesikan V，et al. Novel pyrene containing monomeric and dimeric supramolecular AIEE active nano-probes utilized in selective "off-on" trivalent metal and highly acidic pH sensing with live cell applications. Journal of Materials Chemistry C，2016，4（10）：2056-2071.

[34] Wang F，Zeng X，Zhao X，et al. A fluorescent light-up probe for specific detection of Al^{3+} with aggregation-induced emission characteristic and self-assembly behavior. Journal of Luminescence，2019，208：302-306.

[35] Liao Z，Liu Y，Han S F，et al. A novel acylhydrazone-based derivative as dual-mode chemosensor for Al^{3+}，Zn^{2+} and Fe^{3+} and its applications in cell imaging. Sensors and Actuators B：Chemical，2017，244：914-921.

[36] Liu P，Li W，Guo S，et al. Application of a novel "turn-on" fluorescent material to the detection of aluminum ion in blood serum. ACS Applied Materials & Interfaces，2018，10（28）：23667-23673.

[37] Ruan Y B，Depauw A，Leray I. Aggregation-induced emission enhancement upon Al^{3+} complexation with a tetrasulfonated calix[4]bisazacrown fluorescent molecular sensor. Organic and Biomolecular Chemistry，2014，12（25）：4335-4341.

[38] Hiremath S D，Gawas R U，Mascarenhas S C，et al. A water-soluble AIE-gen for organic-solvent-free detection and wash-free imaging of Al^{3+} ions and subsequent sensing of F^- ions and DNA tracking. New Journal of Chemistry，2019，43（13）：5219-5227.

[39] Shi X Y，Wang H，Han T，et al. A highly sensitive，single selective，real-time and "turn-on" fluorescent sensor for Al^{3+} detection in aqueous media. Journal of Materials Chemistry，2012，22（36）：19296-19303.

[40] Liu X，Shao C，Chen T，et al. Stable silver nanoclusters with aggregation-induced emission enhancement for detection of aluminum ion. Sensors and Actuators B：Chemical，2019，278：181-189.

[41] Singh A，Singh R，Shellaiah M，et al. A new pyrene-based aggregation induced ratiometric emission probe for selective detections of trivalent metal ions and its living cell application. Sensors and Actuators B：Chemical，2015，207：338-345.

[42] Wang Q，Wen X，Fan Z. A Schiff base fluorescent chemsensor for the double detection of Al^{3+} and PPi through aggregation induced emission in environmental physiology. Journal of Photochemistry and Photobiology A：Chemistry，2018，358：92-99.

[43] Saini A K，Natarajan K，Mobin S M. A new multitalented azine ligand：elastic bending，single-crystal-to-single-crystal transformation and a fluorescence turn-on Al(III) sensor. Chemical Communications，2017，53（71）：9870-9873.

[44] Shyamal M，Mazumdar P，Maity S，et al. Pyrene scaffold as real-time fluorescent turn-on chemosensor for selective detection of trace-level Al (III) and its aggregation-induced emission enhancement. Journal of Physical Chemistry A，2016，120（2）：210-220.

[45] Santhiya K，Sen S K，Natarajan R，et al. D-A-D structured bis-acylhydrazone exhibiting aggregation-induced emission，mechanochromic luminescence，and Al(III) detection. Journal of Organic Chemistry，2018，83（18）：10770-10775.

[46] Kachwal V，Vamsi K I S，Fageria L，et al. Exploring the hidden potential of a benzothiazole-based Schiff-base exhibiting AIE and ESIPT and its activity in pH sensing，intracellular imaging and ultrasensitive & selective detection of aluminium（Al^{3+}）. Analyst，2018，143（15）：3741-3748.

[47] Kumar G，Paul K，Luxami V. Aggregation induced emission-excited state intramolecular proton transfer based "off-on" fluorescent sensor for Al^{3+} ions in liquid and solid state. Sensors and Actuators B：Chemical，2018，263：585-593.

[48] Tomalia D A，Klajnert M B，Johnson K A M，et al. Non-traditional intrinsic luminescence：inexplicable blue fluorescence observed for dendrimers，macromolecules and small molecular structures lacking traditional/conventional luminophores. Progress in Polymer Science，2019，90：35-117.

[49] Guo X，Yue G，Huang J，et al. Label-free simultaneous analysis of Fe(III) and ascorbic acid using fluorescence switching of ultrathin graphitic carbon nitride nanosheets. ACS Applied Materials & Interfaces，2018，10（31）：26118-26127.

[50] Zhao Y，Ouyang H，Feng S，et al. Rapid and selective detection of Fe(III) by using a smartphone-based device as

a portable detector and hydroxyl functionalized metal-organic frameworks as the fluorescence probe. Analytica Chimica Acta, 2019, 1077: 160-166.

[51] Lee S, Jang H, Lee J, et al. Selective and sensitive morpholine-type rhodamine B-based colorimetric and fluorescent chemosensor for Fe(III) and Fe(II). Sensors and Actuators B: Chemical, 2017, 248: 646-656.

[52] Chereddy N R, Raju M V N, Reddy B M, et al. A TBET based BODIPY-rhodamine dyad for the ratiometric detection of trivalent metal ions and its application in live cell imaging. Sensors and Actuators B: Chemical, 2016, 237: 605-612.

[53] Wang Y, Lao S, Ding W, et al. A novel ratiometric fluorescent probe for detection of iron ions and zinc ions based on dual-emission carbon dots. Sensors and Actuators B: Chemical, 2019, 284: 186-192.

[54] Şenol A M, Onganer Y, Meral K. An unusual "off-on" fluorescence sensor for iron(III) detection based on fluorescein-reduced graphene oxide functionalized with polyethyleneimine. Sensors and Actuators B: Chemical, 2017, 239: 343-351.

[55] Feng X, Li Y, He X, et al. A substitution-dependent light-up fluorescence probe for selectively detecting Fe^{3+} ions and its cell imaging application. Advanced Functional Materials, 2018, 28 (35): 1802833-1802841.

[56] Padghan D, Puyad S L, Bhosale A S, et al. Pyrene based fluorescent turn-on chemosensor: aggregation-induced emission enhancement and application towards Fe^{3+} and Fe^{2+} recognition. Photochemical and Photobiological Sciences, 2017, 16: 1591-1595.

[57] Han C, Huang T, Liu Q, et al. Design and synthesis of a highly sensitive "turn-on" fluorescent organic nanoprobe for iron(III) detection and imaging. Journal of Materials Chemistry C, 2014, 2 (43): 9077-9082.

[58] Lim B, Baek B, Jang K, et al. Novel turn-on fluorescent biosensors for selective detection of cellular Fe^{3+} in lysosomes: thiophene as a selectivity-tuning handle for Fe^{3+} sensors. Dyes and Pigments, 2019, 169: 51-59.

[59] Yang Y, Wang X, Cui Q, et al. Self-assembly of fluorescent organic nanoparticles for iron(III) sensing and cellular imaging. ACS Applied Materials & Interfaces, 2016, 8 (11): 7440-7448.

[60] Shukla T, Dwivedi A K, Arumugaperumal R, et al. Host-guest interaction of rotaxane assembly through selective detection of ferric ion: insight into hemin sensing and switching with sodium ascorbate. Dyes and Pigments, 2016, 131: 49-59.

[61] Yang D, Li F, Luo Z, et al. Conjugated polymer nanoparticles with aggregation induced emission characteristics for intracellular Fe^{3+} sensing. Journal of Polymer Science Part A: Polymer Chemistry, 2016, 54 (12): 1686-1693.

[62] Ye J H, Liu J, Wang Z, et al. A new Fe^{3+} fluorescent chemosensor based on aggregation-induced emission. Tetrahedron Letters, 2014, 55 (27): 3688-3692.

[63] Mu X, Qi L, Dong P, et al. Facile one-pot synthesis of L-proline-stabilized fluorescent gold nanoclusters and its application as sensing probes for serum iron. Biosensors & Bioelectronics, 2013, 49: 249-255.

[64] Wang H, Ye X, Zhou J. Self-assembly fluorescent cationic cellulose nanocomplex via electrostatic interaction for the detection of Fe^{3+} ions. Nanomaterials, 2019, 9 (2): 279.

[65] Yang X, Chen X, Lu X, et al. A highly selective and sensitive fluorescent chemosensor for detection of CN^-, SO_3^{2-} and Fe^{3+} based on aggregation-induced emission. Journal of Materials Chemistry C, 2016, 4 (2): 383-390.

[66] Bian N, Chen Q, Qiu X L, et al. Imidazole-bearing tetraphenylethylene: fluorescent probe for metal ions based on AIE feature. New Journal of Chemistry, 2011, 35 (8): 1667-1671.

[67] Wang X, Wang H, Feng S. A novel thiophene functionalized silicon-cored compounds: aggregation-induced emission enhancement and aqueous fluorogenic Fe^{3+} probes in bovine serum albumin. Sensors and Actuators B:

Chemical，2017，241：65-72.

[68] Wang K，Lu H，Liu B，et al. A high-efficiency and low-cost AEE polyurethane chemo-sensor for Fe^{3+} and explosives detection. Tetrahedron Letters，2018，59（47）：4191-4195.

[69] 李玉锋，商立海，赵甲亭，等. 汞的环境生物无机化学. 北京：科学出版社，2018.

[70] 张正洁，陈刚，李宝磊，等. 含汞废物特性分析与处理处置. 北京：化学工业出版社，2018.

[71] Zhang H，Qu Y，Gao Y，et al. A red fluorescent 'turn-on' chemosensor for Hg^{2+} based on triphenylamine-triazines derivatives with aggregation-induced emission characteristics. Tetrahedron Letters，2013，54（8）：909-912.

[72] Li Y，Zhou H，Chen W，et al. A simple AIE-based chemosensor for highly sensitive and selective detection of Hg^{2+} and CN^-. Tetrahedron，2016，72（36）：5620-5625.

[73] Ma K，Li X，Xu B，et al. A sensitive and selective "turn-on" fluorescent probe for Hg^{2+} based on thymine-Hg^{2+}-thymine complex with an aggregation-induced emission feature. Analytical Methods，2014，6（7）：2338-2342.

[74] Zhou H，Mei J，Chen Y A，et al. Phenazine-based ratiometric Hg^{2+} probes with well-resolved dual emissions：a new sensing mechanism by vibration-induced emission（VIE）. Small，2016，12（47）：6542-6546.

[75] Li Y，Liu Y，Zhou H，et al. Ratiometric Hg^{2+}/Ag^+ probes with orange red-white-blue fluorescence response constructed by integrating vibration-induced emission with an aggregation-induced emission motif. Chemistry-A European Journal，2017，23（39）：9280-9287.

[76] Sun X，Shi W，Ma F，et al. Thymine-covalently decorated，AIEE-type conjugated polymer as fluorescence turn-on probe for aqueous Hg^{2+}. Sensors and Actuators B：Chemical，2014，198：395-401.

[77] Ou X，Lou X，Xia F. A highly sensitive DNA-AIEgen-based "turn-on" fluorescence chemosensor for amplification analysis of Hg^{2+} ions in real samples and living cells. Science China Chemistry，2017，60（5）：663-669.

[78] Xu J P，Song Z G，Fang Y，et al. Label-free fluorescence detection of mercury（Ⅱ）and glutathione based on Hg^{2+}-DNA complexes stimulating aggregation-induced emission of a tetraphenylethene derivative. Analyst，2010，135（11）：3002-3007.

[79] Cheng H B，Li Z，Huang Y D，et al. Pillararene-based aggregation-induced-emission active supramolecular system for simultaneous detection and removal of mercury（Ⅱ）in water. ACS Applied Materials & Interfaces，2017，9（13）：11889-11894.

[80] Shi W，Zhao S，Su Y，et al. Barbituric acid-triphenylamine adduct as an AIEE-type molecule and optical probe for mercury（Ⅱ）. New Journal of Chemistry，2016，40（9）：7814-7820.

[81] Kala K，Manoj N. A carbazole based "Turn on" fluorescent sensor for selective detection of Hg^{2+} in an aqueous medium. RSC Advances，2016，6（27）：22615-22619.

[82] Peng H Q，Zheng X，Han T，et al. Dramatic differences in aggregation-induced emission and supramolecular polymerizability of tetraphenylethene-based stereoisomers. Journal of the American Chemical Society，2017，139（29）：10150-10156.

[83] Tang A，Chen Z，Deng D，et al. Aggregation-induced emission enhancement（AIEE）-active tetraphenylethene（TPE）-based chemosensor for Hg^{2+} with solvatochromism and cell imaging characteristics. RSC Advances，2019，9（21）：11865-11869.

[84] Gupta S，Milton M D. Synthesis of novel AIEE active pyridopyrazines and their applications as chromogenic and fluorogenic probes for Hg^{2+} detection in aqueous media. New Journal of Chemistry，2018，42（4）：2838-2849.

[85]　Mazumdar P，Das D，Sahoo G P，et al. Aggregation induced emission enhancement from Bathophenanthroline microstructures and its potential use as sensor of mercury ions in water. PhysChemChemPhys，2014，16（13）：6283-6293.

[86]　Huang G，Zhang G，Zhang D. Turn-on of the fluorescence of tetra（4-pyridylphenyl）ethylene by the synergistic interactions of mercury（Ⅱ）cation and hydrogen sulfate anion. Chemical Communications，2012，48（60）：7504-7506.

[87]　Zhou H，Sun L，Chen W，et al. Phenazine-based colorimetric and fluorometric probes for rapid recognizing of Hg^{2+} with high sensitivity and selectivity. Tetrahedron，2016，72（18）：2300-2305.

[88]　Yuan B，Wang D X，Zhu L N，et al. Dinuclear Hg（Ⅱ）tetracarbene complex-triggered aggregation- induced emission for rapid and selective sensing of Hg^{2+} and organomercury species. Chemical Science，2019，10（15）：4220-4226.

[89]　Salini P S，Thomas A P，Sabarinathan R，et al. Calix[2]-m-benzo[4]phyrin with aggregation-induced enhanced-emission characteristics：application as a Hg（Ⅱ）chemosensor. Chemistry：A European Journal，2011，17（24）：6598-6601.

[90]　Wei G，Jiang Y，Wang F. A new click reaction generated AIE-active polymer sensor for Hg^{2+} detection in aqueous solution. Tetrahedron Letters，2018，59（15）：1476-1479.

[91]　Un H I，Huang C B，Huang C，et al. A versatile fluorescent dye based on naphthalimide：highly selective detection of Hg^{2+} in aqueous solution and living cells and its aggregation-induced emission behaviour. Organic Chemistry Frontiers，2014，1（9）：1083-1090.

[92]　Singh P K，Prabhune A，Ogale S. Pulsed laser-driven molecular self-assembly of cephalexin：aggregation-induced fluorescence and its utility as a mercury ion sensor. Photochemistry and Photobiology，2015，91（6）：1340-1347.

[93]　Zhang G，Ding A，Zhang Y，et al. Schiff base modified α-cyanostilbene derivative with aggregation-induced emission enhancement characteristics for Hg^{2+} detection. Sensors and Actuators B：Chemical，2014，202：209-216.

[94]　Wen X，Fan Z. A novel 'turn-on' fluorescence probe with aggregation-induced emission for the selective detection and bioimaging of Hg^{2+} in live cells. Sensors and Actuators B：Chemical，2017，247：655-663.

[95]　Bhalla V，Kaur S，Vij V，et al. Mercury-modulated supramolecular assembly of a hexaphenylbenzene derivative for selective detection of picric acid. Inorganic Chemistry，2013，52（9）：4860-4865.

[96]　Pramanik S，Bhalla V，Kumar M. Mercury assisted fluorescent supramolecular assembly of hexaphenylbenzene derivative for femtogram detection of picric acid. Analytica Chimica Acta，2013，793：99-106.

[97]　Fang W，Zhang G，Chen J，et al. An AIE active probe for specific sensing of Hg^{2+} based on linear conjugated bis-Schiff base. Sensors and Actuators B：Chemical，2016，229：338-346.

[98]　Wu Y，Wen X，Fan Z. An AIE active pyrene based fluorescent probe for selective sensing Hg^{2+} and imaging in live cells. Spectrochimica Acta Part A：Molecular and Biomolecular Spectroscopy，2019，223：117315.

[99]　Wang K，Li J，Ji S，et al. Fluorescence probes based on AIE luminogen：application for sensing Hg^{2+} in aqueous media and cellular imaging. New Journal of Chemistry，2018，42（16）：13836-13846.

[100]　Sivamani J，Sadhasivam V，Siva A. Aldoxime based biphenyl-azo derivative for self-assembly，chemosensor（Hg^{2+}/F^-）and bioimaging studies. Sensors and Actuators B：Chemical，2017，246：108-117.

[101]　Wu Z L，Shi D，Huang L，et al. Highly selective and sensitive turn-on fluorescent probes for sensing Hg^{2+} ions in mixed aqueous solution. Sensors and Actuators B：Chemical，2019，281：311-319.

[102]　Shyamal M，Maity S，Maity A，et al. Aggregation induced emission based "turn-off" fluorescent chemosensor

for selective and swift sensing of mercury（Ⅱ）ions in water. Sensors & Actuators B：Chemical，2018，263：347-359.

[103] Zhang G，Zhang X，Zhang Y，et al. Design of turn-on fluorescent probe for effective detection of Hg^{2+} by combination of AIEE-active fluorophore and binding site. Sensors and Actuators B：Chemical，2015，221：730-739.

[104] Wang A，Fan R，Zhou Y，et al. Multiple-color aggregation-induced emission-based Schiff base sensors for ultrafast dual recognition of Hg^{2+} and pH integrating Boolean logic operations. Journal of Coordination Chemistry，2019，72（1）：102-118.

[105] Wang Y，Mao P D，Wu W N，et al. New pyrrole-based single-molecule multianalyte sensor for Cu^{2+}，Zn^{2+}，and Hg^{2+} and its AIE activity. Sensors and Actuators B：Chemical，2018，255：3085-3092.

[106] Sarkar S，Roy S，Saha R N，et al. Thiophene appended dual fluorescent sensor for detection of Hg^{2+} and cysteamine. Journal of Fluorescence，2018，28（1）：427-437.

[107] Ma J，Zeng Y，Yan L，et al. A novel Hg^{2+} fluorescence sensor TPE-TSC based on aggregation-induced emission. Phosphorus，Sulfur，and Silicon and the Related Elements，2018，193（9）：582-586.

[108] Feng L，Shi W，Ma J，et al. A novel thiosemicarbazone Schiff base derivative with aggregation-induced emission enhancement characteristics and its application in Hg^{2+} detection. Sensors and Actuators B：Chemical，2016，237：563-569.

[109] Lin Q，Jiang X M，Ma X Q，et al. Novel bispillar[5]arene-based AIEgen and its' application in mercury（Ⅱ）detection. Sensors and Actuators B：Chemical，2018，272：139-145.

[110] Neupane L N，Oh E T，Park H J，et al. Selective and sensitive detection of heavy metal ions in 100% aqueous solution and cells with a fluorescence chemosensor based on peptide using aggregation-induced emission. Analytical Chemistry，2016，88（6）：3333-3340.

[111] Neupane L N，Hwang G W，Lee K H. Tuning of the selectivity of fluorescent peptidyl bioprobe using aggregation induced emission for heavy metal ions by buffering agents in 100% aqueous solutions. Biosensors and Bioelectronics，2017，92：179-185.

[112] Gui S，Huang Y，Hu F，et al. Bioinspired peptide for imaging Hg^{2+} distribution in living cells and zebrafish based on coordination-mediated supramolecular assembling. Analytical Chemistry，2018，90（16）：9708-9715.

[113] Neupane L N，Mehta P K，Kwon J U，et al. Selective red-emission detection for mercuric ions in aqueous solution and cells using a fluorescent probe based on an unnatural peptide receptor. Organic and Biomolecular Chemistry，2019，17（14）：3590-3598.

[114] Zhu J，Lu Q，Chen C，et al. One-step synthesis and self-assembly of a luminescent sponge-like network of gold nanoparticles with high absorption capacity. Journal of Materials Chemistry C，2017，5（28）：6917-6922.

[115] Yang J Y，Yang T，Wang X Y，et al. Mercury speciation with fluorescent gold nanocluster as a probe. Analytical Chemistry，2018，90（11）：6945-6951.

[116] Niu C，Liu Q，Shang Z，et al. Dual-emission fluorescent sensor based on AIE organic nanoparticles and Au nanoclusters for the detection of mercury and melamine. Nanoscale，2015，7（18）：8457-8465.

[117] Pan S，Liu W，Tang J，et al. Hydrophobicity-guided self-assembled particles of silver nanoclusters with aggregation-induced emission and their use in sensing and bioimaging. Journal of Materials Chemistry B，2018，6（23）：3927-3933.

[118] Zhang Y，Li X，Gao L，et al. Silole-infiltrated photonic crystal films as effective fluorescence sensor for Fe^{3+} and Hg^{2+}. ChemPhysChem，2014，15（3）：507-513.

[119] Zhao N，Lam J W，Sung H H，et al. Effect of the counterion on light emission：a displacement strategy to change the emission behaviour from aggregation-caused quenching to aggregation-induced emission and to construct sensitive fluorescent sensors for Hg^{2+} detection. Chemistry-A European Journal，2014，20（1）：133-138.

[120] Huang L，Li S，Ling X，et al. Dual detection of bioaccumulated Hg^{2+} based on luminescent bacteria and aggregation-induced emission. Chemical Communications，2019，55（52）：7458-7461.

[121] Mukherjee S，Thilagar P. Molecular flexibility tuned emission in "V" shaped naphthalimides：Hg（Ⅱ）detection and aggregation-induced emission enhancement（AIEE）. Chemical Communications，2013，49（66）：7292-7294.

[122] Ozturk S，Atilgan S. A tetraphenylethene based polarity dependent turn-on fluorescence strategy for selective and sensitive detection of Hg^{2+} in aqueous medium and in living cells. Tetrahedron Letters，2014，55（1）：70-73.

[123] Gao T，Huang X，Huang S，et al. Sensitive water-soluble fluorescent probe based on umpolung and aggregation-induced emission strategies for selective detection of Hg^{2+} in living cells and zebrafish. Journal of Agricultural and Food Chemistry，2019，67（8）：2377-2383.

[124] Ruan Z，Li C，Li J R，et al. A relay strategy for the mercury（Ⅱ）chemodosimeter with ultra-sensitivity as test strips. Scientific Reports，2015，5：15987.

[125] Ruan Z，Shan Y，Gong Y，et al. Novel AIE-active ratiometric fluorescent probes for mercury（Ⅱ）based on the Hg^{2+}-promoted deprotection of thioketal，and good mechanochromic properties. Journal of Materials Chemistry C，2018，6（4）：773-780.

[126] Shan Y，Yao W，Liang Z，et al. Reaction-based AIEE-active conjugated polymer as fluorescent turn on probe for mercury ions with good sensing performance. Dyes and Pigments，2018，156：1-7.

[127] 孙京府，钱鹰. 一种萘酰亚胺-罗丹明衍生物的合成、聚集诱导荧光增强及其双通道荧光探针性能. 有机化学，2016，36：151-157.

[128] Liu J，Qian Y. A novel naphthalimide-rhodamine dye：intramolecular fluorescence resonance energy transfer and ratiometric chemodosimeter for Hg^{2+} and Fe^{3+}. Dyes and Pigments，2017，136：782-790.

[129] Niu Y，Qian Y. Synthesis and aggregation-induced emission enhancement of naphthalimide-rhodamine dye. Journal of Photochemistry and Photobiology A：Chemistry，2016，329：88-95.

[130] Bhowmick R，Saleh Musha Islam A，Katarkar A，et al. Surfactant modulated aggregation induced enhancement of emission（AIEE）：a simple demonstration to maximize sensor activity. Analyst，2016，141（1）：225-235.

[131] Singh G，Reja S I，Bhalla V，et al. Hexaphenylbenzene appended AIEE active FRET based fluorescent probe for selective imaging of Hg^{2+} ions in MCF-7 cell lines. Sensors and Actuators B：Chemical，2017，249：311-320.

[132] Chen Y，Zhang W，Cai Y，et al. AIEgens for dark through-bond energy transfer：design，synthesis，theoretical study and application in ratiometric Hg^{2+} sensing. Chemical Science，2017，8（3）：2047-2055.

[133] Jiang Y，Chen Y，Alrashdi M，et al. Monitoring and quantification of the complex bioaccumulation process of mercury ion in algae by a novel aggregation-induced emission fluorogen. RSC Advances，2016，6（102）：100318-100325.

[134] Jiang Y，He T，Chen Y，et al. Quantitative evaluation and *in vivo* visualization of mercury ion bioaccumulation in rotifers by novel aggregation-induced emission fluorogen nanoparticles. Environmental Science：Nano，2017，4（11）：2186-2192.

[135] Jiang Y，Duan Q，Zheng G，et al. An ultra-sensitive and ratiometric fluorescent probe based on the DTBET process for Hg^{2+} detection and imaging applications. Analyst，2019，144（4）：1353-1360.

[136] Wang A，Yang Y，Yu F，et al. Switching the recognition preference of thiourea derivative by replacing Cu^{2+}：

spectroscopic characteristics of aggregation-induced emission and mechanism studies for recognition of Hg（Ⅱ）in aqueous solution. Analytical Methods，2015，7（6）：2839-2847.

[137] Chen J，Liu W，Wang Y，et al. Turn-on fluorescence sensor based on the aggregation of pyrazolo[3, 4-*b*] pyridine-based coumarin chromophores induced by Hg^{2+}. Tetrahedron Letters，2013，54（48）：6447-6449.

[138] Chatterjee A，Banerjee M，Khandare D G，et al. Aggregation-induced emission-based chemodosimeter approach for selective sensing and imaging of Hg(Ⅱ) and methylmercury species. Analytical Chemistry，2017，89（23）：12698-12704.

[139] Wang A，Yang Y，Yu F，et al. A highly selective and sensitive fluorescent probe for quantitative detection of Hg^{2+} based on aggregation-induced emission features. Talanta，2015，132：864-870.

[140] Alam P，Kaur G，Climent C，et al. New 'aggregation induced emission（AIE）' active cyclometalated iridium (III) based phosphorescent sensors：high sensitivity for mercury（Ⅱ）ions. Dalton Transactions，2014，43（43）：16431-16440.

[141] Zhang R X，Li P F，Zhang W J，et al. A highly sensitive fluorescent sensor with aggregation-induced emission characteristics for the detection of iodide and mercury ions in aqueous solution. Journal of Materials Chemistry C，2016，4（44）：10479-10485.

[142] 宁远陶，赵怀志. 银. 长沙：中南大学出版社，2005.

[143] EPA Drinking Water Criteria Document for Silver，EPA CASRN7440-7422-7444. Washington，DC：Environmental Protection Agency，1989：115.

[144] 薛光. 银的分析化学. 北京：科学出版社，1998.

[145] Ma K，Wang H，Li X，et al. Turn-on sensing for Ag$^+$ based on AIE-active fluorescent probe and cytosine-rich DNA. Analytical and Bioanalytical Chemistry，2015，407：2625-2630.

[146] Liu L，Zhang G，Xiang J，et al. Fluorescence "turn on" chemosensors for Ag$^+$ and Hg^{2+} based on tetraphenylethylene motif featuring adenine and thymine moieties. Organic Letters，2008，10：4581-4584.

[147] Li Y，Liu Y，Zhou H，et al. Ratiometric Hg^{2+}/Ag$^+$ probes with orange red-white-blue fluorescence response constructed by integrating vibration-induced emission with an aggregation-induced emission motif. Chemistry：A European Journal，2017，23（39）：9280-9287.

[148] Ye J H，Duan L，Yan C，et al. A new ratiometric Ag$^+$ fluorescent sensor based on aggregation-induced emission. Tetrahedron Letters，2012，53（5）：593-596.

[149] Lu Z，Liu Y，Lu S，et al. A highly selective TPE-based AIE fluorescent probe is developed for the detection of Ag$^+$. RSC Advancess，2018，8（35）：19701-19706.

[150] Bu F，Zhao B，Kan W，et al. A phenanthro[9, 10-d]imidazole-based AIE active fluorescence probe for sequential detection of Ag$^+$/AgNPs and SCN$^-$ in water and saliva samples and its application in living cells. Spectrochimica Acta Part A：Molecular and Biomolecular Spectroscopy，2019，223：117333.

[151] Gong T，Yang W，Zhang M，et al. Reversible ratiometric silver ion and pH probe constructed from a quinoline-containing diphenylsulfone derivative with AIEE effect. Journal of Materials Science，2018，53（19）：13900-13911.

[152] Wei G，Jiang Y，Wang F. A novel AIEE polymer sensor for detection of Hg^{2+} and Ag$^+$ in aqueous solution. Journal of Photochemistry and Photobiology A：Chemistry，2018，358：38-43.

[153] Shi W，Sun X，Zhao S，et al. *N*-Unsubstituted-1, 2, 3-triazole-tethered，AIEE type conjugated polymer as a ratiometric fluorescence probe for silver ions. New Journal of Chemistry，2015，39（11）：8552-8559.

[154] Shi W，Sun X，Chen X，et al. Diphenylphosphoryl-triazole- tethered，AIEE-type conjugated polymer as optical probe for silver ion in relatively high-water-fraction medium. Macromolecular Chemistry and Physics，2015，216（23）：2263-2269.

[155] Xie S，Wong A Y H，Kwok R T K，et al. Fluorogenic Ag+-tetrazolate aggregation enables efficient fluorescent biological silver staining. Angewandte Chemie International Edition，2018，57（20）：5750-5753.

[156] Yan N，Xie S，Tang B Z，et al. Real-time monitoring of the dissolution kinetics of silver nanoparticles and nanowires in aquatic environments using an aggregation-induced emission fluorogen. Chemical Communications，2018，54（36）：4585-4588.

[157] Chen S，Wang W，Yan M，et al. 2-Hydroxy benzothiazole modified rhodol：aggregation-induced emission and dual-channel fluorescence sensing of Hg^{2+} and Ag$^+$ ions. Sensors and Actuators B：Chemical，2018，255：2086-2094.

[158] Li Y，Yu H，Shao G，et al. A tetraphenylethylene-based "turn on" fluorescent sensor for the rapid detection of Ag$^+$ ions with high selectivity. Journal of Photochemistry and Photobiology A：Chemistry，2015，301：14-19.

[159] Abdelbar M F，El-Sheshtawy H S，Shoueir K R，et al. Halogen bond triggered aggregation induced emission in an iodinated cyanine dye for ultrasensitive detection of Ag nanoparticles in tap water and agricultural wastewater. RSC Advances，2018，8（43）：24617-24626.

[160] Li B，Wang X，Shen X，et al. Aggregation-induced emission from gold nanoclusters for use as a luminescence-enhanced nanosensor to detect trace amounts of silver ions. Journal of Colloid and Interface Science，2016，467：90-96.

[161] Kumar A，Mondal S，Kayshap K S，et al. Water switched aggregation/disaggregation strategies of a coumarin-naphthalene conjugated sensor and its selectivity towards Cu^{2+} and Ag$^+$ ions along with cell imaging studies on human osteosarcoma cells（U-2 OS）. New Journal of Chemistry，2018，42（13）：10983-10988.

[162] Zeng Y，Zhang G，Zhang D. A tetraphenylethylene-based fluorescent chemosensor for Cu^{2+} in aqueous solution and its potential application to detect histidine. Analytical Sciences，2015，31：191-195.

[163] Shen W，Yan L，Tian W，et al. A novel aggregation induced emission active cyclometalated Ir（Ⅲ）complex as a luminescent probe for detection of copper（Ⅱ）ion in aqueous solution. Journal of Luminescence，2016，177：299-305.

[164] Li N，Feng H，Gong Q，et al. BINOL-based chiral aggregation-induced emission luminogens and their application in detecting copper（Ⅱ）ions in aqueous media. Journal of Materials Chemistry C，2015，3（43）：11458-11463.

[165] Xiong J，Li Z，Tan J，et al. Two new quinoline-based regenerable fluorescent probes with AIE characteristics for selective recognition of Cu^{2+} in aqueous solution and test strips. Analyst，2018，143（20）：4870-4886.

[166] Pannipara M，Al-Sehemi A G，Irfan A，et al. AIE active multianalyte fluorescent probe for the detection of Cu^{2+}，Ni^{2+} and Hg^{2+} ions. Spectrochimica Acta Part A：Molecular and Biomolecular Spectroscopy，2018，201：54-60.

[167] Ding A X，Shi Y D，Zhang K X，et al. Self-assembled aggregation-induced emission micelle（AIE micelle）as interfacial fluorescence probe for sequential recognition of Cu^{2+} and ATP in water. Sensors and Actuators B：Chemical，2018，255：440-447.

[168] Hao X，Han S，Zhu J，et al. A bis-benzimidazole PMO ratiometric fluorescence sensor exhibiting AIEE and ESIPT for sensitive detection of Cu^{2+}. RSC Advances，2019，9（24）：13567-13575.

[169] Chakraborty N，Chakraborty A，Das S. A pyrene based fluorescent turn on chemosensor for detection of Cu^{2+} ions with antioxidant nature. Journal of Luminescence，2018，199：302-309.

[170] Yang J，Chai J，Yang B，et al. Achieving highly sensitive detection of Cu^{2+} based on AIE and FRET strategy in aqueous solution. Spectrochimica Acta Part A：Molecular and Biomolecular Spectroscopy，2019，211：272-279.

[171] Song P，Xiang Y，Wei R R，et al. A fluorescent chemosensor for Cu^{2+} detection in solution based on aggregation-induced emission and its application in fabricating Cu^{2+} test papers. Journal of Luminescence，2014，153：215-220.

[172] Anand V，Sadhasivam B，Dhamodharan R. Facile synthesis of triphenylamine and phenothiazine-based Schiff bases for aggregation-induced enhanced emission，white light generation，and highly selective and sensitive copper（Ⅱ）sensing. New Journal of Chemistry，2018，42（23）：18979-18990.

[173] Gao M，Han S，Hu Y，et al. Enhanced Fluorescence in Tetraylnitrilomethylidyne-hexaphenyl derivative-functionalized periodic mesoporous oirganosilicas for sensitive detection of copper(Ⅱ). Journal of Physical Chemistry C，2016，120（17）：9299-9307.

[174] Xu Z H，Wang Y，Wang Y，et al. AIE active salicylaldehyde-based hydrazone：A novel single-molecule multianalyte（Al^{3+}or Cu^{2+}）sensor in different solvents. Spectrochimica Acta Part A：Molecular and Biomolecular Spectroscopy，2019，212：146-154.

[175] Niu Q，Sun T，Li T，et al. Highly sensitive and selective colorimetric/fluorescent probe with aggregation induced emission characteristics for multiple targets of copper，zinc and cyanide ions sensing and its practical application in water and food samples. Sensors and Actuators B：Chemical，2018，266：730-743.

[176] Wang Z，Zhou F，Gui C，et al. Selective and sensitive fluorescent probes for metal ions based on AIE dots in aqueous media. Journal of Materials Chemistry C，2018，6（42）：11261-11265.

[177] Huang G，Wen R，Wang Z，et al. Novel chiral aggregation induced emission molecules：self-assembly，circularly polarized luminescence and copper（Ⅱ）ion detection. Materials Chemistry Frontiers，2018，2（10）：1884-1892.

[178] Li D，Li J，Duan Y，et al. A highly efficient aggregation-induced emission fluorescent sensor for copper（Ⅱ）in aqueous media. Analytical Methods，2016，8（31）：6013-6016.

[179] Yang X，Zhang W，Yi Z，et al. Highly sensitive and selective fluorescent sensor for copper（Ⅱ）based on salicylaldehyde Schiff-base derivatives with aggregation induced emission and mechanoluminescence. New Journal of Chemistry，2017，41（19）：11079-11088.

[180] Shellaiah M，Wu Y H，Singh A，et al. Novel pyrene- and anthracene-based Schiff base derivatives as Cu^{2+} and Fe^{3+} fluorescence turn-on sensors and for aggregation induced emissions. Journal of Materials Chemistry A，2013，1（4）：1310-1318.

[181] Lu Z，Wu M，Wu S，et al. Modulating the optical properties of the AIE fluophor confined within UiO-66's nanochannels for chemical sensing. Nanoscale，2016，8（40）：17489-17495.

[182] Sharma S，Virk T S，Pradeep C P，et al. ESIPT-induced carbazole-based AIEE material for nanomolar detection of Cu^{2+} and CN$^-$ ions：a molecular keypad security device. European Journal of Inorganic Chemistry，2017，2017（18）：2457-2463.

[183] Zhou H，Yang B，Wen G，et al. Assembly and disassembly activity of two AIEE model compounds and its potential application. Talanta，2018，184：394-403.

[184] Sharma S，Pradeep C. P，Dhir A. Cyanide induced self-assembly and copper recognition in human blood serum by a new carbazole AIEE active material. Materials Science and Engineering C：Materials for Biological Applications，2014，43：418-423.

[185] Assiri M A，Al-Sehemi A G，Pannipara M. AIE based "on-off" fluorescence probe for the detection of Cu^{2+} ions

in aqueous media. Inorganic Chemical Communications，2019，99：11-15.

[186] Kang Y，Liao Z，Wu M，et al. Photophysical properties of a D-π-A Schiff base and its applications in the detection of metal ions. Dalton Transactions，2018，47（38）：13730-13738.

[187] Lu L，Ren X K，Liu R，et al. Ionic self-assembled derivative of tetraphenylethylene：synthesis，enhanced solid-state emission，liquid-crystalline structure，and Cu^{2+} detection ability. ChemPhysChem，2017，18（24）：3605-3613.

[188] Zhang S，Yan J M，Qin A J，et al. The specific detection of Cu（Ⅱ）using an AIE-active alanine ester. Chinese Chemical Letters，2013，24（8）：668-672.

[189] Sanji T，Nakamura M，Tanaka M. Fluorescence 'turn-on' detection of Cu^{2+} ions with aggregation-induced emission-active tetraphenylethene based on click chemistry. Tetrahedron Letters，2011，52（26）：3283-3286.

[190] Khandare D G，Kumar V，Chattopadhyay A，et al. An aggregation-induced emission based "turn-on" fluorescent chemodosimeter for the selective detection of ascorbate ions. RSC Advances，2013，3：16981-16985.

[191] Feng H T，Song S，Chen Y C，et al. Self-assembled tetraphenylethylene macrocycle nanofibrous materials for the visual detection of copper（Ⅱ）in water. Journal of Materials Chemistry C，2014，2（13）：2353-2359.

[192] Chen X，Yamaguchi A，Namekawa M，et al. Functionalization of mesoporous silica membrane with a Schiff base fluorophore for Cu（Ⅱ）ion sensing. Analytica Chimica Acta，2011，696（1-2）：94-100.

[193] Situ B，Zhao J，Lv W，et al. Naked-eye detection of copper（Ⅱ）ions by a "clickable" fluorescent sensor. Sensors and Actuators B：Chemical，2017，240：560-565.

[194] Mertz W. The essential trace elements. Science，1981，213（4514）：1332-1338.

[195] Cherasse Y，Urade Y. Dietary zinc acts as a sleep modulator. International Journal of Molecular Sciences，2017，18（11）：2334.

[196] Cuenoud B，Szostak J W. A DNA metalloenzyme with DNA ligase activity. Nature，1995，375（6532）：611-614.

[197] Brandt E G，Hellgren M，Brinck T，et al. Molecular dynamics study of zinc binding to cysteines in a peptide mimic of the alcohol dehydrogenase structural zinc site. Physical Chemistry Chemical Physics，2009，11（6）：975-983.

[198] Que E L，Domaille D W，Chang C J. Metals in neurobiology：probing their chemistry and biology with molecular imaging. Chemical Reviews，2008，108（5）：1517-1549.

[199] Xu Z，Yoon J，Spring D R. Fluorescent chemosensors for Zn^{2+}. Chemical Society Reviews，2010，39（6）：1996-2006.

[200] De Silva A P，Gunaratne H Q N，Gunnlaugsson T，et al. Signaling recognition events with fluorescent sensors and switches. Chemical Reviews，1997，97（5）：1515-1566.

[201] Hong Y，Chen S，Leung C W T，et al. Fluorogenic Zn（Ⅱ）and chromogenic Fe（Ⅱ）sensors based on terpyridine-substituted tetraphenylethenes with aggregation- induced emission characteristics. ACS Applied Materials & Interfaces，2011，3（9）：3411-3418.

[202] Yin S，Zhang J，Feng H，et al. Zn^{2+}-selective fluorescent turn-on chemosensor based on terpyridine-substituted siloles. Dyes and Pigments，2012，95（2）：174-179.

[203] Sun F，Zhang G，Zhang D，et al. Aqueous fluorescence turn-on sensor for Zn^{2+} with a tetraphenylethylene compound. Organic Letters，2011，13（24）：6378-6381.

[204] Mehdi H，Gong W，Guo H，et al. Aggregation-induced emission（AIE）fluorophore exhibits a highly ratiometric fluorescent response to Zn^{2+} *in vitro* and in human liver cancer cells. Chemistry-A European Journal，2017，23（53）：13067-13075.

[205] Xie D X，Ran Z J，Jin Z，et al. A simple fluorescent probe for Zn（Ⅱ）based on the aggregation-induced emission.

Dyes and Pigments，2013，96（2）：495-499.

[206] Shyamal M，Mazumdar P，Maity S，et al. Highly selective turn-on fluorogenic chemosensor for robust quantification of Zn(Ⅱ) based on aggregation induced emission enhancement feature. ACS Sensors，2016，1（6）：739-747.

[207] Furukawa H，Cordova K E，O'Keeffe M，et al. The chemistry and applications of metal-organic frameworks. Science，2013，341（6149）：1230444.

[208] Cao X，Tan C，Sindoro M，et al. Hybrid micro-/nano-structures derived from metal-organic frameworks：preparation and applications in energy storage and conversion. Chemical Society Reviews，2017，46（10）：2660-2677.

[209] Li Y，Hu X，Zhang X，et al. Unconventional application of gold nanoclusters/Zn-MOF composite for fluorescence turn-on sensitive detection of zinc ion. Analytica Chimica Acta，2018，1024：145-152.

[210] Lin L，Hu Y，Zhang L，et al. Photoluminescence light-up detection of zinc ion and imaging in living cells based on the aggregation induced emission enhancement of glutathione-capped copper nanoclusters. Biosensors and Bioelectronics，2017，94：523-529.

[211] Boldyrev M. Lead：properties，history，and applications. Wiki Journal of Science，2018，1（1）：7.

[212] Rifai N，Cohen G，Wolf M，et al. Incidence of lead poisoning in young children from inner-city，suburban，and rural communities. Therapeutic Drug Monitoring，1993，15：71.

[213] Rossi E. Low level environmental lead exposure - A continuing challenge. Clinical Biochemist Reviews，2008，29（2）：63-70.

[214] Lead Poisoning and Health. WHO，2016.

[215] 朱海江，程方民，朱智伟. 土壤-水稻体系中的铅及其污染效应研究.中国粮油学报，2004，10（5）：4-7.

[216] Dapul H，Laraque D. Lead poisoning in children. Advances in Pediatrics，2014，61（1）：313-333.

[217] Yang Y，Wang S，Hu X，Yang X. Label-free selective sensing of Pb^{2+} lead(Ⅱ) sensors based on the aggregation of a pyrene fluorescent probe. Chinese Science Bulletin，2014，59（5-6）：502-508.

[218] Tahan J E，Granadillo V A，Romero R A. Electrothermal atomic absorption spectrometric determination of Al，Cu，Fe，Pb，V and Zn in clinical samples and in certified environmental reference materials. Analytica Chimica Acta，1994，295：187-197.

[219] Khandare D G，Joshi H，Banerjee M，et al. An aggregation-induced emission based "turn-on" fluorescent chemodosimeter for the selective detection of Pb^{2+} ions. RSC Advances，2014，4（87）：47076-47080.

[220] Xu P，Bao Z，Yu C，et al. A water-soluble molecular probe with aggregation-induced emission for discriminative detection of Al（3+）and Pb（2+）and imaging in seedling root of *Arabidopsis*. Spectrochimica Acta Part A：Molecular and Biomolecular Spectroscopy，2019，223：117335.

[221] Liu C W，Huang C C，Chang H T. Highly selective DNA-based sensor for lead(Ⅱ) and mercury(Ⅱ) ions. Analytical Chemistry，2009，81：2383-2387.

[222] Li X，Xu B，Lu H，et al. Label-free fluorescence turn-on detection of Pb^{2+} based on AIE-active quaternary ammonium salt of 9，10-distyrylanthracene. Analytical Methods，2013，5（2）：438-441.

[223] Zhang H，Wang S，Chen Z，et al. A turn-on fluorescent nanoprobe for lead(Ⅱ) based on the aggregation of weakly associated gold(Ⅰ)-glutathione nanoparticles. Microchimica Acta，2017，184（10）：4209-4215.

[224] Ji L，Guo Y，Hong S，et al. Label-free detection of Pb^{2+} based on aggregation-induced emission enhancement of Au-nanoclusters. RSC Advances，2015，5（46）：36582-36586.

[225] Liu C J，Ling J，Zhang X Q，et al. Synergistic aggregating of Au(Ⅰ)-glutathione complex for fluorescence "turn-on" detection of Pb(Ⅱ). Analytical Methods，2013，5：20.

[226] Kong L，Ma G，Liu W，et al. Protein-directed synthesis of lead(Ⅱ) and temperature dual-responsive red fluorescent gold nanoclusters and their applications in cellular and bacterial imaging. Chemistry Select，2016，1（5）：1096-1103.

[227] Bian R X，Wu X T，Chai F，et al. Facile preparation of fluorescent Au nanoclusters-based test papers for recyclable detection of Hg^{2+} and Pb^{2+}. Sensors and Actuators B：Chemical，2017，241：592-600.

[228] Feng D Q，Zhu W，Liu G，et al. Dual-modal light scattering and fluorometric detection of lead ion by stimuli-responsive aggregation of BSA-stabilized copper nanoclusters. RSC Advances，2016，6（99）：96729-96734.

[229] Han B Y，Hou X F，Xiang R C，et al. Detection of lead ion based on aggregation-induced emission of copper nanoclusters. Chinese Journal of Analytical Chemistry，2017，45（1）：23-27.

[230] 胡超，穆野，李明宇，等. 纳米碳点的制备与应用研究进展. 物理化学学报，2019，35（6）：572-590.

[231] Tian Y，Kelarakis A，Li L，et al. Facile fluorescence "turn on" sensing of lead ions in water via carbon nanodots immobilized in spherical polyelectrolyte brushes. Frontiers in Chemistry，2018，6：470.

[232] Nordberg G，Herber R F M，Alessio L. Cadmium in the Human Environment：Toxicity and Carcinogenicity. Lyon：Oxford University Press，1992.

[233] Lauwerys R R，Bernard A M，Roels H A，et al. Cadmium：exposure markers as predictors of nephrotoxic effects. Clinical Chemistry，1994，40：1391-1394.

[234] McFarland C N，Bendell-Young L I，Guglielmo C，et al. Kidney，liver and bone cadmium content in the western sandpiper in relation to migration. Journal of Environmental Monitoring，2002，4（5）：791-795.

[235] Iyengar V，Woittiez J. Trace elements in human clinical specimens：evaluation of literature data to identify reference values. Clinical Chemistry，1988，34（3）：474-481.

[236] Townsend A T，Miller K A，McLean S，et al. The determination of copper，zinc，cadmium and lead in urine by high resolution ICP-MS. Journal of Analytical Atomic Spectrometry，1998，13（11）：1213-1219.

[237] Sanchez-Pedreno C，Garcia M S，Ortuno J A，et al. Kinetic methods for the determination of cadmium(Ⅱ) based on a flow-through bulk optode. Talanta，2002，56（3）：481-489.

[238] Ensafi A A，Meghdadi S，Sedighi S. Sensitive cadmium potentiometric sensor based on 4-hydroxy salophen as a fast tool for water samples analysis. Desalination，2009，242（1-3）：336-345.

[239] Gupta V K，Jain A K，Ludwig R，et al. Electroanalytical studies on cadmium(Ⅱ) selective potentiometric sensors based on t-butyl thiacalix[4]arene and thiacalix[4]arene in poly（vinyl chloride）. Electrochimica Acta，2008，53（5）：2362-2368.

[240] Kim H N，Ren W X，Kim J S，et al. Fluorescent and colorimetric sensors for detection of lead，cadmium，and mercury ions. Chemical Society Reviews，2012，41（8）：3210-3244.

[241] Duong T Q，Kim J S. Fluoro-and chromogenic chemodosimeters for heavy metal ion detection in solution and biospecimens. Chemical Reviews，2010，110（10）：6280-6301.

[242] Zhang Y M，Chen Y，Li Z Q，et al. Quinolinotriazole-β-cyclodextrin and its adamantanecarboxylic acid complex as efficient water-soluble fluorescent Cd^{2+} sensors. Bioorganic & Medicinal Chemistry，2010，18（4）：1415-1420.

[243] Hong Y N，Lam J W Y，Tang B Z. Aggregation-induced emission：phenomenon，mechanism and applications. Chemical Communications，2009，29：4332-4353.

[244] Kushwaha S，Sudhakar P. Sorption mechanism of Cd(Ⅱ) and Zn(Ⅱ) onto modified palm shell. Adsorption

Science & Technology，2013，31（6）：503-519.

[245] Li K，Liu Y，Li Y，Feng Q，et al. 2, 5-bis(4-alkoxycarbonylphenyl)-1, 4-diaryl-1, 4-dihydropyrrolo[3, 2-*b*]pyrrole （AAPP）AIEgens：tunable RIR and TICT characteristics and their multifunctional applications. Chemical Science，2017，8（10）：7258-7267.

[246] Li C，Gao C，Lan J，et al. An AIE active Y-shaped diimidazolylbenzene：aggregation and disaggregation for Cd^{2+} and Fe^{3+} sensing in aqueous solution. Organic and Biomolecular Chemistry，2014，12（47）：9524-9527.

[247] Zhang L，Hu W，Yu L，et al. Click synthesis of a novel triazole bridged AIE active cyclodextrin probe for specific detection of Cd^{2+}. Chemical Communications，2015，51（20）：4298-4301.

[248] Lin W，Xie X，Wang Y，et al. A new fluorescent probe for selective Cd^{2+} detection and cell imaging. Zeitschrift für Anorganische und Allgemeine Chemie，2019，645（8）：645-648.

[249] Qian Y，Liu H，Tan H，et al. A novel water-soluble fluorescence probe with wash-free cellular imaging capacity based on AIE characteristics. Macromolecular Rapid Communications，2017，38（10）：1600684.

[250] Huerta Aguilar C A，Narayanan J，Shanmuganathan R，et al. FONs of highly preorganized *N*, *N'*-bis(3-aminobenzyl)-5, 8-diiminequinoline with aggregation induced emission enhancement and metal-chelation for selective Cd^{2+} detection. Journal of Photochemistry and Photobiology A：Chemistry，2018，367：1-12.

[251] Mahajan P G，Bhopate D P，Kolekar G B，et al. *N*-methyl isatin nanoparticles as a novel probe for selective detection of Cd^{2+} ion in aqueous medium based on chelation enhanced fluorescence and application to environmental sample. Sensors and Actuators B：Chemical，2015，220：864-872.

[252] Wei C，Wei X，Hu Z，et al. A fluorescent probe for Cd^{2+} detection based on the aggregation-induced emission enhancement of aqueous Zn-Ag-In-S quantum dots. Analytical Methods，2019，11（19）：2559-2564.

[253] He D，Liu S，Zhou F，et al. Recognition of trace organic pollutant and toxic metal ions via a tailored fluorescent metal-organic coordination polymer in water environment. RSC Advances，2018，8（60）：34712-34717.

第3章 >>

基于聚集诱导发光的阴离子检测

3.1.1 阴离子识别和检测的意义

随着社会的不断进步，健康和生态环境已成为人们探讨的话题，也成为科研工作者的重点关注对象或领域。阴离子广泛存在于自然界和生命体中，在环境科学和生命科学研究中都有着非常重要和不可替代的地位。

阴离子参与生物体内诸多生理或病理过程，其体内含量和分布对生物体健康情况影响巨大。例如，氟离子是人体必需的微量元素之一，摄入适量的氟离子可使骨骼硬度增强、牙齿的硬度和抗腐蚀能力增强，但是如果缺氟和氟过量都会对身体造成不同程度的伤害，缺氟将造成龋齿和骨质疏松，而氟过量却会导致中毒。氯离子在人体内阴离子含量中是最高的，几乎分布于所有种类的细胞内，是一种重要的生理阴离子，参与调节细胞体积、保持 pH 稳定、控制膜电位等许多重要的生理过程[1]。磷酸阴离子不但参与 DNA、RNA 及多种蛋白质和碳水化合物等的构建，还参与新陈代谢、骨骼发育等生命过程。硫酸根在人体血浆中阴离子的含量排在第四位，为生物体细胞生长发育所需成分。很多重要的生物过程，包括生物合成和解毒都是通过将外源性和内源性物质硫酸盐化实现的。总之，生命体中的阴离子可谓无处不在，在生命活动中发挥着巨大作用。

此外，阴离子在环境科学研究中也是意义非凡的，很多阴离子都是污染源，环境的监测和治理离不开阴离子的识别和检测[2]。随着全球经济的发展和人口的增加，工业、生活污染物不断增加，水环境污染日益严重，F^-、Cl^-、NO_3^-、SO_4^{2-}、CN^-等是水环境中常见的阴离子污染物。水中的氯化物含量过高，会损害金属管道和建筑物，并妨碍植物生长；农业上过量使用磷肥和氮肥，就会污染水源，造成环境污染和危害人体健康；硫酸盐是硫在水中的主要存在形式，硫酸盐的含量大于 250 mg/L 时有致泻作用。工业上产生的氰根阴离子对生态环境和人类健康更是危害巨大，人体吸收会造成呕吐、昏厥，甚至死亡。

由此可见，阴离子识别和检测关系到生命、环境、化工、医药等重要领域，对阴离子识别和检测的研究至关重要。

3.1.2　阴离子荧光探针

荧光探针是分子识别技术和荧光分析技术结合的产物，利用受体分子与某种特定目标分子或离子结合，使其荧光光谱的性质（如波长、寿命、强度等）发生显著变化，从而获知其所处环境的特性或某种特定信息。荧光探针所需要的设备价格低，而荧光信号具有灵敏度高、选择性好、响应时间短等优点，因此，荧光探针的研究和应用一直是分子识别领域的研究热点。

阴离子荧光探针是利用受体分子对阴离子的识别和检测，并通过荧光强度或峰位变化来传递信号，从而将微观识别过程表达为宏观可测的信号。阴离子荧光探针的设计原理主要包括三种：化学计量法、竞争取代法和键合-信号法（图 3.1）。化学计量法是利用受体分子和阴离子之间发生可逆或不可逆的化学反应，从而引起相应荧光性质的改变，这类探针通常具有高效选择性的特点。竞争取代法是利用受体分子和阴离子的结合能力大于受体分子和荧光团的结合能力，从而释放出荧光团，即荧光信号。键合-信号法是阴离子荧光探针中最常用的一种设计方法，是将受体和荧光团通过共价键相连，当受体与阴离子结合后，造成荧光光谱的改变，从而达到阴离子的识别和检测。

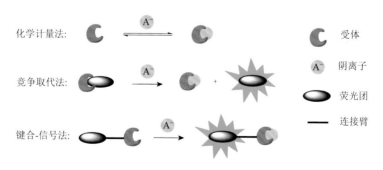

图 3.1　阴离子荧光探针设计原理

由上述阴离子荧光探针设计原理可知，探针结构不但要有能够识别阴离子的受体，而且要能把识别过程通过信号传递出来。因此，设计阴离子荧光探针时，必须根据不同阴离子的特性，选择含有合适识别点的受体基团、适当的连接基团和合适的荧光信号团，其中连接基团为非必需部分。总之，为了更加方便快捷地识别和检测出阴离子，减小甚至消除阴离子对环境、人类健康的潜在威胁，设计出选择性好、灵敏度高、信号强的阴离子荧光探针是一项富有挑战性且现实意义重大的工作。

3.1.3　聚集诱导发光与阴离子荧光探针

有关阴离子荧光探针的研究起步相对较晚，但是近年来发展迅猛，已经取得了丰硕的成果[3, 4]。阴离子荧光探针的类型进一步扩大，如吲哚类荧光探针[5]、杯[4]芳烃类荧光探针[6]、苯并咪唑类荧光探针[7]、金属配合物类荧光探针[8]等。可识别和检测的阴离子种类也很多，如氟离子[9]、氯离子[10]、焦磷酸根离子[11]、磷酸根离子[12]、氰根离子[13]、硫氢根离子[14]、过氧亚硝酸根离子[15]、次氯酸根离子[16]等阴离子。但是令人遗憾的是，大部分传统的有机荧光探针在稀溶液中具有良好的发光性能，在浓溶液中或者在固体状态下会由于 π-π 堆积而使得发光减弱甚至完全消失，即"聚集导致荧光猝灭"（ACQ），这就极大地限制了它们的应用范围和发展前景。为此，开发荧光显著增强型或是非 ACQ 型的阴离子荧光探针就显得非常必要。

2001 年，香港科技大学唐本忠院士团队首次提出了"聚集诱导发光"（AIE）的概念[17]。该概念的内容是指一类溶液中不发光或者发光微弱的分子聚集后发光显著增强的现象。和聚集导致荧光猝灭现象截然相反，AIE 材料在稀溶液状态下几乎是没有荧光的，而在聚集状态下的发光非常强[18, 19]。AIE 现象的本质是分子的聚集态限制了分子内结构的旋转或振动，即分子内运动受限（RIM），阻止了激发能量的非辐射衰减，从而使分子的发光性能显著增强。具有 AIE 性质的化合物具有背景信号低、信噪比高、灵敏度好、抗光漂白能力强等显著优点，从根本上克服了 ACQ 的难题，在许多交叉学科都有着非常广阔的应用前景[20, 21]，引起了国内外诸多学者的强烈兴趣，如固体发光材料[22]、生物成像[23]、荧光分子探针[24-28]等领域。

因此，利用 AIE 特性的显著优势，将 AIE 特性引入阴离子荧光探针中具有非常广阔的应用前景和实际意义[29]。

3.2　AIE 在阴离子荧光探针中的应用

目前，AIE 在阴离子识别上所做的工作还非常有限[29]。本节主要依据阴离子的种类进行分类，综述近年来具有 AIE 性质的荧光探针或利用 AIE 性质在阴离子检测中的发展和应用，阐述其总体研究状况，希望给读者以启发，促进 AIE 在阴离子检测中的进一步发展。

3.2.1 氟离子的检测

氟离子（F⁻）是人类生命活动必需的微量元素，在环境科学、医药、生命科学等领域有非常重要的作用。氟化物很容易被人体吸收，但排出体外却非常缓慢。少量地摄入氟化物可促进牙齿和骨骼的正常生长发育，能有效治疗骨质疏松症、预防龋齿等。但是过量的氟化物进入人体会引起氟中毒，如导致胃、肾功能紊乱等疾病，甚至死亡。同样，如果水、土壤中的氟超过一定浓度，会在粮食、蔬菜等植物中产生富集，从而间接威胁到人类的健康。因此，设计合成出能够迅速、高效的荧光探针来监测和控制氟离子的浓度显得格外重要。

2014 年，Sozmen 课题组合成了一种含有硅氧基功能化的四苯基乙烯（TPE）衍生物 **1**（图 3.2），用于水溶液中检测氟离子[30]。其检测机理是氟离子使硅氧键发生断裂，生成 4 个与 TPE 共轭的酚氧离子，分子内电荷发生转移而促使原荧光发射峰消失，但在可见区域出现新的吸收带，导致溶液呈亮绿色。此外，使用该分子浸渍的纤维素条可作为氟离子检测的原型材料，实现在水环境中对氟离子的裸眼显色。赣南师范大学王建国等报道了一种含有吡啶基的 TPE 探针分子 **2**（MOTIPS-TPE）用于水溶液中氟化物的识别（图 3.2）[31]。吡啶基增加了 MOTIPS-TPE 在水中的溶解性，因此在磷酸盐缓冲溶液（PBS）中表现出较弱的荧光发射。F⁻的加入，促使了 MOTIPS-TPE 结构中三异丙基硅基的断裂，并伴随其他小分子的消除，生成了水溶性较差的 TPE 基吡啶 MOPy-TPE，从而产生分子聚集并导致荧光显著增强。该氟离子荧光探针具有以下特点：①分子合成简便；②氟离子的检测可以在不添加任何表面活性剂的水溶液中进行；③氟离子检测浓度低至 0.09 μmol/L 并不受其他常见阴离子的干扰；④该探针可以用于活体 HeLa 细胞中的氟离子检测。总之，MOTIPS-TPE 在环境和生物系统中的氟离子检测具有很高的应用潜力。山东理工大学的周子彦团队报道了一种基于 TPE 的金属有机框架（MOFs） **3** 的化合物[Cu₄I(TIPE)₃]·3I，用于水溶液中的氟离子检测[32]。该探针分子的检测机理为荧光猝灭型，检测限为 2.11 μmol/L，为进一步研究设计和构建基于 MOFs 的高灵敏度荧光探针提供了思路。Pigge 团队报道了具有四个烷基或芳基脲取代的 TPE 衍生物 **4**[33]。将这些 TPE 衍生物在单价阴离子（卤化物、羧酸盐、硝酸盐和叠氮化物）作用下，可通过脲基-阴离子间氢键作用使 TPE 衍生物分子产生聚集，从而增强荧光发射。发射增强与阴离子的碱度相关，其中氟离子荧光响应最大。该研究表明，基于 TPE 的衍生物可以用于阴离子荧光探针，通过合理的优化设计和修饰，有望进一步提升 TPE 基荧光探针的选择性和灵敏性。

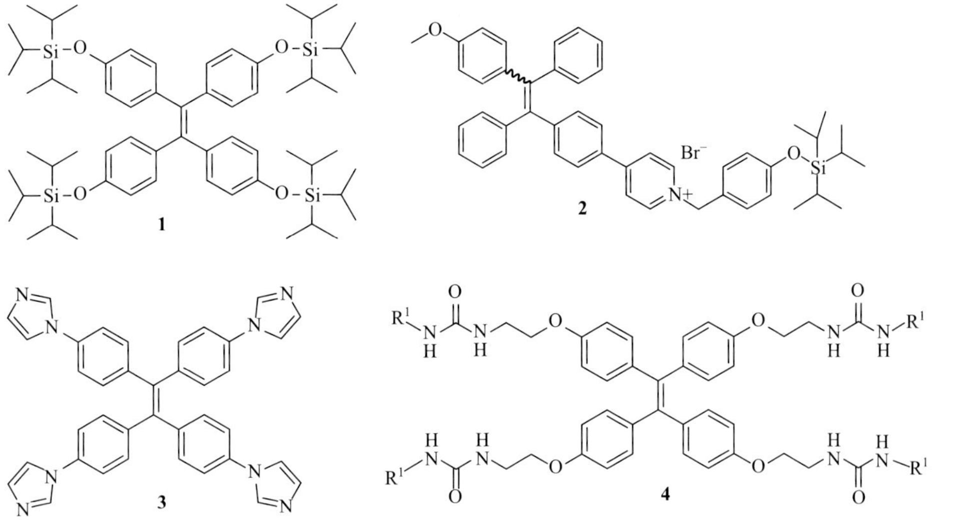

图 3.2　基于 TPE 基氟离子荧光探针结构式

　　除了上述 TPE 基氟离子荧光探针外，还有很多具有 AIE 性质的非 TPE 基氟离子荧光探针分子。G. Das 课题组报道了一种具有 AIE 性质的缩氨基硫脲探针分子，如图 3.3 所示，该分子同时含有阴离子和阳离子结合位点，既可用于检测阳离子又可以用于检测阴离子[34]。往该探针分子的乙腈溶液中加入氟离子，可观察到溶液颜色由无色变成橙色，这是由氟离子与 NH 形成氢键作用，并且表现出高度选择性所导致的结果。S. Das 课题组报道了一种结构简单的 2-羟基喹啉-3-甲醛探针分子，其在乙腈-水体系中呈现水溶胶状态，并具有聚集诱导荧光增强性质[35]。往该探针分子的乙腈溶液中分别加入如氟离子、氯离子、磷酸氢根离子、硝酸根离子等多种阴离子，只有氟离子能够让无色溶液变成黄色溶液，并在紫外灯下呈现弱的荧光开启现象，表明该分子对氟离子的高度选择性以及氟离子和 2-羟基喹啉-3-甲醛分子之间产生了相互作用。该研究将进一步促进喹啉-醛基化合物在探针分子方面的发展。Laskar 团队合成了一种具有 AIE 性质、力致荧光变色性能的席夫碱化合物并用于氟离子的检测[36]。该席夫碱化合物由于 J 聚集引起激发态分子内质子转移（ESIPT）而呈现亮黄色的荧光，对氟离子浓度的检测也非常敏感，可以检测到 1.40×10^{-5} μmol/L 的氟离子。Lee 团队报道了一种新颖的碳硼烷二聚体作为氟离子荧光探针分子[37]。该二聚体结构通过单晶 X 射线衍射确认，在四氢呋喃和水的混合溶液中呈现典型的 AIE 性质。此外，他们还测试了探针分子在薄膜状态下的荧光性能，如图 3.3（d）所示，和氟离子配位前呈现蓝绿色荧光（λ_{em} = 475 nm），配位后呈现淡黄色荧光（λ_{em} = 526 nm）。

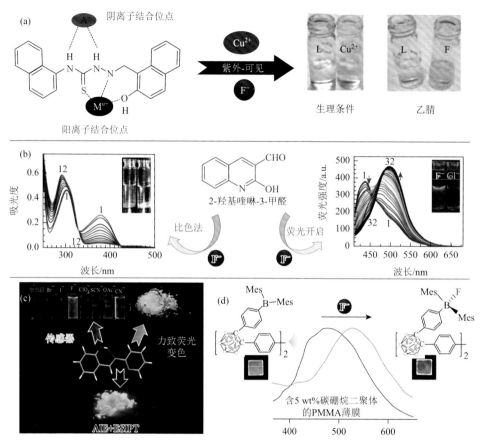

图 3.3 （a）具有 **AIE** 性质的缩氨基硫脲探针分子对 Cu^{2+}、F^- 的检测[34]；（b）2-羟基喹啉-3-甲醛探针分子对 F^- 的检测[35]；（c）席夫碱类简单分子的 **AIE**、F^- 检测和力致荧光变色[36]；（d）含碳硼烷的二聚体类 F^- 荧光探针分子[37]

3.2.2　氰根离子的检测

　　氰化物的毒性众人皆知，广泛存在于自然界中，尤其是生物界，例如，木薯中就含有氰糖苷，在食用前必须持续煮沸将其除去。氰化物的毒性主要还是针对动物来说的，被氰化物污染的水体可以引起鱼类、家畜以及人类中毒。氰化物通过肺、胃、皮肤吸收后进入人体，能够使中枢神经系统瘫痪、使呼吸酶及血液中血红蛋白中毒，全身细胞会因缺氧窒息而导致死亡，如氰化物中毒血浓度约为 $0.5\ \mu g/mL$，血浓度大于 $1.0\ \mu g/mL$ 则会致死。为保护人民的健康，我国环保部门制定了电镀、冶金、煤气等工业废水中氰根离子（CN^-）容许排放的最高浓度为 $0.0005\ g/L$。然而，矿物开采、电镀、冶金、制革、聚合物的生产等过程中氰化物的广泛使用，使环境污染及人类接触的潜在风险急剧增加。因此，开发选择性好、灵敏度高的氰根离子荧光探针对环境科学和生命科学都有着非常重要的意义。

中国科学院化学研究所的张德清团队报道了一种带正电荷吲哚基团的 TPE 衍生物 **5**，作为荧光"开启"探针分子来检测水溶液中的 CN⁻[图 3.4（a）][38]。检测机理如下：①带正电荷的吲哚基团促使探针分子 **5** 能溶于水中；②吲哚基团和 CN⁻结合后生成水溶性较差的 **5**-CN 分子而发生聚集现象，导致具有 AIE 性质的 TPE 荧光团荧光"开启"。实验表明，探针分子 **5** 对 CN⁻具有高选择性和高灵敏度，检测浓度下限可达到 0.09 μmol/L。此外，探针分子 **5** 还可以用于一种简单的测试纸条来快速检测 CN⁻，具有很高的实用价值。太原理工大学段炼课题组采用类似检测机理，利用三联噻吩在水溶液中的 AIE 行为，构建了一种用于 CN⁻检测的"开启"型 AIE 荧光探针分子 **6**[图 3.4（b）][39]。相比其他阴离子，该探针对 CN⁻具有较高选择性和灵敏度，检测限为 0.10 μmol/L。检测机理是将 CN⁻加入该探针中形成三联噻吩-氰基共轭物，从而破坏了 ICT 效应，实现荧光增强。此外，该探针也可以被加载到一个便携式纸带上进行现场检测，以及可适用于生物样品中的 CN⁻检测。

2014 年，吉林大学于吉红团队报道了一种含有双氰基乙烯基的 TPE 衍生物 **7**，用于氰根离子在水溶液中的检测[40]。如图 3.4(c)所示，将该分子溶解在含有 DMSO 和十六烷基三甲基溴化铵（CTAB）表面活性剂的水溶液中即可制备检测溶液，加入 CN⁻后，在日光下溶液颜色由黄色变成无色，在 365 nm 紫外灯下溶液颜色由橙色变成蓝色。基于 TPE 分子的 AIE 特性和 CN⁻的亲核加成反应，该分子对 CN⁻具有很高的选择性和灵敏度，检测限为 0.20 μmol/L，检测时间仅为 100 s，可应用于日常饮用水中的 CN⁻检测。此外，文中还利用试纸提供了一种非常方便、可靠的方法来检测日常生活中的 CN⁻。华东理工大学苏建华课题组设计了两种新颖的 2, 2-双茚基衍生物 BDM **8** 和 BDBM **9** 用于检测水中 CN⁻（1%DMSO，CTAB），如图 3.4（d）所示[41]，二者均表现出溶剂化变色和聚集诱导荧光增强特性。探针 **8** 和 **9** 还可以利用双氰基乙烯基为识别位点，在水溶液中对 CN⁻进行高灵敏、高选择性识别，即使在其他离子干扰的情况下，也能够通过肉眼观察到明显的识别信号，它们的检测限分别为 0.29 μmol/L 和 0.32 μmol/L，有望应用于生活饮用水中 CN⁻的检测。

Pigge 团队对 TPE 分子进行修饰，制备了含有多吡啶基的四齿配体以及相应的二氯化钴配合物 **10**[42]，二者在水溶液中都保留了 TPE 分子的 AIE 性质。钴配合物 **10** 在水溶液中可按照 1 : 2 的定量关系和 CN⁻配位，表现为荧光开启型的探针分子，最低检测浓度为 0.59 μmol/L。检测机理是利用 CN⁻的配位降低了钴配合物 **10** 的水溶性，产生更大的纳米聚集体 **10**-CN 而发生 AIE 现象。该探针分子表现出对 CN⁻的高选择性和灵敏度，不受其他阴离子干扰，具有很宽的 pH 适用范围，有望运用到现实水环境中 CN⁻的检测。

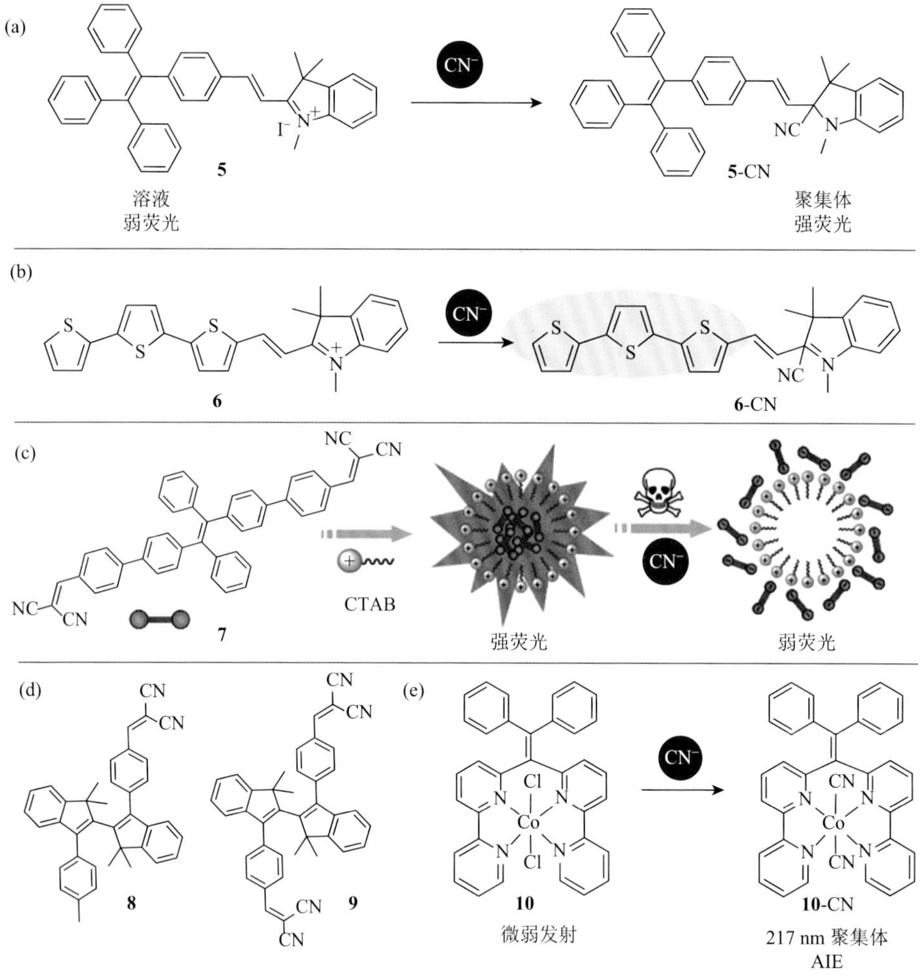

图 3.4　（a）TPE 衍生物 5 对 CN⁻ 的检测机理；（b）探针分子 6 对 CN⁻ 的检测机理；（c）TPE 衍生物 7 在 CTAB 溶液中的聚集和在 CN⁻ 下的解聚示意图[40]；（d）探针分子 8 和 9 的结构示意图；（e）钴配合物 10 和对 CN⁻ 的检测机理

3.2.3　硝酸根离子的检测

　　贵州大学倪新龙课题组报道了一种基于离子相互作用触发 AIE 的新型水溶性阴离子荧光探针 **11**（图 3.5）[43]。带正电荷的探针 **11** 可以不受环境和其他阴离子的干扰，在较宽 pH 范围的水溶液中显示 AIE 性质的荧光信号，表现出对 NO₃⁻ 阴离子的高度选择性。探针 **11** 本身在水溶液中的疏水聚集倾向有利于目标阴离子克服水的高介电常数，因此，带正电荷的探针 **11** 和 NO₃⁻ 阴离子在水溶液中发生相互作用，从而实现了基于 AIE 的选择性荧光信号开启。这些结果表明，由离子相互作用触发的 AIE 可以作为一种新的检测介质和活细胞中阴离子的传感机制。尽管侧链对荧光材料的性能和应用有着重要的影响，但与许多关注功能化荧光材料的新型分子骨架的研究相比，侧链的研究较少。陕西师范大学赵娜课题组合成了一系列具有不同烷基链的吡啶功能化的 TPE 盐类衍生物 **12**（图 3.5）（TPEPy-1、TPEPy-4、TPEPy-7、TPEPy-10），研究了链长对其光学性能和应用的影响[44]。由于 TPEPy-7 和 TPEPy-10 具有较长的烷基链，有较强的疏水性，在水溶液中形成了较紧密的聚集体，使荧光强度显著增强。和在水溶液中不同的是，它们在固态下都能发射出强烈的荧光，而且通过控制烷基链的长度就能将发射颜色从绿色调到红色。此外，TPEPy-1 和 TPEPy-4 在水溶液中荧光较弱，但在它们的溶液中加入 NO_3^- 和 ClO_4^- 阴离子后，荧光明显增强；加入其他阴离子荧光几乎无变化，因此 TPEPy-1 和 TPEPy-4 可以作为高选择性的阴离子荧光探针。其机理可能是探针带正电荷部分与 NO_3^-（或 ClO_4^-）之间适当的弱相互作用以烷基链的范德华力促进了 TPEPy-1（或 TPEPy-4）的有序排列，从而有效地增强了荧光。这种侧链修饰策略为进一步优化 AIE 在阴离子检测领域的应用提供了借鉴。

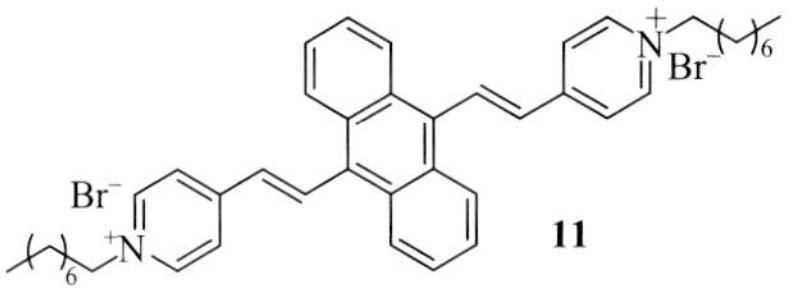

11

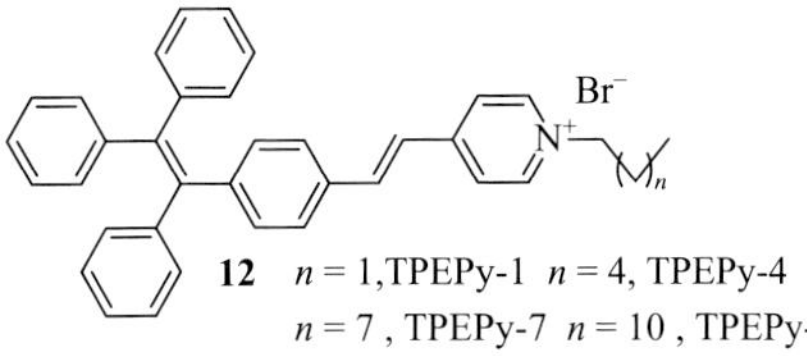

12　n = 1,TPEPy-1　n = 4, TPEPy-4
n = 7 , TPEPy-7　n = 10 , TPEPy-10

图 3.5　检测硝酸根离子的探针分子 11 和 12 结构示意图

3.2.4　磺酸盐阴离子表面活性剂的检测

阴离子表面活性剂在日常生活和各种工业中有着广泛的应用，但它们的残留物会对环境造成严重威胁，危害人类健康[45]。中国科学院化学研究所王毅琳课题组研究了几种阴离子表面活性剂对阳离子 M-silole 分子 AIE 特性的影响[图 3.6（a）][46]。表面活性剂与 M-silole 分子 **13** 通过静电结合极大地促进了混合物的聚集，在电荷比为 1∶1 时，二者的聚集体表现出最大荧光强度；当表面活性剂过量，会分散 M-silole 分子形成不同的胶团而使荧光减弱。此外，选择不同的表面活性剂可以有效调节表面活性剂/M-silole 聚集体的结构和尺寸，从而影响荧光强度。而且，双子表面活性剂比单链表面活性剂具有更强的荧光增强能力，特别是具有苯环的双子表面活性剂，由于它与 M-silole 之间的 π-π 作用和相对最强的聚集能力，在增强荧光方面表现最佳。华南理工大学的唐本忠团队开发了一种具有 AIE 性质的 HBT-C$_{18}$ 探针分子 **14**，该探针分子 **14** 可以灵敏检测阴离子表面活性剂十二烷基苯磺酸钠（SDBS）[图 3.6（b）][47]。HBT-C$_{18}$和 SDBS 可以形成正负离子聚集体或胶团，由于分子内运动受限以及分子内稳定氢键而发强荧光。此外，这个具有 AIE 性质的探针可以有效地避免其他小分子阴离子的干扰，高选择性的检测阴离子表面活性剂 SDBS，检测下限浓度为0.05 μmol/L。

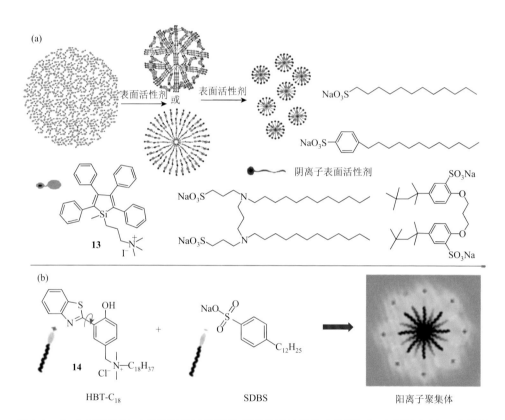

图 3.6 （a）探针分子 **13** 和阴离子表面活性剂聚集后的形貌变化[46]；（b）探针分子 **14** 和阴离子表面活性剂聚集示意图[47]

3.2.5 柠檬酸根离子的检测

柠檬酸根离子是动植物和细菌的重要代谢产物，其在生物体液中的含量与许多疾病有关，如肾功能障碍和前列腺癌，因此检测其在人体中的含量具有重要意义[48]。华东理工大学花建丽课题组开发了两种近红外发射吡咯并吡咯二酮（DPP）

衍生物 **15a** 和 **15b**[图 3.7（a），DPP-Py1 和 DPP-Py2]，以对称二胺为识别基团，在近红外区域可选择性快速检测柠檬酸根离子[49]。DPP-Py1 和 DPP-Py2 分别通过多个氢键和静电相互作用对柠檬酸根离子进行识别。与 DPP-Py2 相比，DPP-Py1 具有更好的 pH 耐受性，检测限较低，为 0.18 μmol/L。该工作利用 AIE 机制为柠檬酸根的定性和定量分析提供一种更简单、更快的方法。此外，他们还利用 Zn²⁺ 和具有 AIE 性质的 DTPA-TPY 配位制备了可用于柠檬酸根离子检测的荧光探针 **16**[图 3.7（b），DTPA-TPY-Zn][50]。该探针可通过一步法直接测定柠檬酸根离子含量，操作简便，并具有高信噪比和优良的选择性，最低检测浓度可低至 0.35 μmol/L。探针荧光开启的原因是柠檬酸根离子和 **16** 的络合，改变了 Zn²⁺ 的存在状态和降低了荧光猝灭效应，从而恢复荧光团（DTPA-TPY）在聚合状态下的发光。此外，人工尿液中柠檬酸盐的成功定量验证了 **16** 作为柠檬酸盐探针在真实样品中的实用性。该课题组还以经典的 TPE 为 AIE 荧光基团，以双吡啶基酰胺为识别受体，合成了一种新型的荧光开启型探针分子 **17**（TPE-Py），用于柠檬酸根的检测[图 3.7（c）][51]。该探针对柠檬酸根离子的检测表现出良好的选择性和灵敏度，检测限为 0.10 μmol/L。与 AIE 相关的荧光增强性质是基于柠檬酸根离子和探针分子 **17** 的吡啶基酰胺基团之间的氢键和静电相互作用引起的。总之，目前基于 AIE 在柠檬酸根离子检测中的应用还很少，开发更多高效、高灵敏度的柠檬酸根离子荧光探针仍然是一项富有挑战又意义重大的工作。

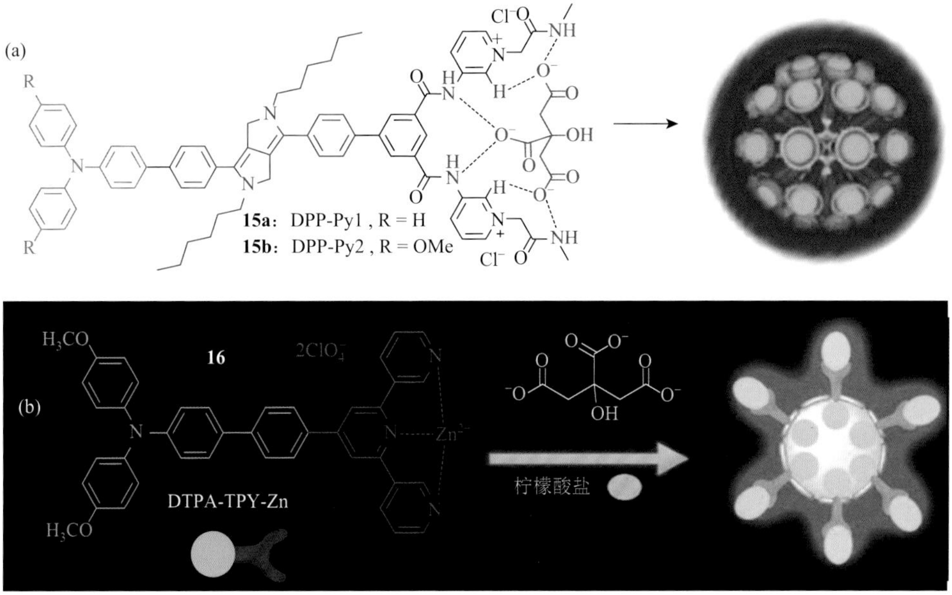

(a)

15a：DPP-Py1，R = H
15b：DPP-Py2，R = OMe

(b)

16　2ClO₄⁻

DTPA-TPY-Zn

柠檬酸盐

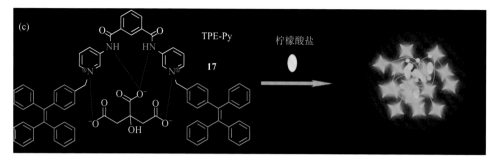

图 3.7 （a）探针分子 **15a** 和 **15b** 检测柠檬酸根离子示意图[49]；（b）锌配合物 **16** 检测柠檬酸根离子示意图[50]；（c）探针分子 **17** 检测柠檬酸根离子示意图[51]

3.2.6 磷酸根离子的检测

磷酸盐（脂质磷酸盐、无机磷酸盐、磷酸盐酯）广泛存在于自然环境中和生物系统中。磷酸盐是植物生长所必需的主要营养素，土壤中的磷含量关系到植物的生长和农作物的产量等。但是，农业上过量使用磷肥就会污染土壤和水源，造成环境污染，危害人体健康。此外，磷酸盐在生物体内也扮演着非常重要的角色，它是 DNA、RNA 的基本组成单元，也是细胞膜脂质体的主要成分，在膜完整性、骨矿化、细胞信号、肌肉功能等重要生物过程中发挥着重要作用。磷酸盐（Pi）对维持机体磷酸盐平衡和体内平衡至关重要，并参与大多数代谢过程和酶的反应。因此，不管是从环境出发还是从人类健康出发，开发出操作简单、分析速度快、灵敏度高的磷酸根荧光探针具有非常重要的意义。

西北大学吴彪团队在 2014 年的报道中，提出了阴离子配位诱导发光（ACIE）的概念[52]。该工作中设计了一种低聚脲功能化的 TPE 衍生物 **18**，通过阴离子配位诱导发光来检测磷酸盐。如图 3.8 所示，探针 **18** 是在聚集诱导发光基团四苯基乙烯上衍生出四个双脲基团，它本身是没有荧光的。但是，由于磷酸盐与探针的空间互补关系以及配位数的匹配，很容易互相结合而形成 A_4L_2 型配合物，这样就可以将四个磷酸根和两个探针分子牢牢绑在一起，发生聚集而产生荧光。这种独特的阴离子配位诱导发光可以运用到多个领域，具有很高的实用性。随后，他们又开发了一种三脚架形状的脲基-TPE 分子 **19**，该分子和磷酸盐阴离子结合后，表现出明显的荧光增强[53]。三价的磷酸根离子具有很强的结合能力，形成完全包裹的结构，导致两个分子 **19** 的 TPE 单元相互叠加而开启荧光。该分子 **19** 和其他阴离子的结合能力较弱，只能产生微弱荧光或无荧光，表现出对磷酸根离子的良好选择性。华中科技大学郑炎松课题组合成了一种含有两个二甲基甲脒基的 TPE 化合物 **20**[54]。该化合物的盐酸盐可溶于水，几乎无荧光，但是，添加磷酸根阴离子可以重新开启其荧光，而焦磷酸阴离子等其他阴离子对荧光并无影响。因此，它具有选择性检测水中磷酸根阴离子的能力。此外，化合物 **20** 还显示出在 pH 荧光开关中的应用潜力，为利用甲脒基制备阴离子荧光探针提供了一种新的思路。兰州大学的张海霞课题组设计并合成了一种具有聚集诱导发光性质的、检测磷酸根离子的探针 TPAQ[图 3.8（d），**21**]，此探针由具有聚集诱导发光性质的三苯胺（TPA）作为发光团，6-甲氧基喹啉部分作为识别基团[55]。当不良溶剂 THF 达到 80% 以上时，探针发出荧光，98% THF 体系中的荧光强度最强。当在 80% THF 体系中加入磷酸盐后，磷酸根离子与 TPAQ 之间的氢键作用，使

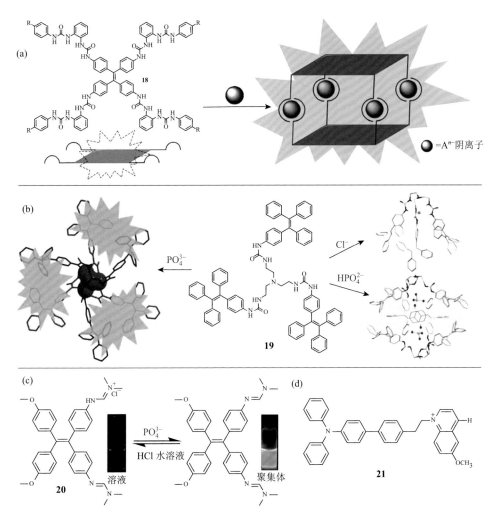

图 3.8　（a）探针分子 **18** 检测磷酸根离子的机理[52]；（b）探针分子 **19** 识别阴离子的机理[53]；（c）探针分子 **20** 检测磷酸根离子的荧光开启[54]；（d）探针分子 **21** 的结构

分子聚集从而产生强烈的荧光。该探针选择性好，灵敏度高，并且成功应用于磷酸根离子的检测。

3.2.7 焦磷酸根离子的检测

焦磷酸根离子（PPi）作为最重要的生物阴离子之一，在生理和代谢过程中起着关键的作用，也被广泛应用于食品添加剂和化学工业。此外，水中高浓度的 PPi 会导致水体的富营养化，并诱发其他严重的环境问题。因此，开发具有高度灵敏度和高选择性的 PPi 荧光探针是非常迫切的。近年来，虽然已经建立了具有不同阴离子结合位点的 PPi 的荧光探针（中性氢键供体和金属离子-阴离子相互作用体系），但进一步扩大荧光探针的实用性，进一步开发在水相和生理条件下的 PPi 检测显得尤为重要。

2010 年，Hong 团队开发了一种基于四苯基乙烯（TPE）的阴离子荧光探针。该探针是一个含有 TPE 和二吡咯胺（DPA）-Zn(Ⅱ)的配合物 **22**，主要用于检测焦磷酸盐（PPi），如图 3.9 所示，当 PPi 和配合物 **22** 配位后，分子内苯环分子的旋转受限而呈现荧光开启，该探针具有良好的 PPi 阴离子选择性和超高的灵敏度，最低检测浓度可达 9.90 μmol/L[56]。随后四川大学余孝其团队开发出了另一类锌配合物 dCT·Zn（图 3.9，**23**），同样用于 PPi 阴离子检测[57]。该锌配合物通过了单晶 X 射线衍射的表征，也是第一个基于 TPE 的荧光探针的单晶结构实例。它在 100% 水溶液中对 PPi 具有高度的选择性和灵敏性，dCT·Zn 和 PPi 的配位比例为 2∶1，其检测限更是达到了 0.02 μmol/L。华中科技大学的郑炎松教授课题组于 2015 年也合成了一种基于四苯基乙烯的新型咪唑大环（图 3.9，**24**）[58]。该大环具有一个适合与焦磷酸盐阴离子结合的空腔，在不添加锌离子的情况下，**24**-PPi 配合物是可溶性的，不能发光。在锌离子存在下，**24**-PPi 配合物与锌离子配位形成团聚

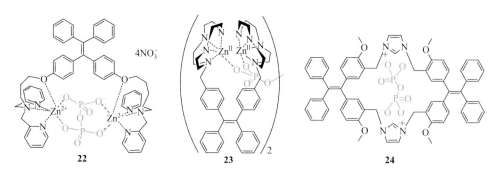

22   **23**   **24**

图 3.9　基于 TPE 衍生物的荧光探针 22～24 与 PPi 的配位示意图

体，具有很强的荧光性。因此，该大环可作为水溶液中焦磷酸盐阴离子的选择性探针。利用这类含有 TPE 基团的大环化合物的空腔选择性地"包裹"待检测物，从而开启荧光，为选择性荧光探针的设计提供了一种新的思路。

Ramesh 课题组报道了一种含有亚胺-苯并咪唑结构的探针分子 **25**[59]。如图 3.10 所示，C—C 键的旋转或者 C=N 键异构化导致激发态能量的非辐射衰减，它在四氢呋喃溶液中无荧光，水溶液中呈现典型的 AIE 性质。分子中存在 NH⁻ 和 OH⁻ 两个潜在的阴离子结合点，作者通过添加多种阴离子发现：分子 **25** 具有选择性检测焦磷酸根（PPi）的特点，随着 PPi 浓度加大（0～7 eq.），荧光逐渐增强，在紫外灯下由浅蓝绿色变成黄绿色，并且肉眼下也可区分。更重要的是，这种对 PPi 的选择性并不会由于其他阴离子（包括生物相关阴离子）的存在而被干扰，同时基于该探针的无毒性，可以适用于活 HeLa 细胞中检测 PPi 产生的水平。

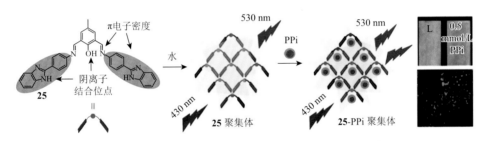

图 3.10　亚胺-苯并咪唑类荧光探针 25 的识别机理[59]

此外，PPi 阴离子的检测也可以通过基于 TPE 荧光团的自组装纳米颗粒来实现[60-63]。余孝其团队报道了含 TPE 基团的吡啶盐类荧光探针 **26**[图 3.11（a）]，PPi 可以取代碘离子并形成纳米颗粒，通过 AIE 机制增强荧光，其检测限为 0.13 μmol/L，量子产率由 0.14% 提高到 3.28%。该工作提供了一种新颖、简单、无金属参与、可自组装的结构设计策略。此外，还制备了一种方便的固体检测工具，可以快速地检测水溶液中的 PPi 阴离子[60]。大连理工大学晁多斌课题组制备了三种三联吡啶-锌配合物 **27**，作为检测水溶液中 PPi 的荧光探针[61]。如图 3.11（b）所示，当加入 PPi 时，由于 PPi 和探针分子的配位作用，可以清楚地观察到 PPi 诱导发光的纳米颗粒，并可以用于细胞成像。南昌大学曹迁永团队开发了一种由双咪唑鎓功能化的 TPE 分子（**28**）自组装而成的新型纳米结构荧光探针，可用于水溶液中 PPi 阴离子的检测[62]。**28** 在水溶液中可以形成球形的纳米聚集体但是发光微弱，在和 PPi 配位结合之后，球形聚集体可以扩大成棒状结构并具有很强的荧光，呈现 AIE 效应[图 3.11（c）]。这种探针可以实际运用到酶活性分析及水样中 PPi 阴离子的检测。陕西师范大学的赵娜课题组通过将二吡啶胺（DPA）单元连接到四苯基乙基上，构建了一种具有高选择性、高灵敏度的 PPi 阴离子荧光探针 **29**（TPE-DPA）[63]。由于 AIE 过程，**29** 可以在水溶液中聚集成纳米颗粒，并发出强烈的绿色发射。在 Cu^{2+} 存在的条件下，**29** 与 Cu^{2+} 形成络合物，有效地抑制了 **29** 的荧光发射。然而，通过引入 PPi，在 PPi 与 Cu^{2+} 的竞争性配位作用下释放了 **29**，荧光得到显著恢复。因此，该体系可以采用荧光"开启"法测定 PPi，并表现出非常低的检测限（0.06 μmol/L）。此外，**29** 在实时监测碱性磷酸酶（alkaline phosphatase，ALP）活性方面表现优异，**29**/Cu^{2+} 可用于活细胞 PPi 的成像[图 3.11（d）]。上述结果表明，阴离子诱导的聚集是一种有效的阴离子识别和传感策略，可以运用到细胞成像、生物检测等领域。

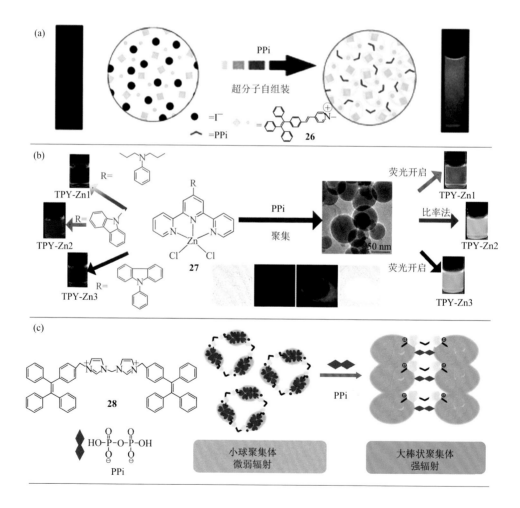

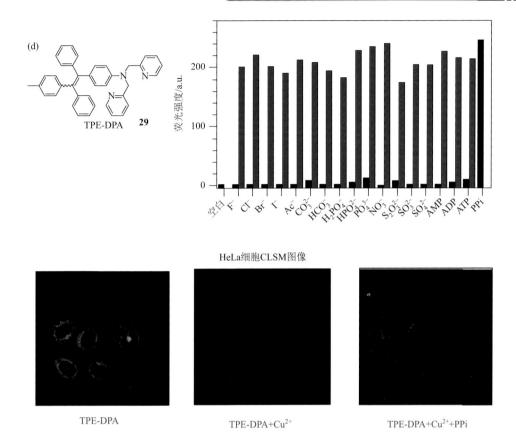

图 3.11　（a）探针 26 的结构和对 PPi 的检测机理[60]；（b）探针 27 的结构和对 PPi 的检测机理[61]；（c）探针 28 的结构和对 PPi 的检测机理[62]；（d）探针 29 的结构、阴离子检测和 HeLa 细胞成像图[63]

　　除了上面描述的有机分子型、金属配合物型和纳米颗粒型的荧光探针外，天津大学王勇课题组将 TPE 分子嵌入相对刚性、超支化的聚合物 HPA 中，制备了高水溶性的 TPE-HPA（30）材料。该材料可以在没有金属和有机溶剂参与的情况下，高效、灵敏地对 PPi 阴离子进行检测，对 PPi 的检测限可以达到 $6.5 \times 10^{-3} \ \mu mol/L$[64]。TPE 荧光团首先通过 HPA 的超支化结构在水中发生猝灭，和 PPi 配位之后，荧光可以在生理条件下重新开启（图 3.12）。与其他报道的检测 PPi 的 AIE 荧光探针相比，聚合物 30 的综合性能最好，无需金属或有机溶剂参与就可以达到 nmol/L 级别，其超高的选择性和灵敏性也可以实际应用于人类尿液中 PPi 浓度的检测。

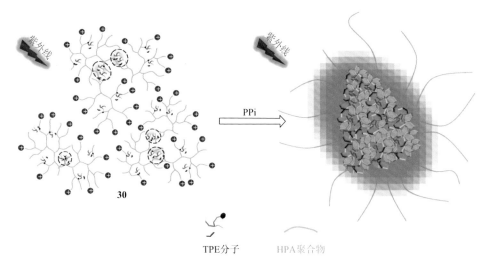

图 3.12　超支化聚合物 30 检测 PPi 的荧光开启示意图[64]

3.2.8　其他阴离子的检测

1. 亚硫酸根离子（SO_3^{2-}）

亚硫酸盐广泛用作食品和饮料的防腐剂，人体吸收过多的亚硫酸盐可引起多种呼吸困难和其他一些疾病。因此，实现亚硫酸盐的快速、灵敏、选择性检测具有重要意义。华南理工大学曾钫课题组报道了一个基于 AIE 效应的荧光探针，来检测亚硫酸盐阴离子（图 3.13）[65]。该双组分荧光探针包括苯甲醛侧基修饰的聚赖氨酸和含有两个季铵盐基团的带正电荷的 TPE 分子，在亚硫酸盐阴离子存在的情况下，赖氨酸的侧链-苯甲醛与亚硫酸盐反应并转化为带负电荷的基团，导致聚合物链和带正电的荧光团（TPE-2N⁺）之间的络合，最终实现系统的荧光增强，即 AIE 现象。水溶性生物聚合物与 AIE 荧光团的结合确保了该体系在纯水溶液（100%水）下的可操作性，有利于食品质量控制、环境污染监测和生物检测等方面的应用。此外，该系统对亚硫酸盐的荧光开启检测具有很强的选择性和灵敏度，检测限为 3.60 μmol/L，可适用于红酒、啤酒、雨水等真实样品。

2. 亚硫酸氢根离子（HSO_3^-）

亚硫酸氢盐同样也常用作食品、饮料和医药产品的防腐剂，起着抗氧化、抗菌和酶抑制剂的作用。但是，最近的研究发现，某些浓度的亚硫酸氢盐会导致一些对亚砜敏感的人出现哮喘发作、眼病症状和过敏反应。山东大学赵翠华课题组报道了一种结构简单且具有 AIE 性质的亚硫酸氢根离子探针 **31**（图 3.14）[66]。

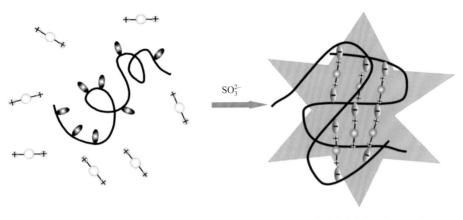

图 3.13　聚赖氨酸类荧光探针检测亚硫酸根示意图[65]

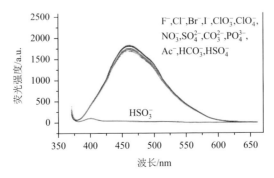

图 3.14　探针分子 31 检测亚硫酸氢根离子机理图[66]

该探针分子可以和 HSO_3^- 发生不可逆反应，并降低探针分子的荧光强度，其他阴离子几乎不影响荧光强度，是一种具有高灵敏度、高选择性的探针分子，但是距实际应用还有很长的路要走，仍然有待进一步改进。

3. 过氧亚硝酸根（ONOO⁻）

过氧亚硝酸根（ONOO⁻）是生物体内一种很重要的活性氧。它由一氧化氮自由基（NO•）和超氧阴离子自由基（O_2^-•）快速反应生成，生成位点主要在细胞中的线粒体。由于过氧亚硝酸根具有较强的氧化性和亲核性，可以和各种蛋白质、脂质体、核酸等发生反应，从而造成细胞损伤。细胞损伤的长期累积与心血管疾病、神经退行性疾病、代谢疾病、炎症甚至癌症息息相关。因此，过氧亚硝酸根在生物体内的检测和成像对于上述疾病的早期诊断有着重要意义。南开大学的丁丹课题组报道了一种 TPE 衍生物的纳米探针 32-PEG（图 3.15）[67]。该纳米探针在水溶液中无荧光，但与 ONOO⁻反应后，通过分子内氢键的恢复而发出强烈的黄色荧光。因此，该探针可用于 ONOO⁻的荧光检测，具有高灵敏度（约 100 μmol/L）和体内炎症区域的高对比度成像。同时，这是首次对荧光探针能够在体内跟踪抗炎药物的治疗效果的报道，该项工作将为开发更多用于生物成像的先进荧光探针提供新的思路和见解。

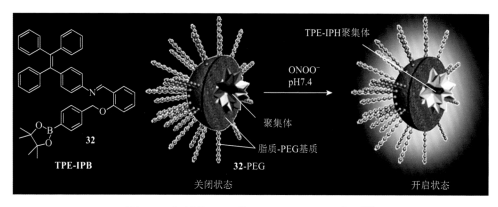

图 3.15　探针分子 32 检测 ONOO⁻机理示意图[67]

此外，四川大学向海峰课题组系统地合成和研究了一系列具有 AIE 性质的非共轭 TSBs 分子（**33a～33n**）在阴离子检测、力致荧光变色和细胞成像上的应用[68]。尽管它们涉及与非共轭三乙胺桥的连接，但它们分子间的相互作用极强，包括 N—H、O—H、H—H、C—H 以及卤键，极大地限制了分子的活动能力从而表现出强的 AIE 效应。TSBs 是一种具有三个苯酚柔性臂的三脚架结构，可作为通用阴离子载体和探针。不同结构的探针分子在对阴离子的检测方面结果非常类似，对 F⁻、OH⁻、S²⁻和 PO₄³⁻ 非常敏感，同时还能检测其他阴离子[图 3.16（a）]，不同的阴离子对探针分子的荧光强度影响不同，但差异较小。随后，他们还报道了一系列非共轭环己烷/1,2-二苯乙烷连接的席夫碱配体 **34a～34m** 和 **35a～35n**[图 3.16（b）]，测试其 AIE、手性、阴离子探针和细胞成像等特性[69]。这些具有小 π 共轭体系的 V 型或螺旋桨型席夫碱配体，通过少量的 π-π 相互作用和强的非共价分子间相互作用，如 O—H、H—H、C—H、F—H、F—F、Cl—H、Cl—O 和 Cl—Cl，可展示出强的蓝色、绿色和红色荧光，并具有 AIE 效应。此外，由于其不共轭和手性的优点，这些材料通过氢键和卤键与阴离子具有多重、强的相互作用，因此可以用作通用型阴离子荧光探针。尽管这些探针分子同样面临选择性不高的问题，但是这些简单的席夫碱配体为手性和非共轭荧光材料的设计提供了一种新的借鉴，可用于开发先进的有机光电器件、荧光生物探针和细胞成像等。

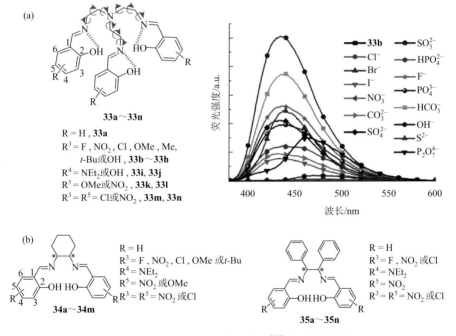

图 3.16　（a）探针分子 33a～33n 结构图和阴离子检测[68]；（b）探针分子 34a～34m 和 35a～35n 结构图

西北师范大学林奇团队研制了一种超分子金属凝胶型阴离子探针[图 3.17（a）][70]。这种凝胶探针只需要先合成有机凝胶（organogel，OG），OG 表现出很强的 AIE 性质，OG 的 AIE 和阴离子响应特性可以通过不同的金属离子来调节。

该凝胶探针通过与不同金属离子和阴离子的竞争配合，实现了对 CN⁻、SCN⁻、S²⁻ 和 I⁻的较高选择性和较高灵敏度检测。基于 OG 制备的金属凝胶薄膜不仅可以作为阴离子（CN⁻、SCN⁻、S²⁻、I⁻）检测试剂盒，而且可以作为可擦除的安全显示材料。随后，该团队还报道了一种超分子有机骨架凝胶材料（SOF-TPN-G），用于多种金属离子和阴离子的检测[图 3.17（b）][71]。SOF-TPN-G 材料表现出很强的 AIE 性能，同时，通过和多种金属离子（如 Fe^{3+}、Cu^{2+}、Cr^{3+}、Ag^+、Tb^{3+}等）结合，可以构建出一系列不同荧光颜色的金属凝胶（SOF-Ms）。基于这些新型金属凝胶材料，可以对多种阴离子进行高选择性、高灵敏度检测，如 CN⁻、F⁻、HSO_4^-。综上所述，这些具有 AIE 性质的有机凝胶和金属凝胶是一种新型刺激响应的荧光材料。基于这种凝胶材料在阴离子检测方面的应用，为新型多功能阴离子荧光探针的设计提供了新的思路。

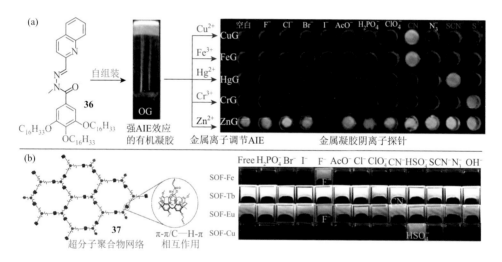

图 3.17　（a）基于超分子的金属凝胶探针的制备和阴离子检测[70]；（b）基于有机骨架的金属凝胶探针的制备和阴离子检测[71]

3.3　小结与展望

阴离子的检测对于环境科学和生命科学的意义重大。荧光探针具有信号强、灵敏度高、选择性好、响应时间短等优势，其研发和应用一直是分子识别领域的研究热点。同样，AIE 特性从根本上克服了 ACQ 的难题，在许多交叉学科都有着非常广阔的应用前景。将 AIE 运用到阴离子荧光探针的结构设计或检测机理中，已经成为一种强大和通用的策略来设计新的阴离子检测体系。

目前 AIE 在阴离子检测领域的工作方兴未艾，本章依据阴离子的种类，综述了近年来 AIE 在阴离子检测这一极具前景领域的最新进展，并根据阴离子种类或荧光探针结构进行了代表性分析。探针分子结构虽然多种多样，但大多数阴离子探针都是基于氢键、分子内/间相互作用以及金属离子的配位作用进行设计的，越来越多的探针分子适用于水溶液中的阴离子检测，灵敏度和选择性也得到了进一步提升。但是由于阴离子种类较多，受周边环境因素（如 pH、溶剂、分子间作用力等）影响较大，阴离子的检测仍然面临许多的挑战。因此，利用好 AIE 这个宽广的舞台，设计更多具备合成简便、选择性高、灵敏度高、环境友好、生物兼容等优越性能的阴离子探针是一项充满机遇和挑战的工作。

总之，通过综述 AIE 在阴离子检测中的应用，希望给读者以一定启发，期待能激发读者对这一新兴领域的研究兴趣和研究灵感，进一步促进阴离子荧光探针的发展。

（晏　靖　王　胜）

参 考 文 献

[1] Jentsch T J, Stein V, Weinreich F, et al. Molecular structure and physiological function of chloride channels. Physiological Reviews，2002，82（2）：503-568.

[2] Gale P A. Anion receptor chemistry: highlights from 2008 and 2009. Chemical Society Reviews，2010，39（10）：3746-3771.

[3] Wu J，Liu W，Ge J，et al. New sensing mechanisms for design of fluorescent chemosensors emerging in recent years. Chemical Society Reviews，2011，40（7）：3483-3495.

[4] Gale P A，Caltagirone C. Fluorescent and colorimetric sensors for anionic species. Coordination Chemistry Reviews，2018，354：2-27.

[5] Sessler J L，Katayev E，Pantos G D，et al. Synthesis and study of a new diamidodipyrromethane macrocycle: An anion receptor with a high sulfate-to-nitrate binding selectivity. Chemical Communications，2004，10（11）：1276-1277.

[6] 吕鉴泉，何锡文，陈朗星，等. 功能化杯芳烃在识别分析中的研究进展. 分析化学，2001，29（11）：1336-1344.

[7] Sen B，Mukherjee M，Pal S，et al. Development of a cell permeable ratiometric chemosensor and biomarker for hydrogen sulphate ions in aqueous solution. RSC Advances，2014，4（30）：15356-15362.

[8] Ngo H T，Liu X，Jolliffe K A. Anion recognition and sensing with Zn(Ⅱ)-dipicolylamine complexes. Chemical Society Reviews，2012，41（14）：4928-4965.

[9] Luxami V，Sharma N，Kumar S. Quaternary ammonium salt-based chromogenic and fluorescent chemosensors for fluoride ions. Tetrahedron Letters，2008，49（27）：4265-4268.

[10] Bazany-Rodríguez I J，Martínez-Otero D，Barroso-Flores J，et al. Sensitive water-soluble fluorescent chemosensor for chloride based on a bisquinolinium pyridine-dicarboxamide compound. Sensors and Actuators B：Chemical，2015，221：1348-1355.

[11] Jiao S Y, Li K, Wang X, et al. Making pyrophosphate visible: the first precipitable and real-time fluorescent sensor for pyrophosphate in aqueous solution. Analyst, 2015, 140 (1): 174-181.

[12] Kimura E, Aoki S, Koike T, et al. A tris (Zn^{II}-1, 4, 7, 10-tetraazacyclododecane) complex as a new receptor for phosphate dianions in aqueous solution. Journal of the American Chemical Society, 1997, 119 (13): 3068-3076.

[13] Bera M K, Chakraborty C, Singh P K, et al. Fluorene-based chemodosimeter for "turn-on" sensing of cyanide by hampering ESIPT and live cell imaging. Journal of Materials Chemistry B, 2014, 2 (29): 4733-4739.

[14] Cao X, Lin W, Zheng K, et al. A near-infrared fluorescent turn-on probe for fluorescence imaging of hydrogen sulfide in living cells based on thiolysis of dinitrophenyl ether. Chemical Communications, 2012, 48 (85): 10529-10531.

[15] Pacher P, Beckman J S, Liaudet L. Nitric oxide and peroxynitrite in health and disease. Physiological Reviews, 2007, 87 (1): 315-424.

[16] Zhu H, Fan J, Wang J, et al. An "enhanced PET"-based fluorescent probe with ultrasensitivity for imaging basal and elesclomol-induced HClO in cancer cells. Journal of the American Chemical Society, 2014, 136 (37): 12820-12823.

[17] Luo J, Xie Z, Lam J W, et al. Aggregation-induced emission of 1-methyl-1, 2, 3, 4, 5-pentaphenylsilole. Chemical Communications, 2001, (18): 1740-1741.

[18] Qin A J, Tang B Z. Aggregation-Induced Emission: Fundamentals. Chichester: John Wiley & Sons, Ltd, 2014: 1-3.

[19] Qin A J, Tang B Z. Aggregation-Induced Emission: Applications. Chichester: John Wiley & Sons, Ltd, 2013: 165-169.

[20] Hong Y, Lam J W Y, Tang B Z. Aggregation-induced emission. Chemical Society Reviews, 2011, 40 (11): 5361-5388.

[21] Hong Y, Lam J W Y, Tang B Z. Aggregation-induced emission: phenomenon, mechanism and applications. Chemical Communications, 2009, (29): 4332-4353.

[22] Hong Y, Meng L, Chen S, et al. Monitoring and inhibition of insulin fibrillation by a small organic fluorogen with aggregation-induced emission characteristics. Journal of the American Chemical Society, 2012, 134 (3): 1680-1689.

[23] Yu Y, Feng C, Hong Y, et al. Cytophilic fluorescent bioprobes for long-term cell tracking. Advanced Materials, 2011, 23 (29): 3298-3302.

[24] Liu Y, Yu Y, Lam J W Y, et al. Simple biosensor with high selectivity and sensitivity: thiol-specific biomolecular probing and intracellular imaging by AIE fluorogen on a TLC plate through a thiol-ene click mechanism. Chemistry-A European Journal, 2010, 16 (28): 8433-8438.

[25] La D D, Bhosale S V, Jones L A, et al. Tetraphenylethylene-based AIE-active probes for sensing applications. ACS Applied Materials & Interfaces, 2018, 10 (15): 12189-12216.

[26] Gao M, Tang B Z. Fluorescent sensors based on aggregation-induced emission: recent advances and perspectives. ACS Sensors, 2017, 2 (10): 1382-1399.

[27] Mao L, Liu Y, Yang S, et al. Recent advances and progress of fluorescent bio-/chemosensors based on aggregation-induced emission molecules. Dyes and Pigments, 2019, 162: 611-623.

[28] Mei J, Huang Y, Tian H. Progress and trends in AIE-based bioprobes: a brief overview. ACS Applied Materials & Interfaces, 2018, 10 (15): 12217-12261.

[29] Chua M H, Shah K W, Zhou H, et al. Recent advances in aggregation-induced emission chemosensors for anion sensing. Molecules, 2019, 24 (15): 2711-2753.

[30] Turan I S, Cakmak F P, Sozmen F. Highly selective fluoride sensing via chromogenic aggregation of a silyloxy-functionalized tetraphenylethylene (TPE) derivative. Tetrahedron Letters, 2014, 55 (2): 456-459.

[31] Jiang G, Liu X, Wu Y, et al. An AIE based tetraphenylethylene derivative for highly selective and light-up sensing of fluoride ions in aqueous solution and in living cells. RSC Advances, 2016, 6 (64): 59400-59404.

[32] Chen H, Liu P X, Zhuo S P, et al. A [Cu$_4$I] cluster-based metal-organic framework to detect F$^-$ ions. Inorganic Chemistry Communications, 2016, 63: 69-73.

[33] Kassl C J, Pigge F C. Anion detection by aggregation-induced enhanced emission (AIEE) of urea-functionalized tetraphenylethylenes. Tetrahedron Letters, 2014, 55 (34): 4810-4813.

[34] Samanta S, Manna U, Ray T, et al. An aggregation-induced emission (AIE) active probe for multiple targets: fluorescent sensor for Zn^{2+} and Al^{3+} & colorimetric sensor for Cu^{2+} and F$^-$. Dalton Transactions, 2015, 44 (43): 18902-18910.

[35] Chakraborty N, Bhuiya S, Chakraborty A, et al. Synthesis and photophysical investigation of 2-hydroxyquinoline-3-carbaldehyde: AIEE phenomenon, fluoride optical sensing and BSA interaction study. Journal of Photochemistry and Photobiology A: Chemistry, 2018, 359: 53-63.

[36] Alam P, Kachwal V, Laskar I R. A multi-stimulus responsive "AIE" active salicylaldehyde-based Schiff base for sensitive detection of fluoride. Sensors and Actuators B: Chemical, 2016, 228: 539-550.

[37] Choi B H, Lee J H, Hwang H, et al. Novel dimeric o-carboranyl triarylborane: intriguing ratiometric color-tunable sensor via aggregation-induced emission by fluoride anions. Organometallics, 2016, 35 (11): 1771-1777.

[38] Huang X, Gu X, Zhang G, et al. A highly selective fluorescence turn-on detection of cyanide based on the aggregation of tetraphenylethylene molecules induced by chemical reaction. Chemical Communications, 2012, 48 (100): 12195-12197.

[39] Sun Y, Li Y, Ma X, et al. A turn-on fluorescent probe for cyanide based on aggregation of terthienyl and its application for bioimaging. Sensors and Actuators B: Chemical, 2016, 224: 648-653.

[40] Zhang Y, Li D, Li Y, et al. Solvatochromic AIE luminogens as supersensitive water detectors in organic solvents and highly efficient cyanide chemosensors in water. Chemical Science, 2014, 5 (7): 2710-2716.

[41] Chen W, Zhang Z, Li X, et al. Highly sensitive detection of low-level water contents in organic solvents and cyanide in aqueous media using novel solvatochromic AIEE fluorophores. RSC Advances, 2015, 5 (16): 12191-12201.

[42] Gabr M T, Pigge F C. A fluorescent turn-on probe for cyanide anion detection based on an AIE active cobalt(II) complex. Dalton Transactions, 2018, 47 (6): 2079-2085.

[43] Chen S, Ni X L. Development of an AIE based fluorescent probe for the detection of nitrate anions in aqueous solution over a wide pH range. RSC Advances, 2016, 6 (9): 6997-7001.

[44] Li N, Liu Y, Li Y, et al. Fine tuning of emission behavior, self-assembly, anion sensing, and mitochondria targeting of pyridinium-functionalized tetraphenylethene by alkyl chain engineering. ACS Applied Materials & Interfaces, 2018, 10 (28): 24249-24257.

[45] Cserhati T, Forgacs E, Oros G. Biological activity and environmental impact of anionic surfactants. Environment International, 2002, 28 (5): 337-348.

[46] Yu D, Zhang Q, Wu C, et al. Highly fluorescent aggregates modulated by surfactant structure and concentration.

Journal of Physical Chemistry B，2010，114（27）：8934-8940.

[47] Gao M，Wang L，Chen J，et al. Aggregation-induced emission active probe for light-up detection of anionic surfactants and wash-free bacterial imaging. Chemistry-A European Journal，2016，22（15）：5107-5112.

[48] Simpson D P. Regulation of renal citrate metabolism by bicarbonate ion and pH：observations in tissue slices and mitochondria. Journal of Clinical Investigation，1967，46（2）：225-238.

[49] Hang Y，Wang J，Jiang T，et al. Diketopyrrolopyrrole-based ratiometric/turn-on fluorescent chemosensors for citrate detection in the near-infrared region by an aggregation-induced emission mechanism. Analytical Chemistry，2016，88（3）：1696-1703.

[50] Jiang T，Lu N，Hang Y，et al. Dimethoxy triarylamine-derived terpyridine-zinc complex：a fluorescence light-up sensor for citrate detection based on aggregation-induced emission. Journal of Materials Chemistry C，2016，4（42）：10040-10046.

[51] Liu C，Hang Y，Jiang T，et al. A light-up fluorescent probe for citrate detection based on bispyridinum amides with aggregation-induced emission feature. Talanta，2018，178：847-853.

[52] Zhao J，Yang D，Zhao Y，et al. Anion coordination-induced turn-on fluorescence of an oligourea-functionalized tetraphenylethene in a wide concentration range. Angewandte Chemie International Edition，2014，53（26）：6632-6636.

[53] Zhao J，Yang D，Zhao Y，et al. Phosphate-induced fluorescence of a tetraphenylethene-substituted tripodal tris（urea）receptor. Dalton Transactions，2016，45（17）：7360-7365.

[54] Yuan Y X，Wang J H，Zheng Y S. Selective fluorescence turn-on sensing of phosphate anion in water by tetraphenylethylene dimethylformamidine. Chemistry-An Asian Journal，2019，14（6）：760-764.

[55] 张逢源. 具有杂环结构的阴离子荧光探针的合成及应用. 兰州：兰州大学，2018.

[56] Park C，Hong J I. A new fluorescent sensor for the detection of pyrophosphate based on a tetraphenylethylene moiety. Tetrahedron Letters，2010，51（15）：1960-1962.

[57] Xu H R，Li K，Wang M Q，et al. The dicyclen-TPE zinc complex as a novel fluorescent ensemble for nanomolar pyrophosphate sensing in 100% aqueous solution. Organic Chemistry Frontiers，2014，1（11）：1276-1279.

[58] Wang J H，Xiong J B，Zhang X，et al. Tetraphenylethylene imidazolium macrocycle：synthesis and selective fluorescence turn-on sensing of pyrophosphate anions. RSC Advances，2015，5（74）：60096-60100.

[59] Gogoi A，Mukherjee S，Ramesh A，et al. Aggregation-induced emission active metal-free chemosensing platform for highly selective turn-on sensing and bioimaging of pyrophosphate anion. Analytical Chemistry，2015，87（13）：6974-6979.

[60] Xu H R，Li K，Jiao S Y，et al. Tetraphenylethene-pyridine salts as the first self-assembling chemosensor for pyrophosphate. Analyst，2015，140（12）：4182-4188.

[61] Chao D B，Zhang Y X. Anion-induced emissive nanoparticles for tunable fluorescence detection of pyrophosphate and bioimaging application. Sensors and Actuators B：Chemical，2017，242：253-259.

[62] Li C T，Xu Y L，Yang J G，et al. Pyrophosphate-triggered nanoaggregates with aggregation-induced emission. Sensors and Actuators B：Chemical，2017，251：617-623.

[63] Li P，Liu Y，Zhang W，et al. A fluorescent probe for pyrophosphate based on tetraphenylethylene derivative with aggregation-induced emission characteristics. ChemistrySelect，2017，2（13）：3788-3793.

[64] Li C，Chen Y，Yang L，et al. Tetraphenylethene decorated hyperbranched poly（amido amine）s as metal/organic-solvent-free turn-on AIE probe for specific pyrophosphate detection. Sensors and Actuators B：Chemical，

2019，291：25-33.

[65] Xie H，Zeng F，Yu C，et al. A polylysine-based fluorescent probe for sulfite anion detection in aqueous media via analyte-induced charge generation and complexation. Polymer Chemistry，2013，4（21）：5416-5424.

[66] Yang B，Niu X，Huang Z，et al. A novel kind of dimmer（excimer）-induced-AIE compound 2-phenylisothiazolo[5，4-b]pyridin-3(2H)-one as high selective bisulfite anion probe. Tetrahedron，2013，69（38）：8250-8254.

[67] Song Z，Mao D，Sung S H，et al. Activatable fluorescent nanoprobe with aggregation-induced emission characteristics for selective in vivo imaging of elevated peroxynitrite generation. Advanced Materials，2016，28（33）：7249-7256.

[68] Zhang X，Shi J，Shen G，et al. Non-conjugated fluorescent molecular cages of salicylaldehyde-based tri-Schiff bases：AIE，enantiomers，mechanochromism，anion hosts/probes，and cell imaging properties. Materials Chemistry Frontiers，2017，1（6）：1041-1050.

[69] Shen G，Gou F，Cheng J，et al. Chiral and non-conjugated fluorescent salen ligands：AIE，anion probes，chiral recognition of unprotected amino acids，and cell imaging applications. RSC Advances，2017，7（64）：40640-40649.

[70] Lin Q，Lu T T，Zhu X，et al. A novel supramolecular metallogel-based high-resolution anion sensor array. Chemical Communications，2015，51（9）：1635-1638.

[71] Liu J，Fan Y Q，Song S S，et al. Aggregation-induced emission supramolecular organic framework（AIE SOF）gels constructed from supramolecular polymer networks based on tripodal pillar[5]arene for fluorescence detection and efficient removal of various analytes. ACS Sustainable Chemistry & Engineering，2019，7（14）：11999-12007.

聚集诱导发光基荧光探针在环境样品
pH 检测中的应用

pH 在环境检测中的意义

  pH 是水体质量的重要指标之一，直接影响水中微生物的生存环境。pH 异常，表明水体受到污染。清洁天然水的 pH 一般为 6.5～8.5，国家对城镇居民生活饮用水、工业用水以及各类废水的排放都有明确的 pH 要求。国家标准《生活饮用水卫生标准》（GB 5749—2006）中规定，一般生活饮用水的 pH 应在 6.5～8.5[1]。国家标准《城市污水再生利用　工业用水水质》（GB/T 19923—2005）中规定，再生水作为工业用水水源的水质标准应满足 pH 为 6.5～9.0[2]。国家标准《污水综合排放标准》（GB 8978—1996）中规定，pH 作为第二类污染物，其排放标准应为 6.0～9.0[3]。

  为了准确测定环境水样的 pH，最常用的手段为电化学法和比色法等。电化学法具有准确度高，不受水样的色度、浑浊度和氧化还原性物质的干扰等突出优点。然而，在使用电化学法进行 pH 检测时，需要具备相关测量仪器、标准溶液等，测试过程较为烦琐。比色法相对于电化学法来说，仪器设备需求大大降低。将显色剂制成试剂盒或者试纸，通过接触水样后的吸光度或颜色变化，即可判断水样的 pH。比色法具有设备简单、检测迅速等突出优点。然而，该方法容易受到水的色度、浑浊度和各种氧化还原物质的干扰，准确度相对较低，只能用于概略测定水样的 pH。相对于比色法来说，荧光法检测 pH 虽然也会受到水样中背景荧光或各种氧化还原物质的干扰，但其灵敏度远高于比色法，适于感知水样的微小 pH 变化。同时，荧光法也具备设备简单、操作容易等优点，并且更适于裸眼检测，因而具有良好的应用前景。

  在本章中，我们将根据检测机理对已报道的 AIE 基 pH 荧光探针进行分类，梳理其检测机理和检测性能，并介绍其在环境水样 pH 检测中的应用前景及实际应用时应当注意的事项。

4.2　AIE 基 pH 荧光探针的分类和设计思路

　　荧光法检测 pH 的关键在于荧光探针的选择，其响应模式一般可分为两类，一类是"增强/猝灭型"，另一类是"比率型"。"增强/猝灭型"响应模式指的是随着水样 pH 的变化，荧光探针的荧光发生"增强"或"猝灭"变化的一类响应模式，其光谱特征为某一波长荧光信号随 pH 的改变发生强度的变化。"比率型"响应模式指的是随着水样 pH 的变化，荧光探针的"荧光颜色"发生变化的一类响应模式，其光谱特征为双波长荧光信号随 pH 的改变发生此消彼长的变化。相对于"增强/猝灭型" pH 荧光探针，"比率型"响应模式的 pH 荧光探针信号变化更加明显，更易于裸眼检测。同时，荧光信号的比率变化使其具有自校正的特性，其响应受到探针自身浓度的影响相对较小，因而具有更高的准确度。

　　通过结合 AIE 分子，有利于得到性能优良的 AIE 基 pH 荧光探针。AIE 分子在聚集状态或固体状态下会表现出与分散状态截然不同的荧光。因此，理论上来说，能与质子或氢氧根发生相互作用从而改变其在水中溶解性能的 AIE 分子都可以被用来作为 pH 荧光探针，这也成为 AIE 基 pH 荧光探针的一种主要设计思路。常用来修饰 AIE 分子，使其能与质子或氢氧根发生相互作用的基团包括羧基、酚羟基、氨基、吡啶等。一些 AIE 分子也会由于自身的独特结构，与质子或氢氧根发生不可逆的反应，成为反应型 pH 荧光探针。此外，利用超分子自组装等作用，一些机理独特的 AIE 基 pH 荧光探针也被陆续报道。

4.2.1　质子结合型 AIE 基 pH 荧光探针

　　质子结合型 AIE 基 pH 荧光探针通过在 AIE 分子上修饰质子结合基团，使 AIE 分子具有结合质子的能力，用于对酸性水样 pH 的检测。结合质子前后的探针分子可以发生分子结构、溶解性等变化，导致荧光的转变，从而实现对水样 pH 的荧光检测。对于质子结合型 AIE 基 pH 荧光探针来说，由于结合质子所需要的官能团通常含有孤对电子，此类 pH 荧光探针有时也可以对酸性溶液中的金属离子等发生荧光响应。在进行实际环境水样检测时，要根据所测样品的不同组成进行有针对性的选择。

　　常见的质子结合基团包括吡啶基、氨基、N, N-二烷基氨基等（图 4.1）。例如，2013 年，唐本忠课题组利用咔唑供体和吡啶受体的相互作用设计合成了一种同时具有 ICT 和 AIE 性能的 pH 荧光探针 1[4]。由于其 AIE 特点，1 在聚集状态下表现出很强的蓝色荧光。在酸性水溶液中，吡啶基团与质子结合，1 发生从聚集态到溶解态的变化，荧光猝灭。其滴定突跃范围为 pH 2～5，因而可以实现对酸性水样 pH 的检测。利用该探针制备的试纸，在 pH>4 时表现出亮蓝色荧光，在接触 pH 1～2 的水样后表现出明亮的黄色荧光，因此可以实现对强酸性水样的比率型荧光裸眼检测。2015 年，唐本忠课题组将 *N, N*-二乙氨基修饰于四苯基乙烯（TPE）上，得到 AIE 基 pH 荧光探针 **2**[5]。*N, N*-二乙氨基的引入使得该分子具有很强的质子捕获能力。在酸性条件下，该探针结合质子，提高了在水中的溶解度，表现出随 pH 降低而产生荧光猝灭的变化。研究结果表明，在 pH 4.4～6.0 的范围内，**2** 的荧光强度与 pH 之间具有良好的线性关系。2018 年，魏辉课题组将亮氨酸基

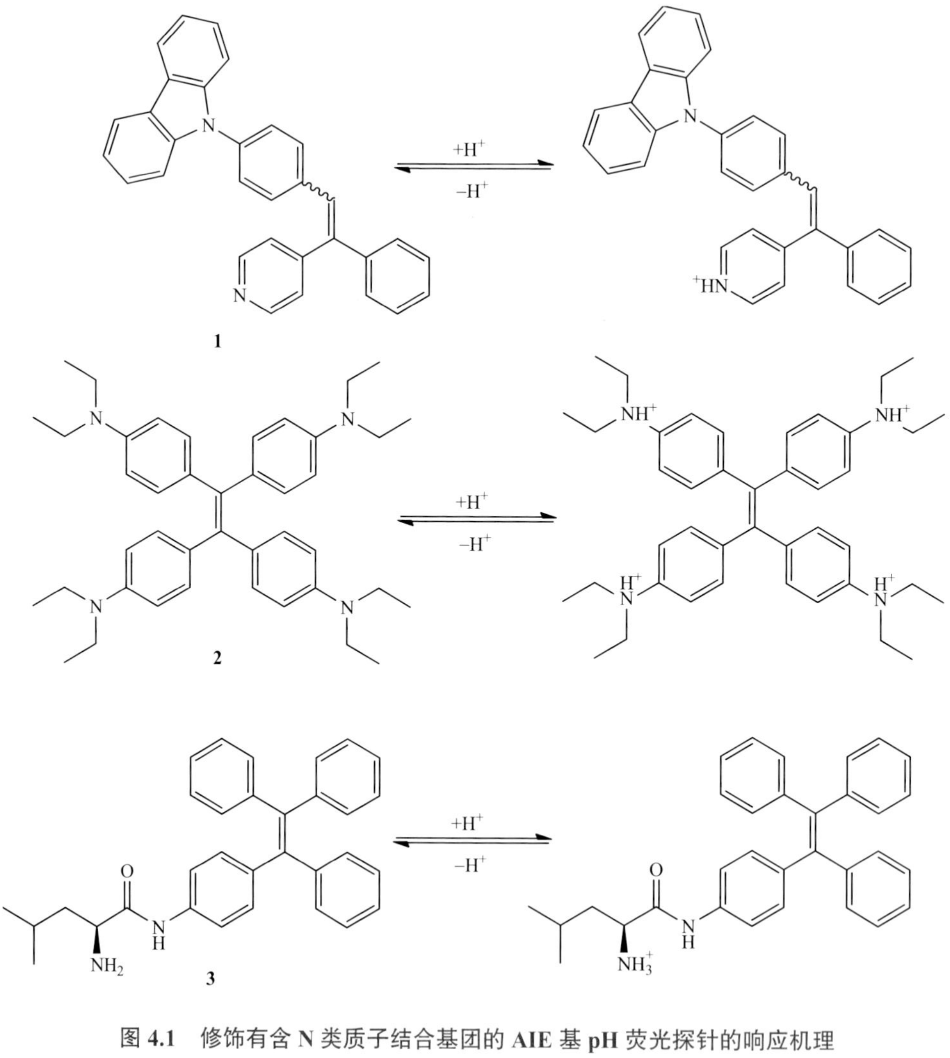

图 4.1　修饰有含 N 类质子结合基团的 AIE 基 pH 荧光探针的响应机理

团和 TPE 相结合，开发了一种 AIE 基 pH 荧光探针 **3**[6]。**3** 中的脂肪胺在酸性条件下很容易质子化，提高了分子在水中的溶解性。而在碱性条件下，**3** 处于聚集状态，发射强荧光。在 pH 5.5～10 的范围内，其荧光逐渐增强，可以实现对水样 pH 的定量检测。值得注意的是，该探针在金属离子、氧化还原试剂和生物分子存在的情况下对水样的 pH 仍然具有很高的检测灵敏度。

除了吡啶、氨基、*N, N*-二烷基氨基等含氮基团外，螺内酰胺、螺内酯等螺环结构也是良好的质子结合基团。这些结构在结合质子后，可以发生开环反应，带来分子结构的巨大改变，显著影响体系的荧光性能。2018 年，Liu 课题组将 TPE 与螺内酰胺结构相连，设计合成了一系列比率型 pH 荧光探针（**4**～**6**）（图 4.2）[7]。这些荧光探针通过螺内酰胺基团与质子的结合发生螺内酰胺开环反应，产生荧光变化。结合质子前，分子中的螺内酰胺部分处于闭环状态，不发射荧光，分子整体呈现 TPE 部分的蓝色发光；结合质子后，螺内酰胺部分发生开环，通过跨键能量转移（through-bond energy transfer，TBET）效应，将被激发的 TPE 的能量转移

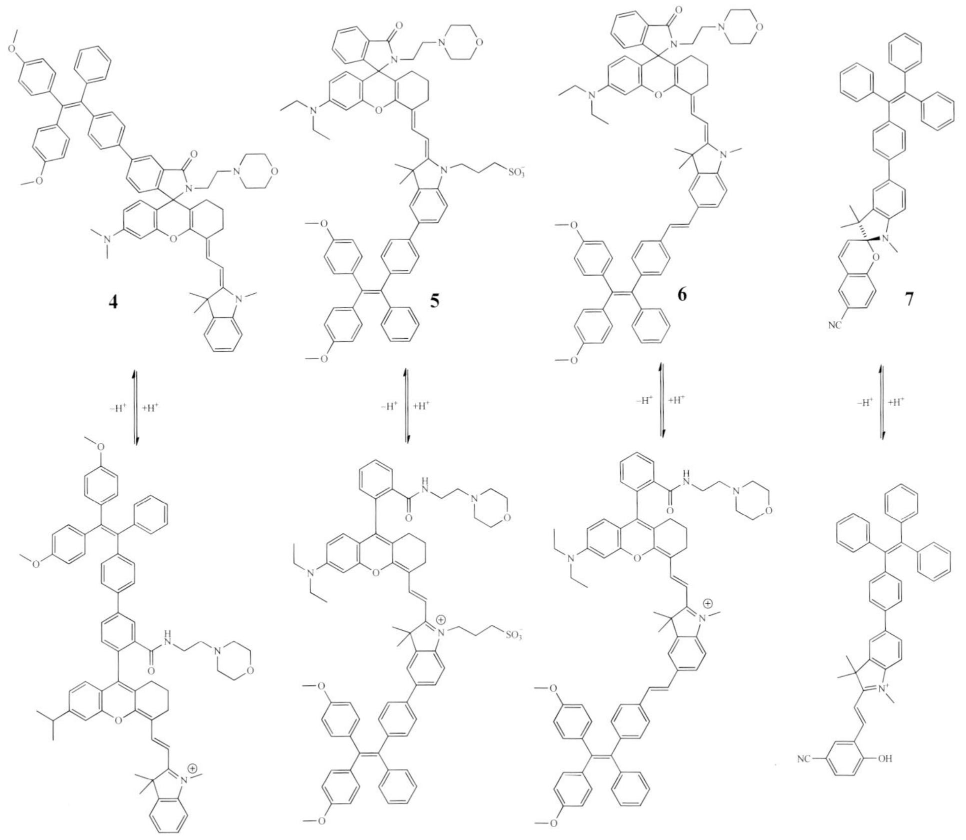

图 4.2　修饰有螺环结构的 AIE 基 pH 荧光探针的响应机理

至螺内酰胺半花青素部分，分子整体表现红色荧光，从而实现比率型荧光变化。这一系列的 pH 荧光探针的响应范围在 pH 3～7，具有较高的信噪比，适于裸眼检测。然而由于螺内酰胺半花青素结构容易与氧化剂、还原剂或者金属离子相互作用，在使用此类探针进行水样检测时，需避免水样中其他干扰物质对探针检测效果的影响。2019 年，张晓安课题组将 TPE 和螺吡喃结构相结合，制备了一种“增强/猝灭型”AIE 基 pH 荧光探针 **7**[8]。该探针在 pH 为 0 时几乎没有荧光，而随着 pH 增加，荧光逐渐增强，至 pH 为 4 时荧光强度达到饱和。在 pH 0～4 的范围内，其荧光强度与 pH 具有良好的线性关系。其响应机理为螺内酰胺在酸性条件下与质子相结合，发生开环反应。由于质子化，AIE 分子在水中的溶解度增强，从而实现了随 pH 降低荧光从亮到暗的变化。这种荧光探针具有在强酸性水样中指示 pH 的能力，但由于其对亚硫酸根也能发生响应，因而在实际应用时应避免与亚硫酸根的接触。

图 4.3 和表 4.1 列举了已报道的质子结合型 AIE 基 pH 荧光探针的结构、pH 响应范围及响应模式等信息。

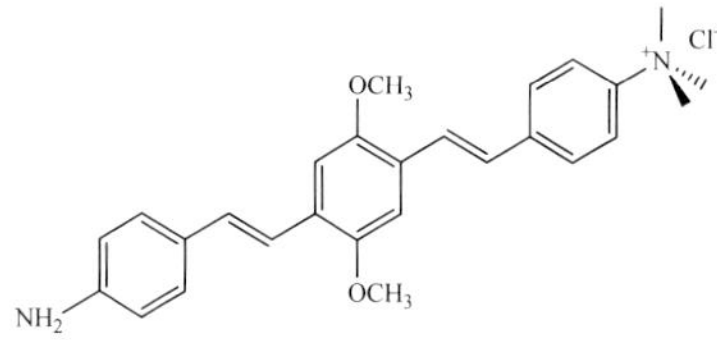

8

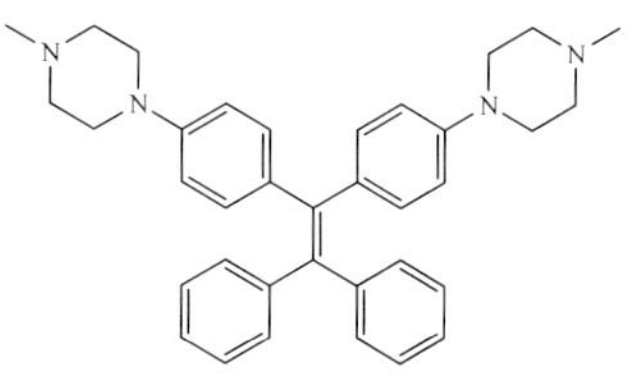

9

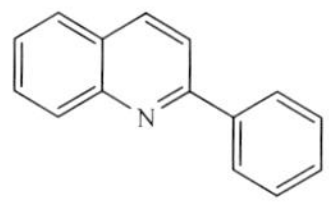

10

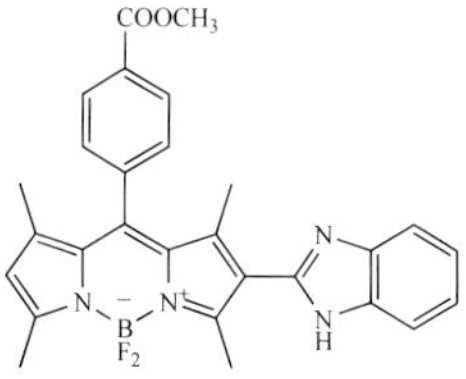

11

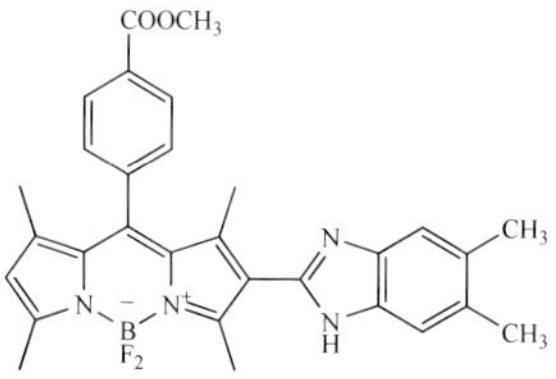

12

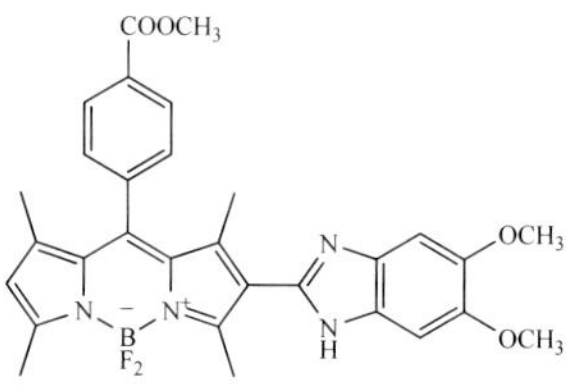

13

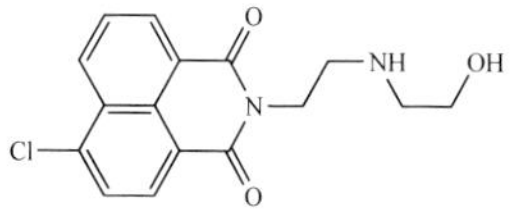

15

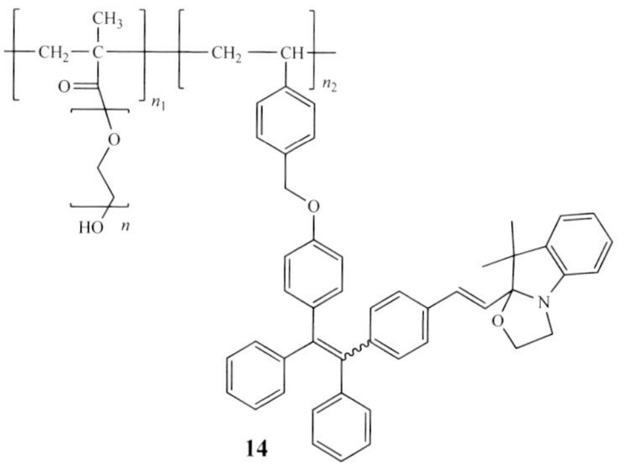

14

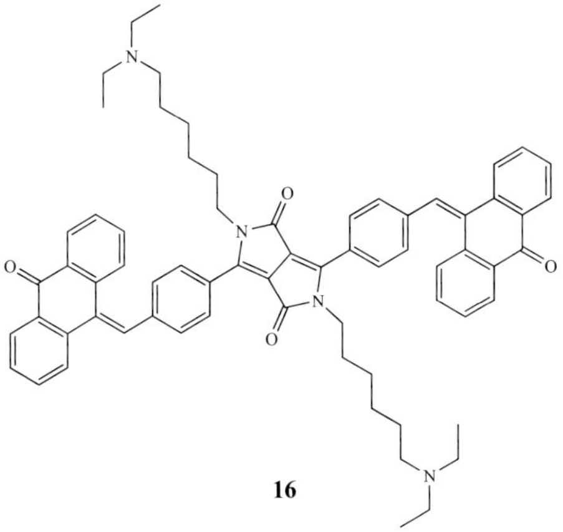

16

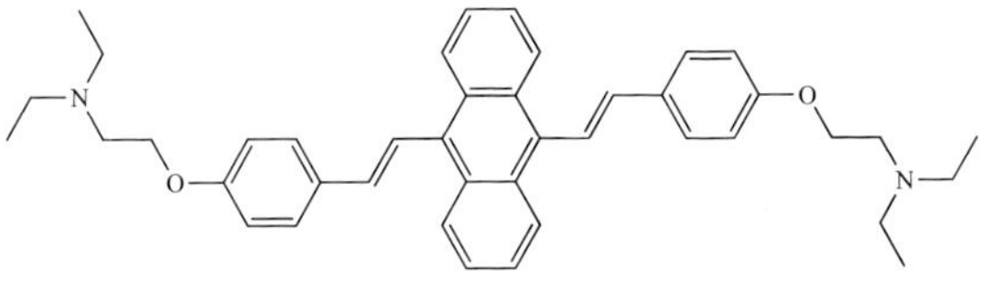

17

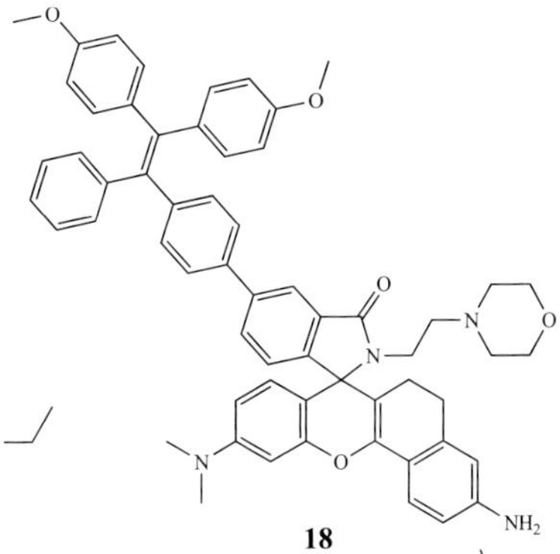

18

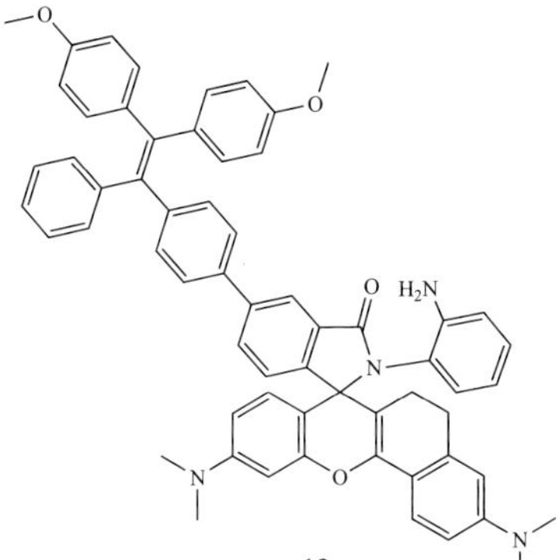

19

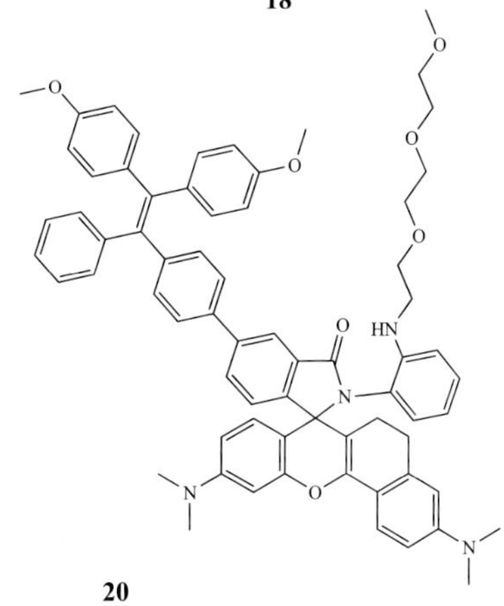

20

图 4.3 已报道的质子结合型 AIE 基 pH 荧光探针的结构[9-17]

表 4.1 已报道的质子结合型 AIE 基 pH 荧光探针的性能

探针	发射波长/nm	pH 突跃范围	pH 突跃中点	响应模式	文献出处
1	455	1～5	约 3	增强/猝灭型	[4]
2	544	4.4～6.0	约 5	增强/猝灭型	[5]
3	455	6～10	约 8	增强/猝灭型	[6]
4	737/510	3.0～7.4	约 5.5	比率型	[7]

探针	发射波长/nm	pH 突跃范围	pH 突跃中点	响应模式	文献出处
5	754/505	2.5~7.4	约 5.2	比率型	[7]
6	747/540	2.5~7.4	约 4.5	比率型	[7]
7	485	0~4	约 2	增强/猝灭型	[8]
8	466/600	2~12	约 5.5	比率型	[9]
9	509	6~9	约 7.5	增强/猝灭型	[10]
10	345/397	5~8	约 7	比率型	[11]
11	510/595	3.5~5.5	约 4.4	比率型	[12]
12	519/659	1.5~5	约 2.7	比率型	[12]
13	511/695	2~5.5	约 3.6	比率型	[12]
14	489/639	4~7	约 5.5	比率型	[13]
15	405	7~10	约 8.50	增强/猝灭型	[14]
16	620	9~12	约 10.59	增强/猝灭型	[15]
17	510	6~9	约 6.9	增强/猝灭型	[16]
18	495/630	7.6~3.2	约 4.4	比率型	[17]
19	486/642	7.6~3.2	约 4.6	比率型	[17]
20	483/641	7.6~3.2	约 4.8	比率型	[17]

4.2.2　氢氧根结合型 AIE 基 pH 荧光探针

在碱性水样中，主要含有大量的氢氧根离子，因而在设计能对碱性水样进行检测的 AIE 基 pH 荧光探针时，需要引入能与氢氧根离子结合的响应基团。一方面，与氢氧根反应后的探针分子可以带有负电荷，在水中的溶解性发生变化，导致荧光的转变；另一方面，对于通过激发态分子内质子转移（ESIPT）机理产生 AIE 性能的探针分子来说，与氢氧根反应可以破坏原有的分子内氢键，显著改变探针的荧光。因此，氢氧根结合型 AIE 基 pH 荧光探针相对于质子结合型 AIE 基 pH 荧光探针更容易表现出比率型的荧光变化。

常见的氢氧根结合基团包括酚羟基、羧基、磺酸基、硼酸基等。例如，2011 年，童爱军课题组报道了一例基于水杨醛缩苯胺类席夫碱分子的比率型 pH 荧光探针 **21**[18]。如图 4.4 所示，在酸性条件下，探针 **21** 为聚集态，在 559 nm 处有强烈的黄色荧光。当 pH 逐渐升高时，探针 **21** 中的羧基首先与氢氧根反应，发生去质子化，探针的荧光逐渐减弱；随着 pH 的进一步升高，探针 **21** 中的酚羟基也发生去质子化反应，生成具有强烈绿色荧光的二价阴离子，实现了比率型的荧光信号转变。该转变的突跃中点位于 pH = 6 附近，与正常水样和酸污染水样的 pH 分界点相符。更重要的是，该探针对 pH 的检测不受常见金属离子（0.3 mmol/L）的影响，因此可以用来检测受酸污染、含有一定重金属的水样。2012 年，唐本忠课题组用半花青素结构修饰 TPE 设计合成了一种具有 AIE 特性可用于检测 pH 的荧光探针

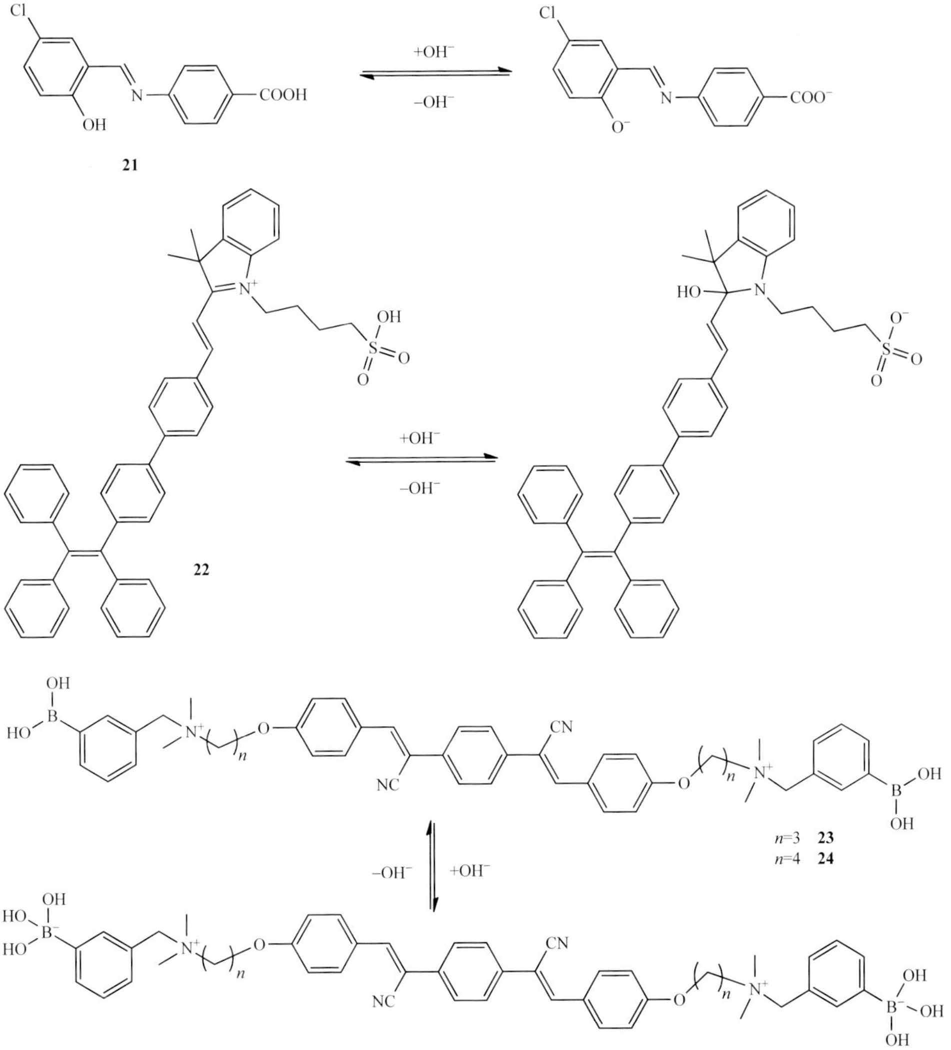

图 4.4　修饰有氢氧根结合基团的 AIE 基 pH 荧光探针的响应机理

22[19]。在碱性溶液中，探针的磺酸基与氢氧根结合脱去质子。同时，溶液中的氢氧根可以作为亲核试剂，与吲哚基团上的碳氮双键发生加成反应，改变分子的共轭结构。相应地，探针 **22** 在 pH 5～7 时表现出红色荧光逐渐减弱，在 pH 7～10 时几乎没有荧光，在 pH 10～14 时表现出蓝色荧光逐渐增强，是一个典型的比率型 pH 荧光探针。2017 年，Shinkai 课题组报道了两种含有硼酸基的 AIE 基 pH 荧光探针 **23** 和 **24**[20]。这些探针通过硼酸基结合氢氧根，改变分子的电荷和在水溶液中的溶解度，实现了聚集状态和荧光强度的改变。

需要指出的是，酚羟基与氢氧根的结合不仅会带来探针在水中溶解度的变化，还会带来探针发光机理的改变。许多通过 ESIPT 机理产生 AIE 性能的荧光分子中都含有酚羟基，如水杨醛席夫碱、2-(2-羟苯基)苯并噻唑等。以水杨醛缩肼（**25**）为例，在被光激发后，水杨醛缩肼分子由烯醇式基态（Enol）变为烯醇式激发态（Enol*）。由于水杨醛缩肼中酚羟基氢和氮原子之间分子内氢键的存在，Enol* 通过 ESIPT 过程迅速转变为能量较低的酮式激发态（Keto*）。当分子从 Keto* 变回酮式基态（Keto）时，发射出波长较长、斯托克斯位移较大的荧光，即 ESIPT 荧光（图 4.5）。在碱性环境中，具有 ESIPT 发光机理的 AIE 分子常常可以结合氢氧根，原有的分子内氢键被破坏，发生明显的荧光变化。水杨醛缩肼在酸性环境中为聚集状态，通过 ESIPT 机理发射黄色荧光。随着 pH 的升高，水杨醛缩肼发生去质子化，黄色荧光猝灭，产生青色荧光，实现比率型响应[21]。

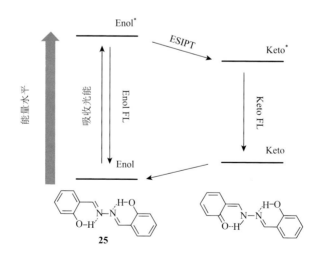

图 4.5　水杨醛缩肼 AIE 分子的 ESIPT 发光机理

图 4.6 和表 4.2 列举了已报道的氢氧根结合型 AIE 基 pH 荧光探针的结构、pH 响应范围及响应模式等信息。

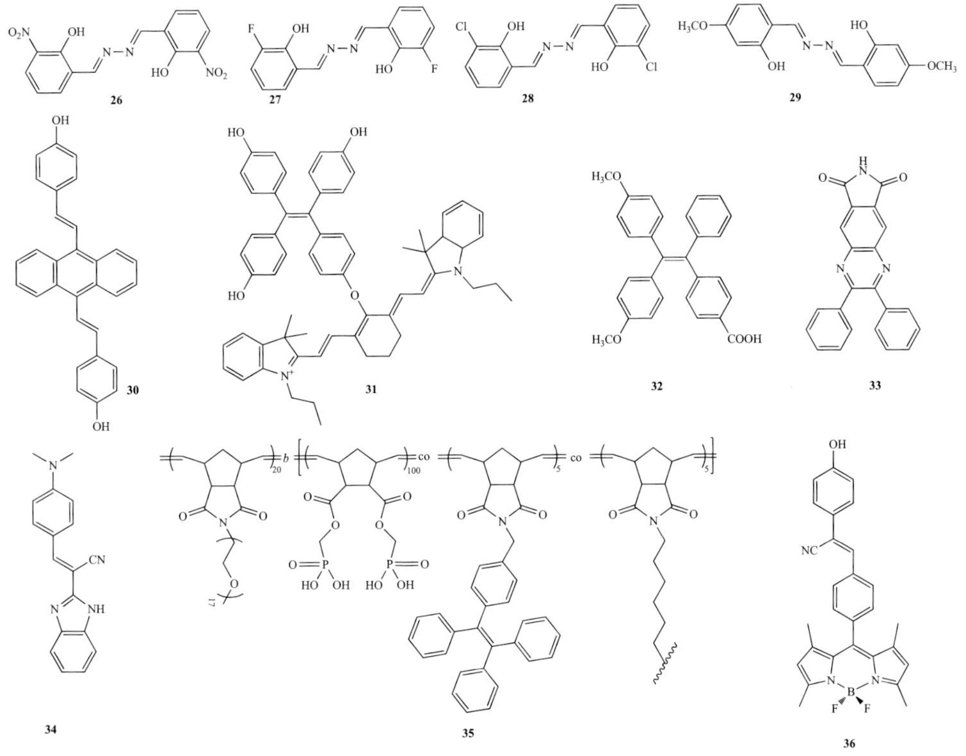

图 4.6　已报道的氢氧根结合型 AIE 基 pH 荧光探针的结构[21-27]

表 4.2　已报道的氢氧根结合型 AIE 基 pH 荧光探针的性能

探针	发射波长/nm	pH 突跃范围	pH 突跃中点	响应模式	文献出处
21	516/559	5~7	6	比率型	[18]
22	630/480	6~13	10	比率型	[19]
23	465	6~8	6.9	增强/猝灭型	[20]
24	465	6~7	6.2	增强/猝灭型	[20]
25	513/536	9~11	9.3	比率型	[21]
26	566	6~9	7.5	增强/猝灭型	[21]
27	510/548	7~10	8.2	比率型	[21]
28	515/565	7~11	8.5	比率型	[21]
29	491/507	8~13	9.5	比率型	[21]
30	490	8~10	9.9	增强/猝灭型	[16]

续表

探针	发射波长/nm	pH 突跃范围	pH 突跃中点	响应模式	文献出处
31	790	5.0～10.7	8	增强/猝灭型	[22]
32	513	5～7	约 6	增强/猝灭型	[23]
33	426	8～10	8.9	增强/猝灭型	[24]
34	537/600 500/600	1～3 9～11.5	2 10.4	比率型	[25]
35	473	1～6	约 4	增强/猝灭型	[26]
36	530	9～10.5	9.8	增强/猝灭型	[27]

4.2.3 其他 AIE 基 pH 荧光探针

除了结合质子或氢氧根发生荧光变化而指示 pH 之外，人们也利用氢离子或者氢氧根参与的化学反应，来设计 AIE 基 pH 荧光探针（图 4.7）。2014 年，唐本忠课题组将 TPE 与茚二酮结合，设计合成了一种反应型 AIE 基 pH 荧光探针 **37**[28]。在碱性条件下，氢氧根促进分子内双键发生断裂，生成茚二酮和 TPE 醛，带来荧光变化。2016 年，李恺课题组设计了一系列水杨醛缩苯胺衍生物 **38～40**[29]。这些具有 AIE 性能的化合物在酸性条件下会发生分子内碳氮双键断裂，发生荧光猝灭。由于 **38～40** 的水杨醛部分具有不同的取代基，使得这些化合物的碳氮双键强度不同，因而发生水解的 pH 也不同，可以有效指示水样的不同 pH。2018 年，李恺课题组设计了一系列水杨醛腙 pH 荧光探针 **41～43**[30]。在碱性环境中，这些探针分子发生去质子化，表现出强烈的蓝色、青色和绿色荧光；在酸性环境中，氢离子诱导水杨醛腙发生双分子缩合，产生具有 AIE 性能的水杨醛缩肼分子，从而分别表现出黄色、橙色和红色荧光，实现了对水样 pH 的比率型检测。然而，由于反应型 AIE 基 pH 荧光探针所采用的多为不可逆反应，一定程度上限制了其在实际水样检测中的应用。

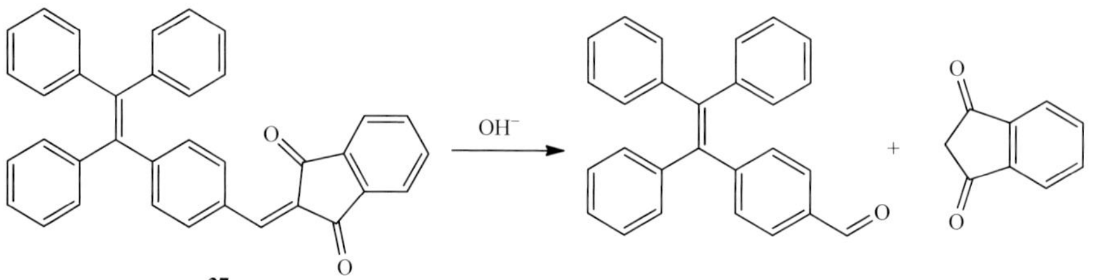

37

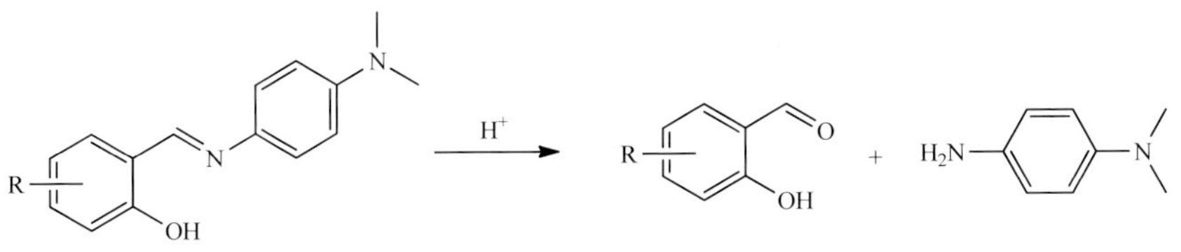

38　R = 4-H　39　R = 4-OCH₃　40　R = 5-Cl

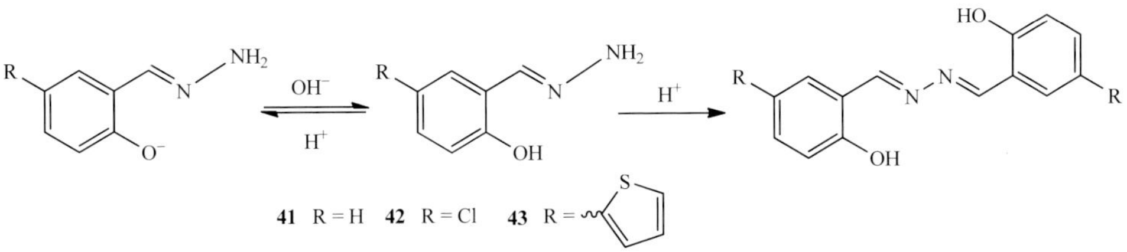

41　R = H　42　R = Cl　43　R =

图 4.7　一些反应型 AIE 基 pH 荧光探针的结构和响应机理

　　利用酸碱调控的分子自组装，也可以设计得到 AIE 基 pH 荧光探针（图 4.8）。例如，2015 年，Zhou 课题组利用离子型水溶性柱芳烃 **44** 和修饰有羧酸根的 TPE 分子 **45** 在碱性条件下进行自组装，发射强烈的蓝色荧光；在酸性条件下，羧酸根质子化，自组装结构被破坏，荧光猝灭，实现对水样 pH 的增强/猝灭型响应[31]。2015 年，梁兴杰课题组选择 TPE 分子作为发光基团，通过修饰对 pH 敏感的多肽链，得到了化合物 **46**[32]。机理实验表明，**46** 分子的多肽链受到溶液 pH 的影响发生折叠和展开，影响了 **46** 分子的自组装，因而发生荧光转变。研究发现，**46** 的

(a)

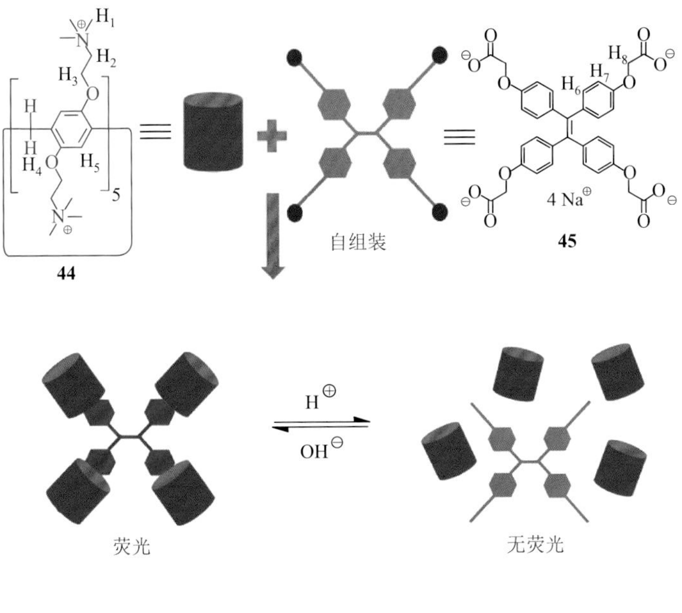

44

自组装　　45　　4 Na⊕

荧光　　　　无荧光

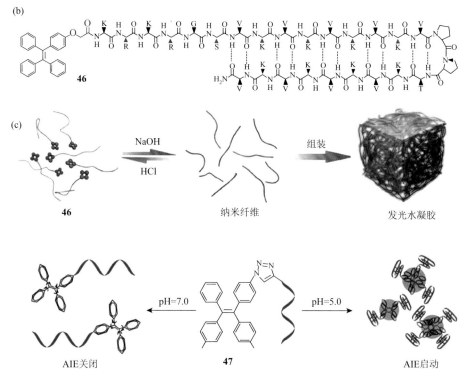

图 4.8 一些利用酸碱调控自组装机理进行响应的 AIE 基 pH 荧光探针[31-33]

稀溶液在 pH = 6.0 时无荧光发射，而 pH 达到 8.0 并进一步逐渐增大时，其在 466 nm 处的荧光发射随之增强，而且 pH 在 8.66～9.86 之间，荧光强度与 pH 之间存在很好的线性关系。类似地，2018 年，王志明课题组将 TPE 分子与 DNA 链相结合，制备了 pH 荧光探针 **47**[33]。通过改变外界的 pH 环境，可以控制 DNA 链的折叠，改变探针的疏水性能和聚集状态，从而呈现出对 pH 的增强/猝灭型响应。

4.3 适于环境水样检测的几种 AIE 基 pH 荧光探针实例

由于清洁天然水、城镇居民生活用水及达标排放的工业用水的 pH 一般分别为 6.5～8.5、6.5～9.0 和 6.0～9.0。因此，对环境水样进行检测时所需要的 pH 探针的变色范围应与该 pH 区间吻合。同时，在环境水样中，经常还存在金属离子、有机小分子、微生物等干扰物质，有些物质甚至会带来背景荧光等干扰。因此，用于环境水样检测的 AIE 基 pH 荧光探针需要具有一定的抗干扰能力。在此，我们列举几种适用于环境水样检测的 AIE 基 pH 荧光探针。

2007 年，唐本忠课题组通过在六苯基噻咯 AIE 分子上引入 *N*,*N*-二乙氨基，得到了一种 AIE 基 pH 荧光探针 **48**（图 4.9）[34]。该探针在酸性条件下由于 *N, N*-二乙氨基质子化，在水中溶解性很好，在 pH 小于 5.4 时，体系几乎无荧光；在中性或碱性条件下探针 **48** 不溶于水，当 pH 大于 6.4 时，体系表现出强烈的荧光发射，其增强倍数可达到酸性条件下的 150 倍以上。该探针的突跃中点在 pH = 6 附近，恰好是达标水样和酸污染水样 pH 的分界点，因此探针 **48** 是适用于酸性水污染检测的荧光探针。

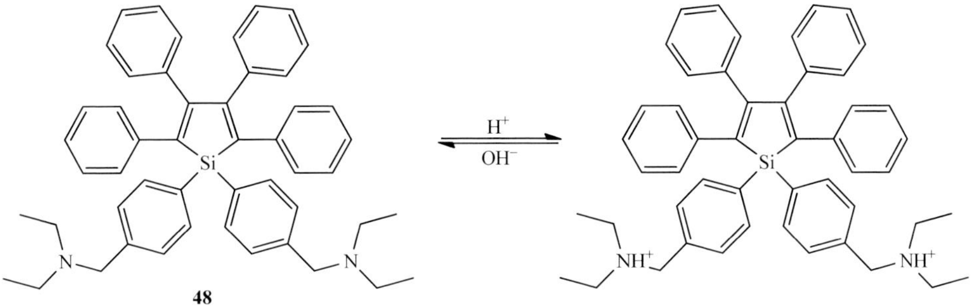

图 4.9　探针 48 的结构和响应机理

2018 年，Laskar 课题组报道了一种水杨醛席夫碱苯并噻唑 pH 探针 **49**（图 4.10）[35]。在中性条件下，探针 **49** 不带电荷，处于聚集状态，由 ESIPT 过程发射明亮的黄色荧光；在酸性条件（pH＜6）下，席夫碱基团的氮原子发生质子化，破坏了分子内氢键，阻碍了 ESIPT 过程，使得探针发生荧光猝灭；在碱性条件（pH＞9）下，分子内的酚羟基与氢氧根作用发生去质子化，从而使分子表现出强烈的绿色荧光。这种 AIE 基 pH 荧光探针的响应范围较宽，尤其是在 pH 6～9 范围内的荧光与该范围外的荧光相差明显，符合环境水样的检测要求，因而是

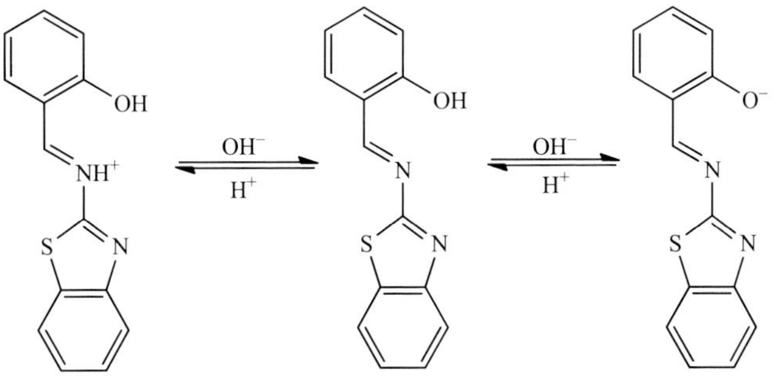

图 4.10　探针 49 的结构和响应机理

一种较为理想的环境水样 pH 检测荧光探针。然而，该探针的荧光容易受到水样中金属离子尤其是铝离子的影响，在存在金属离子的环境水样的 pH 检测中不宜采用。

2018 年，李恺课题组设计并合成了一种新型 AIE 基 pH 荧光探针 **50**[36]。由于其内在的 ESIPT 和 RIR 发光机理，表现出典型的 AIE 性能。探针 **50** 在酸性条件下处于电中性，在水中为聚集状态，表现出强烈的黄色荧光；当 pH 升高后，分子内的羧基和酚羟基在碱性溶液中依次发生去质子化，使得其在 484 nm 处发射强烈的蓝绿色荧光，表现出对 pH 的比率型荧光响应。由于该探针分子羧基和酚羟基的滴定突跃范围有一部分相重合，使得其滴定曲线非常陡峭。如图 4.11（e）所示，当水样的 pH 由 6.5 变为 7.5 时，水样的荧光发生裸眼可见的比率变化。而对于同样的水样，采用精密 pH 试纸进行测试，则很难分辨其 pH。同时，该探针对 pH 的响应具有很好的可逆性。这些的特性使得该探针非常适用于检测近中性环境水样 pH 的微小变化。

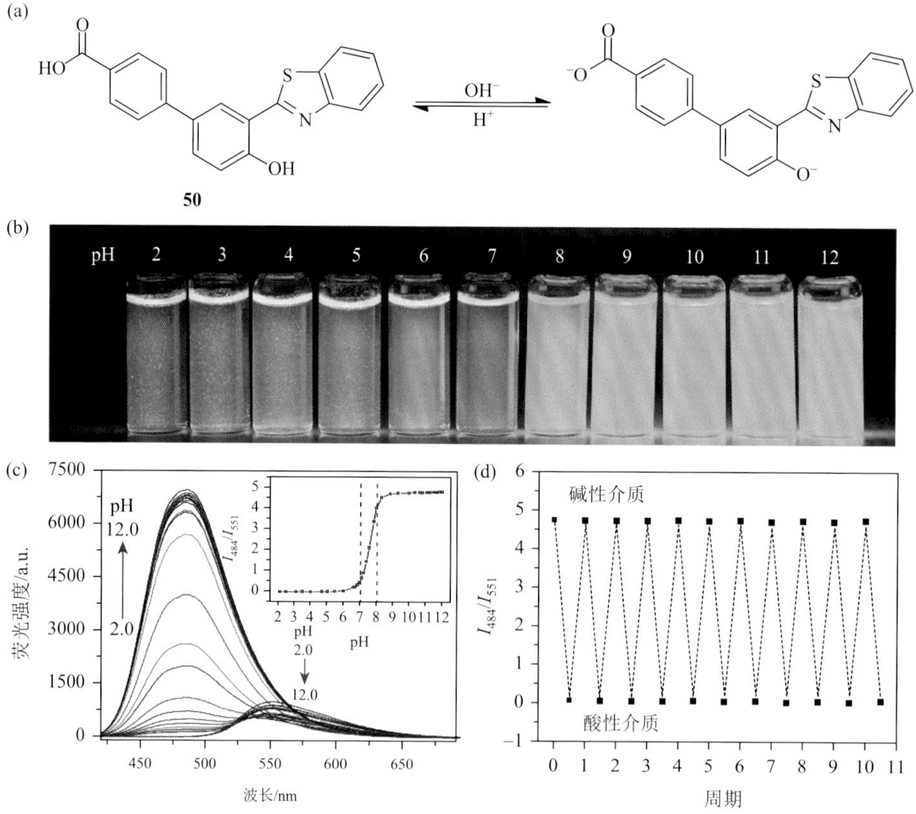

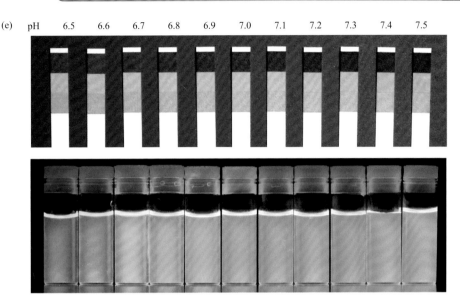

图 4.11　（a）探针 50 对 pH 的响应机理；（b）不同 pH 下探针 50 的荧光照片；（c）探针 50 在不同 pH 下的荧光光谱和滴定曲线；（d）探针 50 对 pH 检测的可逆性；（e）探针 50 对近中性水样的检测性能与精确 pH 试纸监测性能的对比[36]

（李　恺　李媛媛）

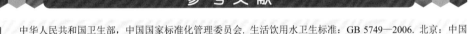

参 考 文 献

[1]　中华人民共和国卫生部，中国国家标准化管理委员会. 生活饮用水卫生标准：GB 5749—2006. 北京：中国标准出版社，2007.

[2]　中华人民共和国国家质量监督检验检疫总局，中国国家标准化管理委员会.城市污水再生利用　工业用水水质：GB/T 19923—2005. 北京：中国标准出版社，2006.

[3]　国家环境保护总局. 污水综合排放标准：GB 8978—1996. 北京：中国标准出版社，1998.

[4]　Yang Z，Qin W，Lam J W Y，et al. Fluorescent pH sensor constructed from a heteroatom-containing luminogen with tunable AIE and ICT characteristics. Chemical Science，2013，4：3725-3730.

[5]　Wang Z，Nie H，Yu Z，et al. Multiple stimuli-responsive and reversible fluorescence switches based on a diethylamino-functionalized tetraphenylethene. Journal of Materials Chemistry C，2015，3：9103-9111.

[6]　Shi L，Liu Y，Wang Q，et al. A pH responsive AIE probe for enzyme assays. Analyst，2018，143：741-746.

[7]　Wang J，Xia S，Bi J，et al. Ratiometric near-infrared fluorescent probes based on through-bond energy transfer and π-conjugation modulation between tetraphenylethene and hemicyanine moieties for sensitive detection of pH changes in live cells. Bioconjugate Chemistry，2018，29：1406-1418.

[8]　Lin T，Su X，Wang K，et al. An AIE fluorescent switch with multi-stimuli responsive properties and applications for quantitatively detecting pH value，sulfite anion and hydrostatic pressure. Materials Chemistry Frontiers，2019，3：1052-1061.

[9] Park Y I，Postupna O，Zhugayevych A，et al. A new pH sensitive fluorescent and white light emissive material through controlled intermolecular charge transfer. Chemical Science，2015，6：789-797.

[10] Cai Y，Gui C，Samedov K，et al. An acidic pH independent piperazine-TPE AIEgen as a unique bioprobe for lysosome tracing. Chemical Science，2017，8：7593-7603.

[11] Maity S，Shyamal M，Das D，et al. Proton triggered emission and selective sensing of 2, 4, 6-trinitrophenol using a fluorescent hydrosol of 2-phenylquinoline. New Journal of Chemistry，2018，42：1879-1891.

[12] Bai Y，Liu D，Han Z，et al. BODIPY-derived ratiometric fluorescent sensors：pH-regulated aggregation-induced emission and imaging application in cellular acidification triggered by crystalline silica exposure. Science China Chemistry，2018，61：1413-1422.

[13] Qi Q，Li Y，Yan X，et al. Intracellular pH sensing using polymeric micelle containing tetraphenylethylene-oxazolidine. Polymer Chemistry，2016，7：5273-5280.

[14] Georgiev N I，Bakov V V，Bojinov V B. A solid-state-emissive 1, 8-naphthalimide probe based on photoinduced electron transfer and aggregation-induced emission. ChemistrySelect，2019，4：4163-4167.

[15] Wang L，Yang L，Cao D. Probes based on diketopyrrolopyrrole and anthracenone conjugates with aggregation-induced emission characteristics for pH and BSA sensing. Sensors and Actuators B：Chemical，2015，221：155-166.

[16] Lu H，Xu B，Dong Y，et al. Novel fluorescent pH sensors and a biological probe based on anthracene derivatives with aggregation-induced emission characteristics. Langmuir，2010，26：6838-6844.

[17] Wang J，Xia S，Bi J，et al. Near-infrared fluorescent probes based on TBET and FRET rhodamine acceptors with different pK_a values for sensitive ratiometric visualization of pH changes in live cells. Journal of Materials Chemistry B，2019，7（2）：198-209.

[18] Song P，Chen X，Xiang Y，et al. A ratiometric fluorescent pH probe based on aggregation-induced emission enhancement and its application in live-cell imaging. Journal of Materials Chemistry，2011，21：13470-13475.

[19] Chen S，Liu J，Liu Y，et al. An AIE-active hemicyanine fluorogen with stimuli-responsive red/blue emission：extending the pH sensing range by "switch + knob" effect. Chemical Science，2012，3：1804-1809.

[20] Yoshihara D，Noguchi T，Roy B，et al. Design of a hypersensitive pH-sensory system created by a combination of charge neutralization and aggregation-induced emission（AIE）. Chemistry-A European Journal，2017，23（70）：17663-17666.

[21] Ma X，Cheng J，Liu J，et al. Ratiometric fluorescent pH probes based on aggregation-induced emission-active salicylaldehyde azines. New Journal of Chemistry，2015，39：492-500.

[22] Fang M，Xia S，Bi J，et al. A cyanine-based fluorescent cassette with aggregation-induced emission for sensitive detection of pH changes in live cells. Chemical Communications，2018，（9）：1133-1136.

[23] Huang G，Jiang Y，Yang S，et al. Multistimuli response and polymorphism of a novel tetraphenylethylene derivative. Advanced Functional Materials，2019，29：1900516.

[24] He Y，Li Y，Su H，et al. An o-phthalimide-based multistimuli-responsive aggregation-induced emission（AIE）system. Materials Chemistry Frontiers，2019，3：50-56.

[25] Horak E，Hranjec M，Vianello R，et al. Reversible pH switchable aggregation-induced emission of self-assembled benzimidazole-based acrylonitrile dye in aqueous solution. Dyes and Pigments，2017，142：108-115.

[26] Zhao Y，Zhu W，Wu Y，et al. An aggregation-induced emission star polymer with pH and metal ion responsive fluorescence. Polymer Chemistry，2016，7：6513-6520.

[27] Qiu J，Jiang S，Guo H，et al. An AIE and FRET-based BODIPY sensor with large Stokes shift：novel pH probe

exhibiting application in CO_3^{2-} detection and living cell imaging. Dyes and Pigments，2018，157：351-358.

[28] Tong J，Wang Y，Mei J，et al. A 1, 3-indandione-functionalized tetraphenylethene：aggregation-induced emission，solvatochromism，mechanochromism，and potential application as a multiresponsive fluorescent probe. Chemistry-A European Journal，2014，20：4661-4670.

[29] Feng Q，Li Y，Wang L，et al. Multiple-color aggregation-induced emission（AIE）molecules as chemodosimeters for pH sensing. Chemical Communications，2016，52：3123-3126.

[30] Li K，Wang J，Li Y，et al. Combining two different strategies to overcome the aggregation caused quenching effect in the design of ratiometric fluorescence chemodosimeters for pH sensing. Sensors and Actuators B：Chemical，2018，274：654-661.

[31] Chen R，Jiang H，Gu H，et al. A pH-responsive fluorescent [5]pseudorotaxane formed by self-assembly of cationic water-soluble pillar[5]arenes and a tetraphenylethene derivative. Chemical Communications，2015，51（61）：12220-12223.

[32] Zhang C，Li Y，Xue X，et al. A smart pH-switchable luminescent hydrogel. Chemical Communications，2015，51（20）：4168-4171.

[33] Li P，Chen Z，Huang Y，et al. A pH responsive fluorescent probe based on dye modified i-motif nucleic acids. Organic and Biomolecular Chemistry，2018，16：9402-9408.

[34] Dong Y，Lam J W Y，Qin A，et al. Endowing hexaphenylsilole with chemical sensory and biological probing properties by attaching amino pendants to the silolyl core. Chemical Physics Letters，2007，446：124-127.

[35] Kachwal V，Krishna I S V，Fageria L，et al. Exploring the hidden potential of a benzothiazole-based Schiff-base exhibiting AIE and ESIPT and its activity in pH sensing，intracellular imaging and ultrasensitive & selective detection of aluminium（Al^{3+}）. Analyst，2018，143：3741-3748.

[36] Li K，Feng Q，Niu G，et al. Benzothiazole-based AIEgen with tunable excited-state intramolecular proton transfer and restricted intramolecular rotation processes for highly sensitive physiological pH sensing. ACS Sensors，2018，3（5）：920-928.

聚集诱导发光材料对有毒气体的检测

5.1 引言

　　环境中有毒有害的气态物质会给人或其他生物带来危害,甚至可能在大范围、长时间内产生毒害影响[1]。通过检测环境中的有毒有害气体,有助于正确全面地对环境状况做出评价,并为气体污染源控制、环境治理及环境规划等提供科学依据。在诸多检测方法中,基于荧光探针的荧光检测方法具有操作简单、灵敏度高、响应速度快的优点。因此,设计并合成具有较高应用价值的新型荧光探针,引起了越来越多的关注。荧光团化合物是荧光检测(荧光探针)中的关键要素。然而,许多荧光团具有聚集导致荧光猝灭(ACQ)效应,如常见的荧光团荧光素、罗丹明和花青等,只能在稀溶液中发出明亮的荧光,在高浓度或聚集状态下其荧光则会被削弱或猝灭,故而只适用于稀溶液中的检测,导致其检测灵敏度显著降低,限制了实际应用范围[2-5]。与 ACQ 荧光团相反,具有聚集诱导发光(AIE)效应的荧光团在良溶剂中不发射荧光,而在聚集状态(不良溶剂中或固态)下则发出强烈的荧光[6-10],有利于高浓度下或以固态形式进行检测分析。因此,AIE 材料在作为固态荧光传感器的应用具有独特的优势。

　　与液体传感器相比,试纸或薄膜等固体传感器更有利于实现便携式的原位检测,且可更充分地与气体接触,因而固态传感器在气体检测方面具有重要的应用前景。有毒气体如沙林、光气等对人类的健康危害大,也是化学武器中常用的致命性气体[11, 12]。例如,无色无味的沙林通过过度刺激器官和肌肉影响神经系统,从而产生致命效果;光气会引起肺水肿、肺炎,甚至致死。另外,作为大气主要污染物之一的二氧化硫,是造成雾霾的主要元凶之一,当其遇到酸时,即形成亚硫酸盐(根),亚硫酸根进一步氧化,$PM_{2.5}$ 的存在将加速其氧化,便会迅速生成酸雨。而酸雨会对陆地生态系统产生危害,使土壤酸化,抑制植物生长;对水生系统造成危害,使有毒的金属溶解进入水中,进而进入食物链;此外,还会对建筑物、机械和市政设施产生腐蚀,使用寿命下降[13, 14]。因此，对沙林、光气、二氧化硫这类有毒有害气体的便携快速检测，可有效监测毒气泄漏和环境污染，有助于迅速采取有效防护和治理，减少伤害和损失，具有重要意义。本章主要阐述 AIE 材料在环境中的毒害气体检测方面的应用，主要内容包括 AIE 试纸型荧光传感体系对有毒气体沙林模拟物、光气、氯气、氨气的检测，以及对大气污染物二氧化硫、二氧化碳、挥发性有机化合物等的检测。

5.2　对化学战剂气体及工业毒气的检测

化学战剂具有使用隐蔽的特点，其施放后呈气体状态，毒性强、作用快、杀伤范围广，因此极易成为恐怖袭击或战争使用的大规模杀伤性武器。局部地区发生的战争和世界各地出现的一些恐怖主义活动常使用一些化学战剂气体，这对人类和平及安全造成了巨大威胁[11, 12]。为此，便携式迅速及时且原位检测空气中的化学战剂气体，有利于快速疏散污染区的人员，减少人员伤亡。另外，工业毒气在工业安全防护中非常重要，及时灵敏地检测工业毒气的泄漏，对于保障操作人员健康和安全具有重要作用。本节主要介绍 AIE 荧光体系对化学战剂和工业毒气沙林模拟物、光气、氯气和氨气的检测。

5.2.1　对沙林模拟物的检测

沙林，即甲氟膦酸异丙酯，是一种剧毒的气态神经毒剂，其会破坏生物体内的乙酰胆碱酯酶（神经递质），从而通过刺激重要器官和肌肉产生致命效果。1994 年，日本"奥姆真理教"邪教组织在一住宅街散布沙林毒气导致 8 人死亡、数百人受伤；1995 年，该邪教组织在东京地铁再次散布沙林毒气，造成 13 人死亡、数千人受伤。2017 年，叙利亚伊德利卜省的汉谢洪（Khān Shaykhūn）地区又疑似遭受神经性毒剂沙林的破坏性袭击。这些恐怖袭击事件进一步使人们认识到有毒气体与化学战剂对人类的威胁。因此，开发出可以在现场对上述神经性毒剂进行实用、简便检测的方法具有重要意义。

因性质与沙林相似，氯磷酸二乙酯（diethylchlorophosphate，DCP）常被用作神经性毒剂沙林的模拟物，但其毒性比沙林低得多。鉴于神经性毒剂的易挥发性，固态荧光传感器如薄膜型或试纸型传感器，不但便于携带，而且有利于用于现场对毒气进行充分接触和精确检测。基于此，吴水珠等设计并合成了基于四苯基乙烯（TPE）衍生物的荧光探针（DPA-TPE-Py），构建了基于 AIE 效应的对 DCP 气体实现比率型检测的便携式试纸型荧光检测体系，该体系以二苯胺（DPA）为电子供体（D），以吡啶（Py）为电子受体（A）及响应基元[15]。由于 DPA-TPE-Py 含有推-拉电子结构（D-π-A）而具有分子内电荷转移效应，因而其可发射出黄色荧光。当活性基团 Py 亲核进攻 DCP 中的强亲电性膦酰基后，探针分子最终将变成 DPA-TPE-PyH，并发射出波长红移的橙红色荧光（图 5.1）。此荧光探针主要具有如下优异特性：①基于 AIE 效应的 DCP 的荧光探针 DPA-TPE-Py，可有效避免用于固态传感器时 ACQ 效应的不利影响，具有极好的光稳定性；②AIE 探针易于经直接沉积法制得便携式检测试纸，可方便用于所需使用场点的实时检测；③试纸可以比率响应模式对 DCP 进行高选择性和高灵敏度检测，检测下限低至 1.82 ppb。

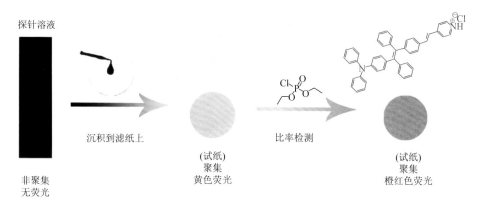

图 5.1　基于 DPA-TPE-Py 的荧光试纸的制备及其对 DCP 检测的示意图（试纸的荧光照片在 365 nm 紫外灯下拍摄）

通过测量荧光团 DPA-TPE-Py 在不同水含量（f_w）的 THF/水混合溶剂中的荧光发射光谱变化，来考察其 AIE 效应。如图 5.2 所示，探针分子表现出典型的 AIE 行为，即在良溶剂 THF 中基本不发荧光，而当不良溶剂水的含量增加时，溶液的荧光逐渐增强。DPA-TPE-Py 在聚集状态下的强荧光发射主要是由于分子内运动的限制，因其独特的 AIE 性质便于用于构建便携式固态传感器。

研究人员进一步将 DPA-TPE-Py 沉积于滤纸上，形成了试纸型荧光检测体系，而后将上述试纸分别暴露于不同浓度的 DCP 气体中 30 s，然后置于 365 nm 紫外灯下，并进行拍摄，以便直观观察。从照片中可以看出，试纸显现出黄色荧光，而在暴露于浓度渐增的 DCP 气体后，则逐渐发射出橙红色荧光（图 5.3）。由此可知，该试纸可作为便携式 AIE 比率型荧光传感器用于检测 DCP。实验测试结果表明，荧光试纸对 DCP 气体的检测下限为 1.82 ppb，这对于安全监测具有重要的实际意义，并可为检测气态神经性毒剂提供便利的方法。

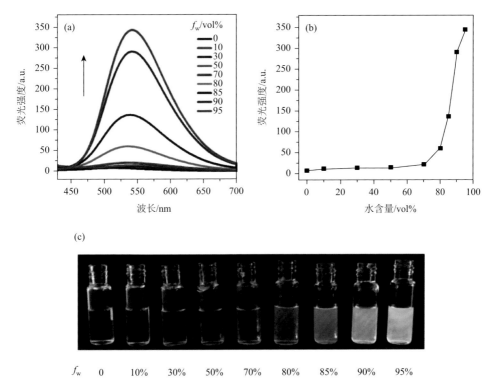

图 5.2 （a）DPA-TPE-Py（50 μmol/L）在 THF/水混合溶剂中的荧光光谱（f_w 代表水含量，激发波长：369 nm）；（b）在 369 nm 激发下，DPA-TPE-Py（50 μmol/L）在 546 nm 处的荧光强度随水含量的变化；（c）在 365 nm 紫外光下，DPA-TPE-Py 在 THF/水混合溶剂中的荧光照片

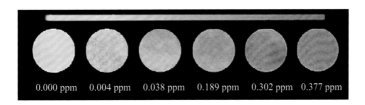

图 5.3 在 25℃、365 nm 紫外灯下，经不同浓度的 DCP 气体处理 30 s 后，试纸的荧光照片

5.2.2 对光气的检测

光气，即碳酰氯，无色但高毒，吸入后会引起中毒性肺水肿。在一战期间，光气被用作化学战剂，造成大量伤亡。由于光气是一种重要的工业化学中间体，常用于染料、农药、制药、工程塑料等生产工艺中，因此其易被不法分子获取并用于恐怖主义活动中，为此对光气的便携灵敏检测就显得尤为重要。

吴水珠等在 TPE 衍生物上键接对光气敏感的响应基元，获得对光气敏感的荧光探针分子，并将所得探针分子沉积在滤纸上，制得了适用于光气检测的试纸型检测体系[16]，如图 5.4 所示。

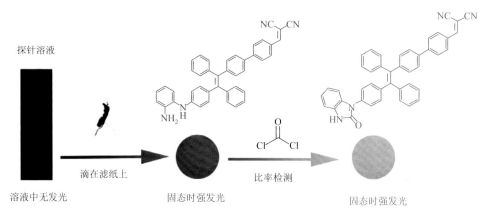

图 5.4 检测试纸的制备及其对光气的比率型荧光响应示意图（照片是在 365 nm 的紫外光照射下拍摄的）

当该试纸上的探针分子和光气接触时，邻苯二胺基元快速发生成环反应，2 min 内反应即基本完成；随着光气量的增大，496 nm 处的荧光强度增强，同时435 nm 处的荧光减弱，相应地可见试纸的荧光从蓝色变为绿色（图 5.5）。因此，该试纸型荧光传感器可用作便携式光气检测体系。

5.2.3 对氯气的检测

氯气是有强烈刺激性气味的气体，是具有窒息性的剧毒气体，在一战期间被用作化学战剂。氯气是氯碱工业的主要产品之一，属于重要化工原料，可用于制

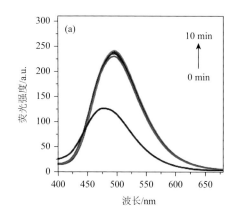

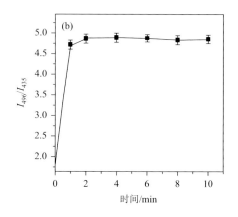

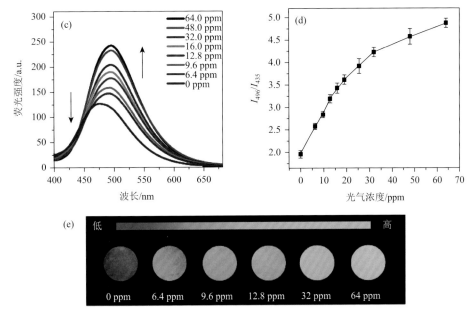

图 5.5 （a）时间依赖的荧光光谱；（b）在 64 ppm 光气存在下试纸的荧光强度比值与时间的关系；（c）荧光强度与光气浓度的关系；（d）在不同浓度的光气中放置 2 min 后试纸的荧光强度比值与光气浓度的关系；（e）25℃暴露于不同浓度光气下 2 min 后的试纸在 365 nm 手提紫外灯下拍摄的荧光照片

造盐酸、漂白粉、杀虫剂、塑料及合成橡胶的原料。近年氯气泄漏事故时有发生，例如，2005 年 3 月 29 日在京沪高速公路行驶的一辆罐式半挂车在江苏淮安段发生交通事故，引发车上罐装的液氯泄漏，造成 29 人死亡、数百名人员中毒住院治疗、数千名村民被迫疏散，并致使京沪高速公路宿迁至宝应段关闭 20 h。2016 年 4 月 12 日山西省临猗县发生氯气泄漏，附近一小学的数十名学生出现腹部疼痛和呼吸不适，被送往医院治疗。2017 年 5 月 13 日河北利兴特种橡胶股份有限公司发生氯气泄漏事故，造成 2 人死亡、多人受伤，以及周边 1000 余人被紧急疏散。2017 年 7 月 31 日 17 时 27 分左右，甘肃省金昌市金川集团股份有限公司化工厂氯碱车间发生液氯泄漏事故。2018 年 5 月 17 日，韩国蔚山市南区吕川洞韩华化学第 2 工厂发生氯气泄漏，多名工人被紧急送往医院治疗。因此，在存在氯气逸出风险的场所实现便携快速的氯气检测，可为氯气泄漏提供报警，有利于人员的及时疏散，减少伤亡。

曹德榕等将四苯基乙烯和三苯胺基团通过嘧啶三酮键接起来，制得了 AIE 荧光团化合物 TPA-TPE（结构式如图 5.6 所示），用于氯气的检测[17]。荧光探针 TPA-TPE 表现出典型的 AIE 特性，即在良溶剂中基本不发荧光，而在不良溶剂水中由于聚集体的形成而发射出红色荧光（激发波长 461 nm）。

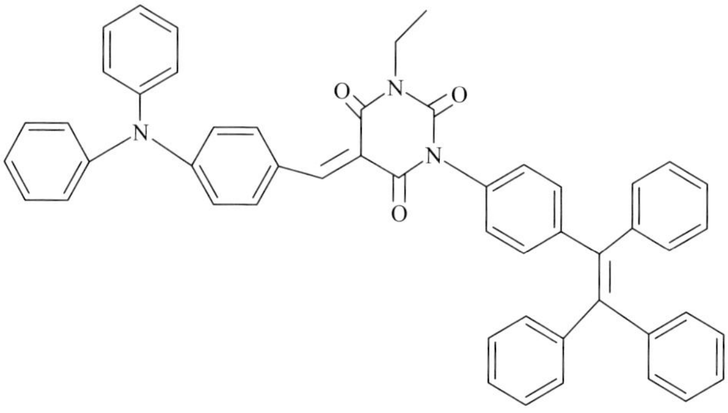

图 5.6 探针 TPA-TPE 的结构式

当探针溶液接触到氯气时[测试所用溶剂为 THF/H$_2$O（9∶1，$V/V = 90\%$）]，由于氯气的强氧化性，探针被"漂白"，因此随着氯气浓度的增大，溶液逐渐变为无色。

为了实现对氯气的便携式检测，作者将 TPA-TPE 的氯仿溶液和聚甲基丙烯酸甲酯的氯仿溶液混合并旋涂于石英玻片上，制得了固态薄片式检测器，并在薄片上刻上"π"字母。当薄片上的"π"字母接触氯气 20 s 后，"π"字母区域不再发光，而薄片上的其他区域发橙红色荧光，这是因为氯气漂白了"π"字母区域中的荧光探针，从而导致发光消失。因此，该体系可作为氯气的猝灭型荧光检测体系和比色检测体系。

5.2.4 对氨气的检测

氨或称氨气，是世界上产量最多的无机化合物之一。氨具有广泛的用途，是制作化肥、硝酸、炸药等重要原料，以及在合成工业中制造合成纤维、染料、塑料等。氨气是无色气体，具有刺激气味；能灼伤眼睛、皮肤及呼吸器官的黏膜；吸入过多，会引起肺肿胀，以致死亡。当氨气在空气中的含量达到一定程度时，还易于发生爆炸。鉴于氨的广泛工业应用及其危险性，若发生氨气泄漏事故则易造成人员伤亡和财产损失。例如，2018 年 10 月 29 日四川省绵竹市发生氨气泄漏事件，导致伤员送院救治，周围工人和群众被疏散。2013 年 8 月 31 日上海宝山区发生液氨泄漏事故，造成 15 人死亡、多人受伤。2013 年 6 月 3 日吉林省德惠市发生氨气泄漏，并产生爆炸引发大火，100 多人遇难、多人受伤送院治疗。由此可见，对氨气泄漏的监测报警是非常重要的，而这就需要能够对氨气进行便携灵敏的现场检测。

唐本忠等设计制备了二羟基苯并吡嗪类荧光探针化合物（H$^+$DQ$_2$），如图 5.7 所示。该探针固态时呈现红色且不发荧光，而在氨气存在下探针发生去质子化反应（生成 DQ$_2$ 化合物），由此呈现黄色，且在 365 nm 的光激发下发射出强烈的绿色荧光，因此该探针可作为氨气的检测体系[18]。

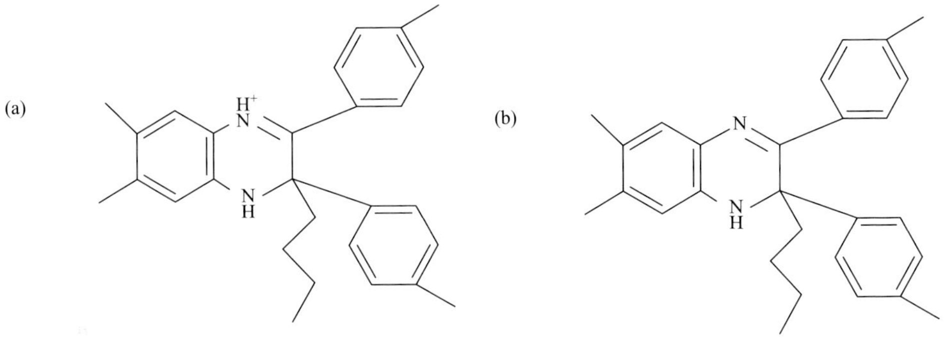

图 5.7　探针 H$^+$DQ$_2$（a）及其与氨气反应的产物 DQ$_2$（b）的结构式

研究人员以甲醇/水作为溶剂考察了 DQ$_2$ 的 AIE 特性。随着水含量的增加，荧光化合物 DQ$_2$ 因溶解性变差而形成聚集体，因此溶液的荧光强度逐渐增加。荧光化合物 DQ$_2$ 表现出典型的 AIE 行为。

为了实现对氨气的便携式检测，研究人员将探针分子 H$^+$DQ$_2$ 沉积在滤纸上，制得了检测试纸。在没有氨气存在下，试纸不发荧光；而当用氨气熏试纸后，试纸发出了强烈的黄绿色荧光，表明该试纸可用作氨气的便携式检测体系。该试纸对氨气的检测下限达 690 ppb。此外，研究人员还考察了该试纸对各种胺蒸气的响应。用氨水、水合肼、二乙胺、三乙胺、三甲胺、哌嗪、甲基苄胺、苯胺、1,2-二苯胺、尸胺、腐胺、亚精胺和精胺的甲醇溶液熏蒸试纸 40 s，之后测试试纸的荧光光谱。可见对于挥发性较高的胺类如氨水、尸胺、腐胺、亚精胺、水合肼、二乙胺、三乙胺、三甲胺和哌啶，熏蒸处理后的试纸的荧光强度明显增强。而对于挥发性较低的胺类如精胺、哌嗪、甲基苄胺、苯胺和 1,2-二苯胺，试纸的荧光强度微弱。上述实验结果表明，该试纸可检测包括氨气在内的挥发性胺类化合物。

此外，研究人员还将基于激发态分子内质子转移（ESIPT）机制的 AIE 效应用于氨气的检测中[19]。在类似四氢呋喃等极性溶剂中，由于羟苯基喹唑啉（HPQ）的分子间氢键易被溶剂破坏，且分子内运动未受阻，因此 HPQ 荧光微弱。而在水和四氢呋喃的混合溶剂中，随着水含量的增加，HPQ 分子聚集，一方面限制了分子内运动，另一方面避免了溶剂对分子内氢键的扰动，体系的荧光显著增强，表现出典型的 AIE 效应。研究人员通过对 HPQ 乙酰化制得探针分子 HPQ-Ac；利用氨气蒸气切断乙酰基，使 HPQ-Ac 转变为 HPQ，由于 HPQ 的 AIE 效应产生强烈荧光，达到对氨气检测的目的。研究人员进一步探讨了该探针的实用性，将探针分子沉积在滤纸上制得检测试纸，并将检测试纸用于检测鱼类食品在储存变质过程中所释放的氨气。

对大气污染物的检测

　　人类的生产、生活活动和一些自然过程都可能将一些气态物质排入大气中，其中对人和环境会产生有害影响的物质即为大气污染物。当大气中污染物的含量达到一定程度，就会对生态系统造成破坏，并会对人类生存和发展的条件造成影响或危害，该现象即为大气污染。此外，大气污染还会对气候产生很大影响，从长远看，这种影响的后果可能是很严重的。在大气污染物中，二氧化硫是较常见的污染物，主要来自工业烟雾，其进入大气层后氧化形成酸雨，对植物、建筑等的危害大；二氧化硫随着人的呼吸进入肺，造成损伤，溶于水形成亚硫酸根，例如，在呼吸道水化形成亚硫酸盐，进而诱发各种呼吸道疾病甚至肺癌等[13, 14]。

　　二氧化碳有着广泛的用途，例如，将其注入饮料中（啤酒、汽水等），增加压力，可使饮料带有气泡；可制成干冰用于急速食品冷冻；利用其密度比空气大且不助燃的特点，可用于制作灭火器；可用作焊接的保护气体；还可用于合成碳酸二甲酯等化工产品[20]。另外，二氧化碳具有天然的温室效应，由于人类生产、生活活动排放大量二氧化碳，结果使得温室效应日益增强，全球气候变暖，沿海地区面临淹没的危险，甚至可能导致生态平衡的紊乱[21]。另外，当大气中的二氧化碳超过一定量时，也会影响人类的健康，主要原因是血液中的碳酸浓度增大，产生酸中毒，会出现气闷、神志不清甚至死亡的现象[22]。因此，二氧化硫和二氧化碳的灵敏检测对于保障人体健康和保护环境具有重要意义。本节主要阐述 AIE 荧光化合物对二氧化硫和二氧化碳的检测。

5.3.1　对二氧化硫的检测

　　二氧化硫是大气主要污染物之一，许多工业生产过程会产生该气体，火山爆发也会喷出该气体。石油和煤燃烧时也会生成二氧化硫。二氧化硫是大气污染，也是形成酸雨的主要成分。二氧化硫在水中以亚硫酸盐的形式存在，因此测定雨水中亚硫酸根的含量可间接分析空气中二氧化硫的水平。此外，二氧化硫溶于水中即形成亚硫酸盐，人类接触二氧化硫（很容易通过呼吸道水化形成亚硫酸盐）已经变得越来越普遍。过量吸入二氧化硫可能诱发多种呼吸道反应和包括肺癌在内的疾病。

　　蒽是一种可形成激基缔合物的常见荧光团化合物，其单体在溶解状态发射出强烈的蓝色荧光（416 nm），蒽分子间很容易在聚集状态下形成分子间激基缔合物，发射出 516 nm 的荧光。若将一个响应基元引入蒽分子中，单取代蒽分子由于疏水性在水溶液中可形成聚集态激基缔合物；当存在一个可诱导荧光分子生成电荷并增加荧光分子水溶性的特定分析物时，荧光分子聚集体将发生解离，则可发射强烈的单体荧光，基于这个过程可设计出新型的比率型荧光传感探针。据此，吴水珠等设计制备了一种简便的比率型检测亚硫酸盐的荧光探针。选择可与亚硫酸盐专一性反应的醛基作为响应基元，通过反应生成带负电荷的磺酸盐，使荧光团化合物的聚集态转变为单体态而实现对亚硫酸盐的比率传感检测[23]，如图 5.8 所示。在良溶剂中由于蒽环对醛基的分子内电荷转移（ICT）效应使 9-蒽醛分子无荧光发射。当如水等不良溶剂加入时，9-蒽醛分子聚集并形成激基缔合物，发射出黄绿色荧光。随后加入亚硫酸盐与醛基进行加成反应，生成带有负电荷的有机磺酸盐，引起激基缔合物解体并发射出蒽单体的深蓝色荧光，从而可通过直观地观察到荧光颜色的变化实现对亚硫酸盐的比率传感检测。

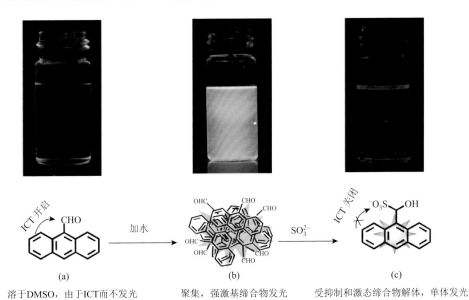

图 5.8　探针对亚硫酸根离子的荧光检测示意图：（a）9-蒽醛溶于 DMSO 时由于 ICT 效应不发射单体荧光；（b）在 DMSO/H$_2$O = 1∶99（V/V）中 9-蒽醛形成聚集体后发射黄绿色荧光；（c）在 DMSO/H$_2$O = 1∶99（V/V）中 9-蒽醛与亚硫酸根反应后生成带负电荷的水溶性产物从而发射蓝色单体荧光（照片是在 365 nm 手持紫外灯照射下拍摄的）

　　研究人员考察了该体系（20 μmol/L 9-蒽醛）对亚硫酸盐的检测（在含 1%（V/V）DMSO 的 pH 为 7.0 的 HEPES 缓冲液中进行）。向溶液中加入不同量亚硫酸钠后的荧光曲线如图 5.9 所示。当亚硫酸钠浓度增加时，516 nm 处的激基缔合物的荧光峰逐渐减弱，同时在 416 nm 处出现了蒽的单体峰，不同亚硫酸钠浓度的荧光曲线构成的荧光谱图在 476 nm 处出现了一个交集点，这也说明了由聚集体到带负电荷单体的逐渐转变。此外，聚集体和蒽单体的发射峰波长差达到 100 nm，这不仅有助于精确测量两个发射峰的强度，也可在紫外灯下通过肉眼明显地看到荧光颜色的变化。

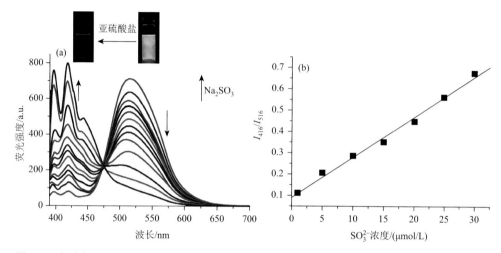

图 5.9　（a）探针（20 μmol/L，含 1%（V/V）DMSO 的 pH 为 7.0 HEPES 缓冲液）在不同浓度亚硫酸钠时的荧光光谱变化图；（b）探针（20 μmol/L，含 1%（V/V）DMSO 的 pH 为 7.0 HEPES 缓冲液）在不同浓度亚硫酸钠时的荧光强度比值（I_{416}/I_{516}）变化图（激发波长 365 nm）

　　此外，研究人员还成功地将该体系用于雨水中亚硫酸根含量的测定，其结果如表 5.1 所示。从表 5.1 可以看出，该探针也可以检测雨水中亚硫酸根的含量且具有良好的准确性，可对雨水中的亚硫酸根实现优异的检测，且已知加入量与测量值的误差在 5%以内，对外加的亚硫酸盐也实现了良好的重复性。二氧化硫是酸雨的始作俑者，对植物、动物及露天基础设施都有很大的伤害。当二氧化硫溶于水中时，在中性环境下形成亚硫酸盐。因此，该体系也可以通过测量雨水中亚硫酸根的含量间接分析空气中二氧化硫的污染程度。

表 5.1　雨水中亚硫酸根含量的测试

雨水中亚硫酸盐含量 /(μmol/L)	亚硫酸盐添加量 /(μmol/L)	亚硫酸盐合并量 /(μmol/L)	实测值/(μmol/L)	回收率/%
5.24[(1)] 5.12[(2)]	—	—	—	—
	1	6.24	6.06	97.12

续表

雨水中亚硫酸盐含量 /(μmol/L)	亚硫酸盐添加量 /(μmol/L)	亚硫酸盐合并量 /(μmol/L)	实测值/(μmol/L)	回收率/%
	5	10.24	9.93	96.97
	10	15.24	14.86	97.51
	20	25.24	24.81	98.29
	30	35.24	34.79	98.72

注：(1) 测试的雨水样品经过原液 3 倍稀释后再进行荧光测试；经稀释后雨水样品中测量的亚硫酸根含量为 5.24μmol/L，即未经稀释的原雨水样品中亚硫酸根的含量为 15.72 μmol/L（即为 1.01 mg/L 二氧化硫）；每个分析样品平行取样测量三次后取平均值。(2) 由常规滴定法测定（偏差小于 5%）。

　　大部分具有 AIE 效应的荧光化合物本身为疏水有机化合物，且其发光条件为在不良溶剂中聚集，因此 AIE 化合物体系的荧光检测往往是在含有有机溶剂的环境中进行，这非常不利于需要温和条件及纯水相环境的分析检测。此外，在荧光检测体系中，由于 AIE 化合物通过聚集发光而给出检测信号，因此其检测灵敏度很大程度上取决于体系的快速、灵敏的聚集效应。然而，对于一般的小分子化合物（如 AIE 化合物），无论是通过静电相互作用还是通过氢键、配位等作用，其发生聚集所需的浓度一般较大，这也就导致了基于小分子 AIE 化合物的荧光检测体系的检测灵敏度较难有所改善。针对上述存在的问题，充分利用聚电解质独特的溶液性质（包括构象变化和静电相互作用诱发的快速絮凝效应等），促进 AIE 荧光团化合物的灵敏、快速的聚集，因而可望显著改善由此构建的荧光检测体系的灵敏度和响应性。为此，研究人员通过亚硫酸盐与水溶性生物大分子侧基上的醛基的加成反应生成带负电荷的聚电解质，结合带正电荷 AIE 分子，构建了点亮（turn-on）型亚硫酸盐传感器，可用于实际生活中亚硫酸根分析检测[24]；设计合成了苯甲醛修饰的聚赖氨酸（PL-CHO）和带两个正电荷的四苯基乙烯季铵盐（TPE-2N$^+$），并以此为双组分体系，制作了在纯水相环境中可对亚硫酸盐实现特异性检测的传感器，其工作原理如图 5.10 所示。生物相容性聚赖氨酸衍生物和四苯基乙烯季铵盐均可溶解于水中并不发射出荧光，当加入亚硫酸盐时，与醛基发生加成反应生成含负电荷的磺酸盐，聚赖氨酸衍生物转变成带负电荷的聚电解质，与带正电荷的四苯基乙烯季铵盐静电吸附，络合成纳米颗粒，四苯基乙烯分子旋转受限，实现 AIE 效应荧光增强，从而实现对亚硫酸盐的检测。该荧光传感体系的主要特点有：①双组分均可溶解于水中，整个操作过程也在水中进行，非常有利于环境污染监控；②此检测体系对亚硫酸盐具有高度选择性和灵敏性，检测下限可达 3.6 μmol/L。

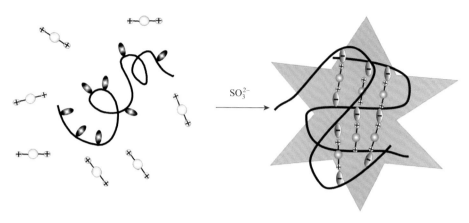

水中苯甲醛修饰的聚赖氨酸和TPE-2N⁺　　　　　亚硫酸盐通过库仑作用诱导AIE发生

图 5.10　探针检测体系各组分化学式及对亚硫酸根实现检测机理示意图

　　将聚合物 PL-CHO（1 mg/mL）和 TPE-2N⁺（20 μmol/L）溶解在 pH = 7.0 的 HEPES 缓冲液中即可构建出对亚硫酸盐实现检测的荧光探针。往探针缓冲液中加入不同量的亚硫酸盐，其荧光光谱如图 5.11 所示，在没有亚硫酸盐存在的情况下，探针传感溶液荧光很弱，肉眼几乎看不到荧光；当探针溶液中加入亚硫酸盐时，探针溶液在 466 nm 处发射出一个由 TPE 分子聚集而产生的荧光峰。此外，随着亚硫酸盐浓度的增加，探针的荧光强度逐渐增大，直至亚硫酸盐浓度达到 300 μmol/L。此结果表明，随着亚硫酸盐的加入，诱使 TPE-2N⁺发生了聚集从而激发 TPE 分子的 AIE 性质发射出荧光。此外，如图 5.11 所示，统计出随着亚硫酸盐浓度的增大与 466 nm 处荧光峰数值的工作曲线。从图中可看出，在亚硫酸盐浓度为 0～70 μmol/L 的区间内，其浓度与 466 nm 处荧光强度有良好的线性关系（$R = 0.996$）。此外，显著的荧光发射强度变化也可以通过在紫外灯照射下用肉眼直观地观察到，如图 5.12 所示。

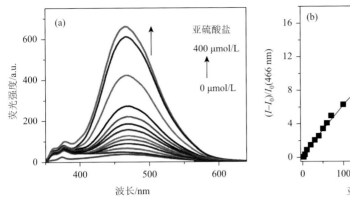
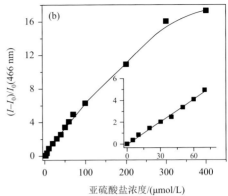

图 5.11 （a）不同浓度的亚硫酸根加入检测体系后（PL-CHO：1.0 mg/mL，TPE-2N$^+$：20 μmol/L，pH = 7.0 的 HEPES 缓冲液）的荧光强度变化图；（b）检测体系在 466 nm 处的相对荧光强度随亚硫酸根浓度变化曲线（激发波长 330 nm）

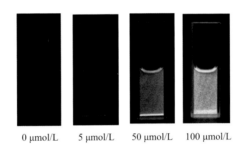

图 5.12 紫外灯（λ_{ex} = 365 nm）照射下检测体系（PL-CHO：1.0 mg/mL，TEP-2N$^+$：20 μmol/L，pH = 7.0 的 HEPES 缓冲液）在不同浓度亚硫酸根存在时的荧光变化照片（照片是在 365 nm 手持紫外灯照射下拍摄的）

在这个检测体系中，荧光团 TPE-2N$^+$和亚硫酸盐都是可完全溶于水的小分子强电解质。两种相反电荷的带电小分子强电解质在低浓度（μmol/L 量级）下的水溶液中难以通过静电相互形成聚集体；对于该检测体系，带正电荷的 TPE 荧光团和带负电荷的聚合物（在加入亚硫酸盐后）易于产生络合作用诱发 TPE-2N$^+$与聚合物聚集显示出 AIE 效应。

此外，该检测体系还被用于天然雨水中亚硫酸根含量的测定，其结果如表 5.2 所示。从表 5.2 可以看出，该传感体系可对雨水中的亚硫酸根实现优异的检测，且已知的外添入量与测量值的误差在 6% 以内，对外添加的已知量亚硫酸盐检测也实现了良好的重复性。当二氧化硫溶于水中时，在中性环境下形成亚硫酸盐。因此，该体系也可以通过测量雨水中亚硫酸根的含量间接分析空气中二氧化硫的污染程度。

表 5.2 雨水中亚硫酸根含量的测试

雨水中亚硫酸盐含量 /(μmol/L)	亚硫酸盐添加量 /(μmol/L)	亚硫酸盐合并量 /(μmol/L)	实测值/(μmol/L)	回收率/%
6.4[a]	—	—	—	
	1	7.4	7.3	98.8
	5	11.4	11.7	102.9
	10	16.4	16.3	99.2
	20	26.4	25.9	98.1
	30	36.4	36.1	99.3
	40	46.4	45.5	97.9
	50	56.4	55.0	97.5
	60	66.4	65.7	98.9
	70	76.4	76.1	99.7

a：测试的雨水样品经过原液 3 倍稀释后再进行荧光测试；经稀释后雨水样品中测量的亚硫酸根含量为 6.4 μmol/L，即未经稀释的原雨水样品中亚硫酸根的含量为 19.2 μmol/L（即为 1.23 mg/L 二氧化硫）；每个分析样品平行取样测量三次后取平均值。

5.3.2 对二氧化碳及挥发性有机化合物的检测

对二氧化碳的监测对于职业卫生安全与环境保护具有重要意义，例如，在采矿等密闭作业场所对二氧化碳的灵敏监测对于作业人员的安全至关重要；在火山爆发频繁的地区及时监控二氧化碳的含量可为火山爆发提供早期预警，有利于保障人身和财产安全[20, 21]。唐本忠等设计合成了基于六苯基噻咯的 AIE 荧光化合物（HPS），HPS 在分子溶解状态不发光，在聚集状态则发出强烈的蓝色荧光[25]。如图 5.13 所示，以二丙胺（DPA）为溶剂溶解 HPS，由于 DPA 是 HPS 的良溶剂，所得溶液不发光；而当往溶液中鼓二氧化碳气体时，二氧化碳与 DPA 反应生成氨基甲酸酯离子液体，该离子液体是 HPS 的不良溶剂，因而 HPS 分子呈聚集状态，由此溶液发出蓝色荧光。因此，HPS-DPA 体系可用于检测二氧化碳气体。

如图 5.14 所示，在 HPS-DPA 溶液中，当未通入二氧化碳气体时，溶液基本没有荧光发射；而往溶液中通入二氧化碳气体后，溶液发射蓝绿色荧光，且随着通入二氧化碳气体的量的增大，荧光强度增强。

传统的二氧化碳气体的检测体系都易受水的干扰，主要是因为当有水存在时二氧化碳会和水反应生成碳酸氢盐。而 HPS-DPA 检测体系则不受水存在的干扰，该体系可实现对二氧化碳气体的特异性检测。主要原因在于，即便水的存在会导

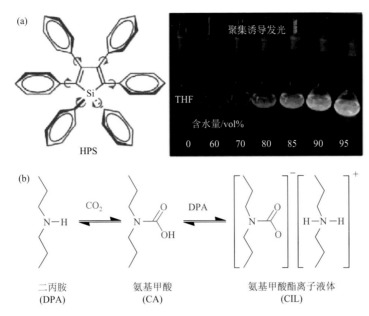

图 5.13 （a）1, 1, 2, 3, 4, 5-六苯基噻咯（HPS）以分子状态溶解于 THF 中时不发光，而当在含水量较高的 THF/水混合溶剂中呈聚集状态因而发出强烈荧光；（b）二氧化碳气体与二丙胺反应生成氨基甲酸酯离子液体

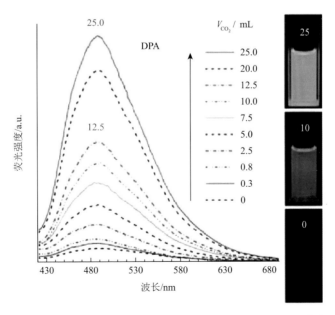

图 5.14 HPS 溶液在通入不同二氧化碳气体量后的荧光光谱和荧光照片（照片是在紫外灯照射下拍摄的）

致二丙胺碳酸氢盐的生成，但该碳酸氢盐也是离子液体，其同样也会导致 HPS 聚集。此外，该检测体系不会为一氧化碳所干扰，其具有优异抗干扰性的另一原因就是，一氧化碳气体和胺不会发生反应。因此，HPS-DPA 可在水和一氧化碳存在的情况下对二氧化碳气体做出灵敏的检测。由此可知，具有 AIE 特性的 HPS-DPA 可作为二氧化碳气体的灵敏特异性的检测体系。

在工业生产活动中，一些挥发性有机化合物（VOC）会被释放到空气中，VOC的存在不利于植物生长且有害于人类健康，因此对 VOC 的灵敏检测具有重要意义。研究人员利用含四苯基乙烯的配体制备了具有 AIE 效应的金属有机框架多孔材料 NUS-1，并将其用于 VOC 的检测[26]。NUS-1 表现出典型的四苯基乙烯的蓝绿色荧光，而当 NUS-1 接触到苯时，其形成共平面的构象，由此体系的共轭程度增大，因而出现荧光的红移，体系表现出亮绿色的荧光。而当 NUS-1 接触到三甲苯时，其形成垂直构象，由此削弱共轭程度，发生荧光蓝移，体系表现出蓝紫色的荧光。因此，该金属有机框架体系可作为 VOC 的荧光检测体系。

5.4 小结

AIE 荧光化合物为科学家设计新型的荧光检测体系提供了新的材料和新的想法，该类材料已成功地被用于实现包括离子、生物物质等多种分析物的识别和检测。具有 AIE 特性的荧光材料由于固有的优势如聚集态（固态）荧光量子产率高，在固态荧光传感领域展示出巨大的潜力，有利于开发制备便携式灵敏的固态荧光检测体系。经引入合适的响应基元，AIE 固态荧光探针可用于检测有毒气体，该类荧光检测体系便于检测、追踪毒气，并可为设计各种便携式固态比率型荧光传感器提供新的思路。

此外，将 AIE 特性与其他光物理效应（如 ICT、激基缔合物发光和 ESIPT 等）有效结合，可简便和快捷地构建荧光比率传感体系，从而实现对被检物的比率型荧光检测分析。这种方法可拓展荧光团的应用范围，并为设计其他传感器提供有益的参考。随着 AIE 材料的进一步研发，相信会有更多新的应用被报道。

（吴水珠　黄帅玲　谢惠婷　谢华飞　武英龙　曾钫）

参考文献

[1] Lee Y，Cho W，Sung J，et al. Monochromophoric design strategy for tetrazine-based colorful bioorthogonal probes with a single fluorescent core skeleton. Journal of the American Chemical Society，2018，140（3）：974-983.

[2]　Arsov Z，Urbančič I，Štrancar J. Aggregation-induced emission spectral shift as a measure of local concentration of a pH-activatable rhodamine-based smart probe. Spectrochimica Acta Part A：Molecular and Biomolecular Spectroscopy，2018，190：486-493.

[3]　Yamaguchi M，Ito S，Hirose A，et al. Control of aggregation-induced emission versus fluorescence aggregation-caused quenching by bond existence at a single site in boron pyridinoiminate complexes. Materials Chemistry Frontiers，2017，1（8）：1573-1579.

[4]　Ma X，Sun R，Cheng J，et al. Fluorescence aggregation-caused quenching versus aggregation-induced emission：a visual teaching technology for undergraduate chemistry students. Journal of Chemical Education，2016，93（2）：345-350.

[5]　Yu C，Li X，Zeng F，et al. Carbon-dot-based ratiometric fluorescent sensor for detecting hydrogen sulfide in aqueous media and inside live cells. Chemical Communications，2013，49（4）：403-405.

[6]　Mei J，Leung N L，Kwok R T，et al. Aggregation-induced emission：together we shine，united we soar！Chemical Reviews，2015，115（21）：11718-11940.

[7]　Fang J，Zhang B，Yao Q，et al. Recent advances in the synthesis and catalytic applications of ligand-protected，atomically precise metal nanoclusters. Coordination Chemistry Reviews，2016，322：1-29.

[8]　Liu B. Aggregation-induced emission：a new research frontier. Small，2016，12（47）：6427-6428.

[9]　Li B，Xie X，Chen Z，et al. Tumor inhibition achieved by targeting and regulating multiple key elements in EGFR signaling pathway using a self-assembled nanoprodrug. Advanced Functional Materials，2018，28（22）：1800692.

[10]　Gao M，Tang B Z. Fluorescent sensors based on aggregation-induced emission：recent advances and perspectives. ACS Sensors，2017，2（10）：1382-1399.

[11]　Sambrook M R，Notman S. Supramolecular chemistry and chemical warfare agents：from fundamentals of recognition to catalysis and sensing. Chemical Society Reviews，2013，42（24）：9251-9267.

[12]　Holmes W W，Keyser B M，Paradiso D C，et al. Conceptual approaches for treatment of phosgene inhalation-induced lung injury. Toxicology Letters，2016，244：8-20.

[13]　Sang N，Yun Y，Li H，et al. SO_2 inhalation contributes to the development and progression of ischemic stroke in the brain. Toxicological Sciences，2010，114（2）：226-236.

[14]　Iwasawa S，Kikuchi Y，Nishiwaki Y，et al. Effects of SO_2 on respiratory system of adult Miyakejima resident 2 years after returning to the island. Journal of Occupational Health，2008，51（1）：38-47.

[15]　Huang S，Wu Y，Zeng F，et al. Handy ratiometric detection of gaseous nerve agents with AIE-fluorophore-based solid test strips. Journal of Materials Chemistry C，2016，4（42）：10105-10110.

[16]　Xie H，Wu Y，Zeng F，et al. An AIE-based fluorescent test strip for the portable detection of gaseous phosgene. Chemical Communications，2017，53（70）：9813-9816.

[17]　Ma L，Li C，Liang Q，et al. Wavelength tunable tetraphenylethene fluorophore dyads：synthesis，aggregation-induced emission and Cl_2 gas detection. Dyes and Pigments，2018，149：543-552.

[18]　Alam P，Leung N L，Su H，et al. A highly sensitive bimodal detection of amine vapours based on aggregation induced emission of 1,2-dihydroquinoxaline derivatives. Chemistry-A European Journal，2017，23（59）：14911-14917.

[19]　Gao M，Li S，Lin Y，et al. Fluorescent light-up detection of amine vapors based on aggregation-induced emission. ACS Sensors，2016，1（2）：179-184.

[20]　Robinson A B，Robinson N E，Soon W. Environmental effects of increased atmospheric carbon dioxide. Journal of

American Physicians and Surgeons，2007，12：79-90.

[21] Yu T，Chen Y. Effects of elevated carbon dioxide on environmental microbes and its mechanisms：a review. Science of the Total Environment，2019，655：865-879.

[22] Guais A，Brand G，Jacquot L，et al. Toxicity of carbon dioxide：a review. Chemical Research in Toxicology，2011，24（12）：2061-2070.

[23] Xie H，Jiang X，Zeng F，et al. A novel ratiometric fluorescent probe through aggregation-induced emission and analyte-induced excimer dissociation. Sensors and Actuators B：Chemical，2014，203：504-510.

[24] Xie H，Zeng F，Yu C，et al. A polylysine-based fluorescent probe for sulfite anion detection in aqueous media via analyte-induced charge generation and complexation. Polymer Chemistry，2013，4（21）：5416-5424.

[25] Liu Y，Tang Y，Barashkov N N，et al. Fluorescent chemosensor for detection and quantitation of carbon dioxide gas. Journal of the American Chemical Society，2010，132（40）：13951-13953.

[26] Zhang M，Feng G，Song Z，et al. Two-dimensional metal-organic framework with wide channels and responsive turn-on fluorescence for the chemical sensing of volatile organic compounds. Journal of the American Chemical Society，2014，136（20）：7241-7244.

第6章

>>

聚集诱导发光分子对爆炸物的检测

6.1 引言

近年来，由于全球恐怖主义的威胁，爆炸物检测备受国际关注。此外，爆炸物在军事方面的广泛使用也引起了人们对环境污染以及公共健康的担心。因此，超灵敏和高选择性爆炸物检测在反恐行动、国土和国民安全以及环境保护等方面发挥着至关重要的作用[1, 2]。一般来说，多硝基取代的芳香族化合物，如 2, 4, 6-三硝基甲苯（TNT）和 2, 4-二硝基甲苯（2, 4-DNT）是主要的军用炸药，也是全球未引爆地雷的主要成分。硝胺和硝酸酯是高能量塑料炸药的主要成分，目前的检测方法主要基于离子迁移谱（IMS）[3]、气相色谱-质谱联用（GC-MS）[4]、表面增强拉曼光谱（SERS）[5]、等离子体解吸质谱（PDMS）[6]和能量色散 X 射线衍射[7]等现代分析手段。另外，训练有素的爆炸物嗅探犬也是检测爆炸物的一种可靠方法[8]。以上这些技术在检测爆炸物方面都有着高灵敏度和准确性。然而，这些方法也有不足之处，特别是成本高以及便携性差。因此，具有成本低、快速响应以及便携性良好等优点的荧光传感器为爆炸物检测提供了一个更具吸引力和前景的解决方案[9-15]。

6.2 AIE 小分子对爆炸物的检测

荧光小分子材料具有合成简单、易分离提纯、多种荧光猝灭途径等众多优点，已成为荧光法检测爆炸物的研究热点。荧光小分子材料检测爆炸物与共轭聚合物检测爆炸物的主要区别是荧光猝灭机理不同：①共轭聚合物传感材料检测爆炸物的荧光猝灭方式通常为静态猝灭，而荧光小分子材料检测爆炸物的猝灭方式通常为动态猝灭；②共轭聚合物与单个分析物分子作用时，可以通过激子迁移使整个聚合物发生荧光猝灭，从而提高其荧光猝灭率。但是，荧光小分子材料猝灭是以化学计量方式进行的，单个猝灭剂分子只能使单个荧光分子发生猝灭，该过程没有激子迁移现象出现；③小分子可通过聚集自组装形成具有大的比表面积的多孔结构，促使荧光猝灭效应放大，从而使其对爆炸物的检测具有较高的灵敏度。这种放大猝灭效应主要归因于快速共振能量转移（RET），或者光诱导电子转移（PET），或者基态电荷转移作用。具有 AIE 效应的荧光小分子由于在高浓度或者聚集状态下具有较强荧光的独特优点更是成为研究热点。

6.2.1　基于四苯基乙烯的 AIE 小分子对爆炸物的检测

2016 年，Satish Patil 等[16]将四苯基乙烯（TPE）的 AIE 荧光团与荧蒽的 ACQ 荧光团，通过共价键连接设计合成了一个星型的具有聚集诱导蓝移发光（AIBSE）效应的 TPE-荧蒽分子 **1**，结构式如图 6.1（a）所示。如图 6.1（b）所示，当增加 THF/H$_2$O 混合溶剂中水的含量时，**1** 的荧光发射强度先增强后减弱，同时伴随着发光带的蓝移，这主要是由于边缘的荧蒽基团限制了苯环的分子内旋转。**1** 的 THF/H$_2$O（$f_w = 70\%$）悬浊液的荧光可以被苦味酸（PA）、三硝基甲苯（TNT）和二硝基苯酚（DNP）猝灭，其中硝基苯酚（NP）类化合物比其他缺电子化合物表现出更好的荧光猝灭行为[6.1（c）]。此外，**1** 对 DNP 和 PA 的检测具有很高的选择性，对 PA 的检测限为 0.5 ppb，猝灭常数为 51120 L/mol，其荧光猝灭主要是由 **1** 和硝基芳香烃类爆炸物之间存在光诱导电子转移引起的。

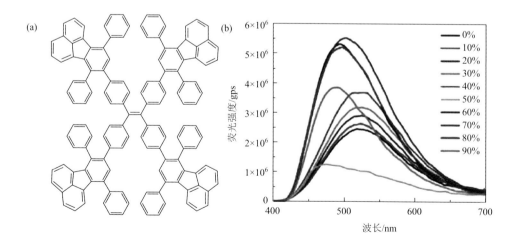

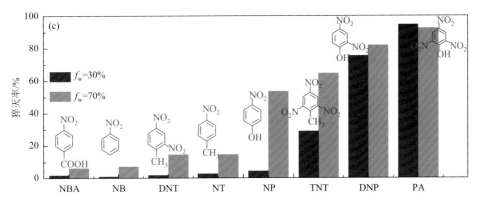

图 6.1　（a）1 的化学结构式；（b）不同比例 **THF/H₂O** 溶液中 **1** 的发射光谱；（c）不同硝基
芳香烃类爆炸物对 **1** 的荧光猝灭率

NBA：4-硝基苯甲酸

　　2016 年，Sivakumar Shanmugam 等[17]将 2-吡喃酮和 TPE 相结合设计合成了一个具有 AIE 效应的给体-受体型分子 **2**，结构式如图 6.2（a）所示。在 THF/H₂O 混合溶剂中，**2** 发射很强的荧光，最大发射波长为 518 nm。40 eq.的 PA 可以完全猝灭 **2** 的 THF/H₂O（$f_w = 90\%$）悬浊液的荧光。荧光强度比值 I_0/I 随着 PA 浓度的变化曲线是弯曲向上的，说明存在超放大猝灭效应。根据 Stern-Volmer 公式，其猝灭常数为 5.6×10^5 L/mol。在一系列硝基芳香烃类爆炸物中，包括 TNT、硝基苯（NB）、DNP、NP 等，**2** 的聚集体对 PA 的检测具有较高的选择性和灵敏度[图 6.2（b）]，

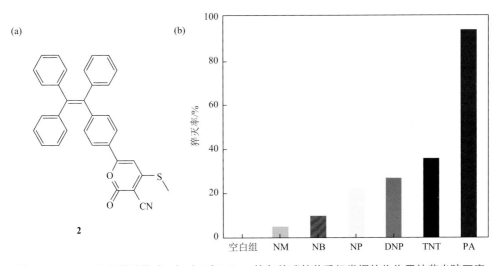

图 6.2　（a）**2** 的化学结构式；（b）**2** 与 **40 eq.**的各种硝基芳香烃类爆炸物作用的荧光猝灭率

NM：硝基甲烷

这主要是由于 PA 的吸收光谱和 **2** 的发射光谱在 424～494 nm 范围内重叠，导致激发态 **2** 的能量向 PA 基态发生共振转移；此外，PA 强缺电子性也会诱导电子转移过程。

2017 年，Manab Chakravarty 等[18]设计合成了两个具有 AIE 性能、非对称卤素取代的三芳基烯烃分子 **3a** 和 **3b**，结构式如图 6.3（a）所示。在众多硝基芳香烃类爆炸物中，*p*-NT、*p*-NP 和 PA 可以有效地猝灭聚集体的荧光，尤其是 PA 可以更快速地猝灭荧光[图 6.3（b）]。**3a** 和 **3b** 的猝灭常数分别是 3.33×10^5 L/mol 和 2.04×10^5 L/mol，**3a** 和 **3b** 对 PA 的检测限分别为 39 ppb 和 48 ppb。**3a** 和 **3b** 与 PA 都是以化学计量比 1∶1 结合形成基态电荷转移复合物，光诱导电子转移导致其荧光猝灭。

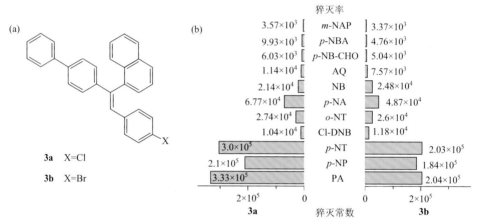

图 6.3 （a）3 的化学结构式；（b）3 与各种硝基芳香烃类爆炸物作用的荧光猝灭率和猝灭常数

m-NAP：3-硝基苯乙酮；*p*-NBA：4-硝基苯甲酸；*p*-NB-CHO：4-硝基苯甲醛；*p*-NA：4-硝基苯胺；DNB：二硝基苯

2018 年，曹德荣等[19]设计合成了两个以苯并[*b*]吡嗪为核、三苯基乙烯为桨的具有聚集增强发光（AEE）效应的给体-受体-给体（D-A-D）构型小分子 **4a** 和 **4b**，结构式如图 6.4（a）所示。**4a** 和 **4b** 在 CH_3CN/H_2O 混合溶剂中会形成聚集体，随着水含量的增加，荧光发射强度增强，最大发射峰略微蓝移；但是随着 PA 的加入，聚集体的荧光强度迅速减弱[图 6.4（b）]。荧光强度比值 I_0/I 随着 PA 浓度的变化曲线是线性关系，**4a** 和 **4b** 的猝灭常数分别是 7.92×10^5 L/mol 和 5.76×10^5 L/mol，对 PA 的检测限分别是 2.875×10^{-8} mol/L 和 4.474×10^{-8} mol/L。此外，基于 **4a** 的试纸可以用肉眼检测液体中 PA 的含量，检测限低达 5×10^{-6} mol/L。聚集体对 PA 的检测具有高灵敏度和高选择性的主要原因是光诱导电子转移、共振能量转移和聚集体空腔的协同作用。

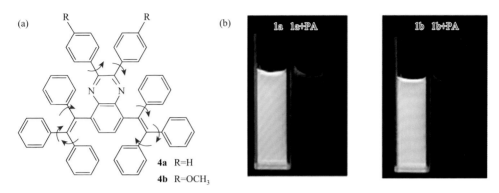

图 6.4　（a）4a 和 4b 的化学结构式；（b）4a 和 4b 与 PA 作用后在紫外光照射下的照片

2019 年，杨家祥等[20]将 1,4-二氢吡咯并[3,2-b]吡咯、TPE 和吡啶结合设计合成了具有 AIE 效应的分子 **5**，结构式如图 6.5（a）所示。在 PA、DNP、TNT、DNT、NT、o-NP、NB 和 p-NP 这几种化合物中，只有 PA 可以有效地猝灭 **5** 的 DMF/H_2O（$f_w = 99\%$）悬浮液的荧光，而其他化合物对其荧光强度基本没有影响[图 6.5（b）]。荧光强度比值 I_0/I 随着 PA 浓度的变化曲线是向上弯曲的曲线，表明了超放大荧光猝灭效应的存在；根据 Stern-Volmer 方程得猝灭常

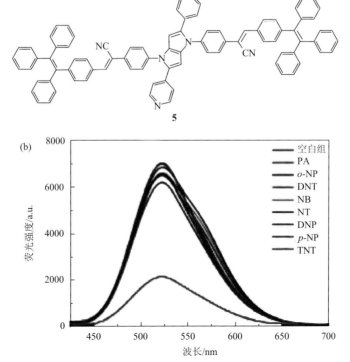

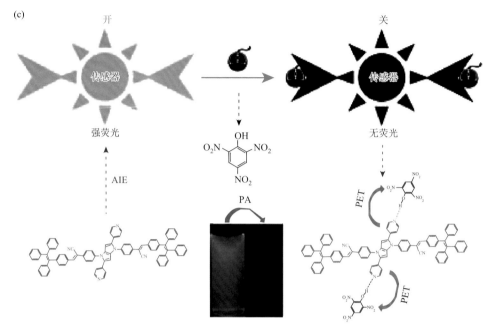

图 6.5 （a）5 的化学结构式；（b）5 与各种硝基芳香烃类爆炸物作用的荧光光谱；（c）5 检测
PA 的机理

数为 2.30×10^6 L/mol，对 PA 的检测限低达 3.15×10^{-8} mol/L（31.5 nmol/L）。通过核磁共振表征和控制对比实验发现，由于 PA 的缺电子性和酸性，**5** 中的吡啶氮被质子化，从而和 PA 阴离子以 1:2 的化学计量比相互作用形成 **5**-PA 基态复合物，发生了光诱导电子传递过程，导致荧光猝灭，这是 **5** 对 PA 的检测具有很高选择性的主要原因[图 6.5（c）]。

　　由于环状化合物比开链化合物具有更强的刚性，按照 AIE 分子内运动受限（RIM）机理，环状化合物将具有更强的荧光发射强度；此外，环状化合物本身具有空穴，通过空穴大小和形状对客体分子的限制，可以显著提高聚集诱导荧光物（AIEgen）作为传感器的选择性。为此，郑炎松等[21]设计合成了一系列 AIEgen 的四苯基乙烯环状或笼状化合物。

　　柱芳烃是一类和杯芳烃类似的大环化合物，富电子的性质使其能高选择性地识别缺电子的客体分子，但是由于缺少信号基团，柱芳烃很难成为高灵敏度的分子传感器；而且 TPE 作为荧光探针常常面临选择性差的问题，如果将 TPE 与柱芳烃相结合恰好能取长补短得到理想的传感器。2014 年，郑炎松等[22]设计合成了两个 TPE 柱[6]芳烃基的环状化合物 **6a** 和 **6b**，结构式如图 6.6（a）所示。由于环的形成，柱[6]芳烃 **6a** 和 **6b** 的荧光量子产率明显高于开链化合物 **6c**。从图 6.6（b）可知，与 **6b** 和 **6c** 相比，**6a** 聚集体的荧光强度可以被 TNT 快速猝灭，而且猝灭程度最高，灵敏度高达 10^{-12} mol/L，而相对应的开链化合物 **6c** 的荧光强度被猝灭程度是最弱的。此外，**6a** 的 H_2O/THF（95∶5，V/V）溶液可以定性或者定量地检测空气中的 TNT 含量。单晶结构分析结果表明，**6a** 的空穴尺寸为 8.1 Å×5.7 Å，足够容纳一个 TNT 客体分子。作为对比，**6b** 的空穴尺寸和 **6a** 差不多，但是两个长烷基链恰好填充到空穴中，阻止 TNT 客体分子进入空穴，导致对 TNT 的检测选择性和灵敏度大大降低。

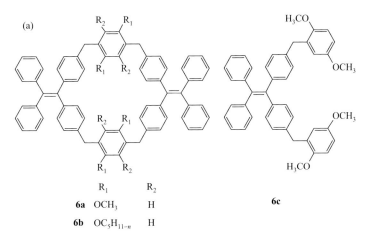

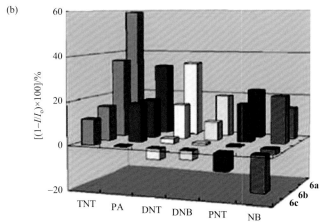

图 6.6　（a）**6a**～**6c** 的化学结构式；（b）**6a**～**6c** 与不同芳香烃类爆炸物作用时荧光猝灭率的柱状图

郑炎松等[23]设计合成了一个具有 AIE 效应的 TPE 席夫碱大环化合物 **7a**，结构式如图 6.7（a）所示。在众多硝基芳香烃类爆炸物中，**7a** 对 DNP 和 PA 的检测显示出较高的选择性和灵敏度[图 6.7（b）]。在荧光滴定过程中，随着 DNP 浓度的增加，荧光猝灭率呈指数增长；而随着 TNP 浓度的增加只是呈线性增长。因此，**7a** 对 DNP 有一种超放大猝灭效应，可以用这种方法将 DNP 和 PA 区分开。PA 和 DNP 对 **7a** 的猝灭常数分别是 3.0×10^4 L/mol 和 8.0×10^4 L/mol。由于 PA 和 DNP 存在很多吸电子基团，使得它们的酸性比其他硝基芳香烃类爆炸物更强。因此，PA 和 DNP 可以和 **7a** 的席夫碱基团在基态发生作用形成络合物，从而产生光诱导电子传递过程，导致荧光的猝灭。虽然 PA 缺电子性更强，但是 DNP 对 **7a** 荧光强度的猝灭率明显高于 PA，这是由于 DNP 与 **7a** 的环状框架结构的尺寸更吻合，更容易被包裹其中[图 6.7（c）]。同环状化合物 **7a** 相比，开链化合物 **7b** 对硝基酚类爆炸物虽然有一定的作用，却没有选择性。

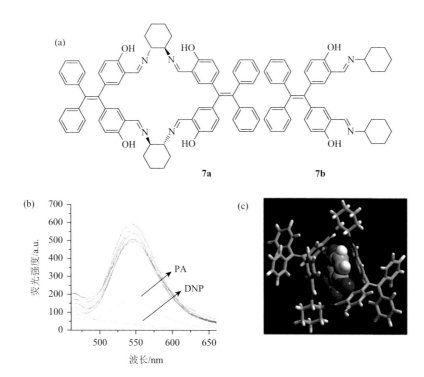

图 6.7 （a）7a～7b 的化学结构式；（b）2 μmol/L 的 7a 与各种硝基芳香烃类爆炸物
（30 μmol/L）作用的荧光光谱；（c）采用 HyperChem 软件模拟化合物 7a 和 DNP 的相互作用

郑炎松等[24]设计合成了一系列以二羟基苯为连接桥、具有 AIE 效应的 TPE 环状化合物 **8a**～**8c**，结构式如图 6.8（a）所示。在众多硝基芳香烃类爆炸物中，这些大环化合物聚集体的荧光可以被 TNT 和 DNT 有效地猝灭[图 6.8（b）]。通过荧光滴定实验可以得到，在各种硝基芳香烃类爆炸物的检测中，仅仅 TNT 具有超放大猝灭效应，**8a** 对 TNT 的检测限是 0.22 μg/L。**8a** 对 TNT 表现出很高的选择性和灵敏度,这是由于带有甲基的 TNT 可以通过分子间 CH$_3$-π 相互作用被包裹进环状空穴内,进而发生光诱导电子传递过程,导致荧光猝灭。因此,**8a** 可以将结构类似的 TNT、PA 和三硝基苯(TNB)区分开。此外,如图 6.8(c)所示,**8a** 可以形成一种自包式的二聚体,在晶体状态下通过首尾 π-π 堆积形成一维网络结构,使得其比 **8b** 和 **8c** 具有更高的荧光量子产率,因而具有较高的灵敏度。相比之下,**8c** 中甲氧基苯基的扭曲,导致其空穴比较小,不能容纳甲基基团,不能形成二聚体,但是可以通过 CH$_3$-π 作用形成一维网络结构,在无取代基的苯环和甲氧基苯环之间的空间可以容纳一个甲基[图 6.8(d)]。因此,**8c** 对含甲基的硝基芳香烃类爆炸物也具有较高的选择性。

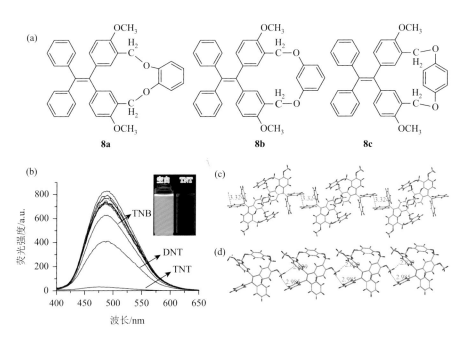

图 6.8　(a)环状分子 **8a**∼**8c** 的化学结构式;(b)1 μmol/L 的 **8a** 与各种硝基芳香烃类爆炸物(2 μmol/L)作用的荧光光谱;(c)**8a** 首尾 π-π 堆积(单位:Å);(d)**8c** 通过 CH$_3$-π 作用形成的自包式聚集体(单位:Å)

2017 年,郑炎松等[25]设计合成了一个具有 AIE 效应的 TPE 四联酰胺大环化合物 **9**,结构式如图 6.9(a)所示。**9** 具有刚性的深 V 型结构,通过 CH-π 作用可以堆积形成 6.4×5.4 Å 一维通道。如图 6.9(b),相比于其他硝基芳香烃类爆炸物,由于硝基苯(NB)具有较小的分子体积,更容易进入通道内,因此可以更有效地猝灭聚集体的荧光,检测限低至 3.99 μg/L。此外,**9** 的固体膜对硝基苯蒸气响应很快,检测限达 1.01 fg/mL。

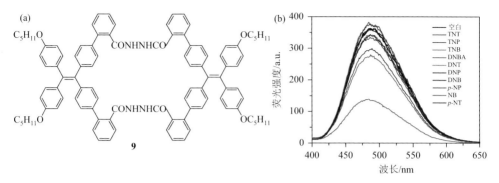

图 6.9　（a）9 的化学结构式；（b）9 与各种硝基芳香烃类爆炸物作用的荧光光谱

2018 年，郑炎松等[26]也设计合成了一种由三个吡啶二甲酰胺单元和三个 TPE 单元组成的，具有 AIE 效应的 TPE-酰胺大环化合物 **10**，结构式如图 6.10（a）所示。通过折叠的 TPE 和吡啶之间的 ArH-π、氢键和 CH$_3$-π 作用，两个大环分子之间可以互相将吡啶二甲酰胺单元插入对方的大环空腔中，从而形成自包合分子笼。由于大环的巨大空腔，仅由两个大环化合物的主客体相互作用形成的自包合分子笼的自由空穴体积达到（$7.07 \times 14.3 \times 9.85$）Å^3。自包合分子笼可以同时容纳两个缺电子的 TNT 分子，TNT 通过硝基氧和吡啶之间强的 n-π 作用力进入笼子，进而猝灭荧光[图 6.10（b）]。因此，大环 **10** 对 TNT 的检测具有很高的选择性和灵敏度。在 1% NaNO$_3$ 存在时，大环 **10** 的 H$_2$O/THF（95∶5，*V/V*）悬浊液对空气中 TNT 的检测限低达 0.18 ppt。

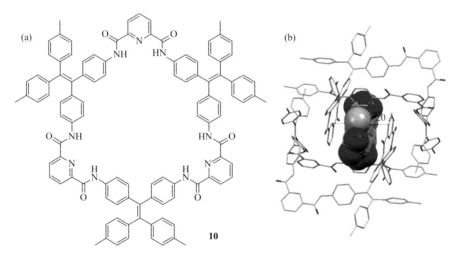

图 6.10　（a）10 的化学结构式；（b）自包合分子笼以及两个 TNT 分子的混晶结构

2018 年，郑炎松等[27]设计合成了三个以 TPE 为折叠单元、双 2,6-三嗪二氧基为桥的折叠体型化合物 **11a～11c**，结构式如图 6.11（a）所示。**11a～11c** 在聚集状态下发出强荧光，并且随着折叠单元的增加，荧光量子产率也随之增加。6 个 **11b** 分子通过 ArH-π、ArH···N、ArH···O、ArH···Cl 和 n-π 作用形成了直径为 7.5 Å 的空穴，进而形成了一个通道。类似地，由于较大的分子体积，两个 **11c** 分子通过 O···Cl 和 n-π 作用形成了 6.6 Å×7.7 Å 的空穴，然后形成了一个通道。在一系列硝基芳香烃类爆炸物中，TNT 可以更有效地猝灭这三种化合物聚集体的荧光。**11a、11b** 和 **11c** 对 TNT 的最低检测浓度分别是 200 nmol/L、20 nmol/L 和 4 nmol/L。根据 Stern-Volmer 公式计算得到猝灭常数分别是 $1.38×10^5$ L/mol、$3.92×10^5$ L/mol 和 $3.01×10^5$ L/mol。此外，由于具有较高的荧光强度，**11a、11b** 和 **11c** 可用于在水溶液中检测几 nmol/L 的 TNT，甚至空气高度稀释的 TNT 蒸气。有趣的是，通过添加无机盐可以显著提高荧光猝灭效率。例如，添加 1% 的 NaF 后，荧光猝灭率从 20% 提高到大于 90%。因此，即使再稀释 2104 倍，也可以观察到明显的荧光强度猝灭现象。用来检测 20℃时含有 TNT 的空气时，检测限低达 0.095 ppt 或者 0.88 fg TNT/mL。**11c**-TNT 混晶结构[图 6.11（b）]表明，TNT 的硝基和折叠体的芳香环之间的 n-π 作用和氢键在结合 TNT 分子中起关键作用，使其进入折叠体分子组成的通道，进而导致荧光猝灭。

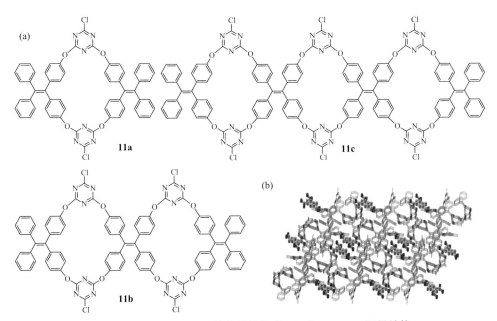

图 6.11 （a）11a～11c 的化学结构式；（b）11c-TNT 混晶结构
（TNT 分子包含在晶体 11c 的通道中）

6.2.2 基于三苯胺的 AIE 小分子对爆炸物的检测

三苯胺（TPA）是一种常见的、具有螺旋桨结构的荧光核，其衍生物具有优异的电荷传输性能和发光性能，被广泛用于化学探针、光电材料及传感器等方面。然而，大多数 TPA 衍生物具有大的共轭结构，极易发生 π-π 堆积，使得分子的荧光发生猝灭，是典型的聚集导致荧光猝灭（ACQ）分子，从而限制了其应用。近年来的研究表明，在 ACQ 基团上接上 AIE 基团，或者对 ACQ 基团进行修饰，ACQ 分子可以转化为 AIE 分子，可应用于爆炸物的检测。

2011 年，唐本忠等[28]合成了一个以三苯胺为核、六苯基噻咯为边的星状发光分子 **12**，结构式如图 6.12（a）所示。由于六苯基噻咯是典型的 AIE 基团，因此 **12** 也具有 AIE 效应。如图 6.12（b）所示，PA 可以猝灭 **12** 的 THF/H$_2$O（$f_w = 90\%$）悬浊液的荧光，当 PA 浓度低达 1 ppm 时，还可以清晰地观察到荧光猝灭现象。荧光强度比值 I_0/I 随着 PA 浓度的变化曲线是向上弯曲的曲线，表明了超放大猝灭效应的存在；根据 Stern-Volmer 公式计算得到猝灭常数是 7×10^4 L/mol。由于 PA 的吸收光谱和 **12** 的发射光谱有重叠，从而能量可以从 **12** 的激发态转移到 PA 的基态；此外，**12** 的固态有很多内部空腔，可以结合 PA 分子，导致激子的转移，这些原因共同导致了荧光猝灭现象，使 **12** 对 PA 的检测具有高的灵敏度和低检测限。

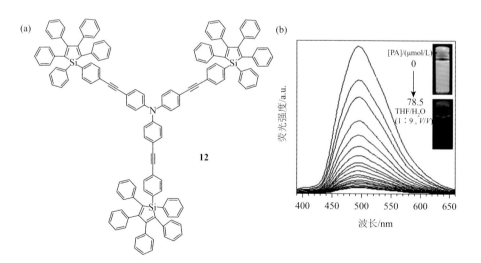

图 6.12　（a）**12** 的化学结构式；（b）**12** 聚集体中加入不同量 PA 时的荧光光谱

2016 年，Ayyanar Siva 等[29]通过 Wittig-Horner 反应合成了一系列 D-π-D 构型的二甲基取代的三苯胺衍生物 **13a**、**13b** 和 **13c**，它们分别是直线型、V 型和星型分子，结构式如图 6.13 所示。**13a**、**13b** 和 **13c** 都具有聚集诱导荧光增强（AIEE）效应和溶剂效应，并且随着分子结构中苯乙烯基数量的增加，吸收和发射光谱发生了一定程度的红移。将 PA 逐渐滴加到 **13a**、**13b** 和 **13c** 的 THF/H$_2$O（$f_w = 50\%$）悬浊液中，溶液从蓝色变为浅黄色，荧光被猝灭。这主要是由于电荷转移复合物的形成，能量从富电子化合物的激发态转移到缺电子 PA 的基态。根据 Stern-Volmer 公式计算 **13a** 的荧光猝灭常数是 6.37×10^5 L/mol。荧光滴定实验表明，**13a**、**13b** 和 **13c** 的荧光被 PA 猝灭的程度远远大于其他硝基化合物，对 PA 的检测限分别是 30 ppb、30 ppb 和 40 ppb。

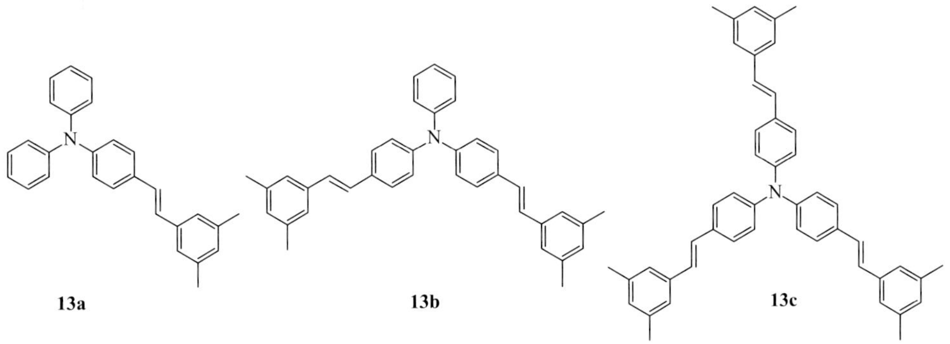

图 6.13　13a～13c 的化学结构式

汪进良等[30]通过 Corey-Fuchs 反应和 Suzuki/Stille 偶联反应合成了以 [2, 2-(2, 2-diphenylethene-1, 1-diyl)dithiophene] 为核、三苯胺为边的三个具有 AIE 效应的化合物 **14a**、**14b** 和 **14c**，结构式如图 6.14 所示。实验结果表明，**14a** 比 **14b** 和 **14c** 具有更强的 AIE 效应，这说明引入更多的 ACQ 基团会减弱 AIE 效应。**14a**、**14b** 和 **14c** 均具有溶剂化效应，即随着溶剂极性的增大，其最大发射峰发生红移。**14a** 和 **14c** 可以组装成均匀的棒状微米纤维，而 **14b** 没有这种现象，这可能是由于它的不对称性导致位阻效应增大，分子间相互作用减弱。随着 TNT 的加入，**14a** 和 **14c** 的 THF/H$_2$O（$f_w = 99\%$）悬浊液的荧光强度逐渐减弱，荧光强度比值 I_0/I 随着 TNT 浓度的变化曲线呈线性变化；根据 Stern-Volmer 公式可得，**14a** 和 **14c** 的猝灭常数分别是 0.69×10^5 L/mol 和 0.75×10^5 L/mol。相比于其他硝基芳烃类爆炸物，TNT 与 **14a** 和 **14c** 之间的作用更强，更有利于光诱导电荷转移。

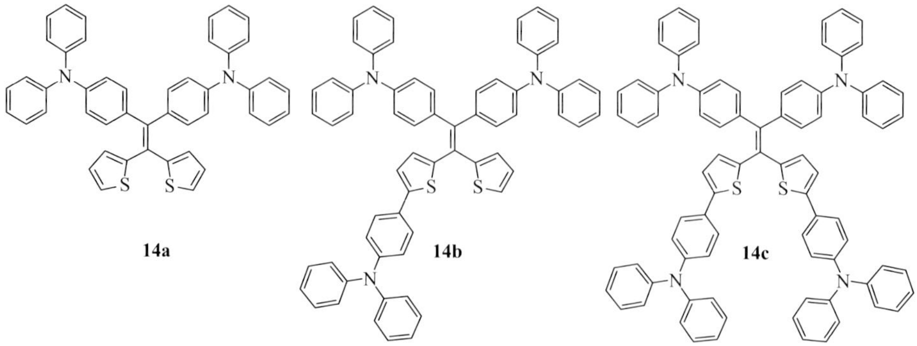

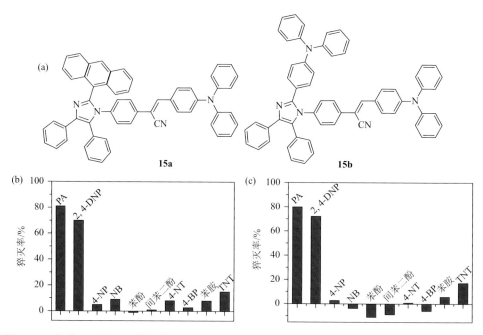

图 6.14 14a～14c 的化学结构式

2018 年，杨家祥等[31]设计合成了两个 D-π-A 构型的含有 α-氰基二苯乙烯基的咪唑衍生物分子 **15a** 和 **15b**，结构式如图 6.15（a）所示。在 THF/H$_2$O 溶剂中，随着水含量的增加，荧光强度迅速增加，颜色从绿色变为黄绿色，显示出 AIEE 效应。在 THF/H$_2$O（$f_w = 90\%$）溶剂中，**15a** 分子形成了 0.6 μm 的球状聚集体；而 **15b** 分子迅速从球状聚集成立方体状，大小从 1.5 μm 增长到 8 μm。如图 6.15（b）和（c）所示，在许多爆炸物中，**15a** 和 **15b** 的 THF/H$_2$O（$f_w = 90\%$）悬浊液对 PA 和 2, 4-DNP 的检测有较高选择性。当 15 eq.的 PA 和 2, 4-DNP 分别加入 **15a**

图 6.15 （a）15a 和 15b 的化学结构式；（b）15a 和（c）15b 与不同硝基芳香烃类爆炸物作用的荧光猝灭率

的悬浊液中，荧光分别被猝灭 80%和 70%；而其他爆炸物的荧光猝灭率不超过 10%。这是由于 PA 和 2,4-DNP 在溶液中显示酸性，可以和咪唑基团结合，而其他爆炸物显示很弱的酸性或者中性。根据 Stern-Volmer 公式可得，猝灭常数都大于 5.0×10^3 L/mol；**15a** 对 PA 和 2,4-DNP 的检测限分别是 4.7×10^{-6} mol/L 和 5.0×10^{-6} mol/L，**15b** 对 PA 和 2,4-DNP 的检测限分别是 6.0×10^{-6} mol/L 和 5.0×10^{-6} mol/L。荧光猝灭的原因主要是给体的发射光谱和受体的吸收光谱在 $430\sim490$ nm 波长范围内有重叠，能量可以从给体的激发态转移到受体的基态。

6.2.3　基于多环芳香烃的 AIE 小分子对爆炸物的检测

多环芳香烃（polycyclic aromatic hydrocarbons，PAHs）具有稠合芳环如芘、蒽、苝、萘等相似的结构特征。大多数的 PAHs 具有显著的给电子特性和较高的荧光量子产率，从而与缺电子分子可形成非荧光的电荷转移配合物。PAHs 有利于芳族化合物的 π-π 相互作用，所以多环芳烃在硝基爆炸物检测应用中，特别是在硝基芳香烃类爆炸物检测应用中，是一类重要的荧光小分子传感材料。

2013 年，Vandana Bhalla 等[32]设计合成了两种六苯并蔻（HBC）衍生物 **16a** 和 **16b**，结构式如图 6.16（a）所示。由于边缘两个苯环的自由转动受限，**16a** 和 **16b** 都具有 AIEE 效应。**16a** 和 **16b** 中含有的氨基基团具有较高的极化性，且在酸性环境中能够发生质子化作用，因而对 PA 均具有高灵敏度和高选择性的检测性能，猝灭常数分别高达 3.2×10^6 L/mol 和 2.0×10^6 L/mol。此外，该荧光传感器对 PA 蒸气的检测可达到纳克量级[图 6.16（b）]。

此外，Vandana Bhalla 等[33]还合成了具有 AIEE 效应的六苯基苯衍生物 **17a** 和 **17b**，结构式如图 6.17（a）所示。用 Hg^{2+} 对其进行诱导调制而形成超分子组装体，其荧光强度进一步增大，并且对 PA 表现出选择性和灵敏性的荧光猝灭响应[图 6.17（b）]。

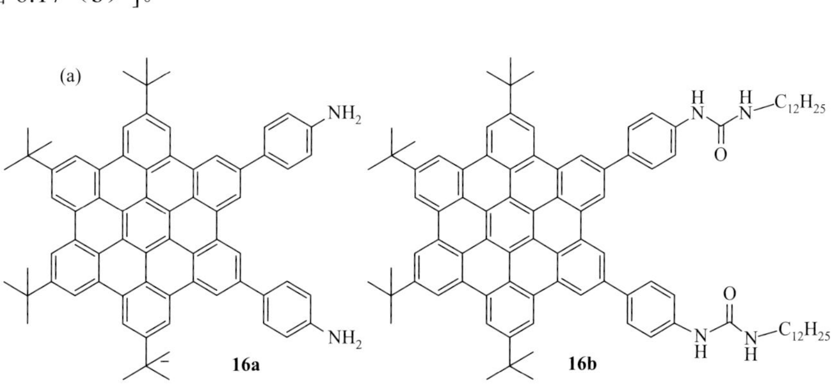

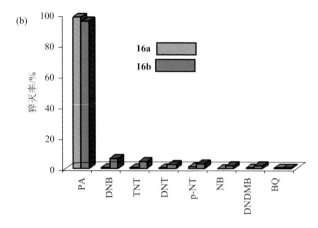

图 6.16　（a）16a 和 16b 的化学结构式；（b）16a 和 16b 与不同硝基芳香烃类爆炸物作用的荧光猝灭率

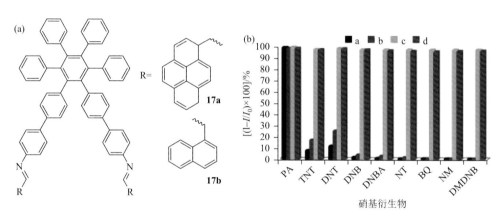

图 6.17　（a）17a 和 17b 的化学结构式；（b）a 和 c 分别表示 17a-Hg^{2+}对 PA 的选择性和竞争选择性，b 和 d 分别表示 17b-Hg^{2+}对 PA 的选择性和竞争选择性

BQ：1, 4-苯醌；DMDNB：2, 3-二甲基-2, 3-二硝基丁烷

　　2014 年，Vandana Bhalla 等[34]设计合成了一系列具有 AIEE 性能的基于 6, 13-五并苯醌的探针分子 **18a～18e**，结构式如图 6.18 所示。**18a～18c** 分别含有 1 个、2 个和 3 个吡啶取代基团，在 DMSO/H$_2$O（f_w = 50%）中，荧光强度达到最大。**18d** 和 **18e** 含有富电子苯环取代基，在 THF/H$_2$O 混合溶剂中，当 f_w 超过 60%时，其荧光光谱出现两个发射带；当 f_w = 90%时，长波长处的发射峰强度达到最大，说明分子内存在 ICT 效应。**18a～18c** 的 DMSO/H$_2$O（f_w = 50%）溶液和 **18d～18e** 的 THF/H$_2$O（f_w = 90%）悬浮液对硝基爆炸物表现出相类似的行为，其中 PA 都可以将其荧光猝灭。**18a～18e** 的猝灭常数分别是 3.40×10^3 L/mol、4.36×10^3 L/mol、

6.52×10^3 L/mol、8.44×10^3 L/mol 和 3.61×10^3 L/mol；对 PA 的检测限分别是 720 nmol/L、650 nmol/L、600 nmol/L、250 nmol/L 和 290 nmol/L。荧光猝灭是由光诱导电子转移和能量共振转移共同作用的结果。

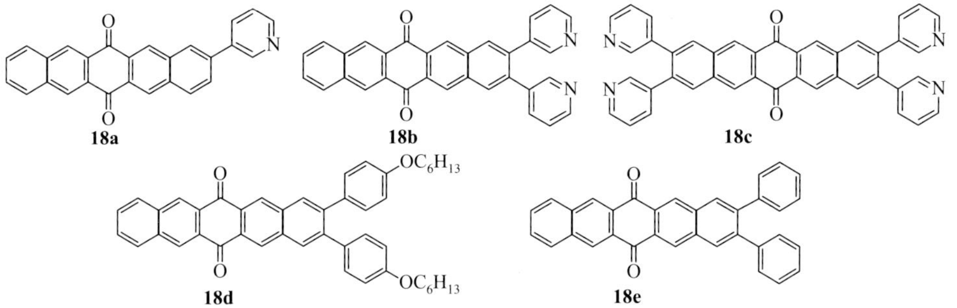

图 6.18　18a～18e 的化学结构式

2015 年，Vandana Bhalla 等[35]设计合成了两个具有 AIEE 效应，分别含有缺电子基团氰基和富电子基团氨基的三亚苯衍生物分子 **19a** 和 **19b**，结构式如图 6.19 所示。当 20 eq. PA 加入 **19a** 的 THF/H$_2$O（f_w = 50%）悬浮液中，荧光被猝灭 98%；Stern-Volmer 曲线是非线性的向上弯曲曲线，表明超放大猝灭效应的存在[图 6.19（b）]。猝灭常数是 1.11×10^5 L/mol，对 PA 的检测限是 40 nmol/L，这主要是由于 **19a** 的发射光谱和 PA 的吸收光谱有重叠，能量发生共振转移导致荧光猝灭，而且 **19a** 聚集态形貌给激子的迁移提供了通道。如图 6.19（c）所示，当 26eq. PA 加入 **19b** 的 THF/H$_2$O（f_w = 70%）悬浮液中，可以观察到类似的现象，猝灭常数是 1.95×10^5 L/mol，对 PA 的检测限是 35 nmol/L，这主要是由于 PA 的强酸性使 **19b** 聚集体的氨基质子化，质子化的 **19b** 和 PA 阴离子之间产生很强的静电相互作用，从而导致荧光猝灭。

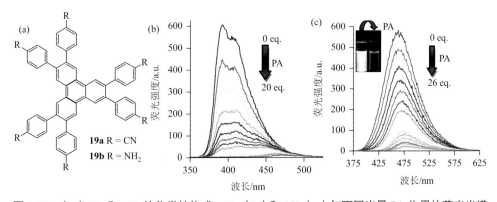

图 6.19　（a）19a 和 19b 的化学结构式；19a（b）和 19b（c）与不同当量 PA 作用的荧光光谱

Edamana Prasad 等[36]设计合成了三个含有不同萘环数量的 D-A-D 型萘四羧酸二酰亚胺类衍生物 **20a**～**20c**，结构式如图 6.20（a）所示。在 THF/H$_2$O 混合溶剂中，随着水含量的增加，起初 **20a** 的荧光强度减弱；当 f_w > 50%时，有聚集体产生，在 600 nm 处出现新的发射峰；当 f_w = 90%时，600 nm 处的荧光强度达到最大。**20b** 表现出类似的现象。然而，**20c** 的荧光强度随着水含量的增加持续减弱，这主要是由于更多的萘基团和萘二酰亚胺之间的光诱导电子转移速率很高。**20b** 的 THF/H$_2$O（f_w = 90%）悬浊液被用于检测硝基芳香烃类爆炸物。如图 6.20（b）所示，随着 PA 的加入，**20b** 的荧光强度逐渐减弱，而且 **20b** 对 PA 有非常高的选择性。根据 Stern-Volmer 公式可得，其猝灭常数为 9.6×10^4 L/mol；根据荧光滴定实验，检测限为 0.90 ppm。荧光猝灭的原因主要是 PA 的羟基基团和萘二酰亚胺的氨基相互作用导致纳米聚集体的破坏。

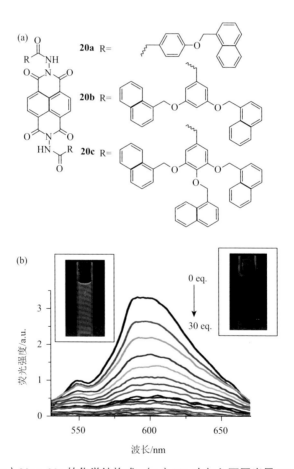

图 6.20 （a）20a～20c 的化学结构式；（b）20b 中加入不同当量 PA 的荧光光谱

2016 年，张明等[37]设计合成了一个以蒽基团为给体、1, 8-萘二甲酰亚胺单元为受体的，具有分子内电荷转移（ICT）和 AIEE 效应的小分子 **21**，结构式如图 6.21（a）所示。PA 可以快速有效地猝灭 **21** 聚集体的荧光[图 6.21（b）]，并且溶液的吸光度增加，颜色从无色变为浅黄色，其猝灭常数和检测限分别是 $7.0×10^4$ L/mol 和 $4.7×10^{-7}$ mol/L。但是 TNT 和 DNT 没有出现这种现象。^{1}H NMR 结果表明，PA 分子可以使 **21** 质子化，从而质子化的 **21** 和 PA 阴离子之间存在强的静电相互作用，减弱了从蒽基团到 1, 8-萘二甲酰亚胺基团的 ICT 发射峰，导致了荧光猝灭。

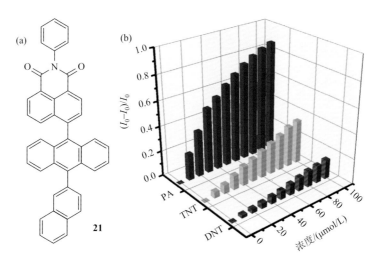

图 6.21　（a）**21** 的化学结构式；（b）**21** 和 **PA**、**TNT** 及 **DNT** 作用的荧光猝灭率

2017 年，Priyabrata Banerjee 等[38]设计合成了两个具有 AIE 效应的芳基萘砜类分子 **22a** 和 **22b**，结构式如图 6.22（a）所示。由于甲氧基的给电子效应，**22a** 的最大发射波长相较于 **22b** 的最大发射波长发生红移。如图 6.22（b）和（c）所示，PA 可以迅速猝灭 **22a** 的荧光，并且最大发射峰从 445 nm 红移至 465 nm；然而 **22a** 对其他硝基芳烃类爆炸物却没有响应。因此，**22a** 对 TNP 有很好的选择性。根据 Stern-Volmer 公式可得，猝灭常数为 $6.8×10^5$ L/mol。^{1}H NMR 实验表明，**22a** 和 PA 之间发生了主客体相互作用；紫外吸收光谱红移表明 **22a**-PA 复合物的形成，从而产生分子内电荷转移；**22a** 的发射光谱和 PA 的吸收光谱有重叠部分，可以发生共振能量转移，这些作用共同使得 **22a** 对 PA 的检测具有较高的灵敏度和选择性。

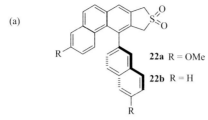

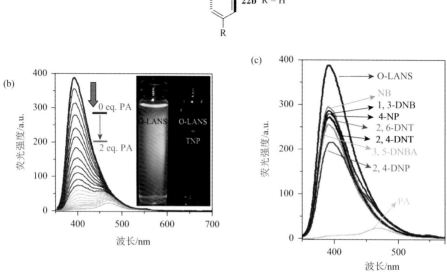

图 6.22 （a）22a 和 22b 的化学结构式；（b）22a 和不同当量 PA 作用的荧光光谱；（c）22a 和不同硝基芳香烃类爆炸物作用的荧光光谱

Ajay Misra 等[39]通过席夫碱将 1, 5-二甲基-2-苯基-3-吡唑啉酮和萘酚相连接设计合成了具有 AIEE 行为的分子 **23**，结构式如图 6.23（a）所示。**23** 水溶胶的荧光仅仅可以被 PA 明显猝灭[图 6.23（b）]。随着 PA 的逐渐加入，**23** 水溶胶的荧光强度逐渐减弱；荧光强度比值 I_0/I 随着 PA 浓度的变化曲线是向上弯曲的曲线，表明了超放大猝灭效应的存在；其猝灭常数是 1.91×10^5 L/mol，对 PA 的检测限是 0.11 μmol/L。PA 对 **23** 的荧光猝灭率远远大于其他硝基芳香烃类爆炸物，说明 **23** 对 PA 的检测具有很高的选择性。荧光猝灭的主要原因可能是由于 **23** 水溶胶和 PA 形成了基态复合物。

在多环芳烃中，芘及其衍生物也被广泛应用于硝基芳香烃类爆炸物的检测。在它们的稀溶液中（如溶液浓度小于 0.001 mol/L），紫外波长范围内（波长小于 400 nm）的荧光光谱显示单体发射特性。随着溶液中荧光分子浓度的增加或者将其制备成固体状态时，形成了激基缔合物或"基激二聚体"，导致其荧光光谱峰位红移至可见光范围内。平面状的芘可以和硝基芳香烃类爆炸物形成较强的 π-π 堆叠，所以缺电子硝基爆炸物能够引起芘单体和基激二聚体发生荧光猝灭。

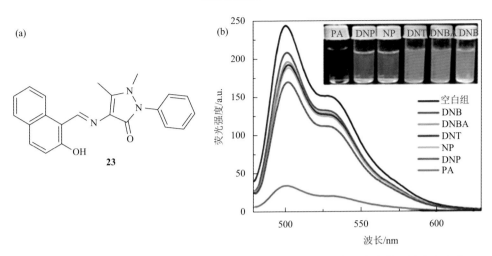

图 6.23　（a）23 的化学结构式；（b）23 和不同硝基芳香烃类化合物作用的荧光光谱

　　2015 年，Kamaljit Singh 等[40]设计合成了一个基于芘和吡嗪的分子 **24**，结构式如图 6.24（a）所示。在纯 THF 溶剂中其最大发射峰在 380～399 nm，并伴有 342 nm 处的肩峰，这是芘单分子的特征发射。当向 THF 中加入 HEPES 缓冲溶液后，荧光强度增强；当 HEPES 的含量达到 90%时，在 481 nm 处出现新的强发射峰，这是由于芘聚集形成激基缔合物引起的。当向 **24** 的 THF/HB（$f_{w, HB}$ = 90%，HB：含有 0.1 mol/L NaOH 的 0.01 mol/L HEPES 缓冲溶液，pH = 6.99）溶液中分别加入等当量的 PA、DNT、TNT、p-NP、DNP、p-NA、m-NA、2, 4-二硝基苯胺（DNA）等后，PA 的荧光猝灭达 93%，TNT 的荧光猝灭率达 40%，DNP 的荧光

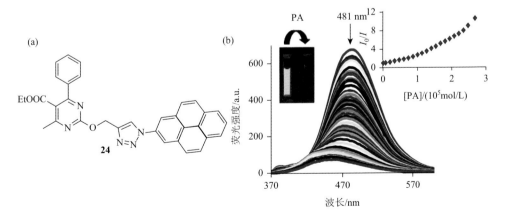

图 6.24　（a）24 的化学结构式；（b）24 与不同当量 PA 作用的荧光光谱

猝灭率达 39%，而其他爆炸物对 **24** 的荧光强度几乎没有明显影响。如图 6.24（b）所示，Stern-Volmer 曲线是非线性的，表明超放大猝灭效应的存在，荧光猝灭是由于 **24** 和 PA 之间形成了电荷转移复合物。

2017 年，Ajay Misra 等[41]设计合成了一个芘衍生物分子 **25**，结构式如图 6.25（a）所示。在 CH_3CN/H_2O 混合溶剂中，随着水含量的增加（$f_w < 70\%$），荧光强度迅速大幅度增强，最大发射峰红移了 28 nm；当 f_w 继续增加至 90% 时，荧光强度略微降低，但比纯 CH_3CN 中的强度仍然高 519，且光谱红移了 10 nm，这些说明了该分子具有 AIEE 效应。在众多硝基芳香烃类爆炸物中，只有 PA 可以明显猝灭 **25** 水溶胶的荧光[图 6.25（b）]。随着 PA 的逐渐加入，**25** 水溶胶的荧光强度逐渐降低，最大发射峰逐渐红移，同时溶液由蓝绿色变为无色，因此可以肉眼识别 PA 的存在。荧光强度比值 I_0/I 随着 PA 浓度的变化曲线是向上弯曲的曲线，表明了超放大猝灭效应的存在，其猝灭常数和检测限分别为 4.7×10^5 L/mol 和 16.51 nmol/L。

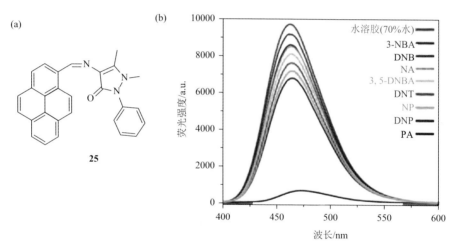

图 6.25　（a）25 的化学结构式；（b）25 和不同硝基芳香烃类爆炸物作用的荧光光谱

Paitoon Rashatasakhon 等[42]合成了三个基于芘和苯并咪唑-喹啉酮的化合物 **26a~26d**，结构式如图 6.26（a）所示。**26a~26d** 都具有 AIEE 效应，在分子结构式上的区别在于芘的数量和取代基位置不同。从图 6.26（b）可以看出，**26b~26d** 的 THF/H_2O（$f_w < 97\%$）悬浮液可以选择性地检测 TNT、DNP 和 PA，这是由于 DNP 和 PA 的吸收光谱和 **26b~26d** 的发射光谱重叠，而 TNT 和芘之间有很强的 π-π 相互作用。TNT 对 **26d** 的猝灭常数和检测限分别为 6×10^4 L/mol 和 0.25 ppm；虽然 **26a** 聚集体对 DNP 和 PA 有响应，但是对 TNT 没有响应。

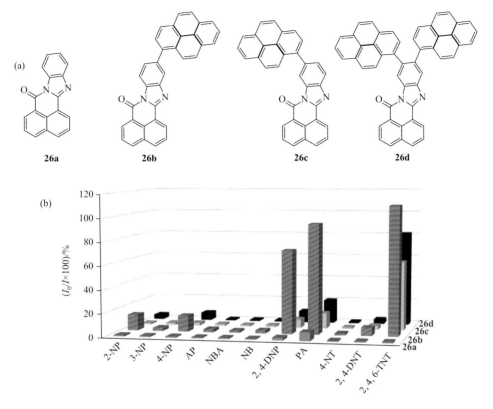

图 6.26 （a）26a～26d 的化学结构式；（b）26a～26d 与不同硝基芳香烃类爆炸物作用的荧光响应

AP：2-氨基苯胺

2018 年，Inamur Rahaman Laskar 等[43]设计合成了一个基于芘和吡啶，具有 AIEE 效应的小分子 **27**，结构式如图 6.27（a）所示。在众多硝基芳香烃类爆炸物中，只有将 PA 逐渐加入 **27** 溶液中时，390 nm 和 405 nm 波长处的荧光几乎被完全猝灭，而且在 522 nm 波长处出现一个新的发射峰，该发射峰是由于吡啶环上的氮原子被质子化，导致发生了分子内电荷转移[图 6.27（b）]。因此，**27** 对 PA 有很好的选择性。**27** 可以用于在碱性和中性环境中检测 PA，在荧光滴定图谱中的 522 nm 和 405 nm 处发射强度比值的变化和 PA 浓度呈线性关系，计算得到检测限为 56 nmol/L（12.82 ppb）。

2018 年，Mahammad Ali 等[44]设计合成了一个基于芘的、具有 AIEE 效应的席夫碱小分子 **28**，结构式如图 6.28（a）所示。在众多硝基芳香烃类爆炸物中，只有 PA 可以猝灭 **28** 聚集体的荧光，猝灭率最高达 97%[图 6.28（b）]；荧光强度比值 I_0/I 随着 PA 浓度的变化曲线是向上弯曲的曲线，表明了超放大猝灭效应的存在，猝灭常数为 1.4×10^4 L/mol。当 PA 加入 **28** 的 CH$_3$CN/H$_2$O（$f_w = 80\%$）溶液中时，溶液颜色从无色变为浅黄色，说明硝基芳香烃类爆炸物通过 π-π 相互作用插入两个芘环中间形成了电荷转移复合物，从而导致了聚集体荧光猝灭。

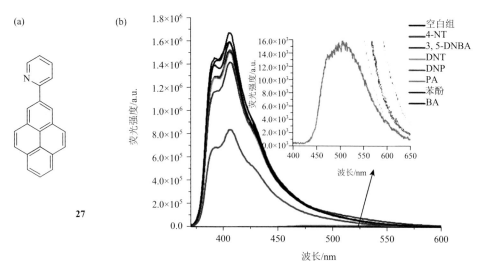

图 6.27　（a）27 的化学结构式；（b）27 和不同硝基芳香烃类爆炸物作用的荧光光谱

3, 5-DNBA：3, 5-二硝基水杨酸

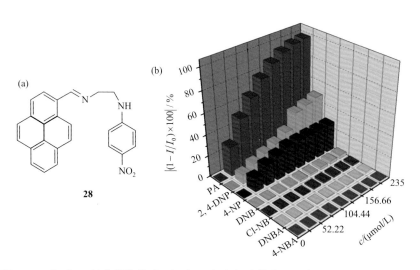

图 6.28　（a）28 的化学结构式；（b）28 和众多硝基芳香烃类爆炸物作用的荧光猝灭率

Pil Seok Chae 等[45]设计合成了三个具有不同氨基酸长度的、基于芘的镊子状刚性分子 **29a~29c**，结构式如图 6.29（a）所示。**29a** 的氨基酸长度最短，因此刚

性最强。在 DMSO/H₂O 溶液中，**29a~29c** 都具有 AIEE 性质，都在 380~390 nm 和 480~490 nm 处有两个发射峰，高能量峰是由芘单分子发射的，而低能量峰是由芘-芘堆积形成的激基缔合物发射的。在 TNT 和众多苯酚衍生物中，只有 PA 可以将 **29a** 聚集体的荧光猝灭；当加入 2eq. PA 时，**29a** 聚集体的荧光被猝灭 90%[图 6.29（b）]。**29a** 和 PA 的结合常数为 3.96×10^7 L/mol，结合比为 1∶2，检测限为 0.13 pmol/L。然而，**29b** 和 **29c** 选择性不高，对 4-NP、2, 4-DNP 和 PA 都有敏感的响应。¹H NMR 和理论计算表明，**29a~29c** 可以通过芘和 PA 之间的 π-π 相互作用形成复合物，使得电子从富电子的芘单元转移到缺电子的 PA 上；并且 **29a~29c** 的发射光谱和 PA 的吸收光谱有重叠，使得能量发生共振转移，从而导致荧光猝灭。

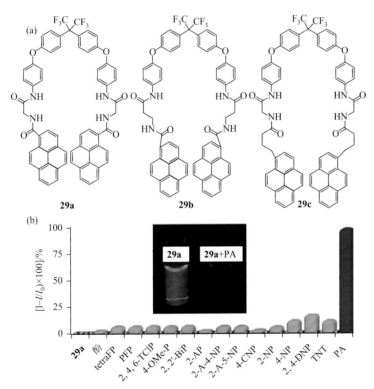

图 6.29　（a）29a~29c 的化学结构式；（b）29a 和众多苯酚类芳香化合物作用的荧光猝灭率

tetraFP：四氟苯酚；PFP：五氟苯酚；2, 4, 6-TClP：2, 4, 6-三氯苯酚；4-OMe-P：4-甲氧基苯酚；2-2′-BiP：2-2′-二羟基联苯；2-A-4-NP：2-氨基-4-硝基苯酚；2-A-5-NP：2-氨基-5-硝基苯酚；4-CNP：4-羟基苯甲腈

6.2.4　含有硅的 AIE 小分子对爆炸物的检测

2013 年，冯圣玉等[46]设计合成了两个以硅为中心、含氰基的四面体结构的硅

烷 **30a** 和 **30b**，结构式如图 6.30（a）所示。由于 **30a** 和 **30b** 分子都是扭曲型结构，而且分子间存在较强的 C—H···π 和 C—H···N 的氢键相互作用，阻止了分子内旋转和 π-π 堆积作用，因此它们都具有 AIEE 效应。如图 6.30（b）所示，随着 TNT 分别加入 **30a** 和 **30b** 的 THF 溶液中，荧光被逐渐猝灭；根据 Stern-Volmer 公式可得，猝灭常数分别是 $6.14×10^5$ L/mol 和 $3.41×10^5$ L/mol。

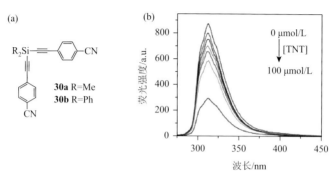

图 6.30　（a）30a 和 30b 的化学结构式；（b）30a 和不同浓度 TNT 作用的荧光光谱

2015 年，冯圣玉等[47]进一步设计合成了含有噻吩的、以硅原子为核的四面体结构的硅烷 **31a** 和 **31b**，均具有 AIEE 效应，结构式如图 6.31 所示。随着硝基苯和 PA 的加入，**31a** 和 **31b** 的 THF/H₂O（$f_w = 99\%$）悬浮液的荧光强度减弱；荧光强度比值 I_0/I 随着硝基苯浓度的变化曲线是向上弯曲的曲线，表明了超放大猝灭效应的存在。硝基苯对 **31a** 和 **31b** 的荧光猝灭常数分别是 $8.5×10^4$ L/mol 和 $9.3×10^4$ L/mol；PA 对 **31a** 和 **31b** 的荧光猝灭常数分别是 $5.9×10^5$ L/mol 和 $6.4×10^5$ L/mol。相比于硝基苯，**31a** 和 **31b** 对 PA 更为敏感，这是由于 PA 的吸收光谱与 **31a** 和 **31b** 的发射光谱有重叠，所以 PA 猝灭荧光是光诱导电子转移和能量共振转移共同作用的结果。

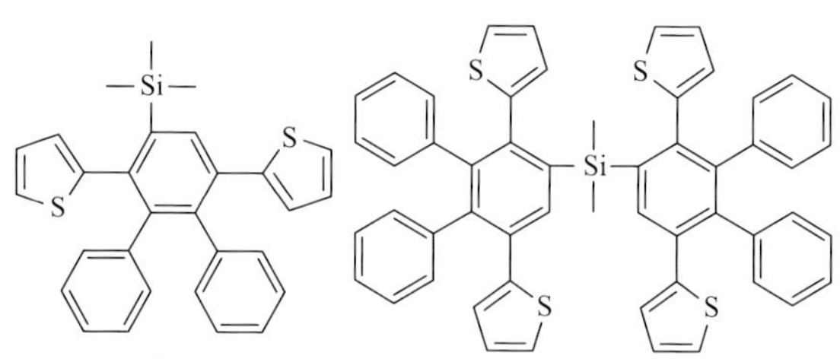

31a　　　　　　**31b**

图 6.31　31a 和 31b 的化学结构式

2016 年，李书宏等[48]设计合成了一个含有手性联萘酚（BINOL），具有 AIE 行为和手性的四苯基噻咯分子 **32**，结构式如图 6.32（a）所示。**32** 溶液的荧光随着 PA 的加入逐渐减弱，即使当 PA 的含量低至 1 ppm 时，PA 对 **32** 的荧光猝灭效应依然可以清楚区分[图 6.32（b）]。荧光强度比值 I_0/I 随着 PA 浓度的变化曲线是向上弯曲的曲线，表明了超放大猝灭效应的存在，这是由于 **32** 的螺旋结构提供了足够的空间使更多的 PA 分子和噻咯边缘的苯环相互作用。根据 I_0/I-c（PA）曲线，猝灭过程包括三个阶段：第一阶段，I_0/I 随着 PA 浓度的变化是线性曲线，猝灭常数为 43770 L/mol；第二阶段，I_0/I 随着 PA 浓度的变化遵循另一种线性关系，猝灭常数增大为 316840 L/mol；第三阶段，猝灭常数高达 1030550 L/mol。

除了使用 AIE 衍生物的悬浊液、试纸条或 TLC 薄板进行检测外，还可以将 AIE 衍生物固载在某些特殊的载体上，这些固载体系除了可以对爆炸物进行高灵敏度的检测外，还可以实现探针分子的重复利用。2009 年，房喻等[49]通过物理方法将六苯基噻咯（HPS）纳米颗粒掺杂到壳聚糖（CS）凝胶中，这一体系不仅具有很高的稳定性，而且由于 HPS 分子的聚集也可以发出很强的荧光。在水溶液中，当 PA 浓度低至 0.24 mmol/L 时，薄膜的荧光几乎被完全猝灭[图 6.33（a）]。荧光强度比值 I_0/I 随着 PA 浓度的变化曲线是向上弯曲的曲线，而非线性关系，表明了超放大猝灭效应的存在，这主要是由于壳聚糖凝胶对猝灭反应的表面增强效应[图 6.33（b）]。更重要的是该薄膜对 PA 检测有非常高的选择性，其他硝基芳香烃类化合物或者有机溶剂对薄膜的发光影响非常小。高的选择性归结于质子化的壳聚糖凝胶薄膜对 PA 阴离子的特殊静电相互作用，以及壳聚糖凝胶薄膜对干扰物质的筛选作用。此外，这一简单的凝胶薄膜荧光探针还具有极好的重复利用特性，大大提高了 AIE 基爆炸物荧光探针的实用性。

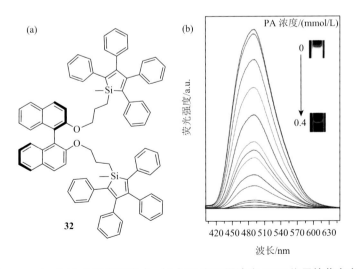

图 6.32　（a）**32** 的化学结构式；（b）**32** 和不同浓度 **TNT** 作用的荧光光谱

(a)

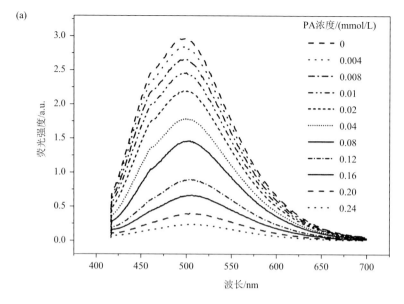

(b)

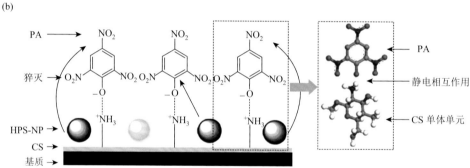

图 6.33 （a）HPS 和不同浓度 PA 作用的荧光光谱；（b）壳聚糖凝胶和 PA 作用的机理

6.2.5 基于环金属化/阳离子 Ir(Ⅲ) 络合物的 AIE 小分子对爆炸物的检测

与荧光材料相比，磷光材料可以将来自寿命较短的背景荧光和散射光的干扰降低到很低的水平，而且具有较高的发光效率、良好的光稳定性和热稳定性。因此，具有 AIE 性质的磷光材料应用于有效检测硝基芳香烃类爆炸物有着非常大的潜力。金属 Ir(Ⅲ) 络合物是被广泛研究的有机金属磷光体，虽然很多 Ir(Ⅲ) 络合物都是 ACQ 化合物，但是经过修饰可以得到一系列具有 AIE 活性的阳离子 Ir(Ⅲ) 络合物，已被广泛应用于爆炸物检测中。

2013 年，苏忠民等[50]合成了三个具有相同环金属化配体、不同辅助配体的阳离子型 Ir(Ⅲ) 配合物，结构式如图 6.34（a）所示。在 CH_3CN 溶剂中，**33a** 表现出宽而强的发射光谱，最大发射峰在 497 nm；而 **33b** 和 **33c** 基本不发光。但是，在丙酮/H$_2$O 混合溶剂中，当水含量超过 80%时，**33b** 和 **33c** 的荧光强度迅速增加，说明在辅助配体中引入刚性基团使得 **33b** 和 **33c** 具有 AIE 效应。将 PA 逐渐加入 **33b** 的丙酮/H$_2$O（$f_w = 90\%$）溶液中时，其荧光强度逐渐减弱，即使加入 0.5 μg/mL 的 PA，荧光猝灭现象还可以清晰观察到[图 6.34（b）]。根据 Stern-Volmer 公式可得，静态猝灭常数为 7.2×10^4 L/mol。

2014 年，苏忠民等[51]进一步合成了一个阳离子型 Ir(III)配合物 **34**，结构式如图 6.35（a）所示。PA 可以将 **34** 的丙酮/H$_2$O（$f_w = 90\%$）溶液的荧光猝灭；荧光强度比值 I_0/I 随着 PA 浓度的变化曲线是向上弯曲的曲线，而非线性关系，表明了超放大猝灭效应的存在；根据 Stern-Volmer 公式可得猝灭常数为 5.28×10^4 L/mol。在相同条件下，**34** 的丙酮/H$_2$O（$f_w = 90\%$）溶液的荧光被其他硝基芳香烃类化合物猝灭的程度却很小，如 TNT、2, 4-DNT、2, 6-DNT、1, 3-DNB、NB 和 o-NT[图 6.35（b）]。更重要的是其他因素包括不同的阴离子、阳离子和 pH 对荧光的猝灭都没有影响。PA 使 **34** 的荧光发生猝灭的过程中，光诱导电子转移和能量转移都起到了非常重要的作用。在选择性检测 PA 的过程中能量转移可能占主导作用，这主要是由于 **34** 的发射光谱和 PA 的吸收光谱有部分重叠，而与其他硝基芳香烃类化合物的吸收光谱没有重叠。

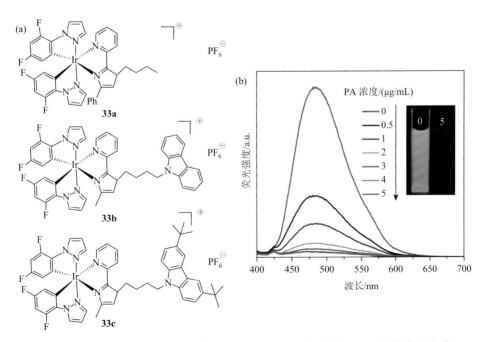

图 6.34　（a）33a～33c 的化学结构式；（b）33b 和不同浓度 PA 作用的荧光光谱

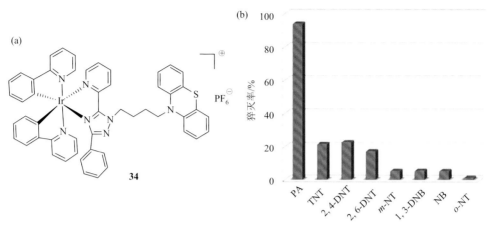

图 6.35 （a）34 的化学结构式；（b）34 和众多硝基芳香烃类化合物作用后的荧光猝灭率

    M. L. P. Reddy 等[52]设计合成了以 2, 6-二氟苯基吡啶为环金属配体、2-吡啶基-1*H*-苯并咪唑为辅助配体的 Ir(lll)配合物 **35**，结构式如图 6.36（a）所示。**35** 具有 AIPE 效应，这是由于相邻分子间环金属化配体之间激基缔合物作用，导致 **35** 从不发光的 ³LX 激发态转变为发光的 ³MLLCT 过渡态。如图 6.36（b）所示，当加入 5.0 μg/mL TNT 后，其发光强度被猝灭了 98%，猝灭现象可以用肉眼观察到，猝灭常数是 74160 L/mol，检测限是 9.08 μg/mL。不同的硝基化合物对 **35** 磷光猝灭的程度依次是 TNT≈PA>*o*-NT≈NB>DNT>*p*-NT>NM>BA≈T>BQ，即缺电子性越强，猝灭程度越高，这主要是由于荧光的猝灭是由光诱导电子转移产生的。

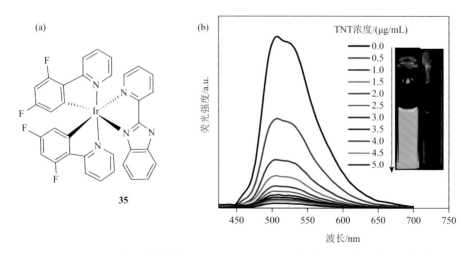

图 6.36 （a）35 的化学结构式；（b）35 和不同浓度的 TNT 作用的荧光光谱

2015 年，Inamur Rahaman Laskar 等[53]合成了两个金属 Ir(III)配合物 **36a** 和 **36b**，结构式如图 6.37（a）所示。由于分子间的 C—H···π 作用限制了三苯基磷中苯环的转动，**36a** 和 **36b** 都具有聚集诱导磷光增强效应。**36a** 和 **36b** 的 THF/H₂O（$V/V = 1∶9$）溶液的荧光可以被 PA 猝灭[图 6.37（b）和（c）]；荧光强度比值 I_0/I 随着 PA 浓度的变化曲线是向上弯曲的曲线，而非线性关系，表明了超放大猝灭效应的存在；猝灭常数分别是 $1.00×10^5$ L/mol 和 $1.90×10^5$ L/mol。**36b** 对 PA 具有更好的选择性，这是因为 PA 猝灭 **36a** 的荧光主要是由于光诱导电子转移；而 **36b** 的发射光谱和 PA 的吸收光谱有部分重叠，PA 猝灭 **36b** 的荧光则是光诱导电子转移和能量共振转移共同作用的结果。

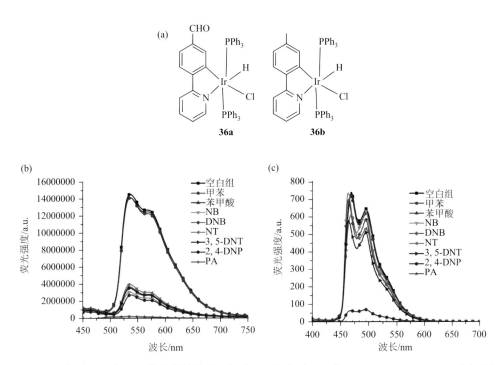

图 6.37　（a）36a 和 36b 的化学结构式；（b）36a 和（c）36b（THF/H₂O，$V/V = 1∶9$）与不同爆炸物作用的荧光光谱

2017 年，苏忠民等[54]进一步合成了以 1,2-二苯基-1*H*-苯并咪唑为环金属化配体、三氮唑-吡啶为桥连配体的双核和三核 Ir(III)配合物 **37a** 和 **37b**，结构式如图 6.38 所示。尽管 **37a** 和 **37b** 具有不同数量的 Ir(III)核，但是它们在 CH₃CN 溶液中和固态状态时有相同的发射光谱。在 CH₃CN/H₂O（$V/V = 1∶9$）混合溶剂中，有纳米聚集体形成；与纯 CH₃CN 溶剂相比，其发射光谱发生明显的蓝移，而且发射强度明显增强。当向 **37a** 和 **37b** 的 CH₃CN/H₂O（$V/V = 1∶9$）溶液中加入 PA

后，荧光迅速被猝灭。根据 Stern-Volmer 公式，**37a** 和 **37b** 的猝灭常数分别是 49749 L/mol 和 96178 L/mol；对 PA 的检测限分别是 0.51 μmol/L 和 0.39 μmol/L。此外，在硝基芳香烃类爆炸物中，**37a** 和 **37b** 只对 PA 有响应，推测荧光猝灭的原因是有效的光诱导电子转移和强静电相互作用。

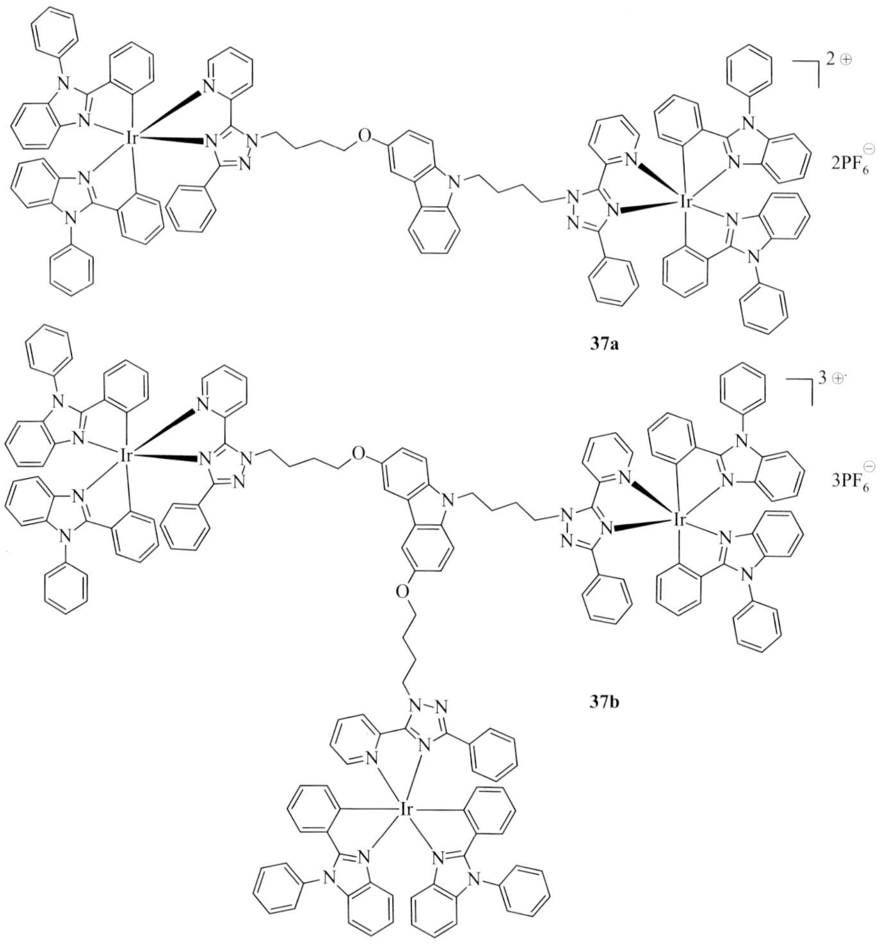

图 6.38　37a 和 37b 的化学结构式

苏忠民等[55]设计合成了三个以二氟苯基吡唑为环金属配体的阳离子型金属 Ir(Ⅲ)配合物 **38a~38c**，结构式如图 6.39（a）所示。**38a~38c** 都具有 AIE 效应，并随着烷基链长度的增加，荧光量子产率依次增强。在众多硝基芳香烃类爆炸物中，PA 可以将 **38a~38c** 聚集体的荧光猝灭；当 PA 低达 2 ppm 时，**38a** 的荧光猝灭现象依然可以清晰观察到[图 6.39（b）]。如图 6.39（c）所示，Stern-Volmer 曲线是向上弯曲的曲线，而不是直线，说明荧光猝灭过程是静态猝灭，或者伴随着动态猝灭。根据 Stern-Volmer 公式，**38a**～**38c** 的猝灭常数分别是 1.79×10^6 L/mol、3.73×10^6 L/mol 和 3.79×10^6 L/mol；对 PA 的检测限分别是 15 ppb、10 ppb 和 10 ppb。相比于 **37a** 和 **37b**，**38a**～**38c** 聚集体的发射光谱发生了很大的蓝移，并与 PA 的吸收光谱在 425～475 nm 处重叠，而和其他硝基芳烃类爆炸物的吸收光谱没有重叠。**38c** 对 PA 具有最高的灵敏度和选择性，荧光猝灭的机理可能是光诱导电子转移、能量共振转移和强静电相互作用结果。

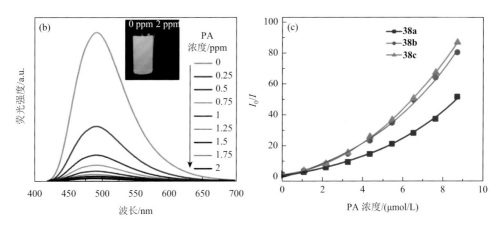

图 6.39　（a）38a～38c 的化学结构式；（b）38a（CH_3CN/H_2O，$V/V = 1:9$）和不同浓度的 PA 作用的荧光光谱；（c）I_0/I 值随着 PA 浓度变化的曲线

　　2018 年，苏忠民等[56]进一步在环金属化配体中引入不同的吸电子基团，包括氟、氯和三氟甲基，设计合成了一系列金属 Ir(III)配合物 **39a**～**39d**，结构式如图 6.40（a）所示。在固态时，**39a** 的磷光量子产率为 30%，远远大于没有氟取代化合物，这是由于分子间存在 C—H⋯F 相互作用限制了分子内旋转。**39b**～**39d** 有类似的性能，因而这些化合物都具有 AIEE 效应。随着 PA 的加入，**39a** 的 $CH_3CN/H_2O(f_w = 90\%)$ 悬浮液的荧光被迅速猝灭；甚至当 PA 的含量低至 0.5 μg/mL 时，该体系的荧光猝灭效应依然可以清楚地区分，荧光猝灭率达到 99%[图 6.40

（b）]。化合物 **39b**～**39d** 表现出相同的现象。荧光强度比值 I_0/I 随着 PA 浓度的变化曲线是向上弯曲的曲线，而非线性关系，表明了超放大猝灭效应的存在。**39a**～**39d** 的猝灭常数分别是 1.50×10^5 L/mol、0.32×10^5 L/mol、1.66×10^5 L/mol 和 0.86×10^5 L/mol；对 PA 的检测限分别是 0.23 µmol/L、0.15 µmol/L、1.05 µmol/L 和 1.65 µmol/L。更重要的是，在许多硝基芳香烃类爆炸物中，**39a**～**39d** 对 PA 有很好的选择性。根据 **39a**-PA 晶体结构分析可知[图 6.40（c）]，Ir(III)配合物中 Ir 与辅助配体之间的氧和 PA 之间形成了 O—H…O 弱相互作用，Ir—O 键长从 2.11 Å 变成了 2.20 Å。

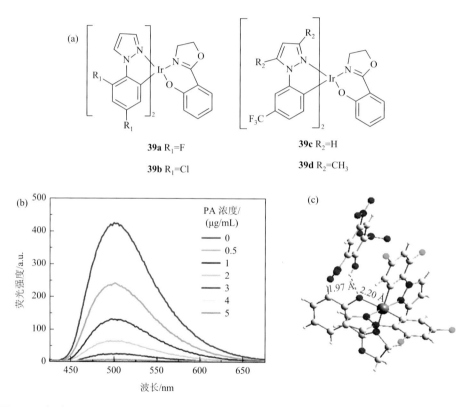

图 6.40　（a）**39a**～**39d** 的化学结构式；（b）**39a** 和不同浓度的 **PA** 作用的荧光光谱；（c）**39a**-PA 混晶的结构

6.2.6　其他类型的 AIE 小分子对爆炸物的检测

2012 年，黄维等[57]将三嗪和咔唑、二苯胺结合起来，设计合成了两个 D-A 型小分子 **40a** 和 **40b**[图 6.41（a）]。随着 PA 分别加入 **40a** 和 **40b** 聚集体中，荧光强度逐渐减弱；当 PA 的浓度低达 15 ppb 时，荧光猝灭现象依然可以观察到。荧光强度比值 I_0/I 随着 PA 浓度的变化曲线是向上弯曲的曲线，而非线性关系，表明了超放大猝灭效应的存在。此外，**40a** 和 **40b** 聚集体对 PA 的检测具有较高的选择性，并且常见的有机溶剂或者盐对其检测没有影响[图 6.41（b）]。

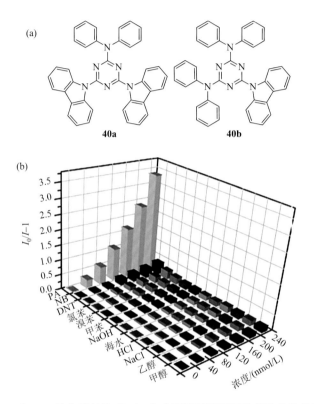

图 6.41　（a）40a 和 40b 的化学结构式；（b）在不同浓度下其他爆炸物和常见化合物对 40a 聚集体荧光发射的干扰

2015 年，Sivakumar Shanmugam 等[58]设计合成了一个亚肼基-磺酰胺加合物分子 **41**，结构式如图 6.42（a）所示。**41** 在 THF/H$_2$O 混合溶剂中由于 C═N 键异构化受限，具有 AIEE 效应；单晶结构显示，分子中两个亚胺都是 E 式构型。**41** 对 PA 的检测有较高的选择性。随着 PA 加入到 **41** 的 THF/H$_2$O（f_w = 50%）时，溶液的荧光强度逐渐减弱；当加入 30eq. PA 时，可以将 **41** 的荧光完全猝灭，猝灭常数是 1.0×10^5 L/mol，检测限是 80 nmol/L[图 6.42（b）]。荧光强度比值 I_0/I 随着 PA 浓度的增加开始是线性关系，后来变为向上弯曲的曲线，表明超放大猝灭效应的存在。荧光被有效猝灭是由于 PA 的吸收光谱和 **41** 的发射光谱有重叠，并且两者之间还有静电相互作用。

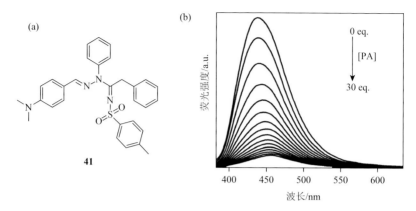

图 6.42　（a）41 的化学结构式；（b）41 和不同浓度 PA 作用的荧光光谱

2016 年，Krishnan Venkatasubbaiah 等[59]设计合成了一系列四苯基吡唑修饰的环磷腈化合物 **42a~42d**，结构式如图 6.43 所示。由于四苯基取代的吡唑具有 AIEE

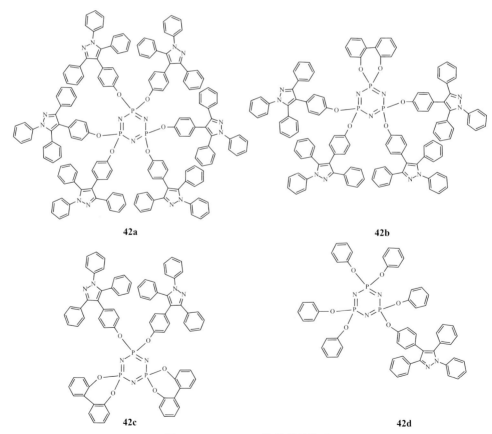

图 6.43　**42a~42d** 的化学结构式

效应，该系列分子也具有 AIEE 效应。相比于其他硝基芳香烃类爆炸物，PA 可以有效地猝灭 **42a**～**42d** 的 THF/H_2O（$f_w = 70\%$）溶液的荧光。在 PA 低浓度时，Stern-Volmer 曲线是线性的，猝灭常数分别是 0.50×10^5 L/mol、0.39×10^5 L/mol、0.39×10^5 L/mol 和 0.60×10^5 L/mol；但 PA 高浓度时，变为向上弯曲的曲线，表明超放大猝灭效应的存在。

Subodh Kumar 等[60]设计合成了一个基于丹磺酰、具有 AIEE 效应的三脚架结构分子 **43**，结构式如图 6.44（a）所示。当 0.5eq. PA 加入后，**43** 的 DMSO/H_2O（$f_w = 98\%$）溶液的荧光被猝灭了 70%，但是其他硝基爆炸物对溶液的荧光基本没有影响[图 6.44（b）]。如图 6.44（c）所示，荧光强度比值 I_0/I 随着 PA 浓度在 10^{-11}～10^{-5} mol/L 范

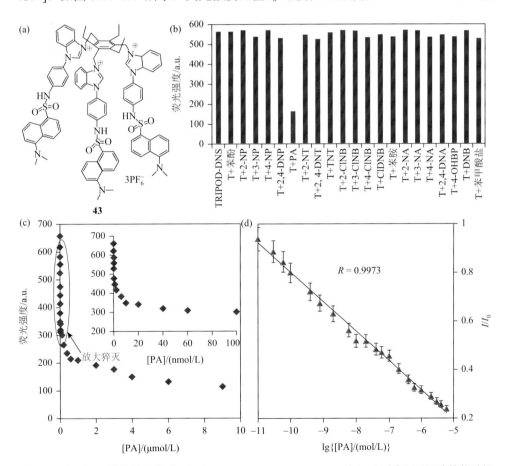

图 6.44　（a）**43** 的化学结构式；（b）**43**[1 μmol/L，DMSO/H_2O（2∶98）]和不同硝基芳香烃类爆炸物（0.5 μmol/L）作用的荧光强度；（c）荧光强度与 PA 不同浓度的关系图；（d）荧光强度与 PA 浓度对数的关系图

4-OHBP：对羟基联苯

围内增加是线性变化的；1%的 PA 分子可以猝灭 50%的荧光，而且随着 PA 浓度继续增加，曲线是向上弯曲的，表明放大猝灭效应的存在。根据图 6.44（d）计算可得，猝灭常数为 1.57×10^9 L/mol，检测限为 10^{-11} mol/L（10 pmol/L，2.2 ppt）。荧光猝灭的原因是 PA 阴离子被包裹在 **43** 的空腔内，PA 和苯胺环之间存在静电相互作用；此外，由于 PA 的最高占据轨道（HOMO）能级高于 **43** 的最低未占轨道（LUMO）能级，基态电子从 PA 的 HOMO 能级转移到 **43** 的 LUMO 能级也是导致荧光猝灭的原因。

2017 年，Subodh Kumar 等[61]进一步设计合成了基于吡啶盐-丹磺酰的三维结构的分子 **44**，结构式如图 6.45（a）所示。当加入 0.5eq. PA 后，**44** 的 DMSO/H$_2$O（$f_w = 98\%$）溶液可以猝灭 64%的荧光，但是其他硝基爆炸物对溶液的荧光基本没有影响。荧光强度比值 I/I_0 随着 PA 浓度对数的增加，在八个数量级范围内（$10^{-13} \sim 10^{-5}$ mol/L）呈线性减小变化；猝灭常数为 6.73×10^8 L/mol，检测限低达 0.1 pmol/L。因此，**44** 对 PA 的检测灵敏度比 **43** 高出 100 倍。荧光猝灭的过程是 PA 阴离子和吡啶盐上的氢原子形成了氢键，以及硝基和丹磺酰上的二甲基氨基苯环之间存在 π-π 相互作用，导致电子从富电子的丹磺酰转移到缺电子的 PA 阴离子的分子轨道上[图 6.45（b）～（d）]。

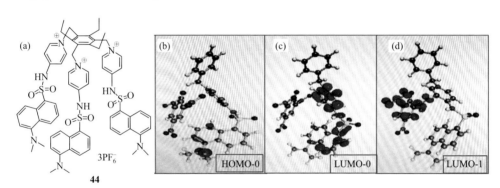

图 6.45 （a）**44** 的化学结构式；（b～d）**44**&PA 的前线轨道电子云密度分布图

2018 年，黄维等[62]设计合成了三个以二苯并噻吩为骨架、丙二腈或者异氰酸酯为吸电子基团的小分子 **45a～45c**，结构式如图 6.46 所示。随着 THF/H$_2$O 混合溶剂中 f_w 的增加，**45a～45c** 的吸收光谱和发射光谱都表现出明显的红移现象，并且发射强度增加；当 f_w 为 90%时，荧光强度达到最大，说明这三个化合物都具有 AIE 效应。不同爆炸物都可以猝灭聚集体的荧光，包括 NB、2-NT、3-NT、4-NT、2, 6-DNT 和 PA，荧光猝灭率大小为 PA＞2-NT＞NB＞4-NT＞3-NT＞2, 6-DNT。这些结果说明荧光猝灭的原因不仅仅是硝基吸电子基团和给电子基团之间的弱相互作用，氢键和溶剂效应在爆炸物检测中也起了很大的作用。

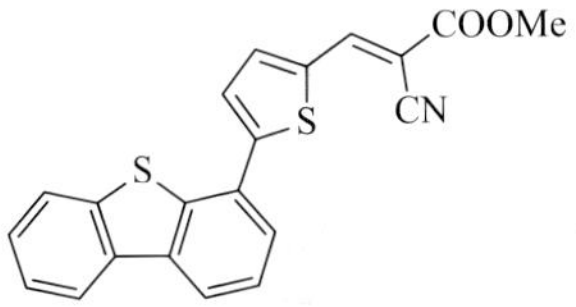

图 6.46 45a～45c 的化学结构式

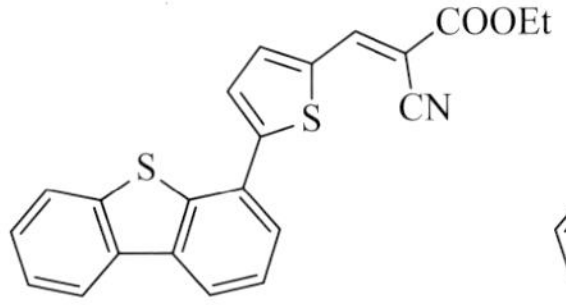

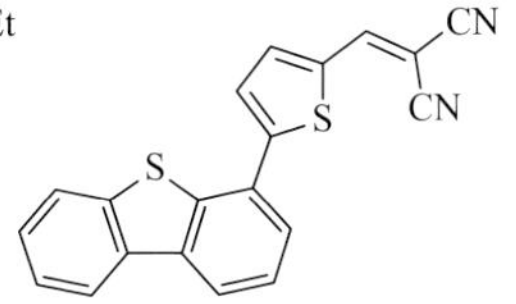

6.3 AIE 聚合物对爆炸物的检测

荧光共轭聚合物（FCPs）在过去十年中得到了蓬勃发展[14, 15]，然而，由于聚集诱导的猝灭（ACQ）效应，分析物导致聚合物链聚集经常会严重影响其传感性能。此外，由于恐怖活动从陆地范围扩展到海洋范围，水下矿井的位置以及土壤和地下水污染的特征，在水溶液中检测爆炸物变得至关重要，这也对传感器提出了更高的要求[63]。有机共轭聚合物因其固有的疏水性能，不可避免地在水性介质中发生聚集，使得聚合物的荧光发生猝灭并大幅降低传感器的性能。因此，ACQ效应成为制约荧光传感器用于爆炸物检测的一大难题。

2001 年，唐本忠课题组发现了与 ACQ 效应完全相反的现象：与单分散状态相比，在聚集态下分子的荧光没有减弱反而增强，并将其定义为聚集诱导发光（AIE）[64-67]。近年来，AIE 效应吸引着越来越多的关注，随着众多 AIE 体系的研发，其在不同领域的应用也得到了充分的发展。由于具有在聚集态下发光增强的特性，AIE 材料已经成为应用于爆炸物检测的重要材料体系。在目前已有报道的 AIE 材料中，具有线型或者超支化结构的 AIE 聚合物拥有独特的优势[67-73]。与 AIE 小分子相比，AIE 聚合物通常表现出更快的响应，在较低分析物浓度下具有更强的放大信号，并且聚合物的检测装置具有易于制备的优势。例如，如图 6.47 所示，随着 PA 浓度的增加，四苯基乙烯（TPE）探针的发光几乎呈线性猝灭；而包含 TPE 的 AIE 聚合物聚三唑（PACT）则得到呈现非线性增长的曲线，其在高 PA 浓度下甚至向上弯曲，表现出独特的超放大猝灭效应。在本章中，我们将详细介绍各类 AIE 聚合物在爆炸物检测中的应用。

目前，已有许多关于利用 AIE 聚合物进行爆炸物高灵敏和高选择性检测的报道。根据结构的不同，我们将这些 AIE 聚合物分为以下六类。

6.3.1 聚芳烃对爆炸物的检测

共轭聚合物由于其独特的协同放大猝灭效应、宏观加工性以及优良的光物理性能而受到越来越多的关注。其中，聚芴（PF）及其衍生物因在溶液中有极高量子产率而被认为是极有应用前景的材料，一些特定的功能性聚芴被广泛用

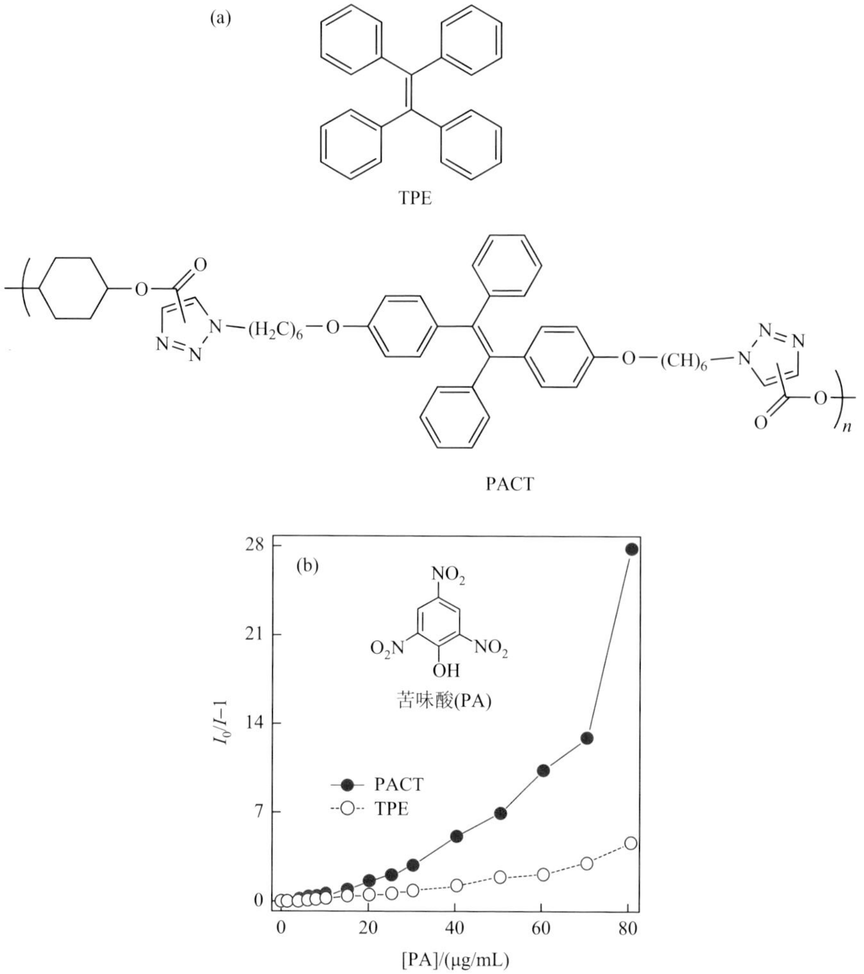

图 6.47 （a）TPE 和 PACT 的分子结构；（b）PACT 和 TPE 的 I_0/I–1 与 PA 浓度的 Stern-Volmer 图（I 为不同 PA 浓度的发射主峰强度，I_0 为 PA 浓度为 0 μg/mL 的发射主峰强度）[71]

作化学传感器。然而，聚芴在聚集态下发光会猝灭，这大大限制了其实际应用。为了解决这一难题，Li 等将 TPE 引入聚合物主链中，构建了一种新型的聚芴衍生物（图 6.48）[74]。由于 TPE 的引入，聚合物 **1** 呈现明显的 AIE 特性。利用 AIE 效应，聚合物 **1** 在 THF/H$_2$O 混合溶液（f_w 为 90%）中的纳米聚集体可用于检测爆炸物。当在混合溶液中添加 PA 时，聚合物 **1** 发生荧光猝灭，即使在 PA 浓度低至 1.0 μg/mL 时也能检测到其荧光猝灭，在 PA 浓度为 50 μg/mL 时，聚合物 **1** 的荧光完全猝灭。与之对比，含有二萘基-1, 2-二苯乙烯新型 AIE 结构单元的 PF 衍生物 **2** 展现了独特的聚集增强发光（AEE）特性，其聚集体同样可被用于敏感地检测 PA[75]。另外，还有其他的聚芳烃在 PA 检测方面也展现了良好的性能[76]。

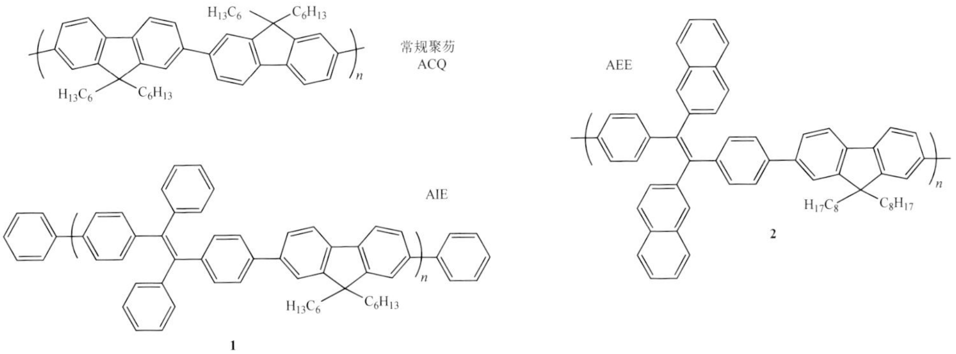

图 6.48　聚芴衍生物 1 和 2 的分子结构

　　确定爆炸物的化学成分对于追踪其来源和打击恐怖主义至关重要。目前，TNT 和 PA 的区分仍然是一大挑战，因为这两种物质都是极强的电子受体。鉴于此，Tong 等设计并合成了一类包含 TPE 的聚芴衍生物 3～5（图 6.49）[77]。由于含有 TPE 单元，这类 PF 衍生物都有明显的 AIE 特性。其中聚合物 3 主链中含有苯并噻二唑受电子基团，在 TPE 单元上含有给电子的二甲基氨基。而聚合物 4 和 5 仅含有给电子基团。在这三种聚合物的水溶液中加入 PA 和 TNT 后，可以观察到其荧光有明显的猝灭。对于聚合物 3，TNT 表现出比 PA 高得多的猝灭常数，对于聚合物 4 和 5 则观察到相反的结果。从聚合物 3 的 Stern-Volmer 图中可以推导出 TNT 的猝灭常数（K_{SV}）为 1.2×10^5 L/mol，几乎比 PA 的 K_{SV} 高两个数量级（1.8×10^3 L/mol）。而聚合物 5 可以选择性地检测 PA，其检测限为 2 μg/mL，猝灭常数为 2.8×10^4 L/mol。一般来说，对于共轭聚合物传感器，PA 表现出比 TNT 更高的猝灭效率，原因是其 LUMO 能级较低。聚合物 3 的电子给-受体结构使其具

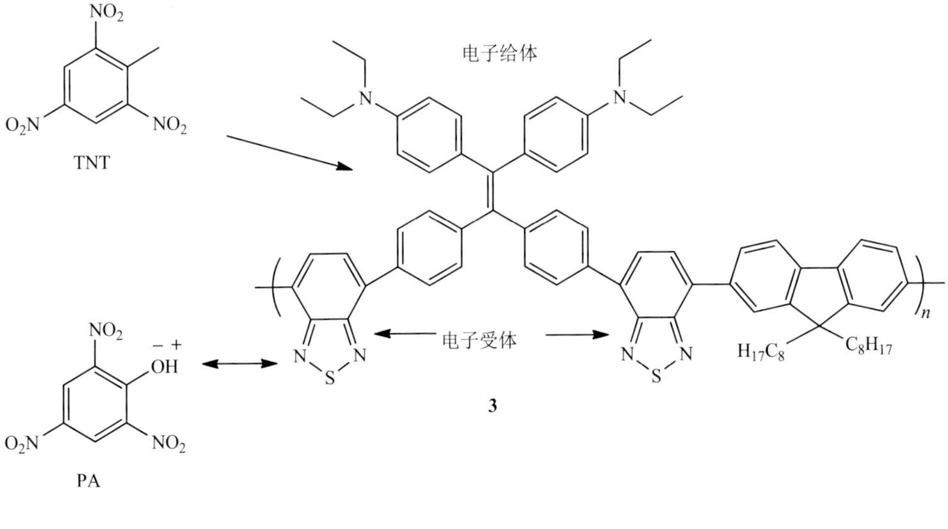

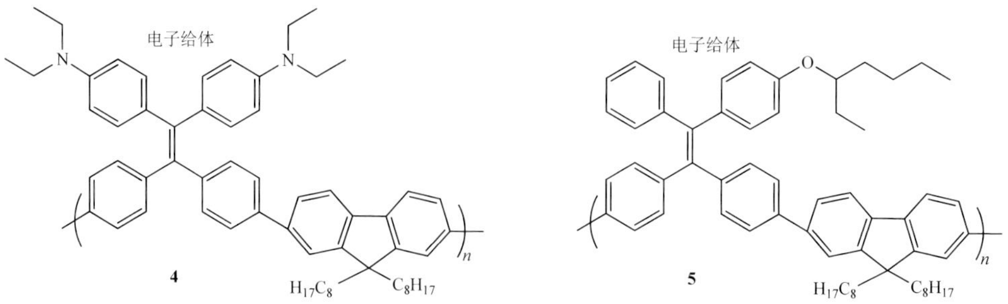

电子给体
电子给体
N
N
O
n
n
$H_{17}C_8$
C_8H_{17}
$H_{17}C_8$
C_8H_{17}

4　　5

图 6.49　AIE 聚合物 3～5 的分子结构及其电子转移荧光猝灭过程

有从二甲基氨基基团（D）到苯并噻二唑单元（A）的分子内电荷转移，另外，PA 在水溶液中很容易形成负电荷阴离子。苯并噻二唑单元与 PA 之间的静电排斥相互作用会阻碍有效的电子转移，但是 TNT 在水溶液中呈电中性，因此并不会发生以上现象，达到了有效地区别 PA 与 TNT 的目的。

与线型聚合物相比，超支化聚合物可表现出更优越的爆炸物响应性能，可在多激子迁移通道和三维（3D）结构中的多个分支中扩散（图 6.50）。基于该特征，研究人员开发了大量具有 AIE 特性的超支化聚芳烃，并深入探索了其在检测爆炸物中的应用[78-85]。例如，通过芳香二炔单体的环三聚聚合方法得到的超支化聚合物 **6** 表现出 AEE 效应，并具有 3D 拓扑结构，含有许多空腔。该聚合物可作为硝基芳香烃类爆炸物（如 PA）的优良荧光传感器[78]。在聚合物 **6** 的 THF/H_2O 混合溶液中逐渐加入 PA 时，其纳米聚集体的荧光逐渐被猝灭，甚至在 PA 浓度低至 1.0 μg/mL 时也可以清楚地观察到其荧光的猝灭。与常规共轭聚合物相比，当加入大量 PA 时，聚合物 **6** 的 Stern-Volmer 图明显向上弯曲，证明了其具有超放大猝灭效应（图 6.51）。这种现象主要得益于该聚集体具有更多的空腔，可以与更多的猝

hν
3D 激子迁移
分析物或猝灭剂
荧光发光状态
无荧光黑暗状态

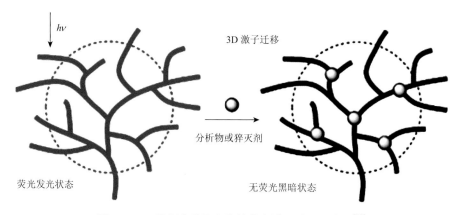

图 6.50　三维超支化聚合物的荧光猝灭过程示意图[78]

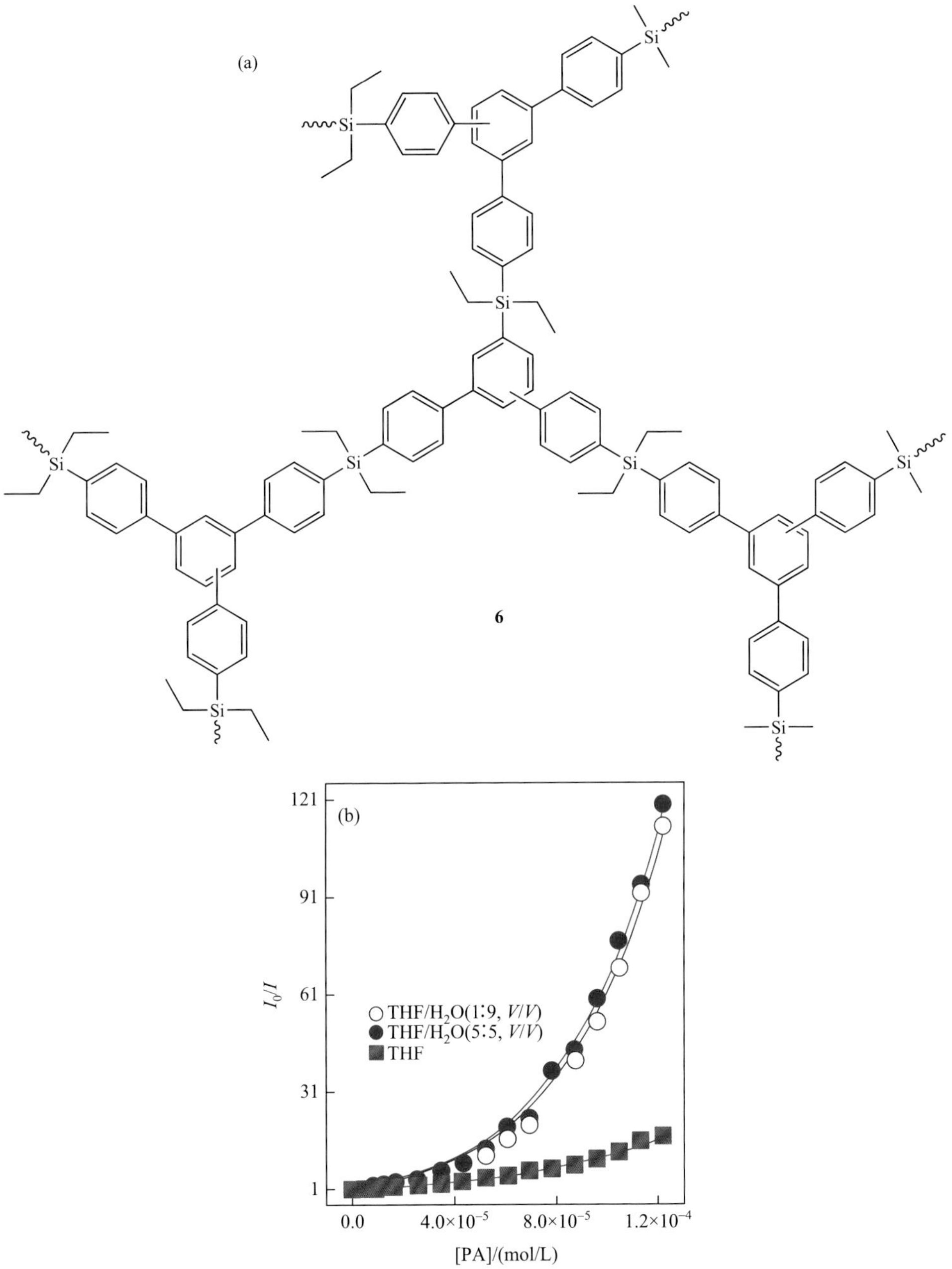

图 6.51　（a）超支化聚合物 6 的分子结构；（b）聚合物 6 的 I_0/I 与 PA 浓度的 Stern-Volmer 图（I 为不同 PA 浓度的发射主峰强度，I_0 为 PA 浓度为 0 mol/L 的发射主峰强度）[78]

灭剂发生相互作用，从而为激子迁移提供额外的分支间扩散途径。这种新型的化学传感器无疑将成为检测爆炸物的有效手段之一。

除了部分共轭的超支化聚合物外，研究人员还报道了全共轭超支化聚合物的爆炸物检测性能。例如，AIE 聚合物 **7** 具有全共轭的主链结构，因而具有更好的协同放大猝灭效应，使得其爆炸物检测的灵敏度大大提高，爆炸物检测限可低至 0.33 μg/mL（图 6.52）[82]。

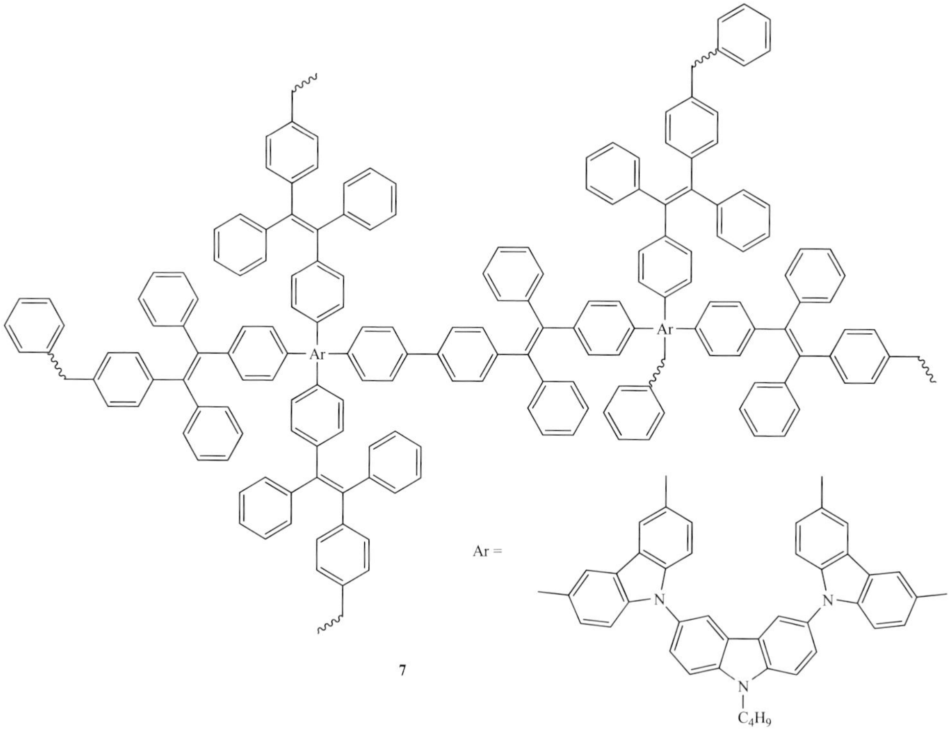

图 6.52　全共轭 AIE 聚合物 7 的分子结构

6.3.2　聚三唑对爆炸物的检测

自从 Sharpless 等提出"点击化学"的概念以及报道 Cu(Ⅰ)可大大提高叠氮-炔环加成效率以来，这类高效的反应引起了广泛的关注[86-88]，并已被迅速引入高分子科学领域，并催生了新的聚合技术，即"点击聚合"。在 Cu(Ⅰ)的催化下，叠氮单体和炔烃类单体高效点击聚合产生了一系列具有高分子量的线型和超支化聚三唑[89-97]。基于点击聚合很好的官能团耐受性，研究人员通过合理的单体设计制备了具有 AIE 或 AEE 特性的聚三唑衍生物，并将其用于爆炸物检测等领域[89-91, 98, 99]。例如，聚三唑 **8a** 和 **8b**（图 6.53）溶解在良溶剂中时几乎不发光，而在聚集态下发光明显增强，表现出典型的 AIE 特性[100]。聚合物 **8** 在 THF/H$_2$O（f_w 为 90%）

混合溶液中所形成的聚集体可用作爆炸物检测探针。其聚集体的荧光随着 PA 的加入逐渐猝灭，即使在 PA 浓度低至 0.1 μg/mL 时仍能检测到猝灭效应的发生，同时能观察到超放大荧光猝灭效应。当 PA 的浓度分别低于 10 μg/mL 和 30 μg/mL 时，聚合物 **8a** 和 **8b** 的 Stern-Volmer 猝灭常数分别高达 0.987×10^5 L/mol 和 1.10×10^5 L/mol。此外，通过将 **8a** 吸附到滤纸上，发现其在 365 nm 光激发下有很强的发光，而浸入 PA 溶液后则不发光了。该结果证明了 AIE 传感器在实际应用中检测爆炸物的潜力（图 6.54）。

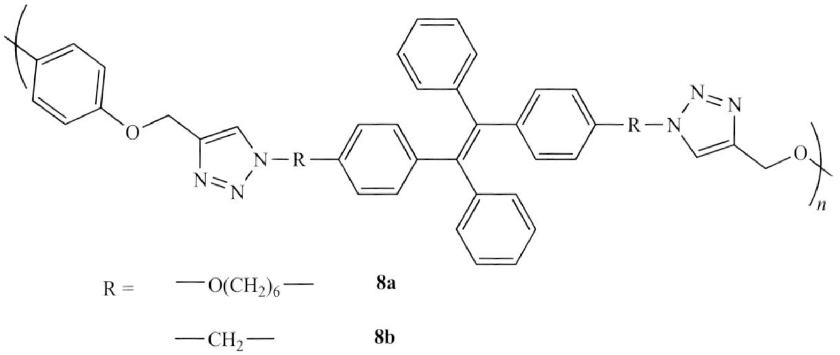

$$R = \quad —O(CH_2)_6— \quad \textbf{8a}$$
$$—CH_2— \quad \textbf{8b}$$

图 6.53　AIE 聚合物 **8a** 和 **8b** 的分子结构

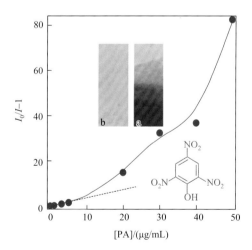

图 6.54　聚合物 **8a** 的 $I_0/I-1$ 与 PA 浓度 Stern-Volmer 图（I 为不同 PA 浓度的发射主峰强度，I_0 为 PA 浓度为 0 μg/mL 的发射主峰强度；a 为吸附 **8a** 滤纸浸入 PA 后，b 为浸入 PA 前）[90]

　　同样，具有 AIE 效应的超支化聚三唑也能够用于爆炸物检测，并得到了很好的应用效果。例如，含 TPE 的超支化聚三唑 **9a** 和 **9b** 的聚集体可灵敏地检测 PA

和 TNT（图 6.55）[91]。由于含有柔性烷基链，**9a** 和 **9b** 在 THF 溶液中分子链可以充分舒展，因而不发光。但一旦聚集发生时，则化合物 **9a** 和 **9b** 的发光显著增强，呈现典型的 AIE 特性。而当聚合物 **9a** 在 THF/H$_2$O（f_w 为 90%）混合溶液中的聚集体系中逐渐添加 PA，体系的荧光随之逐渐猝灭，并且该体系中也存在超放大猝灭效应。当 PA 浓度低于 0.09 mmol/L 时，在 Stern-Volmer 图中得到一条直线，推导其猝灭常数为 5.68×10^4 L/mol。该猝灭常数远高于 **8a** 或 **8b** 的猝灭常数，进一步证实了 AIE 超支化聚合物在爆炸物检测方面的出色性能。

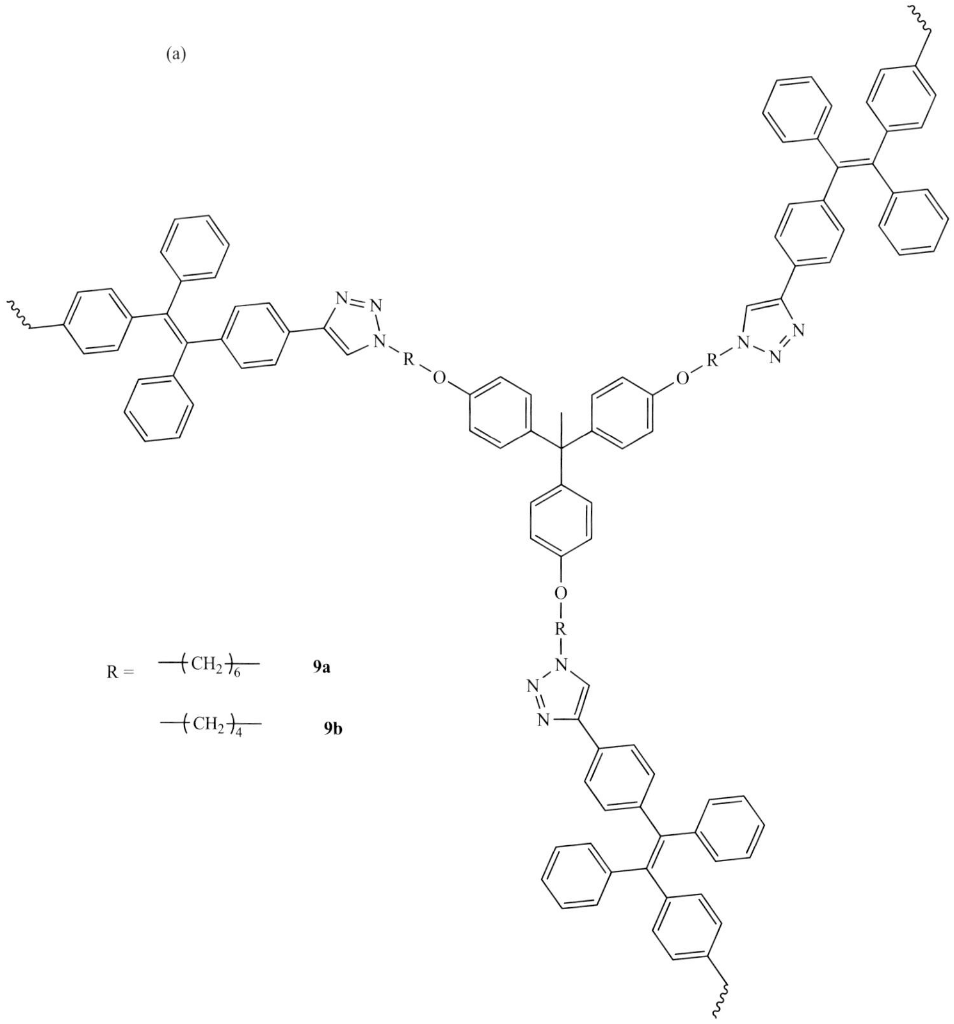

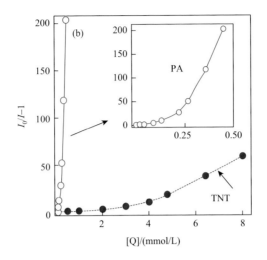

图 6.55　（a）超支化聚三唑 **9a** 和 **9b** 的分子结构；（b）聚合物 **9a** 的 $I_0/I-1$ 随 PA 浓度和 TNT 浓度变化的 Stern-Volmer 图（I 为不同[Q]的发射主峰强度，I_0 为[Q]是 0 mmol/L 的发射主峰强度，[Q]为 PA 和 TNT 的浓度）[91]

从图 6.55（b）中我们可以看到，聚合物 **9a** 的聚集体对 PA 的检测灵敏度远高于 TNT。为了进一步了解其检测机理，Qin 和 Tang 等对爆炸物的紫外-可见（UV）光谱和聚合物的光致发光（PL）光谱进行了分析。从图 6.56（a）中可以看出，PA 的吸收与聚合物 **9a** 的发射在 390~500 nm 之间存在明显的光谱重叠，这表明了聚合物 **9a** 在检测 PA 的猝灭过程中存在能量转移。然而，TNT 的吸收与聚合物 **9a** 的发射则没有明显的光谱重叠，证明其在检测 TNT 的猝灭过程中并不是能量转移起到了关键的作用。随后通过对聚合物 **9a**、TNT 以及 **9a** 和 TNT 混合物的吸收光谱的进一步分析发现 **9a** 和 TNT 的混合物在长波处出现一个吸收带[图 6.56（b）]，证明聚合物 **9a** 在检测 TNT 的猝灭过程中存在电荷转移。因此可以得出以下结论，聚合物 **9a** 在检测 PA 过程中，其荧光猝灭过程主要是由于能量转移，而在检测 TNT 的荧光猝灭过程中则主要是由于电荷转移。众所周知，能量转移是一个长程过程，而电荷转移则是短程过程，因此聚合物 **9a** 的聚集体对 PA 的响应敏感度高于 TNT。以上机理同样可用于解释 AIE 交联聚合物 TPE-CP 检测 PA 的猝灭过程[100]。以上结果证明了对不同爆炸物进行特异性检测的 AIE 化学传感器十分具有发展前景。

6.3.3　聚硅烯对爆炸物的检测

聚硅烯作为一种重要的含杂原子的聚合物，由于硅原子的 σ 轨道和双键的 π

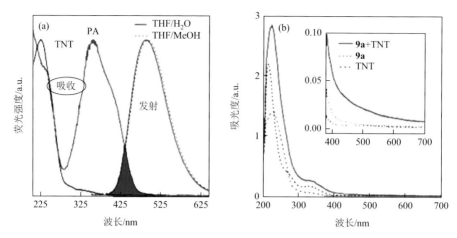

图6.56 （a）PA、TNT 的吸收光谱和聚合物 **9a** 的发射光谱；（b）聚合物 **9a**、TNT 以及两者混合物的吸收光谱[91]

轨道之间的 σ^*-π^* 共轭，其表现出独特的光电性质。在开发基于三键单体的新型聚合反应的过程中，Tang 等通过炔类单体的聚硅氢化设计并合成了聚硅烯[101-103]。当引入 TPE 或噻咯单元时，所得的聚硅烯在聚集态和固态下表现出比其溶液状态高得多的发光效率，即具有 AIE 或 AEE 效应。根据文献报道，在离域聚合物链中加入硬路易斯酸中心，例如硅，可以通过路易斯酸碱相互作用将硝基芳香烃类爆炸物中的氧和氮原子上的孤对电子结合到硅中心，有助于提高传感性能[104]。因此，作者采用具有 AIE 特性的聚硅烯在 THF/H$_2$O（f_w 为 90%）混合溶液中的聚集体作为爆炸物探针用于检测爆炸物。以 AIE 聚合物 **10** 为例，随着水溶液中 PA 的逐渐增加，**10** 的发光逐渐减弱[图6.57（a）][102]。在 PA 浓度低至 1 μg/mL 时，仍能清楚地观察到该猝灭过程。从图6.57中可以看出，以 PA 浓度 0.12 mmol/L 为分界点，Stern-Volmer 图分为两个线性阶段，且这两个阶段的猝灭常数都比较大，表明聚合物 **10** 可用于制备高灵敏度的爆炸物检测探针。

(a)

10

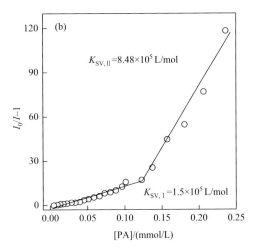

图 6.57　（a）聚合物 **10** 的分子结构；（b）聚合物 **10** 的 $I_0/I-1$ 随 PA 浓度变化的 Stern-Volmer 图（I 为不同 PA 浓度的发射主峰强度，I_0 为 PA 浓度为 0 mmol/L 的发射主峰强度）[102]

与上述 AIE 超支化聚三唑一样，AIE 超支化聚硅烯 **11**[101] 和 **12**[103] 同样在爆炸物检测中展现了更好的性能（图 6.58）。其 Stern-Volmer 图显示，在较高的 PA 浓度下，聚合物 **11** 和 **12** 的检测呈现快速向上弯曲的曲线，而不是聚合物 **10** 那样的线性曲线，显示出它们的超放大猝灭效应。此外，由推导的猝灭常数可以得知，超支化聚硅烯的传感能力远高于线型聚硅烯。

6.3.4　侧链带有 AIE 单元的聚合物对爆炸物的检测

除了 AIE 单元在主链上的聚合物外，在侧链上带有 AIE 单元的聚合物也可用作检测爆炸物的探针[105, 106]。例如，具有 AIE 特性的侧链上带有 TPE 的聚乙炔 **13** 在聚集态下发出很强的黄光，最大发射波长位于 558 nm[图 6.59（a）][105]。当加入 PA 后，**13** 的聚集体的发光强度逐渐减弱；在 PA 浓度低至 189 μmol/L 时即可观察到猝灭过程。和很多其他 AIE 聚合物一样，聚合物 **13** 的 Stern-Volmer 图在高 PA 浓度时呈现向上弯曲的曲线[图 6.59（b）]，进一步证明了超放大猝灭效应是 AIE 聚合物的普遍现象。

此外，侧链带有 TPE 单元的柔性主链聚烯烃也被用于爆炸物的检测[107, 108]。例如，通过自由基共聚合得到的 AIE 多孔聚合物 **14** 所制备的大比表面积的薄膜可以灵敏地检测 DNT 蒸气，其发光猝灭率在 30 s、90 s 和 4 min 内分别达到了 52%、79% 和 90%（图 6.60）[107]。尽管这些薄膜的厚度高达（560±60）nm，但与致密薄膜相比，它们对爆炸性蒸气的响应增加了大约 9 倍。此外，将检测后的薄膜暴露于肼蒸气中可使其恢复原状，并可再次用于检测爆炸物，实现循环利用。

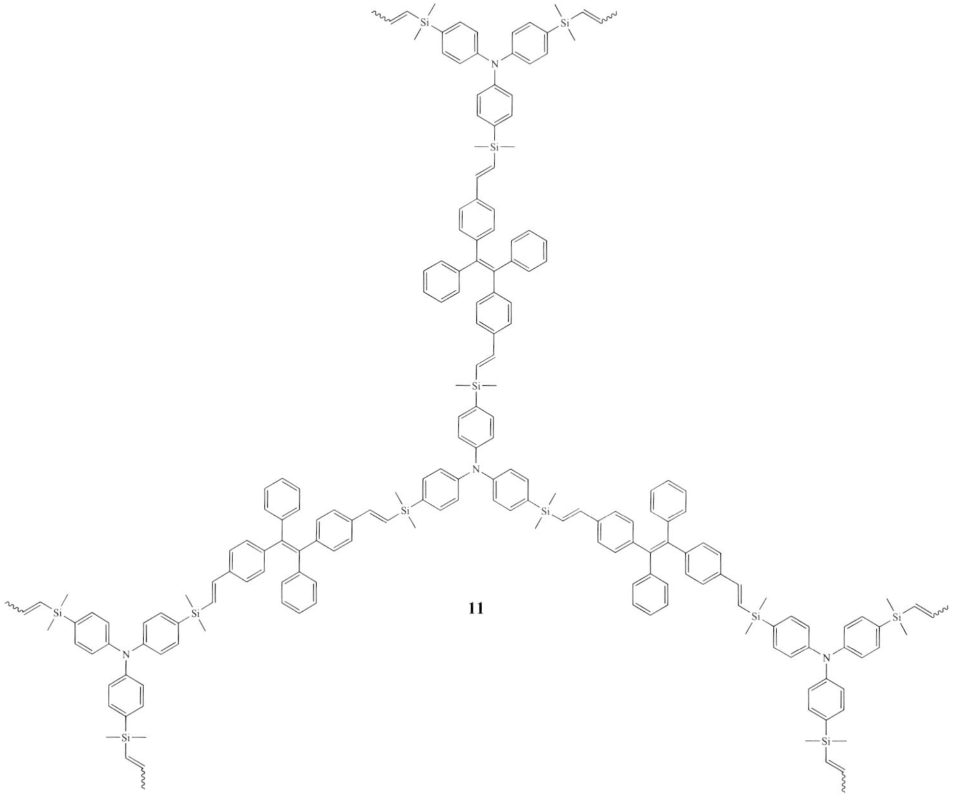

11

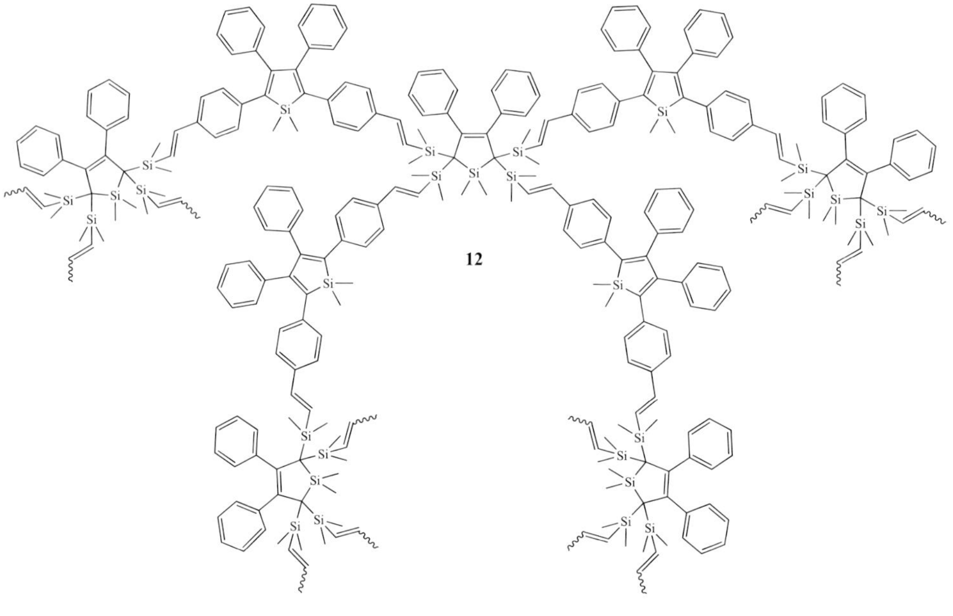

12

图 6.58　AIE 聚合物 11 和 12 的分子结构

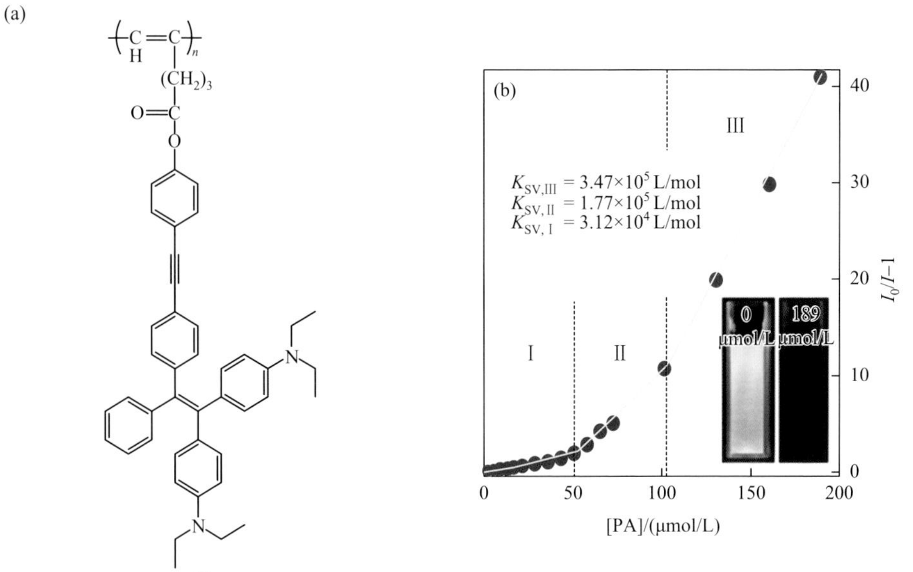

(a)

图 6.59　（a）聚合物 **13** 的分子结构；（b）聚合物 **13** 的 I_0/I–1 随 PA 浓度变化的 **Stern-Volmer** 图（I 为不同 PA 浓度的发射主峰强度，I_0 为 PA 浓度为 0 μmol/L 的发射主峰强度）[105]

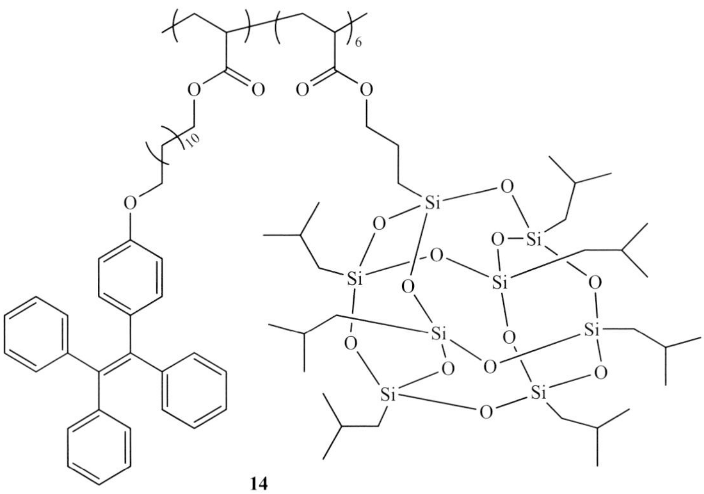

图 6.60　聚合物 **14** 的分子结构

　　有意思的是，将 AIE 单元引入全刚性聚咔唑的侧链同样可用于爆炸物的检测。例如，在微波辅助下通过镍催化的 Yamamoto 聚合制备的侧链上带有 TPE 单元的刚性聚咔唑 **15** 显示出明显的 AIE 特性（图 6.61）[109]。其聚集体发射很强的蓝绿光，最大发射波长位于 495 nm 处。聚合物 **15** 的富电子性质使其有利于与缺电子的三硝基苯相互作用，因此 **15** 在 THF/H$_2$O 混合溶液（f_w 为 90%）中的聚集体可用作检测 1, 3, 5-三硝基苯（TNB）的探针。和其他 AIE 聚合物类似，随着 TNB 的加入，**15** 的聚集体的荧光逐渐猝灭。通过循环伏安法测量证实了其猝灭机理主要是从富电子的聚合物 **15** 到缺电子 TNB 之间的电荷转移。此外，聚合物 **15** 对 TNB 蒸气和溶液都有明显的荧光猝灭，以上结果表明该聚合物在爆炸物检测方面具有很好的应用前景。

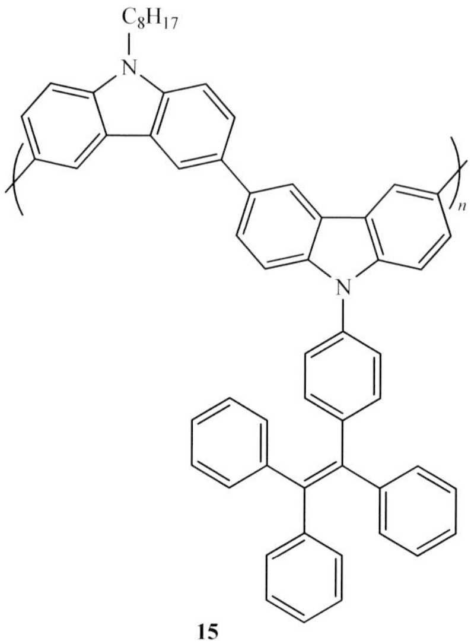

图 6.61 聚合物 15 的分子结构

6.3.5 端基带有 AIE 单元的聚合物对爆炸物的检测

除了主链或者侧链含 AIE 单元的聚合物可用于爆炸物检测外，研究人员也发展了检测末端为 AIE 单元的爆炸物的聚合物探针[49, 110-115]。以一种包含 TPE 单元的聚 ε-己内酯（PCL）**16** 为例，该聚合物是一种结晶聚合物，具有典型的 AIE 特性（图 6.62）[114]。在聚合物结晶过程中，TPE 单元从层状晶体中被挤出并最终位于纳米片的表面上。**16** 的纳米片具有很强的荧光，随着 PA 的加入，其荧光逐渐猝灭。如图 6.63 所示，在 PA 浓度低于 200 μmol/L 时，其相对荧光强度与 PA 浓度呈线性关系。从 Stern-Volmer 图中推导其猝灭常数高达 3.8×10^5 L/mol，比单独 TPE 的猝灭常数高一个数量级（4.9×10^4 L/mol）。**16** 的纳米片的高猝灭常数可能与其新颖的结构有关，表面带有 AIE 分子的荧光纳米片对爆炸物表现出灵敏和特异的反应，该结果证明了可通过制备功能性 AIE 纳米材料用于爆炸物检测。

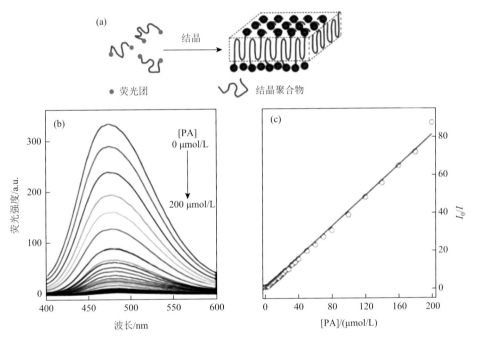

16

图 6.62 聚 ε-己内酯（PCL）16 的分子结构

图 6.63 （a）聚合物 16 的结晶诱导纳米片示意图；（b）16 的纳米片的在不同 PA 浓度水溶液中的荧光光谱；（c）16 的纳米片的 I_0/I 随 PA 浓度变化的 Stern-Volmer 图（I 为不同 PA 浓度的发射主峰强度，I_0 为 PA 浓度为 0 μmol/L 的发射主峰强度）[114]

6.3.6 含 AIE 单元的金属有机框架材料对爆炸物的检测

通常情况下，大部分爆炸物的检测是基于荧光猝灭模式。最近，一种基于有机-无机杂化材料的爆炸物检测化学传感器创新性地采用了荧光点亮模式。通过

AIE 羧酸衍生物 **17** 分别与 Mg^{2+}、Ni^{2+} 和 Co^{2+} 配位，Feng 和 Wang 等制备了功能化金属有机框架（MOFs）结构（图 6.64）[116]。由于强的配体-金属电荷转移（LMCT）作用，**17**-Co^{2+}-MOF 并不发光，有利于其作为荧光点亮传感器来检测高能爆炸物，如 3-硝基-1, 2, 4-三唑-5-酮（NTO）。NTO 爆炸物具有独特的分子结构，并且其含有的 C=N 和/或 N=N 键可以通过竞争性配位取代解离 MOFs 中羧酸盐基团和金属离子之间的配位键。因此，一旦羧酸衍生物 **17** 中的配位金属被置换并释放，则体系即被点亮。基于这一原理，**17**-Co^{2+}-MOF 可在 THF/己烷混合溶液中快速定量检测 NTO，其检测浓度范围为 $4.0 \times 10^{-8} \sim 1.0 \times 10^{-3}$ mol/L。在现场测试中，NTO 的最小裸眼可读检测量低至 10 μL，相当于 6.5 ng/cm² 的可见检测限。该 MOF 传感器还具有高选择性，除了上述爆炸物外，对于普通有机分子和硝基芳族化合物，例如，己烷（Hex）、DMF、三乙胺（Et_3N）、苯胺（AN）、甲苯（PhMe）、乙腈（MeCN）、DCM、丙酮（DMK）、THF、乙酸乙酯（EtOAc）和 TNT 等没有检测到明显的荧光变化。因此，该工作为设计点亮型爆炸物检测荧光探针提供了很好的借鉴，且具有实际的应用价值。

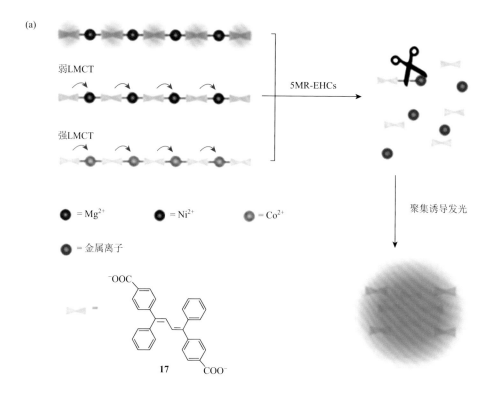

(b)

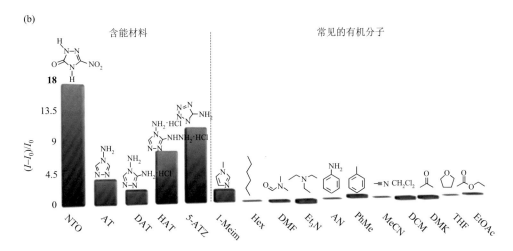

图 6.64　（a）17-Co²⁺-MOF 检测高能杂环化合物示意图；（b）17-Co²⁺-MOF 对不同分析物的荧光增强效率[（$I-I_0$）/I_0][116]

AT：4-胺-1, 2, 4-三唑；DAT：1, 2, 4-三唑-3, 4-二胺盐酸盐；HAT：3-肼基-1, 2, 4-三唑-4-胺盐酸盐；5-ATZ；5-氨基四氮唑；1-Meim：1-甲基咪唑；DCM：二氯甲烷

6.4　小结

在本章中，我们简要总结了 AIE 小分子及高分子在爆炸物检测中应用的进展。基于不同 AIE 基团的小分子，以及在主链、侧链或端基中含有 AIE 基团的 AIE 高分子，在聚集体或薄膜状态下具有高效的荧光发射，大大拓展了其实际应用范围。另外，其在大多数体系中都存在超放大猝灭效应，更有利于其在爆炸物检测中的实际应用。值得注意的是，AIE 超支化聚合物在爆炸物检测中通常表现出比 AIE 线型聚合物更优异的性能，这是因为超支化聚合物的 3D 结构提供了多个激子迁移通道和扩散途径。另外，带有 AIE 单元的 MOFs 对爆炸物的荧光点亮型检测也是该领域的重要进展，可为后续的探针设计提供借鉴。更重要的一点是，将 AIE 聚合物涂覆在滤纸或者薄层色谱（TLC）板上制造的原型装置实现了对爆炸物的灵敏检测，这为便携式在线检测爆炸物的实现打下了坚实的基础。

尽管 AIE 小分子及 AIE 高分子对爆炸物检测取得了显著的进展，但该领域的发展仍然充满挑战。首先，使用 AIE 分子进行爆炸物检测的性能需要进一步提升，优势需要进一步显现；其次，目前研究的爆炸物主要集中于硝基芳香烃类化合物，如 TNT、DNT 和 PA 等，如何有效区分这几种硝基芳香烃类化合物是未来发展需要解决的问题，同时也要发展其他爆炸物如非芳香硝胺和硝酸酯的检测方法。此外,荧光增强是一种受背景影响很小的更灵敏的技术,因此开发基于 AIE 聚合物的荧光点亮型的爆炸物检测传感系统是另一大挑战。

(张　倩　尹守春　邱化玉　顾家宝　秦安军　唐本忠)

参 考 文 献

[1] Salinas Y,Martínez-Máñez R,Marcos M D,et al. Optical chemosensors and reagents to detect explosives. Chemical Society Reviews,2012,41(3):1261-1296.

[2] Sun X,Wang Y,Lei Y. Fluorescence based explosive detection:from mechanisms to sensory materials. Chemical Society Reviews,2015,44(22):8019-8061.

[3] Eiceman G A,Stone J A. Peer reviewed:ion mobility spectrometers in national defense. Analytical. Chemistry,2004,76(21):390 A-397 A.

[4] Walsh M E. Determination of nitroaromatic,nitramine,and nitrate ester explosives in soil by gas chromatography and an electron capture detector. Talanta,2001,54(3):427-438.

[5] Sylvia J M,Janni J A,Klein J D,et al. Surface-enhanced Raman detection of 2, 4-dinitrotoluene impurity vapor as a marker to locate landmines. Analytical Chemistry,2000,72(23):5834-5840.

[6] Håkansson K,Coorey R V,Zubarev R A,et al. Low-mass ions observed in plasma desorption mass spectrometry of high explosives. Journal of Mass Spectrometry,2000,35(3):337-346.

[7] Luggar R D,Farquharson M J,Horrocks J A,et al. Multivariate analysis of statistically poor EDXRD spectra for the detection of concealed explosives. X-Ray Spectrometry:An International Journal,1998,27(2):87-94.

[8] Furton K G,Myers L J. The scientific foundation and efficacy of the use of canines as chemical detectors for explosives. Talanta,2001,54(3):487-500.

[9] Mei J,Wang Y,Tong J,et al. Discriminatory detection of cysteine and homocysteine based on dialdehyde-functionalized aggregation-induced emission fluorophores. Chemistry-A European Journal,2013,19(2):613-620.

[10] Guan W,Zhou W,Lu J,et al. Luminescent films for chemo- and biosensing. Chemical Society Reviews,2015,44(19):6981-7009.

[11] Hu Z,Deibert B J,Li J. Luminescent metal-organic frameworks for chemical sensing and explosive detection. Chemical Society Reviews,2014,43(16):5815-5840.

[12] Daly B,Ling J,de Silva A P. Current developments in fluorescent PET(photoinduced electron transfer)sensors and switches. Chemical Society Reviews,2015,44(13):4203-4211.

[13] Jung H S,Verwilst P,Kim W Y,et al. Fluorescent and colorimetric sensors for the detection of humidity or water content. Chemical Society Reviews,2016,45(5):1242-1256.

[14] McQuade D T,Pullen A E,Swager T M. Conjugated polymer-based chemical sensors. Chemical Reviews,2000,100(7):2537-2574.

[15] Thomas S W,Joly G D,Swager T M. Chemical sensors based on amplifying fluorescent conjugated polymers. Chemical Reviews,2007,107(4):1339-1386.

[16] Chandrasekaran Y,Venkatramaiah N,Patil S. Tetraphenylethene-based conjugated fluoranthene:a potential fluorescent probe for detection of nitroaromatic compounds. Chemistry-A European Journal,2016,22(15):

5288-5294.

[17] Mahendran V，Pasumpon K，Thimmarayaperumal S，et al. Tetraphenylethene-2-pyrone conjugate：aggregation-induced emission study and explosives sensor. Journal of Organic Chemistry，2016，81（9）：3597-3602.

[18] Khalid Baig M Z，Sahu P K，Sarkar M，et al. Haloarene-linked unsymmetrically substituted triarylethenes：small AIEgens to detect nitroaromatics and volatile organic compounds. Journal of Organic Chemistry，2017，82（24）：13359-13367.

[19] Wang L，Cui M，Tang H，et al. Fluorescent nanoaggregates of quinoxaline derivatives for highly efficient and selective sensing of trace picric acid. Dyes and Pigments，2018，155：107-113.

[20] Ma Y，Zhang Y，Liu X，et al. AIE-active luminogen for highly sensitive and selective detection of picric acid in water samples：pyridyl as an effective recognition group. Dyes and Pigments，2019，163：1-8.

[21] Feng H T，Yuan Y X，Xiong J B，et al. Macrocycles and cages based on tetraphenylethylene with aggregation-induced emission effect. Chemical Society Reviews，2018，47（19）：7452-7476.

[22] Wang J H，Feng H T，Zheng Y S. Synthesis of tetraphenylethylene pillar[6] arenes and the selective fast quenching of their AIE fluorescence by TNT. Chemical Communications，2014，50（77）：11407-11410.

[23] Feng H T，Zheng Y S. Highly sensitive and selective detection of nitrophenolic explosives by using nanospheres of a tetraphenylethylene macrocycle displaying aggregation-induced emission. Chemistry-A European Journal，2014，20（1）：195-201.

[24] Feng H T，Wang J H，Zheng Y S. CH₃-π interaction of explosives with cavity of a TPE macrocycle：the key cause for highly selective detection of TNT. ACS Applied Materials & Interfaces，2014，6（22）：20067-20074.

[25] Xie W Z，Zhang H C，Zheng Y S. Tetraphenylethylene tetracylhydrazine macrocycle with capability for discrimination of n-propanol from i-propanol and highly sensitive/selective detection of nitrobenzene. Journal of Materials Chemistry C，2017，5（40）：10462-10468.

[26] Xiong J B，Wang J H，Li B，et al. Porous interdigitation molecular cage from tetraphenylethylene trimeric macrocycles that showed highly selective adsorption of CO₂ and TNT vapor in air. Organic Letters，2018，20（2）：321-324.

[27] Xiong J B，Feng H T，Wang J H，et al. Tetraphenylethylene foldamers with double hairpin-turn linkers，TNT-binding mode and detection of highly diluted TNT vapor. Chemistry-A European Journal，2018，24（8）：2004-2012.

[28] Zhao Z J，Liu J Z，Lam J W Y，et al. Luminescent aggregates of a starburst silole-triphenylamine adduct for sensitive explosive detection. Dyes and Pigments，2011，91（2）：258-263.

[29] Duraimurugan K，Balasaravanan R，Siva A. Electron rich triphenylamine derivatives（D-π-D）for selective sensing of picric acid in aqueous media. Sensors and Actuators B：Chemical，2016，231：302-312.

[30] Chang Z F，Jing L M，Liu Y Y，et al. Constructing small molecular AIE luminophores through a 2, 2-(2, 2-diphenylethene-1, 1-diyl) dithiophene core and peripheral triphenylamine with applications in piezofluorochromism，optical waveguides，and explosive detection. Journal of Materials Chemistry C，2016，4（36）：8407-8415.

[31] Zhang Y，Huang J，Kong L，et al. Two novel AIEE-active imidazole/α-cyanostilbene derivatives：photophysical properties，reversible fluorescence switching，and detection of explosives. CrystEngComm，2018，20（9）：1237-1244.

[32] Vij V，Bhalla V，Kumar M. Attogram detection of picric acid by hexa-peri-hexabenzocoronene-based chemosensors by controlled aggregation-induced emission enhancement. ACS Applied Materials & Interfaces，2013，5（11）：5373-5380.

[33] Pramanik S，Bhalla V，Kumar M. Mercury assisted fluorescent supramolecular assembly of hexaphenylbenzene derivative for femtogram detection of picric acid. Analytical Chimica Acta，2013，793：99-106.

[34] Kaur S，Gupta A，Bhalla V，et al. Pentacenequinone derivatives：aggregation-induced emission enhancement，mechanism and fluorescent aggregates for superamplified detection of nitroaromatic explosives. Journal of Materials Chemistry C，2014，2（35）：7356-7363.

[35] Arora H，Bhalla V，Kumar M. Fluorescent aggregates of AIEE active triphenylene derivatives for the sensitive detection of picric acid. RSC Advances，2015，5（41）：32637-32642.

[36] Lasitha P，Prasad E. Orange red emitting naphthalene diimide derivative containing dendritic wedges：aggregation induced emission（AIE）and detection of picric acid（PA）. RSC Advances，2015，5（52）：41420-41427.

[37] Ma H W，He C Y，Li X L，et al. A fluorescent probe for TNP detection in aqueous solution based on joint properties of intramolecular charge transfer and aggregation-induced enhanced emission. Sensors and Actuators B：Chemical，2016，230：746-752.

[38] Ghosh P，Das J，Basak A，et al. Nanomolar level detection of explosive and pollutant TNP by fluorescent aryl naphthalene sulfones：DFT study，*in vitro* detection and portable prototype fabrication. Sensors and Actuators B：Chemical，2017，251：985-992.

[39] Maity S，Shyamal M，Das D，et al. Aggregation induced emission enhancement from antipyrine-based Schiff base and its selective sensing towards picric acid. Sensors and Actuators B：Chemical，2017，248：223-233.

[40] Chopra R，Kaur P，Singh K. Pyrene-based chemosensor detects picric acid upto attogram level through aggregation enhanced excimer emission. Analytical Chimica Acta，2015，864：55-63.

[41] Shyamal M，Maity S，Mazumdar P，et al. Synthesis of an efficient pyrene based AIE active functional material for selective sensing of 2, 4, 6-trinitrophenol. Journal of Photochemistry and Photobiology A：Chemistry，2017，342：1-14.

[42] Boonsri M，Vongnam K，Namuangruk S，et al. Pyrenyl benzimidazole-isoquinolinones：aggregation-induced emission enhancement property and application as TNT fluorescent sensor. Sensors and Actuators B：Chemical，2017，248：665-672.

[43] Kachwal V，Alam P，Yadav H R，et al. Simple ratiometric push-pull with an 'aggregation induced enhanced emission' active pyrene derivative：a multifunctional and highly sensitive fluorescent sensor. New Journal of Chemistry，2018，42（2）：1133-1140.

[44] Islam A S M，Sasmal M，Maiti D，et al. Design of a pyrene scaffold multifunctional material：real-time turn-on chemosensor for citric oxide，AIEE behavior，and detection of TNP explosive. ACS Omega，2018，3（8）：10306-10316.

[45] Kumar A，Chae P S. Aggregation induced emission enhancement behavior of conformationally rigid pyreneamide-based probe for ultra-trace detection of picric acid（PA）. Dyes and Pigments，2018，156：307-317.

[46] Wang L，Wang D，Lu H，et al. New cyano functionalized silanes：aggregation-induced emission enhancement properties and detection of 2, 4, 6-trinitrotoluene. Appllied Organometallic Chemistry，2013，27（9）：529-536.

[47] Wang X F，Bian J Y，Xu L C，et al. Thiophene functionalized silicon-containing aggregation-induced emission enhancement materials：applications as fluorescent probes for the detection of nitroaromatic explosives in

aqueous-based solutions. Physical Chemistry Chemical Physics，2015，17（48）：32472-32478.

[48] Yang H，Xiang K，Li Y，et al. Novel AIE luminogen containing axially chiral BINOL and tetraphenylsilole. Journal Organometallic Chemistry，2016，801：96-100.

[49] He G，Peng H N，Liu T H，et al. A novel picric acid film sensor via combination of the surface enrichment effect of chitosan films and the aggregation-induced emission effect of siloles. Journal of Materials Chemistry，2009，19（39）：7347-7353.

[50] Shan G G，Li H B，Sun H Z，et al. Controllable synthesis of iridium(Ⅲ)-based aggregation-induced emission and/or piezochromic luminescence phosphors by simply adjusting the substitution on ancillary ligands. Journal of Materials Chemistry C，2013，1（7）：1440-1449.

[51] Hou X G，Wu Y，Cao H T，et al. A cationic iridium(Ⅲ) complex with aggregation-induced emission（AIE）properties for highly selective detection of explosives. Chemical Communications，2014，50（45）：6031-6034.

[52] Bejoymohandas K S，George T M，Bhattacharya S，et al. AIPE-active green phosphorescent iridium(Ⅲ) complex impregnated test strips for the vapor-phase detection of 2, 4, 6-trinitrotoluene（TNT）. Journal of Materials Chemistry C，2014，2（3）：515-523.

[53] Alam P，Kaur G，Kachwal V，et al. Highly sensitive explosive sensing by "aggregation induced phosphorescence" active cyclometalated iridium(Ⅲ) complexes. Journal of Materials Chemistry C，2015，3（21）：5450-5456.

[54] Yang C，Wen L L，Shan G G，et al. Di-/trinuclear cationic Ir(Ⅲ) complexes：design，synthesis and application for highly sensitive and selective detection of TNP in aqueous solution. Sensors and Actuators B：Chemical，2017，244：314-322.

[55] Wen L L，Hou X G，Shan G G，et al. Rational molecular design of aggregation-induced emission cationic Ir(Ⅲ) phosphors achieving supersensitive and selective detection of nitroaromatic explosives. Journal of Materials Chemistry C，2017，5（41）：10847-10854.

[56] Che W L，Li G F，Liu X M，et al. Selective sensing of 2, 4, 6-trinitrophenol（TNP）in aqueous media with "aggregation-induced emission enhancement"（AIEE）-active iridium(Ⅲ) complexes. Chemical Communications，2018，54（14）：1730-1733.

[57] An Z F，Zheng C，Chen R F，et al. Exceptional blueshifted and enhanced aggregation-induced emission of conjugated asymmetric triazines and their applications in superamplified detection of explosives. Chemistry-A European Journal，2012，18（49）：15655-15661.

[58] Mahendran V，Shanmgam S. Aggregates of a hydrazono-sulfonamide adduct as picric acid sensors. RSC Advances，2015，5（112）：92473-92479.

[59] Mukundam V，Dhanunjayarao K，Mamidala R，et al. Synthesis，characterization and aggregation induced enhanced emission properties of tetraaryl pyrazole decorated cyclophosphazenes. Journal of Materials Chemistry C，2016，4（16）：3523-3530.

[60] Tripathi N，Sandhu S，Singh P，et al. Dansyl conjugated tripodal AIEEgen for highly selective detection of 2, 4, 6-trinitrophenol in water and solid state. Sensors and Actuators B：Chemical，2016，231：79-87.

[61] Tripathi N，Singh P，Kumar S. Dynamic fluorescence quenching by 2, 4, 6-trinitrophenol in the voids of an aggregation induced emission based fluorescent probe. New Journal of Chemistry，2017，41（17）：8739-8747.

[62] Tao T，Gan Y T，Yu J H，et al. Tuning aggregation-induced emission properties with the number of cyano and ester groups in the same dibenzo[b, d]thiophene skeleton for effective detection of explosives. Sensors and Actuators B：Chemical，2018，257：303-311.

[63] Toal S J，Jones K A，Magde D，et al. Luminescent silole nanoparticles as chemoselective sensors for Cr(Ⅵ). Journal of the American Chemical Society，2005，127（33）：11661-11665.

[64] Liu Y F，Liang C，Zhou H，et al. A novel catalyst precursor K_2TiF_6 with remarkable synergetic effects of K，Ti and F together on reversible hydrogen storage of $NaAlH_4$. Chemical Communication，2011，47（6）：1740-1742.

[65] Liu J，Lam J W，Tang B Z. Aggregation-induced emission of silole molecules and polymers：fundamental and applications. Journal of Inorganic and Organometallic Polymers and Materials，2009，19（3）：249.

[66] Hong Y，Lam J W，Tang B Z. Aggregation-induced emission. Chemical Society Reviews，2011，40（11）：5361-5388.

[67] Mei J，Leung N L，Kwok R T，et al. Aggregation-induced emission：together we shine，united we soar. Chemical Reviews，2015，115（21）：11718-11940.

[68] Qin A，Lam J W，Tang B Z. Luminogenic polymers with aggregation-induced emission characteristics. Progress in Polymer Science，2012，37（1）：182-209.

[69] Hu R，Leung N L，Tang B Z. AIE macromolecules：syntheses，structures and functionalities. Chemical Society Reviews，2014，43（13）：4494-4562.

[70] Li H，Mei J，Wang J，et al. Facile synthesis of poly(aroxycarbonyltriazole)s with aggregation-induced emission characteristics by metal-free click polymerization. Science China Chemistry，2011，54（4）：611.

[71] Li H，Wang J，Sun J Z，et al. Metal-free click polymerization of propiolates and azides：facile synthesis of functional poly（aroxycarbonyltriazole）s. Polymer Chemistry，2012，3（4）：1075-1083.

[72] Sohn H，Sailor M J，Magde D，et al. Detection of nitroaromatic explosives based on photoluminescent polymers containing metalloles. Journal of the American Chemical Society，2003，125（13）：3821-3830.

[73] Sanchez J C，DiPasquale A G，Rheingold A L，et al. Synthesis，luminescence properties，and explosives sensing with 1，1-tetraphenylsilole- and 1，1-silafluorene-vinylene polymers. Chemistry of Materials，2007，19（26）：6459-6470.

[74] Wu W，Ye S，Tang R，et al. New tetraphenylethylene-containing conjugated polymers：facile synthesis，aggregation-induced emission enhanced characteristics and application as explosive chemsensors and PLEDs. Polymer，2012，53（15）：3163-3171.

[75] Gao M，Wu Y，Chen B，et al. Di(naphthalen-2-yl)-1，2-diphenylethene-based conjugated polymers：aggregation-enhanced emission and explosive detection. Polymer Chemistry，2015，6（44）：7641-7645.

[76] Hu R，Maldonado J L，Rodriguez M，et al. Luminogenic materials constructed from tetraphenylethene building blocks：synthesis，aggregation-induced emission，two-photon absorption，light refraction，and explosive detection. Journal of Materials Chemistry，2012，22（1）：232-240.

[77] Xu B，Wu X，Li H，et al. Selective detection of TNT and picric acid by conjugated polymer film sensors with donor–acceptor architecture. Macromolecules，2011，44（13）：5089-5092.

[78] Liu J，Zhong Y，Lu P，et al. A superamplification effect in the detection of explosives by a fluorescent hyperbranched poly(silylenephenylene) with aggregation-enhanced emission characteristics. Polymer Chemistry，2010，1（4）：426-429.

[79] Hu R，Lam J W，Liu J，et al. Hyperbranched conjugated poly（tetraphenylethene）：synthesis，aggregation-induced emission，fluorescent photopatterning，optical limiting and explosive detection. Polymer Chemistry，2012，3（6）：1481-1489.

[80] Liu J，Zhong Y，Lam J W，et al. Hyperbranched conjugated polysiloles：synthesis，structure，aggregation-enhanced

emission，multicolor fluorescent photopatterning，and superamplified detection of explosives. Macromolecules，2010，43（11）：4921-4936.

[81]　Wu W，Tang R，Li Q，et al. Functional hyperbranched polymers with advanced optical，electrical and magnetic properties. Chemical Society Reviews，2015，44（12）：3997-4022.

[82]　Wu W，Ye S，Huang L，et al. A conjugated hyperbranched polymer constructed from carbazole and tetraphenylethylene moieties：convenient synthesis through one-pot "$A_2 + B_4$" Suzuki polymerization，aggregation-induced enhanced emission，and application as explosive chemosensors and PLEDs. Journal of Materials Chemistry，2012，22（13）：6374-6382.

[83]　Wu W，Ye S，Yu G，et al. Novel functional conjugative hyperbranched polymers with aggregation-induced emission：synthesis through one-pot "$A_2 + B_4$" polymerization and application as explosive chemsensors and PLEDs. Macromolecular Rapid Communications，2012，33（2）：164-171.

[84]　Wu W B，Ye S H，Huang L J，et al. A functional conjugated hyperbranched polymer derived from tetraphenylethene and oxadiazole moieties：synthesis by one-pot "$A_4 + B_2 + C_2$" polymerization and application as explosive chemosensor and PLED. Chinese Journal of Polymer Science，2013，31（10）：1432-1442.

[85]　Shu W，Guan C，Guo W，et al. Conjugated poly（aryleneethynylenesiloles）and their application in detecting explosives. Journal of Materials Chemistry，2012，22（7）：3075-3081.

[86]　Manetsch R，Krasiński A，Radić Z，et al. In situ click chemistry：enzyme inhibitors made to their own specifications. Journal of the American Chemical Society，2004，126（40）：12809-12818.

[87]　Rostovtsev V V，Green L G，Fokin V V，et al. A stepwise huisgen cycloaddition process：copper(Ⅰ)-catalyzed regioselective "ligation" of azides and terminal alkynes. Angewandte Chemie International Edition，2002，41（14）：2708-2711.

[88]　Tornøe C W，Christensen C，Meldal M. Peptidotriazoles on solid phase：[1，2，3]-triazoles by regiospecific copper(Ⅰ)-catalyzed 1，3-dipolar cycloadditions of terminal alkynes to azides. Journal of Organic Chemistry，2002，67（9）：3057-3064.

[89]　Qin A，Tang L，Lam J W，et al. Metal-free click polymerization：synthesis and photonic properties of poly（aroyltriazole）s. Advanced Functional Materials，2009，19（12）：1891-900.

[90]　Qin A，Lam J W，Tang L，et al. Polytriazoles with aggregation-induced emission characteristics：synthesis by click polymerization and application as explosive chemosensors. Macromolecules，2009，42（5）：1421-1424.

[91]　Wang J，Mei J，Yuan W，et al. Hyperbranched polytriazoles with high molecular compressibility：aggregation-induced emission and superamplified explosive detection. Journal of Materials Chemistry，2011，21（12）：4056-4059.

[92]　Qin A，Jim C K，Lu W，et al. Click polymerization：facile synthesis of functional poly（aroyltriazole）s by metal-free，regioselective 1，3-dipolar polycycloaddition. Macromolecules，2007，40（7）：2308-2317.

[93]　Qin A，Lam J W，Tang B Z. Click polymerization：progresses，challenges，and opportunities. Macromolecules，2010，43（21）：8693-8702.

[94]　Qin A，Lam J W，Tang B Z. Click polymerization. Chemical Society Reviews，2010，39（7）：2522-2544.

[95]　Wang Q，Li H，Wei Q，et al. Metal-free click polymerizations of activated azide and alkynes. Polymer Chemistry，2013，4（5）：1396-1401.

[96]　Wu H，Li H，Kwok R T，et al. A recyclable and reusable supported Cu(Ⅰ) catalyzed azide-alkyne click polymerization. Scientific Reports，2014，4（1）：5107.

[97] Li H K，Sun J Z，Qin A J，et al. Azide-alkyne click polymerization: an update. Chinese Journal of Polymer Science，2012，30（1）：1-15.

[98] Li H，Wu H，Zhao E，et al. Hyperbranched poly(aroxycarbonyltriazole)s: metal-free click polymerization，light refraction，aggregation-induced emission，explosive detection，and fluorescent patterning. Macromolecules，2013，46（10）：3907-3914.

[99] Wang Q，Chen M，Yao B，et al. A polytriazole synthesized by 1,3-dipolar polycycloaddition showing aggregation-enhanced emission and utility in explosive detection. Macromolecular Rapid Communications，2013，34（9）：796-802.

[100] Hu X M，Chen Q，Zhou D，et al. One-step preparation of fluorescent inorganic-organic hybrid material used for explosive sensing. Polymer Chemistry，2011，2（5）：1124-1128.

[101] Lu P，Lam J W，Liu J，et al. Aggregation-induced emission in a hyperbranched poly(silylenevinylene) and superamplification in its emission quenching by explosives. Macromolecular Rapid Communications，2010，31（9-10）：834-839.

[102] Lu P，Lam J W，Liu J，et al. Regioselective alkyne polyhydrosilylation: synthesis and photonic properties of poly（silylenevinylene）s. Macromolecules，2011，44（15）：5977-5986.

[103] Zhao Z，Guo Y，Jiang T，et al. A fully substituted 3-silolene functions as promising building block for hyperbranched poly（silylenevinylene）. Macromolecular Rapid Communications，2012，33（12）：1074-1079.

[104] Sanchez J C，DiPasquale A G，Mrse A A，et al. Lewis acid-base interactions enhance explosives sensing in silacycle polymers. Analytical and Bioanalytical Chemistry，2009，395（2）：387-392.

[105] Yuan W Z，Zhao H，Shen X Y，et al. Luminogenic polyacetylenes and conjugated polyelectrolytes: synthesis，hybridization with carbon nanotubes，aggregation-induced emission，superamplification in emission quenching by explosives，and fluorescent assay for protein quantitation. Macromolecules，2009，42（24）：9400-9411.

[106] Chan C Y，Lam J W，Deng C，et al. Synthesis，light emission，explosive detection，fluorescent photopatterning，and optical limiting of disubstituted polyacetylenes carrying tetraphenylethene luminogens. Macromolecules，2015，48（4）：1038-1047.

[107] Zhou H，Ye Q，Neo W T，et al. Electrospun aggregation-induced emission active POSS-based porous copolymer films for detection of explosives. Chemical Communications，2014，50（89）：13785-13788.

[108] Mukundam V，Kumar A，Dhanunjayarao K，et al. Tetraaryl pyrazole polymers: versatile synthesis，aggregation induced emission enhancement and detection of explosives. Polymer Chemistry，2015，6（44）：7764-7770.

[109] Dong W，Fei T，Palma-Cando A，et al. Aggregation induced emission and amplified explosive detection of tetraphenylethylene-substituted polycarbazoles. Polymer Chemistry，2014，5（13）：4048-4053.

[110] Zhang L H，Jiang T，Wu L B，et al. 2,3,4,5-tetraphenylsilole-based conjugated polymers: synthesis，optical properties，and as sensors for explosive compounds. Chemistry-An Asian Journal，2012，7（7）：1583-1593.

[111] Yuan W Z，Hu R，Lam J W，et al. Conjugated hyperbranched poly（aryleneethynylene）s: synthesis，photophysical properties，superquenching by explosive，photopatternability，and tunable high refractive indices. Chemistry-A European Journal，2012，18（10）：2847-2856.

[112] Ghosh K R，Saha S K，Wang Z Y. Ultra-sensitive detection of explosives in solution and film as well as the development of thicker film effectiveness by tetraphenylethene moiety in AIE active fluorescent conjugated polymer. Polymer Chemistry，2014，5（19）：5638-5643.

[113] Martinez H P，Grant C D，Reynolds J G，et al. Silica anchored fluorescent organosilicon polymers for explosives

separation and detection. Journal of Materials Chemistry，2012，22（7）：2908-2914.

[114] Liang G，Ren F，Gao H，et al. Bioinspired fluorescent nanosheets for rapid and sensitive detection of organic pollutants in water. ACS Sensors，2016，1（10）：1272-1278.

[115] Fan Z X，Zhao Q H，Wang S，et al. Polyurethane foam functionalized with an AIE-active polymer using an ultrasonication-assisted method：preparation and application for the detection of explosives. RSC Advances，2016，6（32）：26950-26953.

[116] Guo Y，Feng X，Han T，et al. Tuning the luminescence of metal-organic frameworks for detection of energetic heterocyclic compounds. Journal of the American Chemical Society，2014，136（44）：15485-15488.

AIEgen 在环境科学中的其他应用

7.1 全氟烷基化合物和聚氟烷基化合物 PFAS 的检测

7.1.1 引言

全氟烷基化合物和聚氟烷基化合物（per- and poly-fluoroalkyl substances），简称为 PFAS，是一大家族由人类合成的有机物[1-4]。传统意义上的有机物一般是基于 C—H 骨架，而 PFAS 中很多氢（H）原子被氟（F）原子取代，如图 7.1 所示，这不仅增加了 PFAS 的化学稳定性，还产生了许多新的物理化学性质，如既疏水又疏油。这些性质是 PFAS 所独有的，还没有在其他有机化合物上观测到[4-5]，所以 PFAS 的用途广泛。例如，作为 PFAS 的 Teflon 就被用来制造不粘锅的不粘涂层，其他 PFAS 也被广泛应用于如服装、室内装潢、地毯、油漆表面、食品容器、炊具、消防泡沫等与生产生活关系密切的产品中。

在 20 世纪 40 年代（也有文献提出生产时间为 50 年代），PFAS 最早是由世界 500 强公司美国 3M 公司制造的，如全氟辛烷磺酸（perfluorooctanesulfonic acid，PFOS）[图 7.1（a）]。通过将氟与碳结合，3M 公司的化学家发现了与以前的化学物质完全不同的新物质。这种碳氟化合物，一经推出就广受欢迎。例如，用作纺织物保护剂 Scotchgard 的关键成分，用于消防泡沫、食品包装和金属电镀等。

不幸的是，由于 C—F 键是最稳定的共价键之一[图 7.1（b）]，所以 PFAS 在自然环境中"坚不可摧"，被称为"永远的化学试剂"，甚至"比一些岩石更稳定"，几乎不能自然降解。据估计，全氟辛烷酸（perfluorooctanoic acid，PFOA）在水中的半衰期约为 40 年，而 PFOS 在水中的半衰期约为 91 年（USEPA 505-F-14-001）。

PFAS 的另一个重要应用是用作表面活性剂，如配制水相膜泡沫（aqueous film-forming foam，AFFF）灭火剂用于扑灭燃油大火，特别是在飞机场附近的训练和真实灭火中[6-8]。这主要是因为 PFAS 类的表面活性剂，如 PFOS，不仅

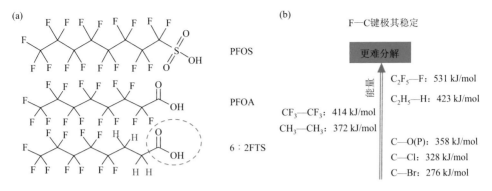

图 7.1　（a）典型 PFAS 的分子结构；（b）不同的共价键的键能

稳定——可以耐燃油大火的高温，而且可以极其有效地降低表面张力，迅速地在燃油表面形成一层泡沫，从而隔绝空气，达到灭火的目的。但伴生的问题是，PFAS 的广泛使用，导致了 PFAS 在全球的残留。以澳大利亚为例，PFAS 的污染已经被广泛检测到[9]。虽然近年来这类含长链 PFAS 的 AFFF 被逐渐淘汰，但短链的 PFAS，尤其是带有衍生基团的短链 PFAS 仍在使用。

常见的 PFAS 包括 PFOS、PFOA、全氟壬烷酸（perfluorononanoic acid，PFNA）、全氟己烷磺酸盐（perfluorohexanesulphonic acid，PFHxS）、全氟戊烷酸（perfluoro pentanoic acid，PFPeA）、全氟丁烷酸（perfluorobutanoic acid，PFBA）和氟化调聚物磺酸盐（fluorotelomer sulfonate，FTS）等。图 7.1（a）列出了三种典型的 PFAS，其中调聚物中的氢原子被描红显示，端基功能团可能是羧酸，也可能是磺酸。

表 7.1 列出了常见的 PFAS 及其主要用途，它们中大多数都可以在我们的食物链中检测到，近年来的研究表明，它们中的大多数也极可能对人类的健康产生不利影响[10, 11]。例如，有研究表明，PFAS 会导致免疫功能障碍、干扰荷尔蒙和导致某些类型的人类罹患癌症。基于此，美国环境保护署在 2016 年将可饮用水中 PFAS（主要是 PFOS 和 PFOA）的安全标准从 0.7 ppb（十亿分之一）下调到 70 ppt（万亿分之一）[6, 11, 12]，2018 年美国政府甚至建议将 12 ppt 作为安全标准[13]。

表 7.1　常见 PFAS 的简称、分子式、全称、CAS 号和主要用途[14]

简称	分子式	全称	CAS 号	主要用途
PFOS	$CF_3(CF_2)_7SO_3H$	perfluorooctanesulfonic acid，全氟辛烷磺酸	1763-23-1	AFFF 中的表面活性剂、污渍清洗剂、驱虫剂等
PFBS	$CF_3(CF_2)_3SO_3H$	perfluorobutanoic sulfonic acid，全氟丁烷磺酸	375-73-5	较长链降解的成分或副产物
PFOA，C_8	$CF_3(CF_2)_6CO_2H$	perfluorooctanoic acid，全氟辛烷酸	335-67-1	含氟聚合物、AFFF 等乳液聚合中的表面活性剂

简称	分子式	全称	CAS 号	主要用途
PFHpA，C_7	$CF_3(CF_2)_5CO_2H$	perfluoroheptanoic acid，全氟庚烷酸	375-85-9	较长链降解的成分或副产物
PFHxA，C_6	$CF_3(CF_2)_4CO_2H$	perfluorohexanoic acid，全氟己烷酸	307-24-4	较长链降解的成分或副产物
PFPeA，C_5	$CF_3(CF_2)_3CO_2H$	perfluoropentanoic acid，全氟戊烷酸	2706-90-3	较长链降解的成分或副产物
PFBA，C_4	$CF_3(CF_2)_2CO_2H$	perfluorobutanoic acid，全氟丁烷酸	375-22-4	较长链降解的成分或副产物

表 7.2 列出了国外不同部门所制定的 PFAS 安全指导浓度标准，包括饮用水、土壤、地表水和地下水等。同时，PFAS 被各组织和公约，如联合国《斯德哥尔摩公约》，列为新型污染物（emerging contaminant）和持久性有机污染物（persistent organic pollutants，POPs）。

表 7.2　PFAS 安全指导浓度标准[6]

环境对象	制定部门	PFAS	浓度标准
饮用水（ppb，μg/L）	HC	PFOA	0.2
	DoH	PFOA	0.56
	HC	PFOS	0.6
	HC	PFHxS	0.6
	HC	PFBA，PFBS，PFPeA，PFHxA，PFHpA，PFNA	30，15，0.2，0.2，0.2，0.2
	USEPA	PFOA + PFOS（总和）	0.07
	DoH	PFOS + PFHxS（总和）	0.07
居民用地/停车场/耕地（ppm，mg/kg）	ECCC	PFOS	0.01
	HC	PFOA	0.8
	HC	PFOS	2.6
	HC	PFBA，PFBS，PFPeA，PFHxS，PFHxA，PFHpA，PFNA	114，61，0.95，2.3，0.95，0.95，0.35
	DoH	PFOS（住宅）	4
地表水（ppb，μg/L）	ECCC	PFOS	6.8
非饮用水（ppb，μg/L）	DoH	PFOA	5.6
	DoH	PFOS/PFHxS	0.7
地下水（ppb，μg/L）	ECCC	PFOS	6.8
	DoH	PFOS（非饮用水）	5

HC.加拿大卫生部；DoH.卫生部（澳大利亚）；USEPA.美国环境保护署；ECCC.加拿大环境与气候变化部。

上面所列出的只是直链结构，一些同分异构体也应该包括在此，如支链的 PFOS/PFOA[15, 16]。

事实上，由于 PFAS 的广泛使用和超级稳定，低浓度的 PFAS 几乎无处不在。因此，我们的日常生活也正受到 PFAS 的威胁，例如，PFAS 在家用吸尘器的粉尘、垃圾填埋场和雾霾中被检测到[17, 18]。就检测而言，目前我们所面临的困难，除了低浓度的检测需要高灵敏度的仪器，另一困难就是，目前市场估计有超过 4000 种 PFAS，而我们只能有效定量地监测它们中的大约 30 种，其余 PFAS 被称为 PFAS 前体（precursor），而这些前体目前只能被定性或半定量地检测到[19]。以 AFFF 为例，根据全有机氟分析（total organic fluorine analysis），我们所能定量监测的 PFAS，仅为 PFAS 总量的 10%～50%。而且，AFFF 中使用的 PFAS，又仅仅占 PFAS 生产总量不到 5%[20, 21]。所以说，虽然 PFOS/PFOA/PFHxS 是目前 PFAS 研究的主要对象，但其他 PFAS 和前体也应加以监测和治理。一个明显例子就是不粘锅的 Teflon 涂层也可能会缓慢地释放出 PFOA，高温可能会加速这一释放过程。

可水溶的 PFAS，一旦渗入环境中，它们会通过地表水和地下水进行传播，甚至是长途扩散。其后果就是，目前在全球范围内，从北极到南极，在几乎所有生命形式和环境中，PFAS 都能被检测到，浓度或高或低。虽说有些 PFAS 已经被禁止使用，如 PFOS 在国外已经被禁止生产，但它们的高稳定性和持久性，使得它们对环境的污染，会持续相当长的一段时间。目前的治理更多的是用吸附方式，把 PFAS 从环境中移除。PFAS 的降解和矿化，虽说在实验室取得成功，但还没有大规模使用。所以对其进行有效的检测和治理，近年来已经成为一个研究热点[19]，如图 7.2 所示。

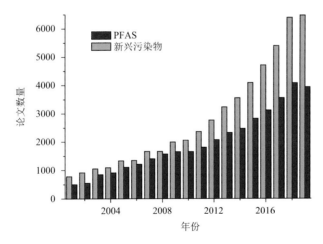

图 7.2　每年所发表的科研论文数量

数据是在 2019 年 8 月 7 日收集的，在 ScienceDirect Website（http://www.sciencedirect.com/）中采用关键词"emerging contaminant"和"PFAS"

目前，虽然液相色谱-质谱联用技术（HPLC-MS）是最常用的检测手段[22]，但 HPLC-MS 费时又较昂贵（通常＞100 美元/样品），并且必须在具有高精仪器的专业实验室中进行[15, 16, 19]。如果在定量测量之前，能够使用预筛选工具，在一般实验室甚至在现场及时检测它们的大概浓度，能够得到半定量的结果，这将是一个非常值得研究的课题。最近，市场上陆续出现了几种 PFAS 检测试剂盒或传感器，如亚甲基蓝活性物（MBAS）的改进版本[15]、分子印迹聚合物基离子选择电极（ISE）[23]、表面增强拉曼光谱（SERS）[24]等。然而，它们的选择性和敏感度都有待提高，或者需要特殊设备或仪器和培训才能使其工作正常[19]。

本章将着重介绍 PFAS 的检测方法的最新进展，包括离子选择电极法、电化学法、表面增强拉曼光谱法及聚集诱导发光法。

7.1.2 离子选择电极

我们使用铅笔芯作为电极，在表面上通过分子印迹聚合物（molecule imprinting polymer，MIP）来形成响应膜，在除掉模板分子（PFOA、PFOS 或是 6：2FTS）之后，通过电位测量来检测 PFAS，如图 7.3（A）所示。在 MIP 的制作过程中，我们也将亚甲基蓝（MB）成分引入到铅笔芯[聚吡咯（PPY）]的母体 MIP 中，希望形成 PFAS-MB 的离子对掺杂到 MIP 中，从而增加 MIP 膜对 PFAS 的选择性，如图 7.3（B）所示。其中（a）、（b）是扫描电镜图，我们可清楚地看到 MIP 膜的形成，从（c）中出现的 F 峰可以确定 PFAS 模板分子存在于 MIP 膜中，（d）可以表明 MB 被成功地掺杂到 MIP 中。

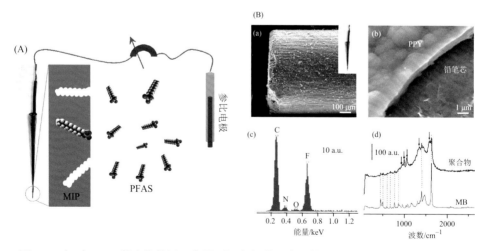

图 7.3 （A）PFAS 的电位检测示意图；（B）铅笔芯表面的分子印迹聚合物的扫描电镜图（a，b）、X 射线能量色散谱图（c）和拉曼光谱图（d）[23]

我们同时测试了其他阴离子表面活性剂，如十二烷基磺酸钠（SDS）和十二烷基苯磺酸钠盐（SDBS）所引起的干扰，如图 7.4（a）、（b）所示。如图 7.4（c）中，PFOA、PFOS 和 6∶2FTS 等 PFAS 的检测范围为 10 µmol/L～10 mmol/L，检测限（LOD）可以低至约 100 nmol/L（相对于 PFOA 而言，约 41 ppb）。总体效果极佳[23]。

这种检测的缺点是选择性不够好，灵敏度也不够高。选择性可以通过掺杂 PFAS 到 MIP 内而可能得到提高，但灵敏度很难进一步改善，这是 ISE 的检测缺陷。例如，MIP 中的 PFAS 模板，有可能渗透逸漏到待测溶液中而产生背景干扰。除非进行预富集，否则其实用性将会大打折扣。如果考虑到环境样品本身的复杂性和 PFAS 的痕量分析，如 1 ppt PFOA 在 20 pmol/L 左右，推广使用将会更为困难。

7.1.3 电化学

近年来 PFOS 被逐渐禁止了，取而代之的是新型的 PFAS。基于商业原因，我们对新型的 PFAS 的具体分子结构知之甚少。但是，从目前能掌握的资料来看，有一大类是基于硫醚结构的。另外，基于硫醚的有机化合物，不管其两端的基团如何，都可以在金（Au）表面上通过硫-金键形成一层自组装单层（self-assembled monolayer，SAM）膜，这层 SAM 膜会有效阻断溶液中的氧化还原探针的电子传递。基于此，我们发展了基于检测硫醚的新型 PFAS 的传感器，如图 7.5（a）所示。

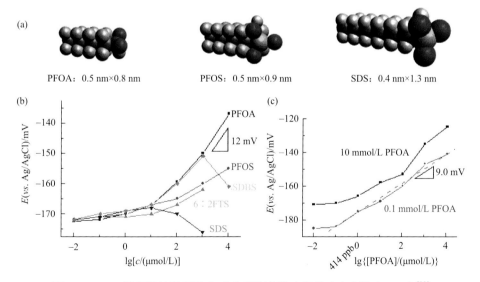

图 7.4   PFAS 阴离子的示意图（a）和所制得的电极的响应曲线（b，c）[23]

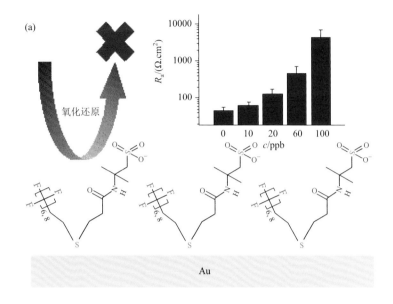

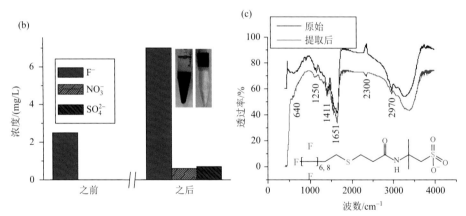

图 7.5　（a）PFAS 电化学检测示意图；（b）离子色谱结果（经过 6 个月氧化降解前后）；（c）FTIR 光谱图[25]

　　首先，我们使用离子色谱（IC）通过化学氧化和傅里叶变换红外（FTIR）光谱来识别这种新型 PFAS 中所有可能的元素，以及确定所有可能的功能基团，特别是确定硫醚的存在，如图 7.5（b）所示。氧化后所释放出的 SO_4^{2-} 应该是由硫醚的氧化所致，F^- 是由于 C—F 键的断裂。在红外光谱图中，$3200 \sim 3500$ cm^{-1} 处的宽峰对应的是残留的水和—NH—基团，—NH—基团还有 1411 cm^{-1} 处的小峰。2970 cm^{-1} 处可能是甲基，1651 cm^{-1} 处是—CO—，1250 cm^{-1} 处是 $\left(CF_2\right)_n$[26, 27]，640 cm^{-1} 处的小峰是硫醚（—S—）[28, 29]。基于此，可能的分子式也列在图 7.5（c）中。

　　然后，通过在金电极表面形成 SAM，我们使用循环伏安法（CV）和交流阻抗（IMP）开发了一种检测 AFFF 中新型 PFAS 的简单方法，特别是基于硫醚的含氟表面活性剂成分，如图 7.6（a）～（c）所示。我们不必知道 PFAS 及其前体的具体分子结构，只要有硫醚，就能用这种方法检测，简明有效。

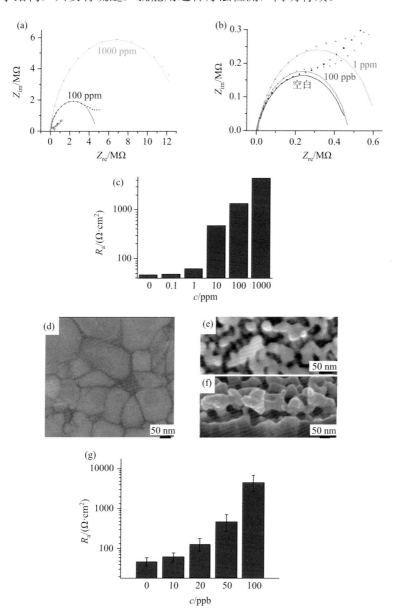

图 7.6　（a）普通金（平整）表面的交流阻抗图谱；（b）图（a）中低浓度区域的放大部分；（c）从图谱整理出来的电子传递电阻；普通金（平整）表面（d）和多孔纳米金表面（e，f）的扫描电镜图及多孔纳米金表面的交流阻抗测量结果（g）[25]

最后，采用固相萃取（SPE）和纳米级多孔金电极来提高灵敏度，如图 7.6（d）～（g）所示。从扫描电镜图的对比，我们可以看到，纳米级多孔金电极的表面活性被有效增强了，因此，AFFF 在自来水样品中的检测极限可达到 10 ppb（V/V），如图 7.6（g）所示[25]。

7.1.4　表面增强拉曼光谱

表面增强拉曼光谱（surface-enhanced Raman spectroscope，SERS），由于灵敏度高（低至单分子检测）和具有分子识别的能力而备受关注。拉曼信号的增强，主要是归功于基底（substrate）表面的纳米结构。目前已经有许多类型的 SERS 基底，如粗糙化的金属表面、纳米颗粒（NP）阵列、纳米结构表面和纳米聚集物等[30-33]。其中，纳米颗粒阵列具有一定的优越性，如制造简单，易于制备成厘米尺寸的基底，具有高度增强的均匀表面等。然而，大多数基底物本身都表现出亲水性。当用来分析 PFAS 时，PFAS 通常既憎水又憎油，所以 PFAS 的加载亲和力就是一个问题。也就是说，PFAS 很难被吸附加载到基底表面，所以我们要对基底表面进行改性。

自 2004 年单分子层的石墨烯（graphene）被成功分离以来，人们对这种新型碳材料研究兴趣骤增。有趣的是，石墨烯或氧化石墨烯（graphene oxide，GO）已经成功地被证实可以用作 SERS 基底，来有效增强拉曼信号。与传统的 SERS 基底金属表面（如银、金和铜）相比，GO 是一种具有疏水性的有机材料。如此，极有可能会导致 PFAS 在其表面上的加载亲和力提高。因此，通过在 GO 膜上引入银纳米颗粒（AgNP）以形成双基底物，我们可以将 AgNP 阵列的拉曼强增强性与 GO 的高加载亲和力结合起来，如图 7.7（A）所示，以达到对 PFAS 进行有效检测的目的[24]。

首先，我们比较了这两种 SERS 基底，Ag（a）和 GO 膜[图 7.7（B）中（b）和（c）]，以确认 GO 表面对 PFAS 的加载亲和力。而且，我们不是直接将 PFAS 加载到 SERS 基底表面，而是先形成染料-PFAS 的离子对（以增强疏水性，因为它们的亲水基被相互屏蔽了），然后沉淀到 SERS 基底表面。同时由于染料分子的拉曼活性比 PFAS 本身高得多，该染料同时可以作为 PFAS 拉曼检测的探针。染料可以是乙基紫（ethyl violet，EV）或亚甲基蓝（methylene blue，MB）。测量时，我们将 GO 膜浸泡在含有 PFAS、染料和 AgNP 的水溶液中，以制备染料-PFAS-AgNP-GO 的载体，然后进行拉曼检测，如图 7.7（B）中（d）所示。优点是：①GO 的超强加载亲和力；②染料的高拉曼活性；③AgNP 阵列的拉曼增强能力；④染料-PFAS 沉淀物的拉曼活性、加载亲和力和 PFAS 的沉淀选择性。

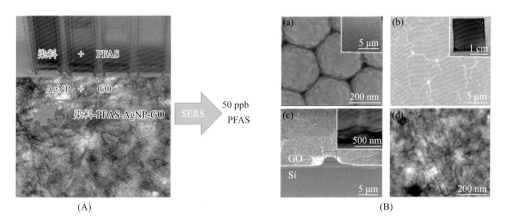

图 7.7　（A）SERS 检测 PFAS 的示意图；（B）SERS 基底的扫描电镜图[24]

使用该方式，我们成功检测 PFAS，包括 PFOA、PFOS、6：2 FTS，检测限约为 50 ppb（约 120 nmol/L，相对于 PFOA 而言），如图 7.8 所示，这是令人鼓舞的，值得进一步研究。

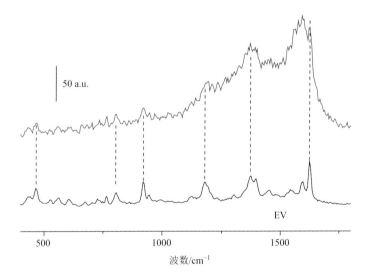

图 7.8　100 ppb PFOA 的拉曼光谱图（红色）[EV 的标准图谱（黑色）作为参考][24]

7.1.5　智能手机应用

科技发展到现在，很多检测不必再局限于在实验室内进行，场地检测不仅可行，而且变得越来越重要。其实，最简单的检测，应该是类似于 pH 试纸，可以用肉眼来观测颜色的变化，从而进行测试。我们做了一些这方面的探索，来检测PFAS，如 MBAS 和 astkCARE™[15]。

理论上，包括 PFOA/PFOS 的 PFAS，都是阴离子表面活性剂（AS）。它们可以与大的阳离子染料（如亚甲基蓝或乙基紫）相互作用形成"染料-PFAS"离子对。这种离子对一般疏水，因为它们的亲水端由于静电相互作用而相互屏蔽了，只有疏水端露在外围。因此，这种离子对在水相中是不易溶的，这意味着它可以被有效地萃取到非水相中。由于染料的使用，被萃取后，非水相的颜色也因此发生改变，从颜色的深浅，可以得到 PFAS 的浓度信息。但是，这种视觉检测很大程度上取决于颜色评估，这意味着只是一种半定量测试。此外，对于视觉测试，来自背景光的干扰会非常明显。晴天、阴天或雨天的背景光强是非常不同的。为了准确读取颜色，建议使用分光光度计，除非可以使用适当的方法进行背景校正。

智能手机，通常都配备了高分辨率相机、高速处理器、触摸屏显示器、高存储容量、长寿命电池等众多设备。因此，智能手机提供了一个独特的平台，来开发便携式传感器。此外，随着用户界面友好型智能手机应用程序（app）与其他小工具的结合，如 GPS 可以标记测试位置、网络连接以共享信息、非技术人员操作的在线帮助和演示等，智能手机为现场测试传感器的开发提供了新的方向。

但是，与其他先进的高精仪器相比，基于 app 的传感器可能会损失灵敏度。例如，在废水样品中，包括 PFOA/PFOS 在内的 PFAS 的浓度通常在 ppb 水平以下，甚至在 ppt 水平，远远低于无机离子水平，例如，氯离子的 ppm（百万分之一）水平或更高[21, 35]。幸运的是，这些无机离子的潜在干扰可以通过固相萃取（SPE）或液相萃取（LPE）来排除[36]。此外，在使用 SPE 时，大多数 PFAS 包括 PFOA/PFOS 可以进行预浓缩，如 100～1000 倍的体积浓缩，可达到较高浓度水平，如从低于ppb 至高于 ppm，以有利于灵敏测试。

我们试着使用智能手机摄像头，通过自己编写的 astkCARE™ app[34]，来检测"染料-PFAS"离子对在非水相中的颜色（RGB，红绿蓝）变化，如图 7.9（a）所示。同时，我们用二次萃取来消除高浓度的无机离子背景的影响，如图 7.9（b）和（c）所示。也就是说，在第一次的萃取中，有机相（在与水样平衡之后）将被转移，"染料-PFAS"离子对随之被转移，而水相中的无机离子仍在水样中，没有被转移。只有"染料-PFAS"离子对在有机相中被转移，并经受第二次萃取（与Milli-Q 水平衡），以进一步把可能残存的无机干扰离子"反萃"到 Milli-Q 水相中。如此一来，第一次萃取的水样中的无机干扰离子，仍然留在第一次萃取的水相中；接下来的非水相的转移和二次萃取平衡，可以有效地消除任何潜在的背景干扰，从而达到对 PFAS 进行现场检测的目的，如图 7.9 所示。

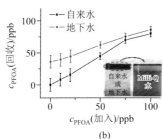
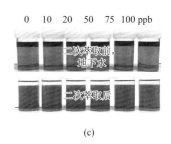

图 7.9 （a）PFAS 检测示意图；（b）二次萃取（dual-LPE）的 app 检测结果和（c）照片[34]

同传统的 MBAS 相比，我们用乙酸乙酯替换氯仿，用乙基紫替换亚甲基蓝，以达到减轻环境污染的目的。我们开发了一个应用程序（app）来读取颜色（RGB）并将其转换为 PFAS 浓度。使用便携式的颜色读取装置，来稳定背景光和 RGB 的读取，如图 7.10（a）～（f）所示。我们有效地建立颜色（RGB）和浓度之间的联系，并成功地在浓度 10～1000 ppb 范围内进行检测，标准偏差被限制在 10% 以内，如图 7.10（g）所示。整个测量，即使在现场进行，在大约 5 min 内也可以完成。

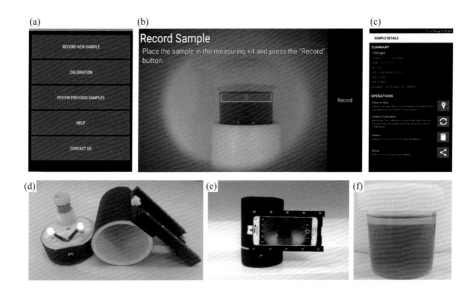

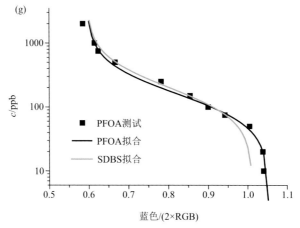

图 7.10　(a～f) app 和颜色读取装置；(g) 检测所用的校正曲线[34]

同时，我们采用 SPE 还可以将 PFAS 预浓缩到原体积的 1/100～1/1000，以提高灵敏度，结果如图 7.11 所示。在图 (a) 中，我们可以清楚地看到颜色变化和对浓度的依赖，以及 app 的读数；图 (b) 中显示 app 读数和 HPLC 测量结果之间的关联，从而确认我们的测量是准确和有效的。

因此，我们的智能手机应用程序可以在 10 ppb（约 12 nmol/L，dual-LPE 约 5 min）或 0.5 ppb（约 1.2 nmol/L，SPE 约 3 h）的检测限下，检测自来水/地下水中的 PFOA，它有可能成为现场应用和普通实验室测试的预筛选工具[34]。

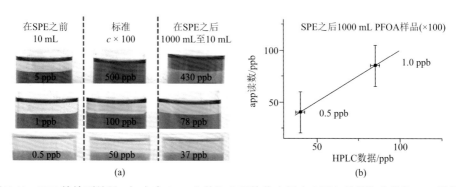

图 7.11　SPE 的检测结果：(a) 在 SPE 之前和之后的非水相（上层）的颜色变化和 app 读数，
标准溶液放在中间作对比；(b) app 读数和 HPLC 测量结果
之间的关联[34]

7.1.6　聚集诱导发光材料

聚集诱导发光（AIE）是近年来由唐本忠院士提出并发展的一个全新研究领

域。我们试图将 AIE 应用到环境检测中，如用来检测 PFAS，包括 PFOA、PFOS 和 6∶2 FTS 等表面活性剂，如图 7.12（a）和（b）所示[37]。

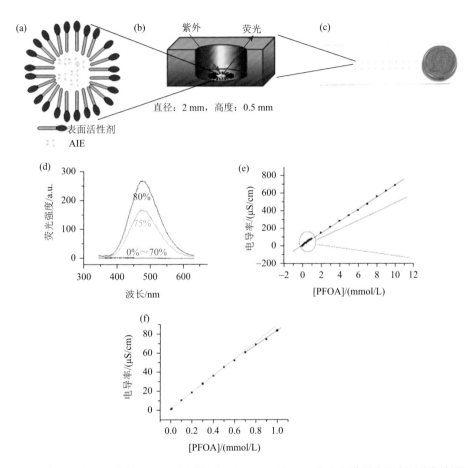

图 7.12　（a～c）AIE 检测 PFAS 示意图；（d）PFOA 的 AIE 荧光光谱图（图中百分数为丙酮溶剂与 10 mmol/L PFOA 的水溶液的体积百分比）；（e）溶液电导率[75%丙酮＋25%水中的 PFOA 浓度（*V*/*V*）]；（f）（e）的局部放大图[37]

我们首先配制含有 AIE-PFAS 的丙酮-水溶液。从该溶液中，取一小液滴（1～2 μL），并将其滴加到由玻璃载玻片制成的芯片中的小孔中，孔的体积和大小是固定的，如图 7.12（c）所示。当该小液滴暴露在空气中时，水和丙酮都会蒸发。但丙酮由于高蒸气压，从而比水能更快地蒸发。因此，随着溶剂体积因蒸发而减小，AIE 和 PFAS 的浓度在收缩的小液滴中逐渐增加，而水的含量也在随之增加，如图 7.12 所示[37]。

在到达某个阶段时，PFAS 表面活性剂的浓度高到一定程度，胶束就开始形成，如图 7.12（d）～（f）和图 7.13（a）。在图 7.12（d）中，可以看到，当体系中的水含量达到一定程度后，如高于 75% 时，发光强度将显著增强。这里我们所选用的溶液体系是 10 mmol/L PFOA 和 10 μmol/L 四苯基乙烯（TPE）。

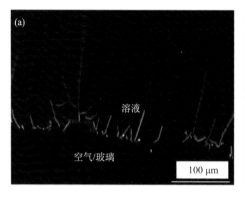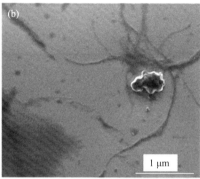

图 7.13　空气/玻璃之间的干燥界面上的荧光图像（a）和干燥后的扫描电镜图像（b）[37]

在图 7.12（e）、（f）中，固定溶液体系为 75% 丙酮 + 25% 水，改变 PFOA 的浓度，来观察溶液本身的电导率的变化。因为溶液的电导率是由溶液中的自由离子决定的，理论上在活度系数出现明显降低之前，电导率和浓度之间应该是线性的关系。如果有偏离，如图 7.12（e）、（f）中所示，要么是 PFOA 没有完全解离为自由离子，要么是 PFOA 的表面活性功能导致了胶束的形成。我们倾向于认为是由于胶束的形成，因为 PFOA 应该归于强酸一类，在 mmol/L 的浓度范围上，不应该有解离困难。而且考虑到我们的溶液是含丙酮的，在图 7.12（f）中，我们所观察到的对于线性关系的偏离，发生在 0.7 mmol/L 左右，这也和文献中所报道的 PFOA 的临界胶束浓度（critical micelle concentration，CMC）是一致的。

图 7.13（a）显示了液滴在空气干燥过程中某一时刻，在三相界面附近的荧光图像。图中明亮的线条应该源自 PFOA 胶束，而且胶束锁定了 TPE 分子、由 TPE 的聚集产生荧光。在液滴的挥发干燥过程中，尽管 TPE 或 PFOA 的浓度都变得越来越高，但在没有荧光黑暗区域，TPE 由于不存在晶核而无法聚集，所以不会发光。相反，一旦高浓度的 PFOA 形成胶束，其疏水的胶束中心，极有可能有效地提供 TPE 聚集所需的晶核，从而有利于 TPE 的聚集，以产生荧光。

同时如图 7.13（a）所示，我们观察到，明亮的线条在空气/溶液边界处，比在溶液本体中的更亮、密度也更高。可能原因是，PFOA 首先沿着边界形成胶束，并延伸到本体溶液中。同时，该胶束可以提供疏水核，并从本体溶液中捕获并浓缩 TPE 分子，使其聚集，从而开启荧光。

如前所述，在沿着边界的暗区，TPE 的浓度可能也很高。但是，不存在 PFOA

胶束，也就意味着，即使 TPE 要聚集，也不存在晶核。同样，在本体溶液的黑暗区域中，可能存在 PFOA 胶束。然而，TPE 尚未被捕获而聚集，这也阻碍了荧光的开启。总之在图 7.13（a）中，明亮线的出现支持了上述我们关于 PFOA 形成胶束的假设，该胶束提供了导致 TPE 聚集的疏水核。

图 7.13（b）显示了液滴在硅表面干燥后的扫描电镜图。我们能观察到聚集的胶束丝，并伴随着胶束畴，即颗粒，进一步支持了关于干燥过程中胶束形成的假设。应该指出的是，在没有表面活性剂 PFOA 的情况下，在液滴的挥发过程中，随着液滴体积的收缩和水含量的增加，AIE 也可能聚集。但是，在没有 PFOA 胶束提供疏水核的情况下，AIE 的聚集过程将有所不同，我们不在此处讨论。

由于荧光强度由 AIE 的浓度控制，而胶束的数量则是由 PFOA 的浓度控制的，因此，我们可以对干燥后的荧光点的密度进行计数，并将其与 PFOA 浓度联系起来。也就是说，小液滴在芯片孔底部完全蒸发和干燥后[图 7.13（b）]，聚集的 AIE 具有荧光，其密度可以有效地与 PFAS 的浓度相关联。因此，我们使用极其少量的 PFAS 样品，在 1 min 内就能得到结果，从而开发了一种简单的芯片传感器，用于 PFAS 检测，检测范围为 0.1～100 μmol/L（PFOA 为 41 ppb～41 ppm），如图 7.14 所示。

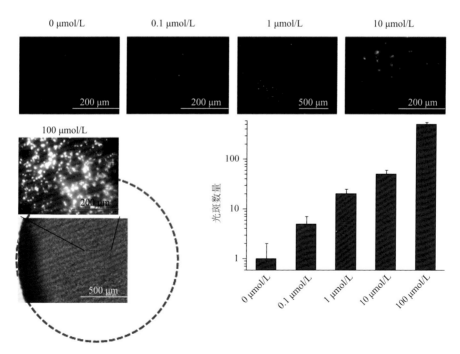

图 7.14　基于 AIE 的 PFOA 微芯片荧光检测结果[37]

荧光图像中的光斑密度可以和 PFOA 的浓度相关联。在芯片小孔中[图 7.13（c）]，
荧光图像的拍摄位置也显示出来

在这项研究中，使用简单的 AIE 材料作为荧光发光剂，成功地进行了 PFAS 的定量检测。虽然灵敏度和选择性有待进一步提高，但结果是令人鼓舞的，因为通过简单的操作进行了对 PFAS 的检测。虽然 HPLC-MS 可以进行更准确的测试（检测限约 0.2 ppb），但是耗时（数小时）且昂贵（＞100 美元/样品）。借助智能手机和试剂，astkCARE™应用程序的检测限为 10 ppb，需要 10 mL 的样品量。

我们在该领域还在进行进一步的探索。譬如说，我们还不是很清楚胶束的具体形成机理，特别是在 PFAS 和 AIE[本处所采用的 AIE 是 TPE，但六苯基噻咯（HPS）也被证实有效]共存的情况下。同时，我们也不是很清楚 AIE 是否可以携带衍生基团，以增加检测的选择性和灵敏度。

7.1.7 小结

总体上，PFAS 的研究还将持续一段时间，虽说最终目的是治理和修复，但有效的检测手段，将会为其提供评估和保障。而近年来所发展出的现场测量方法包括传感器，将会是对传统的实验室 HPLC-MS 测量的一个有效补充。

7.2 环境中银离子检测与纳米银溶解动力学过程监测研究进展

7.2.1 引言

随着纳米科技的飞速发展以及银自身的杀菌、消毒功效，纳米银材料在日常生活中得到了广泛的应用，其需求量与日俱增[38]。目前，超过 20%的纳米产品中含有纳米银，其中主要包括抗菌、杀菌产品、纺织物以及生物医药等产品，因此纳米银被认为是目前应用最为广泛的纳米材料之一[39-42]。然而，在纳米银产品广泛使用过程中，纳米银会通过不同渠道进入水体环境中，如生活污水、工业废水的排放等，造成水环境的污染，最终对水生生物以及人类造成危害[43,44]。目前，大量研究表明释放到环境中的纳米银会显著抑制浮游植物[45]、浮游动物[56]、鱼类等常见水生生物的生长和繁殖[47,48]，而人体长期暴露于纳米银环境中也会导致皮肤病甚至神经损害[49]。然而，关于纳米银的毒性机制并未有公认的结论，研究者普遍认为纳米银的毒性主要来源于其自身所释放的银离子（Ag^+），这些释放的银离子可与生物体内的一些功能性蛋白质、酶等物质结合，导致功能性蛋白质结构变化、酶催化活性降低等，最终影响生物体自身正常的生理功能[46,50-52]。目前，大量研究集中于溶液中银离子的检测、纳米银在环境水体中的归趋以及纳米银和银离子之间的相互转化研究。

7.2.2 溶解态银离子的检测方法

精确测定纳米银自身释出银离子的浓度和实时监测纳米银及银离子迁移转化动力学过程是揭示纳米银毒性机制的研究重点。其中，最为重要和基础的研究工作便是对微量甚至痕量银离子浓度的检测，经典传统的方法为化学滴定法以及电位分析银离子选择性电极法。根据福尔哈德法（Volhard method），以 0.05 mol/L硫氰酸铵（NH_4SCN）为标准液，以铁铵矾[$NH_4Fe(SO_4)_2$]为显色指示剂。当被检测水体中滴入 NH_4SCN 时，Ag^+ 与 SCN^- 按 1∶1 配比定量形成硫氰酸银（AgSCN）白色沉淀，当滴入 NH_4SCN 过量时会与显色指示剂中的三价铁离子结合生成红色配离子硫氰酸铁根（$[FeSCN]^{2+}$），即达到滴定终点[53, 54]。相比于经典化学滴定法，银离子选择性电极具有选择性强、平衡时间短、分析速度快等优点，其主要是利用膜电势测定溶液中 Ag^+ 浓度的电化学传感器，当它和含待测 Ag^+ 的溶液接触时，在它的敏感膜和溶液的相界面上产生与 Ag^+ 浓度直接有关的膜电势，从而实现对溶液中低浓度银离子的测定，其检测浓度范围为 μg/L 级别[55]。相比于化学滴定法和电位分析银离子选择电极法，其他检测银离子常规分析方法还包括电感耦合等离子体质谱法（inductively coupled plasma mass spectroscopy，ICP-MS）、电感耦合等离子体发射光谱法（inductively coupled plasma optical emission spectroscopy，ICP-OES）以及原子吸收光谱法（atomic absorption spectroscopy，AAS）等。在一定的优化条件下，这些方法也可实现溶液中低浓度 Ag^+ 的检测，如 ICP-MS 仪器优化条件下可实现 ng/L 浓度级别的 Ag^+ 测定（检测限约为 1.2 ng/L）[56]，其检测能力远优于 AAS（检测限约为 1.5 μg/L）[57]以及 ICP-OES（检测限约为 0.27 μg/L）[58]。尽管这些常规检测方法可满足痕量级 Ag^+ 的检测，但因普遍分析成本高、耗时、技术复杂、需要专业人员操作等缺点，其在实际生产生活中的应用受到较大限制[59]。然而，相较于以上方法，操作简便且分析成本较低的比色法（colorimetry）受到了广泛的关注[59]，如研究者发现纳米金表面等离子共振吸收具有颗粒间距离等效特性，其表面等离子体发生键合会导致纳米金团聚，从而使溶液颜色由红色变为紫色或者蓝色，出现蓝移现象，这为 Ag^+ 比色法提供了理论基础。Chen 等报道了利用与此相反的红移现象进行 mg/L 级 Ag^+ 的比色测定[60]，吐温 20（Tween-20）纳米金在 100 mmol/L 磷酸缓冲液中较为稳定，在无 Ag^+ 存在条件下，加入 N-乙酰-L-半胱氨酸后，Au—S 键合的形成诱导纳米金发生团聚，纳米金稳定系统被破坏，溶液由红色变为蓝色发生蓝移现象，当出现 Ag^+ 时，抗坏血酸将 Ag^+ 还原吸附于纳米金表面，由于 Ag^+ 吸附于纳米金的结构特别稳定，可以有效抑制含巯基的配体组装反应，使得加入 N-乙酰-L-半胱氨酸后的纳米金重新达到稳定分散平衡，从而使溶液由蓝色重新恢复为纳米金原有红色（图 7.15）。虽然，基于纳米金聚集程度发展的比色法足够强大，但很难实现痕量级 Ag⁺ 检测。除此之外，该方法还需制备复杂的探针，在实际试验中，所制备的探针在选择性和灵敏性方面都难以达到预期效果，因此，限制了该方法的拓展应用。

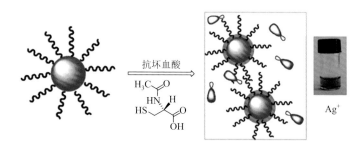

图 7.15　纳米金的表面修饰过程及其对 Ag⁺ 的特异性识别机制[60]

新型荧光技术的发展，极大地提高了 Ag⁺ 的光学检测能力，通过设计特异性识别 Ag⁺ 的荧光探针可达到快速、灵敏检测溶液中 Ag⁺ 的目的，已成为目前的研究重点和热点。相较于比色法，荧光探针检测法具有检测简便快捷、响应时间短、灵敏度高和抗干扰能力强等优点，更重要的是，荧光探针可实时检测溶液中 Ag⁺ 浓度变化，因此备受关注[61]。由于 Ag⁺ 可导致带有巯基基团的酶失活，同时也可选择性地与带有氨基、咪唑基以及羧基的生物代谢物络合[62]，基于此，设计带有这些基团的荧光探针即可选择性识别 Ag⁺。在 Ag⁺ 存在条件下，荧光探针与 Ag⁺ 发生络合反应，从而导致荧光探针化学结构的改变，在特定波段的激发光下，产生特异性的发射光谱，从而实现对 Ag⁺ 的测定[61]。荧光探针的检测原理可分为三种，识别特异性标志物导致信号荧光猝灭[63]，信号放大[64]以及与特异性标志物结合时产生多发射荧光信号，并且随着目标分析物浓度变化而呈不同荧光强度比例的比率型[65]。Zhang 等合成了带有氨基基团，基于花青染料的新型荧光探针（QCy）用于特异性识别溶液中的 Ag⁺[66]。在无 Ag⁺ 存在条件下，QCy 自身具有很强的荧光信号，随着 Ag⁺ 的加入，QCy 的荧光信号出现衰减，在优化条件下，对 Ag⁺ 的检测限可达 3 μg/L，远低于世界卫生组织规定的饮用水中 Ag⁺ 的浓度（50 μg/L），因此 QCy 对 Ag⁺ 具有很强的选择性和灵敏度。然而，该荧光探针检测原理主要是基于"信号荧光猝灭"来测定 Ag⁺，而这种荧光猝灭型探针的灵敏度一般低于"信号放大"荧光传感模式。Ag⁺ 是一种消光金属离子，荧光染料与 Ag⁺ 结合后会导致荧光染料本身的荧光信号降低，因此，设计合成具有"信号放大"效应用于特异性识别 Ag⁺ 的荧光探针存在很大困难。最近 Lee 等报道了一种带有两个氨基的多肽类化合物（DPG1），用于特异性识别 Ag⁺[64]。相较于常用 Ag⁺ 的荧光探针，DPG1 对 Ag⁺ 的检测是基于"信号放大"荧光传感模式，且 DPG1 与 Ag⁺ 之间有超强的亲和力,可实现低浓度且复杂体系下 Ag⁺的测定,对 Ag⁺的检测限达到 20 μg/L 左右。目前大多数荧光探针通过单发射信号的响应变化来工作,然而在实际应用中,荧光探针的浓度或者其他参数的改变可能引起测定结果的误差,如何克服这些干扰因素成为探索和发展新荧光技术的一个很大的难题。比率型荧光探针的两个发光基团作为被分析物内参比和被分析物指示剂,起到内部自动校准效果,抗干扰能力强和精度高。最近 Jang 等合成了一种芘类衍生物 PYr-WH 用于测定 Ag⁺,当 Ag⁺存在时,芘类衍生物在 380 nm 及 480 nm 处会出现荧光发射峰,并且峰高会随着 Ag⁺浓度的变化而变化,基于此可实现对 Ag⁺的精确测定[67]。

7.2.3　环境中纳米银溶解动力学过程监测方法现状

在自然环境中,纳米银与银离子通常以共存的形式存在,常用的检测方法难以区分纳米银和银离子的信号,例如,ICP-MS 只能测定 Ag 的信号,并不能实现纳米银和银离子的区分测定。因此,在对纳米银和银离子进行测定之前能否有效地将纳米银与银离子分离成为是否能够区分纳米银和银离子的关键之处[68]。而目前报道的有关纳米银和溶出银离子的分离方法主要包括渗析(dialysis)[69]、超滤离心(ultrafiltration centrifugation)[70]或者色谱法(chromatography)[71-76],分离后组分用 ICP-MS、ICP-OES 或 AAS 进行分析测定,或通过特异性银离子的荧光探针以及半导体量子点对纳米银、溶出银离子进行选择性分析。

利用超滤离心管(滤膜孔径为 1～2 nm)在 3500 r/min 转速下离心 30 min,纳米银被截留在超滤膜上,而银离子可穿过超滤膜流入离心管底部,利用石墨炉原子吸收光谱法(graphite furnace atomic absorption spectroscopy,GFAAS)[70]或 ICP-MS40 对分离出溶液中的银离子进行检测。而这种超滤离心分离与 AAS 或 ICP-MS 联用技术已成为普遍接受的方法,并且广泛应用于纳米银的环境行为、毒性机制研究中,甚至是其他方法的校准参考方法。然而,这种方法存在一定问题,如超滤离心管成本相对较高,实用性不强,而且分离过程中转速需要控制在 4000 r/min 左右,这样就增加了分离的时间,使得整个分析过程持续时间增加。

相比于超滤离心分离法,色谱方法的引用可以有效地提高分析效率,同时减少分析成本。Liu 等利用浊点萃取法将纳米银分离到下层的表面活性剂层(Triton X-114)而银离子被分离到水溶液层中,然后再利用 ICP-MS 对分离出的银离子进行测定[77, 78]。其他常用的色谱分离方法还有高效液相色谱法(high-performance liquid chromatography,HPLC)[68]、尺寸排阻色谱法(size exclusion chromatography,SEC)[73]、薄膜扩散梯度法(diffusive gradients in thin films,DGT)[79]、场流分离(field flow fractionation,FFF)[74]、流体动力色谱法(hydrodynamic chromatography,HDC)[76]、毛细管电泳法(capillary electrophoresis,CE)[75]等将纳米银与银离子分离，然后用 ICP-MS 对分离出溶液中的银离子进行测定。Soto-Alvaredo 等以 10 mmol/L 乙酸铵、10 mmol/L 十二烷基硫酸铵以及 1 mmol/L 硫代硫酸钠作为 HPLC 流动相，在 pH = 6.8 的条件下，实现了纳米银与银离子的分离，并且可通过 ICP-MS 对分离出的银离子和纳米银浓度进行在线分析（图 7.16）[80]。而 Liu 等利用毛细管电泳对复杂基体环境（含有纳米银的厨房清洁剂以及含有纳米银的抗菌乳液）中不同粒径的纳米银与银离子进行分离，并用 ICP-MS 对纳米银和银离子进行同时测定[81]。然而，色谱分离方法也存在一定的局限性，如不能实时监测纳米银溶解动力学过程，且实验操作过程复杂，分离系统中还可能造成纳米银自身性质的改变从而影响分析结果。

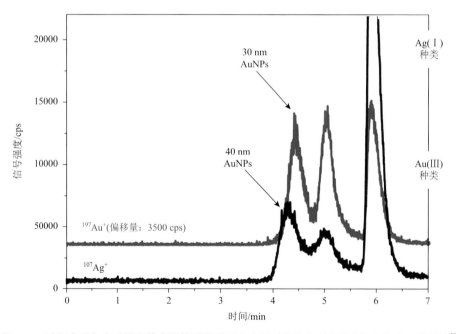

图 7.16 液相色谱与电感耦合等离子体质谱联用方法同时分离和测定纳米银和银离子的浓度[80]

相较于其他纳米银分离方法，荧光探针因其可实时监测目标分析物且具有高选择性，在纳米银溶解动力学实时监测方面有着好的应用前景。目前，Chatterjee 等合成了一种罗丹明 B 类衍生物，由于五环结构的存在，整个分子呈现螺环状结构，由于刚性平面被打破，因此无荧光发射信号[82]。当 Ag^+ 存在时，罗丹明 B 类衍生物中的碘与 Ag^+ 结合，罗丹明 B 类衍生物中的内酰胺结构被打开形成噁唑啉类化合物，在长波处有吸收，发出强荧光，从而实现对 Ag^+ 的测定，该方法检测限达到 4 μg/L（图 7.17）。同时，在罗丹明 B 类衍生物中的内酰胺结构被打开形成噁唑啉类化合物过程中，可以将纳米银中 Ag^0 氧化生成

Ag⁺，从而实现对纳米银的测定，因此该方法可同时对纳米银以及银离子进行测定。基于此，研究者进一步测定了两种消费产品（洗手液以及织物柔顺剂）中纳米银的浓度。

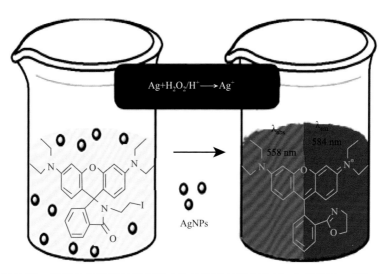

图 7.17　罗丹明 B 类衍生物特异性识别纳米银溶解释放的银离子。当罗丹明 B 类衍生物与纳米银混合时，加入过氧化氢致纳米银溶解，从而导致罗丹明 B 类衍生物的化学结构发生改变。在 558 nm 的激光照射下，化学结构发生改变的罗丹明 B 类衍生物在 584 nm 处产生荧光信号[82]

7.2.4　AIE 的银离子探针体系的发展

近年来，有关聚集诱导发光的研究与应用获得了蓬勃的发展，2016 年《自然》杂志社更是将"聚集诱导发光"材料的纳米聚集体列为支撑"纳米光革命"的四大纳米材料之一[82]。"溶解不发光，聚集发光"，应用这一强烈的荧光性能转变原理已成为化学传感器领域中一条成熟可靠的设计思路，由此发展出一系列荧光探针，可实现高灵敏度检测各种金属离子（银、锌、汞、铝和钙等的离子）[84-87]。与常规的荧光染料不同，聚集诱导发光荧光染料具有背景信号低、信噪比高、灵敏度高、抗光漂白能力强等方面优点。Liu 等报道了一种包含腺嘌呤基团的四苯基乙烯类衍生物可特异性识别溶液中的 Ag⁺[88]。当溶液中加入 Ag⁺时，Ag⁺荧光探针聚集，产生强烈的荧光信号，并且在 Ag⁺浓度为 0～12.7 mg/L 范围内，荧光信号与 Ag⁺浓度直接呈线性相关关系，对 Ag⁺的检测限可达 40 μg/L 左右[88]。Ma 等合成了一种具有聚集诱导发光特性的荧光探针[4, 4-(1E, 1E)-2, 2-(蒽-9, 10-取代)双(乙烯-2, 1-取代)双(N, N, N-三甲基苯甲酸碘化铵)，DSAI]，无需标记，可实现对溶液中低浓度 Ag⁺的检测，其检测限可达到 16.7 μg/L[89]。此 DSAI 荧光探针以富含胞嘧啶的 DNA（oligo-C）作为基底，在 Ag[+] 存在时，oligo-C 可与 Ag[+] 形成 C-Ag[+]-C 络合物，形成一种发卡结构，并且 DSAI 会在这种发卡结构表面团聚，产生强烈的荧光信号。为了改善 DSAI 荧光探针灵敏度，在溶液中加入核酸酶 S1，可以将 oligo-C 水解成小的片段，从而有效地阻止 DSAI 团聚，弱化背景荧光信号。当 DSAI、oligo-C 以及核酸酶 S1 同时存在时，随着溶液中 Ag[+] 浓度增加，DSAI 发生团聚且荧光信号也随之逐渐增加，其最强荧光信号可达到初始信号的 16 倍，因此可有效地降低对 Ag[+] 检测的检测限。Lu 等将四苯基乙烯与苯并咪唑基团连接，合成了一种具有聚集诱导发光特性可特异性识别 Ag[+] 的荧光探针（TBI-TPE）[90]。当溶液中存在 Ag[+] 时，Ag[+] 与苯并咪唑基团产生螯合效应，导致 TBI-TPE 团聚，产生很强的黄色荧光信号，其荧光信号强度随着 Ag[+] 的浓度增加而线性增加，其检测限可达到 9.7 µg/L。相较于之前报道的 Ag[+] 的荧光探针，TBI-TPE 可有效地增加对 Ag[+] 检测的灵敏度，从而实现对溶液中痕量级别 Ag[+] 的检测。然而目测常用的 Ag[+] 的荧光探针大多为脂溶性的，在水溶液中溶解性较差，选择性不强且灵敏度不高等，因此很大程度上限制了这些 Ag[+] 的荧光探针的应用。最近，Xie 等基于聚集诱导发光现象，设计了一种以四苯基乙烯作为 AIE 荧光生色核，同时利用四氮唑（tetrazole）负离子作为引导银离子聚集的高亲和靶向基团的 Ag[+] 的荧光探针[87]。相较于目测常用的 Ag[+] 的荧光探针，该探针的结构中保有四个负电荷，故而在水相中能高度溶解，对 Ag[+] 的检测限可达到 2.49 µg/L。

7.2.5 最新进展——新型 AIE 荧光法实时监测环境中纳米银溶解动力学过程

广泛使用的纳米银材料会不可避免地进入自然环境中，对生物体造成毒性效应[43]。目前，大量研究报道，纳米银材料中释放的银离子被认为是纳米银毒性的主要来源，因此建立监测银离子释放的分析方法，在探讨和评估银材料杀菌、环境毒性等研究方面有重要意义[91, 92]。基于比率型荧光检测原理，Benton 等合成了一种三核吡唑金（Ⅰ）配合物，用于测定溶液中与纳米银共存的银离子。三核吡唑金（Ⅰ）配合物本身发射很强红色荧光信号（发射峰为 690 nm），当银离子存在时，形成一种亮绿色加合物（发射峰为 475 nm），纳米银的存在并不会抑制银离子荧光信号，因此可用于纳米银释放的银离子的测定[93]。然而此方法并不能实时监测纳米银溶解动力学过程。基于聚集诱导发光技术，Yan 等用经典的四苯基乙烯作为 AIE 荧光生色核，同时利用四氮唑负离子作为引导银离子聚集的高亲和靶向基团，与其他银离子探针不同，该探针（TZE-TPE-1）的结构中具有四个带负电荷的基团，故而在水相中能高度溶解，其银离子检测限达到 3 µg/L 左右[87]。

当 TZE-TPE-1 与 0 价银单质以及纳米银固态混合时，并没有荧光信号，当银离子水溶液中加入 TZE-TPE-1 一段时间混合后，溶液产生荧光信号，因此 TZE-TPE-1 可选择性测定银离子，并且可对纳米银溶解时放出的银离子进行测定。基于此，进一步将 TZE-TPE-1 荧光染料应用于水环境中不同粒径以及不同包裹材料的纳米银溶解动力学过程的监测，并且也考察了对纳米银的溶解动力学过程的测定（图 7.18）。在纳米银溶液中，加入 30 μmol/L TZE-TPE-1，在不同时间点，将纳米银溶液用荧光仪进行测定。同时，AIE 荧光探针监测技术的实验结果可与常规参考的 ICP-MS 方法校验，其分析结果可以较好地互相印证，证实了该荧光方法在银离子释放动态分析过程的有效性。从实际操作角度来分析，基于荧光的 AIE 监测可实现简便、高效、低成本地对溶液中银离子浓度进行实时定量观测。

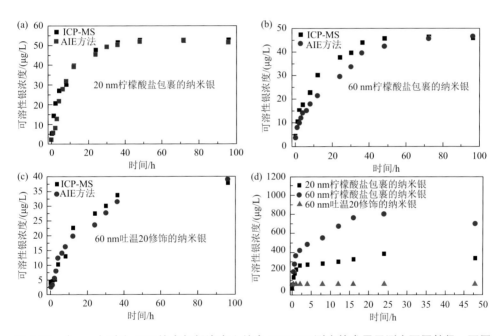

图 7.18　（a～c）对比 AIE 技术与超滤离心结合 ICP-MS 测定技术用于测定不同粒径、不同保护基团包裹/修饰的纳米银溶解释放银离子的动力学过程[（a）20 nm 柠檬酸钠包裹的纳米银，（b）60 nm 柠檬酸钠包裹的纳米银，（c）60 nm 吐温 20 修饰的纳米银]；（d）不同粒径、不同保护基团包裹/修饰的纳米银在水溶液中的团聚动力学过程[94]

7.3　汞离子在水生生物体内的代谢机理

传统的荧光物质在高浓度下荧光会减弱甚至不发光，这种现象被称为"浓度猝灭"效应或"聚集导致荧光猝灭"（ACQ）。香港科技大学唐本忠院士团队合成了一种新的材料，具有与 ACQ 相反的性质，即在聚集状态下发出的荧光反而更强，称为"聚集诱导发光"（AIE），解决了荧光探针在应用中效率降低的难题，这一成果也荣获 2017 年国家自然科学奖一等奖。这类新型聚集诱导荧光物（AIEgen）之一——TPE-RNS 在紫外线的激发下可呈现蓝色荧光，然而在与汞离子（Hg^{2+}）发生反应后其化学结构会发生变化，转变成 TPE-RNO 的形式，并在紫外线的激发下呈现红色荧光（图 7.19）[95]，为 Hg^{2+} 的定量定性分析提供了新的更加便利的方法。

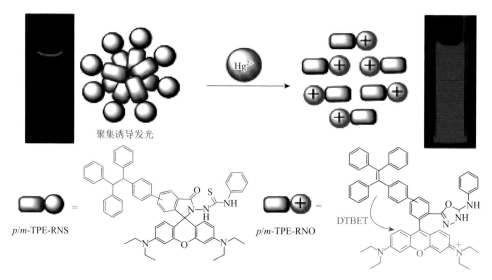

图 7.19　特异性 AIEgen（TPE-RNS）与 Hg^{2+}的反应机理[95]

　　汞是一种有毒元素，相关污染物在环境中广泛分布[96, 97]。在水生系统中，汞随着水生食物链在生物体内不断富集，使其污染浓度不断升高，危害水生生物甚至人类的健康[98-100]。作为汞元素众多形态中的一种，Hg^{2+} 在水生生物中的生物富集也相当显著[101-103]。然而，Hg^{2+} 在水生食物链上的吸收、积累和转化等转移机制尚未完全摸清，特别是在各类小型水生生物之间（如藻类、枝角类、桡足类等）[86, 104-113]，而它们却是 Hg^{2+} 在水生系统中转移累积的关键位点。此外，用传统方法检测 Hg^{2+} 的含量需要专业精密的仪器，如电感耦合等离子体质谱仪（ICP-MS）[112]，而监测 Hg^{2+} 在生物体内的分布则需要同步辐射 X 射线荧光仪（S-XRF）等[104]，实验操作都不便利，且无法进行活体观察。故而，应用 AIEgen 这一新的技术方法来检测和量化水生生物体内的汞元素含量[86, 113-115]，可更直观地了解 Hg^{2+} 在水生生物体内的富集和转移过程，并可为今后研究 Hg^{2+} 在水生生物群落之间的富集转移机制打下良好的实验基础。

7.3.1　汞离子在微藻体内的代谢水平

纤细裸藻（又称小眼虫，*Euglena gracilis*），属于裸藻门裸藻属，细胞多为纺锤形，少数为圆柱形，无细胞壁，表质软，形状易变，直径约 50 μm，是地球上最早的生命之一，出现在 5 亿多年前。其作为生物学研究对象的历史也非常悠久，是目前研究最透彻的物种之一，被列为实验生物学的模式种（图 7.20）。

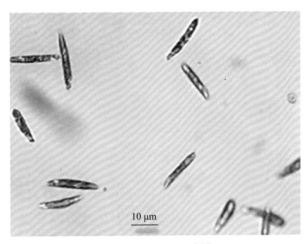

10 μm

图 7.20　纤细裸藻[116]

1. 不同 Hg^{2+} 浓度下微藻的形态变化

在正常情况下，纤细裸藻呈长条形或纺锤形[图 7.21（a）]，但在物理化学因子的胁迫下能迅速改变自身的形态。利用这一特殊性质，Hg^{2+} 对藻类细胞的毒性可以被定量研究。据图 7.21 所示，随着 Hg^{2+} 浓度从 0 μmol/L 增加到 30 μmol/L，越来越多的微藻细胞收缩成球形，且变得不活跃。当 Hg^{2+} 浓度分别为 10 μmol/L 和 20 μmol/L 时，在纤细裸藻细胞中，可观测到明显收缩的空泡[图 7.21（b）、（c）、（e）、（f）]。而在用 30 μmol/L 浓度的 Hg^{2+} 处理微藻后，收缩的空泡消失，藻类细胞的中心部分则变得浓稠而且有褶皱[图 7.21（d）]。

2. 微藻对 Hg^{2+} 的吸收效应

纤细裸藻缺乏细胞壁，但它有一个由微管亚结构支撑的蛋白质层组成的薄膜。而磷脂双层和生物膜对由非蛋白物质介导的 Hg^{2+} 具有很高的渗透性。在 10 μmol/L 和 20 μmol/L 两个处理浓度下，纤细裸藻对 Hg^{2+} 的吸收都相当迅速。从图 7.22 可看出，在短时间内溶液中 Hg^{2+} 的发光强度就显著性地下降，这表明溶液中 Hg^{2+}

的浓度在急速下降，也预示着微藻对 Hg^{2+} 的吸收在急速上升。在处理 1 h 后，发光强度逐渐趋于平稳，表示微藻对 Hg^{2+} 的吸收也趋于饱和。

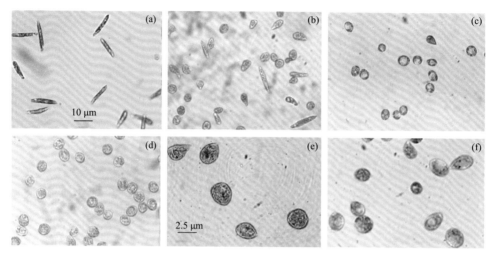

图 7.21　不同 Hg^{2+} 浓度下纤细裸藻的形态变化[116]

（a）未加 Hg^{2+}（放大 100 倍）；（b）10 µmol/L Hg^{2+} 处理 1 h（放大 100 倍）；（c）20 µmol/L Hg^{2+} 处理 1 h（放大 100 倍）；（d）30 µmol/L Hg^{2+} 处理 1 h（放大 100 倍）；（e）10 µmol/L Hg^{2+} 处理 1 h（放大 400 倍）；（f）20 µmol/L Hg^{2+} 处理 1 h（放大 400 倍）

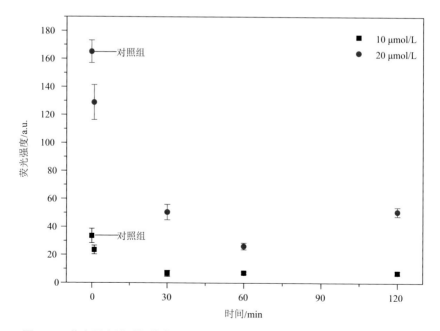

图 7.22　荧光强度随时间的变化（在 10 µmol/L 和 20 µmol/L 两个浓度下）[116]

7.3.2　汞离子在轮虫体内的代谢水平及分布

褶皱臂尾轮虫（*Brachionus plicatilis*）（图 7.23），隶属轮虫门、单巢目、臂尾轮虫科、臂尾轮虫属，在自然水生态系统食物链的物质循环和能量传递过程中具有重要的作用。

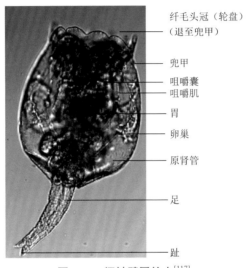

纤毛头冠（轮盘）
（退至兜甲）

兜甲
咀嚼囊
咀嚼肌
胃
卵巢
原肾管
足
趾

图 7.23　褶皱臂尾轮虫[117]

1. Hg^{2+} 在轮虫体内的富集水平

如图 7.24 所示，轮虫对 Hg^{2+} 的吸收随着处理时间的变化而不断波动。在 5 min 时，吸收量为 0.9 μg/mg（对照组为 1.8 μg/mg），即吸收率已达 50%。这说明在水体中，轮虫对 Hg^{2+} 的吸收迅速而高效。随着实验的进行，虽然 Hg^{2+} 的吸收量有所变化（在 5～50 min 之间），但是吸收率基本维持在 50%左右（47.2%～52.8%）。由此推测，在很短的时间内，轮虫对 Hg^{2+} 的吸收已达到饱和，或是 Hg^{2+} 在轮虫体内的吸收与释放已达到了平衡。

2. Hg^{2+} 在轮虫体内的代谢和分布

Hg^{2+} 在轮虫体内的分布位点也随着处理时间的变化而改变，见图 7.25。Hg^{2+} 经过纤毛头冠进入轮虫体内，随着代谢的进行，其经过咀嚼囊、原肾管、胃、肠道而排出体外，而轮虫的外壳、足等部位未见到 Hg^{2+} 的分布。如图 7.25（e）所示，在 240 min 以后，轮虫体内再无红色荧光，由此可推测，Hg^{2+} 在轮虫体内并不能富集，一般经由消化道而排出体外。

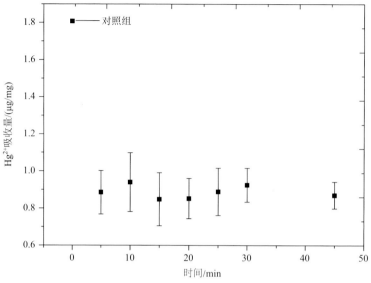

图 7.24　轮虫对 Hg^{2+} 吸收量的变化[117]

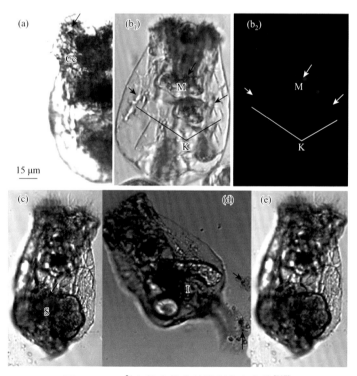

图 7.25　Hg^{2+} 在轮虫体内的代谢分布变化[117]

（a）纤毛头冠（Cc）处的红色荧光；（b_1，b_2）20 min 在咀嚼囊（M）与原肾管（K）可见红色荧光；（c）60 min 胃部（S）的红色荧光；（d）180 min 肠道（I）及体外的红色荧光；（e）240 min 无红色荧光

7.3.3　汞离子在枝角类体内的代谢水平及分布

水蚤是一种小型的甲壳动物，属于节肢动物门甲壳纲枝角亚目，又称鱼虫，是各种淡水水域中最常见的浮游动物。由于水蚤的生命周期相对较短，可通过无性繁殖产生大量后代，而且其对多种水生污染物敏感，可作为一种毒性指示生物，故而经常用于生理学、生态学、毒理学等方面的科学研究[118, 119]。隆线蚤（*Daphnia carinata*），见图 7.26，隶属于蚤科蚤属，是最常见的水蚤之一，其分布广，采集方便，易于实验室培养，在生态、毒理等试验中常常被用作研究对象，是小型淡水无脊椎动物的典型代表之一。

图 7.26　隆线蚤[120]

如图 7.27 所示，以 Hg^{2+} 处理隆线蚤，5 min 后，通过 AIEgen 染色可在复眼与外壳处见微弱荧光，说明复眼与外壳是隆线蚤富集 Hg^{2+} 的首要部位。随着处理时间的延长，复眼处的荧光更加明显，说明 Hg^{2+} 在复眼处的积累不断增多。而与复眼位置相近的单眼与脑部却一直未见荧光，推测这两个部位不是 Hg^{2+} 富集的靶器官。Hg^{2+} 在外壳处的富集随着处理时间的延长也不断增多，在解剖镜下还可观测到外壳的畸形甚至脱落，这一现象与这段时间隆线蚤的高死亡率有关[121]。处理20 min 后，在前肠与卵处发现红色荧光，即有 Hg^{2+} 分布；60 min 后，在后肠与壳腺处检测到 Hg^{2+} 的荧光信号，心脏处则未检测到 Hg^{2+} 的附着。

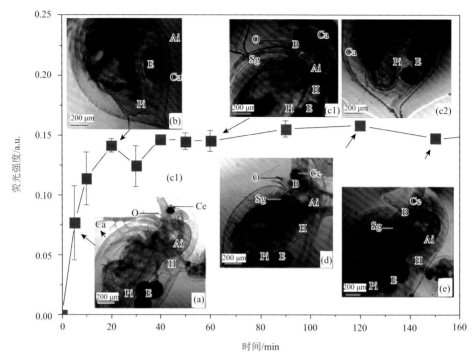

图 7.27　Hg^{2+}在隆线蚤体内的富集水平以及分布规律[120]

处理时间：（a）5 min；（b）20 min；（c1, c2）60 min；（d）120 min；（e）150 min。Ai：前肠；B：脑；Ca：外壳；Ce：复眼；E：卵；H：心脏；O：单眼；Pi：后肠；Sg：壳腺

7.3.4　小结

　　根据 AIEgen 与 Hg^{2+}的显色机理，从上述结果可以看出藻类、轮虫、水蚤类等水生生物对 Hg^{2+}的吸收速率极快，在 30 min 左右就可达到饱和状态，而且随着处理时间的延长，藻类、轮虫以及水蚤的外部形态也会发生相应的变化。Hg^{2+}在不同水生生物体内的代谢位点也有差异[122]，在轮虫体内的代谢过程中，Hg^{2+}出现在消化道与原肾管，最终经由消化道排出体外，几乎没有富集；而在隆线蚤体内，Hg^{2+}主要富集于外壳与复眼，而外壳在 Hg^{2+}处理下的一系列形态变化极有可能与隆线蚤的高死亡率有关。由于藻类体内叶绿素的含量较高，影响荧光的观察与分辨，所以以 AIEgen 显色法无法准确判定 Hg^{2+}在藻类的富集位点。

（方　程　张　娴　唐友宏　颜　能

谢　胜　王文雄　何　滔　姜玉声　秦建光）

参 考 文 献

[1]　Wang Z，Cousins I T，Scheringer M，et al. Global emission inventories for C_4–C_{14} perfluoroalkyl carboxylic acid（PFCA）homologues from 1951 to 2030. Part I：Production and emissions from quantifiable sources. Environment International，2014，70：62-75.

[2]　Prevedouros K，Cousins I T，Buck R C，et al. Sources，fate and transport of perfluorocarboxylates. Environmental Science & Technology，2006，40（1）：32-44.

[3]　Wang Z，Cousins I T，Scheringer M，et al. Global emission inventories for C_4–C_{14} perfluoroalkyl carboxylic acid（PFCA）homologues from 1951 to 2030. Part II：The remaining pieces of the puzzle. Environment International，2014，69：166-176.

[4]　Buck R C，Franklin J，Berger U，et al. Perfluoroalkyl and polyfluoroalkyl substances in the environment：terminology，classification，and origins. Integrated Environmental Assessment and Management，2011，7（4）：513-541.

[5]　Vierke L，Staude C，Biegel-Engler A，et al. Perfluorooctanoic acid（PFOA）-main concerns and regulatory developments in Europe from an environmental point of view. Environmental Sciences Europe，2012，24（1）：16.

[6]　Milley S A，Koch I，Fortin P，et al. Estimating the number of airports potentially contaminated with perfluoroalkyl and polyfluoroalkyl substances from aqueous film forming foam：a Canadian example. Journal of Environmental Management，2018，222：122-131.

[7]　Seow J. Fire fighting foams with perfluorochemicals-environmental review. Hemming Information Services，2013.

[8]　Cortina T，Korzeniowski S. Firefighting foams-Reebok redux. Industrial Fire Journal，2008：18-20.

[9]　澳洲微报. 刚刚，澳政府黑暗秘密被揭发：致癌物覆盖全澳 90 多个地点！已有上百人疑似因此患癌，全世界都禁了但是澳洲还有…. https://mp.weixin.qq.com/s/h7ejo7fFSWeZy2N5MRMoWg. 2018.

[10]　EPA. Emerging contaminants—perfluorooctane sulfonate（PFOS）and perfluorooctanoic acid（PFOA）//EPA. Emerging Contaminants Fact Sheet—PFOS and PFOA，2012.

[11]　USEPA. Technical and emerging contaminant fact sheets. https://www.epa.gov/fedfac/emerging-contaminants-and-federal-facility-contaminants-concern. 2016.

[12]　USEPA. Fact sheet PFOA & PFOS drinking water health advisories. EPA 800-F-16-003，2016.

[13]　Wittenberg A. After controversy，U.S. releases report showing elevated health risks from nonstick chemicals. E&E News，2018，doi：10.1126/science. aau5402.

[14]　Fang C，Megharaj M，Naidu R. Electrochemical advanced oxidation processes（EAOP）to degrade per-and polyfluoroalkyl substances（PFASs）. Journal of Advanced Oxidation Technologies，2017，20（2）：20170014.

[15]　Fang C，Megharaj M，Naidu R. Chemical oxidization of some AFFFs leads to the formation of 6：2FTS and 8：2FTS. Environmental Toxicology and Chemistry，2015，34（11）：2625-2628.

[16]　Fang C，Megharaj M，Naidu R. Breakdown of PFOA，PFOS and 6：2FTS using acidic potassium permanganate as oxidant. Austin Environmental Science，2016，1（1）：1005.

[17]　Chropeňová M，Karásková P，Kallenborn R，et al. Pine needles for the screening of perfluorinated alkylated substances（PFASs）along ski tracks. Environmental Science & Technology，2016，50（17）：9487-9496.

[18] Taniyasu S，Kannan K，Horii Y，et al. A survey of perfluorooctane sulfonate and related perfluorinated organic compounds in water，fish，birds，and humans from Japan. Environmental Science & Technology，2003，37（12）：2634-2639.

[19] Fang C，Dharmarajan R，Megharaj M，et al. Gold nanoparticle-based optical sensors for selected anionic contaminants. TrAC Trends in Analytical Chemistry，2017，86：143-154.

[20] Hetzer R，Kümmerlen F，Wirz K，et al. Fire testing a new fluorine-free AFFF based on a novel class of environmentally sound high-performance siloxane surfactants. Fire Safety Science，2014，11：1261-1270.

[21] Houtz E F，Sutton R，Park J S，et al. Poly- and perfluoroalkyl substances in wastewater: significance of unknown precursors，manufacturing shifts，and likely AFFF impacts. Water Research，2016，95：142-149.

[22] Shoemaker J A，Grimmett P E，B. B K. Method 537: determination of selected perfluorinated alkyl acids in drinking water by solid phase extraction and liquid chromatography/tandem mass spectrometry（LC/MS/MS）. Ver 1.1. EPA 600-R-08/092. Cincinnati: US Environmental Protection Agency，2009.

[23] Fang C，Chen Z，Megharaj M，et al. Potentiometric detection of AFFFs based on MIP. Environmental Technology & Innovation，2016，5：52-59.

[24] Fang C，Megharaj M，Naidu R. Surface-enhanced Raman scattering（SERS）detection of fluorosurfactants in firefighting foams. RSC Advances，2016，6（14）：11140-11145.

[25] Fang C，Megharaj M，Naidu R. Electrochemical detection of thioether-based fluorosurfactants in aqueous film-forming foam（AFFF）. Electroanalysis，2017，29（4）：1095-1102.

[26] Gao X，Chorover J. Adsorption of perfluorooctanoic acid and perfluorooctanesulfonic acid to iron oxide surfaces as studied by flow-through ATR-FTIR spectroscopy. Environmental Chemistry，2012，9（2）：148-157.

[27] Legeay G，Coudreuse A，Legeais J M，et al. AF fluoropolymer for optical use: spectroscopic and surface energy studies；comparison with other fluoropolymers. European Polymer Journal，1998，34（10）：1457-1465.

[28] Gülerman N N，Doğan H N，Rollas S，et al. Synthesis and structure elucidation of some new thioether derivatives of 1, 2, 4-triazoline-3-thiones and their antimicrobial activities. Il Farmaco，2001，56（12）：953-958.

[29] Place B J，Field J A. Identification of novel fluorochemicals in aqueous film-forming foams used by the US military. Environmental Science & Technology，2012，46（13）：7120-7127.

[30] Fang C，Agarwal A，Widjaja E，et al. Metallization of silicon nanowires and SERS response from a single metallized nanowire. Chemistry of Materials，2009，21（15）：3542-3548.

[31] Fang C，Ellis A V，Voelcker N H. Electrochemical synthesis of silver oxide nanowires，microplatelets and application as SERS substrate precursors. Electrochimica Acta，2012，59：346-353.

[32] Fang C，Brodoceanu D，Kraus T，et al. Templated silver nanocube arrays for single-molecule SERS detection. RSC Advances，2013，3（13）：4288-4293.

[33] Fang C，Shapter J G，Voelcker N H，et al. Electrochemically prepared nanoporous gold as a SERS substrate with high enhancement. RSC Advances，2014，4（37）：19502-19506.

[34] Fang C，Zhang X，Dong Z，et al. Smartphone app-based/portable sensor for the detection of fluoro-surfactant PFOA. Chemosphere，2018，191：381-388.

[35] Kwadijk C J，Kotterman M，Koelmans A A. Partitioning of perfluorooctanesulfonate and perfluorohexanesulfonate in the aquatic environment after an accidental release of aqueous film forming foam at Schiphol Amsterdam Airport. Environmental Toxicology and Chemistry，2014，33（8）：1761-1765.

[36] Shoemaker J，Tettenhorst D. Method 537.1: determination of selected per- and polyfluorinated alkyl substances in

drinking water by solid phase extraction and liquid chromatography/tandem mass spectrometry（LC/MS/MS）. Washington，DC：National Center for Environmental Assessment，2018.

[37] Fang C，Wu J，Sobhani Z，et al. Aggregated-fluorescent detection of PFAS with a simple chip. Analytical Methods，2019，11（2）：163-170.

[38] Maynard A D，Aitken R J，Butz T，et al. Safe handling of nanotechnology. Nature，2006，444（7117）：267-269.

[39] Midha K，Singh G，Nagpal M，et al. Potential application of silver nanoparticles in medicine. Nanoscience and Nanotechnology Asia，2016，6（2）：82-91.

[40] Franci G，Falanga A，Galdiero S，et al. Silver nanoparticles as potential antibacterial agents. Molecules，2015，20（5）：8856-8874.

[41] You C，Han C，Wang X，et al. The progress of silver nanoparticles in the antibacterial mechanism，clinical application and cytotoxicity. Molecular Biology Reports，2012，39（9）：9193-9201.

[42] Ahamed M，AlSalhi M S，Siddiqui M K. Silver nanoparticle applications and human health. Clinica Chimica Acta，2010，411（23-24）：1841-1848.

[43] Batley G E，Kirby J K，McLaughlin M J. Fate and risks of nanomaterials in aquatic and terrestrial environments. Accounts of Chemical Research，2013，46（3）：854-862.

[44] Pulido-Reyes G，Briffa S M，Hurtado-Gallego J，et al. Internalization and toxicological mechanisms of uncoated and PVP-coated cerium oxide nanoparticles in the freshwater alga *Chlamydomonas reinhardtii*. Environmental Science：Nano，2019，6（6）：1959-1972.

[45] Kochoni E，Fortin C. Iron modulation of copper uptake and toxicity in a green alga（*Chlamydomonas reinhardtii*）. Environmental Science & Technology，2019，53（11）：6539-6545.

[46] Zhao C M，Wang W X. Comparison of acute and chronic toxicity of silver nanoparticles and silver nitrate to *Daphnia magna*. Environmental Toxicology and Chemistry，2011，30（4）：885-892.

[47] Böhme S，Baccaro M，Schmidt M，et al. Metal uptake and distribution in the zebrafish（*Danio rerio*）embryo：differences between nanoparticles and metal ions. Environmental Science：Nano，2017，4（5）：1005-1015.

[48] Böhme S，Stärk H J，Reemtsma T，et al. Effect propagation after silver nanoparticle exposure in zebrafish（*Danio rerio*）embryos：a correlation to internal concentration and distribution patterns. Environmental Science：Nano，2015，2（6）：603-614.

[49] Larese F F，D'Agostin F，Crosera M，et al. Human skin penetration of silver nanoparticles through intact and damaged skin. Toxicology，2009，255（1-2）：33-37.

[50] Khan S S，Srivatsan P，Vaishnavi N，et al. Interaction of silver nanoparticles（SNPs）with bacterial extracellular proteins（ECPs）and its adsorption isotherms and kinetics. Journal of Hazardous Materials，2011，192（1）：299-306.

[51] Liu J，Wang Z，Liu F D，et al. Chemical transformations of nanosilver in biological environments. ACS Nano，2012，6（11）：9887-9899.

[52] Wigginton N S，Titta A D，Piccapietra F，et al. Binding of silver nanoparticles to bacterial proteins depends on surface modifications and inhibits enzymatic activity. Environmental Science & Technology，2010，44（6）：2163-2168.

[53] Volhard J. Ueber eine neue methode der maassanalytischen bestimmung des silbers. Journal für Praktische Chemie，1874，117：217-224.

[54] Volhard J. Die silbertitrirung mit schwefelcyanammonium. Fresenius Journal of Analytical Chemistry，1878，

17（1）：482-495.

[55] Lai M T，Shih J S. Mercury(II) and silver(I) ion-selective electrodes based on dithia crown ethers. Analyst，1986，111（8）：891-895.

[56] Nham T. Typical detection limits for an ICP-MS. American Laboratory，1998，30（16）：17A-17D.

[57] Liang P，Peng L. Determination of silver(I) ion in water samples by graphite furnace atomic absorption spectrometry after preconcentration with dispersive liquid-liquid microextraction. Microchimica Acta，2010，168（1-2）：45-50.

[58] Park J W，Oh J H，Kim W K，et al. Toxicity of citrate-coated silver nanoparticles differs according to method of suspension preparation. Bulletin of Environmental Contamination and Toxicology，2014，93（1）：53-59.

[59] Chang Y，Zhang Z，Hao J，et al. BSA-stabilized Au clusters as peroxidase mimetic for colorimetric detection of Ag^+. Sensors and Actuators B：Chemical，2016，232：692-697.

[60] Lou T，Chen Z，Wang Y，et al. Blue-to-red colorimetric sensing strategy for Hg^{2+} and Ag^+ via redox-regulated surface chemistry of gold nanoparticles. ACS Applied Materials & Interfaces，2011，3（5）：1568-1573.

[61] de Silva A P，Gunaratne H N，Gunnlaugsson T，et al. Signaling recognition events with fluorescent sensors and switches. Chemical Reviews，1997，97（5）：1515-1566.

[62] Zhao C，Qu K，Song Y，et al. A reusable DNA single-walled carbon-nanotube-based fluorescent sensor for highly sensitive and selective detection of Ag^+ and cysteine in aqueous solutions. Chemistry-A European Journal，2010，16（27）：8147-8154.

[63] Tabaraki R，Nateghi A. Nitrogen-doped graphene quantum dots："turn-off" fluorescent probe for detection of Ag^+ ions. Journal of Fluorescence，2016，26（1）：297-305.

[64] RajáLohani C，NatháNeupane L. Highly sensitive turn-on detection of Ag^+ in aqueous solution and live cells with a symmetric fluorescent peptide. Chemical Communications，2012，48（24）：3012-3014.

[65] Liu L，Zhang D，Zhang G，et al. Highly selective ratiometric fluorescence determination of Ag^+ based on a molecular motif with one pyrene and two adenine moieties. Organic Letters，2008，10（11）：2271-2274.

[66] Zhang Y，Ye A，Yao Y，et al. A sensitive near-infrared fluorescent probe for detecting heavy metal Ag^+ in water samples. Sensors，2019，19（2）：247.

[67] Jang S，Thirupathi P，Neupane L N，et al. Highly sensitive ratiometric fluorescent chemosensor for silver ion and silver nanoparticles in aqueous solution. Organic Letters，2012，14（18）：4746-4749.

[68] Zhou X X，Liu R，Liu J F. Rapid chromatographic separation of dissoluble Ag(I) and silver-containing nanoparticles of 1~100 nanometer in antibacterial products and environmental waters. Environmental Science & Technology，2014，48（24）：14516-14524.

[69] Kittler S，Greulich C，Diendorf J，et al. Toxicity of silver nanoparticles increases during storage because of slow dissolution under release of silver ions. Chemistry of Materials，2010，22（16）：4548-4554.

[70] Liu J，Hurt R H. Ion release kinetics and particle persistence in aqueous nano-silver colloids. Environmental Science & Technology，2010，44（6）：2169-2175.

[71] Soto-Alvaredo J，Montes-Bayón M，Bettmer J. Speciation of silver nanoparticles and silver(I) by reversed-phase liquid chromatography coupled to ICPMS. Analytical Chemistry，2013，85（3）：1316-1321.

[72] Yan N，Zhu Z，Jin L，et al. Quantitative characterization of gold nanoparticles by coupling thin layer chromatography with laser ablation inductively coupled plasma mass spectrometry. Analytical Chemistry，2015，87（12）：6079-6087.

[73] Helfrich A, Brüchert W, Bettmer J. Size characterisation of Au nanoparticles by ICP-MS coupling techniques. Journal of Analytical Atomic Spectrometry, 2006, 21 (4): 431-434.

[74] Poda A R, Bednar A J, Kennedy A J, et al. Characterization of silver nanoparticles using flow-field flow fractionation interfaced to inductively coupled plasma mass spectrometry. Journal of Chromatography A, 2011, 1218 (27): 4219-4225.

[75] Qu H, Mudalige T K, Linder S W. Capillary electrophoresis/inductively coupled plasma-mass spectrometry: development and optimization of a high-resolution analytical tool for the size-based characterization of nanomaterials in dietary supplements. Analytical Chemistry, 2014, 86 (23): 11620-11627.

[76] Tiede K, Boxall A B, Wang X, et al. Application of hydrodynamic chromatography-ICP-MS to investigate the fate of silver nanoparticles in activated sludge. Journal of Analytical Atomic Spectrometry, 2010, 25 (7): 1149-1154.

[77] Navarro E, Piccapietra F, Wagner B, et al. Toxicity of silver nanoparticles to *Chlamydomonas reinhardtii*. Environmental Science & Technology, 2008, 42 (23): 8959-8964.

[78] Liu J F, Chao J B, Liu R, et al. Cloud point extraction as an advantageous preconcentration approach for analysis of trace silver nanoparticles in environmental waters. Analytical Chemistry, 2009, 81 (15): 6496-6502.

[79] Chao J B, Liu J F, Yu S J, et al. Speciation analysis of silver nanoparticles and silver ions in antibacterial products and environmental waters via cloud point extraction-based separation. Analytical Chemistry, 2011, 83 (17): 6875-6882.

[80] Soto-Alvaredo J, Montes-Bayón M, Bettmer J. Speciation of silver nanoparticles and silver(I) by reversed-phase liquid chromatography coupled to ICPMS. Analytical Chemistry, 2013, 85 (3): 1316-1321.

[81] Liu L, He B, Liu Q, et al. Identification and accurate size characterization of nanoparticles in complex media. Angewandte Chemie International Edition, 2014, 53 (52): 14476-14479.

[82] Chatterjee A, Santra M, Won N, et al. Selective fluorogenic and chromogenic probe for detection of silver ions and silver nanoparticles in aqueous media. Journal of the American Chemical Society, 2009, 131 (6): 2040-2041.

[83] Lim X. The nanolight revolution is coming. Nature, 2016, 531 (7592): 26-28.

[84] Gao M, Li Y, Chen X, et al. Aggregation-induced emission probe for light-up and *in situ* detection of calcium ions at high concentration. ACS Applied Materials & Interfaces, 2018, 10 (17): 14410-14417.

[85] Hong Y, Chen S, Leung C W, et al. Fluorogenic Zn(II) and chromogenic Fe(II) sensors based on terpyridine-substituted tetraphenylethenes with aggregation-induced emission characteristics. ACS Applied Materials & Interfaces, 2011, 3 (9): 3411-3418.

[86] Mei J, Leung N L, Kwok R T, et al. Aggregation-induced emission: together we shine, united we soar. Chemical Reviews, 2015, 115 (21): 11718-11940.

[87] Xie S, Wong A Y, Kwok R T, et al. Fluorogenic Ag$^+$-tetrazolate aggregation enables efficient fluorescent biological silver staining. Angewandte Chemie International Edition, 2018, 57 (20): 5750-5753.

[88] Liu L, Zhang G, Xiang J, et al. Fluorescence "turn on" chemosensors for Ag$^+$ and Hg^{2+} based on tetraphenylethene motif featuring adenine and thymine moieties. Organic Letters, 2008, 10 (20): 4581-4584.

[89] Ma K, Wang H, Li X, et al. Turn-on sensing for Ag$^+$ based on AIE-active fluorescent probe and cytosine-rich DNA. Analytical and Bioanalytical Chemistry, 2015, 407 (9): 2625-2630.

[90] Lu Z, Liu Y, Lu S, et al. A highly selective TPE-based AIE fluorescent probe is developed for the detection of Ag$^+$. RSC Advances, 2018, 8 (35): 19701-19706.

[91] Xiu Z M，Zhang Q B，Puppala H L，et al. Negligible particle-specific antibacterial activity of silver nanoparticles. Nano Letters，2012，12（8）：4271-4275.

[92] Van Aerle R，Lange A，Moorhouse A，et al. Molecular mechanisms of toxicity of silver nanoparticles in zebrafish embryos. Environmental Science & Technology，2013，47（14）：8005-8014.

[93] Benton E N，Marpu S B，Omary M A. Ratiometric phosphorescent silver sensor：detection and quantification of free silver ions within silver nanoparticles. ACS Applied Materials & Interfaces，2019，11（16）：15038-15043.

[94] Yan N，Xie S，Tang B Z，et al. Real-time monitoring of the dissolution kinetics of silver nanoparticles and nanowires in aquatic environments using an aggregation-induced emission fluorogen. Chemical Communications，2018，54（36）：4585-4588.

[95] Chen Y，Zhang W，Cai Y，et al. AIEgens for dark through-bond energy transfer：design，synthesis，theoretical study and application in ratiometric Hg^{2+} sensing. Chemical Science，2017，8（3）：2047-2055.

[96] Gobas F A，de Wolf W，Burkhard L P，et al. Revisiting bioaccumulation criteria for POPs and PBT assessments. Integrated Environmental Assessment and Management：An International Journal，2009，5（4）：624-637.

[97] Kelly B C，Ikonomou M G，Blair J D，et al. Food web-specific biomagnification of persistent organic pollutants. Science，2007，317（5835）：236-239.

[98] Harris H H，Pickering I J，George G N. The chemical form of mercury in fish. Science，2003，301（5637）：1203.

[99] Ullrich S M，Tanton T W，Abdrashitova S A. Mercury in the aquatic environment：a review of factors affecting methylation. Critical Reviews in Environmental Science and Technology，2001，31（3）：241-293.

[100] Kidd K A，Muir D C，Evans M S，et al. Biomagnification of mercury through lake trout（*Salvelinus namaycush*）food webs of lakes with different physical，chemical and biological characteristics. Science of the Total Environment，2012，438：135-143.

[101] Campbell L M，Norstrom R J，Hobson K A，et al. Mercury and other trace elements in a pelagic Arctic marine food web（Northwater Polynya，Baffin Bay）. Science of the Total Environment，2005，351-352：247-263.

[102] Watrasa C J，Backa R C，Halvorsena S，et al. Bioaccumulation of mercury in pelagic freshwater food webs. Science of the Total Environment，1998，219：183208.

[103] Korbas M，MacDonald T C，Pickering I J，et al. Chemical form matters：differential accumulation of mercury following inorganic and organic mercury exposures in zebrafish larvae. ACS Chemical Biology，2012，7（2）：411-420.

[104] Pereira P，Raimundo J，Araújo O，et al. Fisheyes and brain as primary targets for mercury accumulation—A new insight on environmental risk assessment. Science of the Total Environment，2014，494-495：290-298.

[105] Tsui M T，Wang W X. Uptake and elimination routes of inorganic mercury and methylmercury in *Daphnia magna*. Environmental Science & Technology，2004，38（3）：808-816.

[106] Khangarot B S，Das S. Toxicity of mercury on *in vitro* development of parthenogenetic eggs of a freshwater cladoceran *Daphnia carinata*. Journal of Hazardous Materials，2009，161（1）：68-73.

[107] Cáceres T，He W，Naidu R，et al. Toxicity of chlorpyrifos and TCP alone and in combination to *Daphnia carinata*：the influence of microbial degradation in natural water. Water Research，2007，41（19）：4497-4503.

[108] Adema D M. *Daphnia magna* as a test animal in acute and chronic toxicity tests. Hydrobiologia，1978，59（2）：125-134.

[109] Cooman K，Debels P，Gajardo M，et al. Use of *Daphnia* spp. for the ecotoxicological assessment of water quality

in an agricultural watershed in South-Central Chile. Archives of Environmental Contamination and Toxicology，2005，48（2）：191-200.

[110] Harmon S M，Specht W L，Chandler G T. A comparison of the daphnids *Ceriodaphnia dubia* and *Daphnia ambigua* for their utilization in routine toxicity testing in the Southeastern United States. Archives of Environmental Contamination and Toxicology，2003，45（1）：79-85.

[111] Phyu Y L，Warne M S，Lim R P. Toxicity of atrazine and molinate to the cladoceran *Daphnia carinata* and the effect of river water and bottom sediment on their bioavailability. Archives of Environmental Contamination and Toxicology，2004，46（3）：308-315.

[112] Campbell M J，Vermeir G，Dams R，et al. Influence of chemical species on the determination of mercury in a biological matrix（cod muscle）using inductively coupled plasma mass spectrometry. Journal of Analytical Atomic Spectrometry，1992，7（4）：617-621.

[113] Mei J，Hong Y，Lam J W，et al. Aggregation-induced emission: the whole is more brilliant than the parts. Advanced Materials，2014，26（31）：5429-5479.

[114] Ding D，Li K，Liu B，et al. Bioprobes based on AIE fluorogens. Accounts of Chemical Research，2013，46（11）：2441-2453.

[115] Guo F，Gai W P，Hong Y，et al. Aggregation-induced emission fluorogens as biomarkers to assess the viability of microalgae in aquatic ecosystems. Chemical Communications，2015，51（97）：17257-17260.

[116] Jiang Y，Chen Y，Alrashdi M，et al. Monitoring and quantification of the complex bioaccumulation process of mercury ion in algae by a novel aggregation-induced emission fluorogen. RSC Advances，2016，6（102）：100318-100325.

[117] Jiang Y，He T，Chen Y，et al. Quantitative evaluation and *in vivo* visualization of mercury ion bioaccumulation in rotifers by novel aggregation-induced emission fluorogen nanoparticles. Environmental Science: Nano，2017，4（11）：2186-2192.

[118] Tsui M T，Wang W X. Temperature influences on the accumulation and elimination of mercury in a freshwater cladoceran，*Daphnia magna*. Aquatic Toxicology，2004，70（3）：245-256.

[119] Anderson B G. Regeneration in the carapace of *Daphnia magna*: Ⅰ. The relation between the amount of regeneration and the area of the wound during single adult instars. Biological Bulletin，1933，64（1）：70-85.

[120] He T，Ou W，Tang B Z，et al. *In vivo* visualization of the process of Hg^{2+} bioaccumulation in water flea *Daphnia carinata* by a novel aggregation-induced emission fluorogen. Chemistry-An Asian Journal，2019，14（6）：796-801.

[121] Barriada J L，Herrero R，Prada-Rodríguez D，et al. Interaction of mercury with chitin: a physicochemical study of metal binding by a natural biopolymer. Reactive and Functional Polymers，2008，68（12）：1609-1618.

[122] Kasper D，Palermo E F，Dias A C，et al. Mercury distribution in different tissues and trophic levels of fish from a tropical reservoir，Brazil. Neotropical Ichthyology，2009，7（4）：751-758.

关键词索引

其　他